기술의 충격

WHAT TECHNOLOGY WANTS

테크놀로지와 함께 진화하는 우리의 미래

기술의 충격

WHAT TECHNOLOGY WANTS

케빈 켈리

이한음 옮김

WHAT
TECHNOLOGY
WANTS

by Kevin Kelly

Copyright © 2010 by Kevin Kelly
All rights reserved.

Korean Translation Copyright © 2011 by Minumsa

Korean translation rights arranged with
Kevin Kelly c/o Brockman, Inc.

이 책의 한국어 판 저작권은
Brockman, Inc.와 독점 계약한 (주)민음사에 있습니다.

저작권법에 의해 한국 내에서 보호를 받는 저작물이므로
무단 전재와 무단 복제를 금합니다.

차례

	1 의문을 품다	7

1부 기원

2 우리 자신을 발명하다	31
3 일곱 번째 생물계의 역사	57
4 엑소트로피의 등장	74

2부 명령들

5 심오한 진보	91
6 정해진 생성	127
7 수렴	160
8 기술의 말을 들어라	191
9 불가피함을 선택하기	212

3부 선택

10 유나바머는 옳았다	231
11 아미시파 기술광이 주는 교훈	263
12 호혜성을 추구하다	291

4부 방향

13 기술의 궤적	327
14 무한게임을 하다	421

더 읽을 만한 책	437
감사의 말	445
옮긴이의 말	449
주(註)	453
찾아보기	479

1
의문을 품다

나는 살아오면서 무언가를 소유한 적이 거의 없다. 대학을 중퇴한 뒤 약 10년 동안 싸구려 운동화와 낡은 청바지 차림으로 아시아 오지를 돌아다녔다. 돈은 한 푼도 없고 시간은 한없이 많던 시절이었다. 중세의 향취에 흠뻑 젖은 도시들은 내 손바닥 안에 들어 있다고 자부할 정도였다. 내가 돌아다닌 지역들은 고대 농경 사회의 전통에 속해 있었다. 내 손에 닿는 물건은 거의 대부분 나무, 섬유, 돌로 만든 것이었다. 나는 손으로 음식을 먹고, 산골짜기를 하염없이 두 발로 걷고, 아무 데서나 잠을 잤다. 짐이라고는 거의 없었다. 침낭 하나, 갈아입을 옷 한 벌, 주머니칼 하나, 사진기 몇 대가 전부였다. 맨땅에서 생활하면서 나는 기술이라는 완충제가 사라졌을 때 피부에 와 닿는 것들을 직접적으로 경험했다. 추위를 느끼는 날도, 무더위를 느끼는 날도 많아졌고, 폭우에 흠뻑 젖고 곤충에게 물리는 일도 잦아졌고, 시간이 흐를수록 몸은 점점 더 빠르게 하루와 계절의 리듬에 발을 맞추었다. 시간은 풍족해 보였다.

그렇게 아시아에서 8년을 보낸 뒤 미국으로 돌아왔다. 나는 얼마 안 되는 물건들을 팔아서 값싼 자전거를 한 대 샀다. 그것을 타고 서쪽에서 동쪽으로 북미 대륙 약 8000킬로미터를 세월아 네월아 하면서 가로질렀다. 펜실베이니아 주 동부 아미시파 공동체의 잘 정돈된 경작지를 지날 때의 일이 가장 기억에 남는다. 아미시파 공동체를 통해 나는 아시아에서 겪었던 최소 기술 상태에 가장 가까운 것을 이 대륙에서 찾아낼 수 있었다. 나는 그들의 선택적 소유 개념에 탄복했다. 그들의 꾸미지 않은 집 안으로 들어가면 마음을 푸근하게 하는 것들을 볼 수 있었다. 나는 매혹적인 첨단 기술을 벗어던진 내 자신의 삶이 그들의 삶과 같은 맥락에 있다고 느꼈고, 그때 내 삶에서 최소한의 기술만 간직하기로 마음먹었다. 나는 달랑 자전거 하나만 지닌 채 동부 해안에 도착했다.

1950년대와 1960년대에 뉴저지 주 교외에서 자랄 때 나는 기술에 둘러싸여 있었다. 하지만 내가 10세 때까지 우리 집에는 텔레비전이 없었고, 막상 텔레비전이 집 안에 놓였을 때에도 나는 그다지 흥미를 느끼지 못했다. 나는 텔레비전이 친구들에게 어떤 영향을 미치는지 보았다. 텔레비전이라는 기술은 특정한 시간에 사람들을 불러 모아서 몇 시간 동안 온 정신을 사로잡는 놀라운 능력을 지니고 있었다. 텔레비전의 창의적인 상업 광고는 사람들에게 더 많은 기술을 습득하라고 말했다. 그들은 복종했다. 나는 자동차 같은 여타 거만한 기술들도 사람들을 복종시켜서 더욱더 많은 기술(고속도로, 자동차 극장, 패스트푸드)을 획득하고 사용하라고 부추길 수 있으리라는 사실을 눈치챘다. 나는 내 삶에서 기술을 최소한으로 유지하기로 마음먹었다. 십 대 소년으로서 나는 내 자신의 목소리를 듣느라 힘겨워하고 있었고, 내 친구들의 진짜 목소리는 기술 자체가 떠드는 시끄러운 대화에 눌려 들리지 않는 듯했다. 기술의 순환 논법에 점점 덜 참여하게 되면서 내 삶은 점점 더 낯선 궤적을 향해 나아갈 수 있었다.

대륙 횡단 자전거 여행을 끝냈을 때 내 나이는 27세였다. 나는 숲이 우거지고 건축 법규와 얽힐 일 없는 뉴욕 북부의 땅값 싼 벽촌에 틀어박혔다. 한 친구와 함께 나는 참나무를 베어 목재로 다듬어서, 그 목재로 직접 집을 지었다. 우리는 삼나무 지붕널을 하나씩 올려서 못을 박았다. 무거운 돌 수백 개를 들어 올려서 축대 벽을 쌓았다가, 계곡물이 넘쳐서 한 번 이상 무너졌던 일도 생생하게 기억난다. 양손으로 낑낑거리며 수없이 돌을 옮기던 일도. 우리는 집 안으로도 돌을 옮겨서 거실에 거대한 난로도 만들었다. 비록 힘들긴 했지만, 그 돌과 참나무 목재 덕에 나는 아미시파 사람들이 느낄 법한 흡족함을 느꼈다.

하지만 나는 아미시파가 아니었다. 나는 거대한 나무를 베고자 한다면, 사슬톱을 쓰는 것이 낫다고 생각했다. 사슬톱을 손에 넣을 수 있는 숲속 부족민이라면 다 동의할 것이다. 기술에 관한 자신의 목소리를 일단 갖추고 자신이 무엇을 원하는지 더욱 확신하게 되면, 어떤 기술이 다른 기술보다 더 우수하다는 점을 한눈에 간파한다. 구세계 여행에서 내가 터득한 것이 있다면, 아스피린, 면직물, 금속 그릇, 전화가 환상적인 발명품이라는 것이다. 그것들은 좋다. 극소수의 예외를 제외하고, 전 세계 어디에서든 사람들은 기회만 있으면 그것들을 손에 넣는다. 완벽하게 고안된 손 도구를 쥐어 본 사람이라면 그것이 정신을 고양시킬 수 있다는 것을 잘 안다. 비행기는 내 지평선을 넓혔다. 책은 내 정신을 일깨웠다. 항생제는 내 목숨을 구했다. 사진술은 내 시적 영감에 불을 지폈다. 손도끼로는 어찌하지 못하는 단단한 옹이를 매끄럽게 잘라내는 사슬톱마저 나무의 아름다움과 강함에 대한 경외심을 불러일으켰다. 세상의 다른 어떤 도구도 줄 수 없는 것이었다.

나는 내 정신을 고양시킬 만한 몇 가지 도구를 손에 넣는 일에 푹 빠져들었다. 1980년에 나는 손수 제작하는 일에 쓰이는 온갖 도구들의 바다에서 적절한 도구를 고르는 데 도움을 주는 《전 지구 카탈로그(Whole Earth

Catalog)》라는 간행물에 자유 기고가로 일할 기회를 얻었다. 값싼 신문 용지만 사용한 《전 지구 카탈로그》는 본질적으로 1970~1980년대에 웹과 컴퓨터 이전 시대의 사용자 생성 웹사이트였다. 즉 독자가 바로 저자였다. 나는 잘 고른 단순한 도구가 사람들의 생활에 야기할 수 있는 변화를 상상하면서 한껏 흥분했다.

28세 때는 우리가 사는 행성의 대부분을 차지하는 기술적으로 단순한 세계로 들어가는 법에 관한 정보를 염가에 제공하는 저비용 여행 안내서의 우편 주문 판매를 시작했다. 당시 내가 지닌 중요한 소유물이라고는 자전거 한 대와 침낭 하나밖에 없었기에, 나는 갓 시작한 올빼미처럼 밤에 글 쓰는 일을 자동화하기 위해 한 친구의 컴퓨터(초기 애플 II)를 빌렸고, 글을 출판사로 전송하는 값싼 전화 모뎀도 구했다. 컴퓨터에 관심이 많은 《전 지구 카탈로그》의 한 편집자가 몰래 손님 계정을 하나 구해 주어서 나는 뉴저지 공과대학의 한 교수가 운영하는 실험적인 원격 회의 시스템에도 참가할 수 있었다. 나는 곧 내가 더 크고 더 모험적인 세계에 발을 디뎠다는 것을 깨달았다. 온라인 공동체의 최전선에 말이다. 그곳은 내게 아시아보다 더 이질적인 새로운 대륙이었고, 나는 마치 그곳이 이국적인 여행 목적지인 양 그곳에 관한 글을 쓰기 시작했다. 나는 이 첨단 컴퓨터망이 나 같은 초보 사용자의 영혼을 기죽이지 않는다는 사실에 몹시 놀랐다. 그것은 오히려 우리의 영혼을 가득 채우고 있었다. 사람과 통신선으로 이루어진 이 생태계에는 뜻밖에도 유기적인 무언가가 있었다. 완전한 무(無)에서 시작하여 우리는 가상 국가를 세우는 단계에 이르렀다. 몇 년 뒤 마침내 인터넷이 출현했을 때, 그것은 내게 거의 아미시파 공동체처럼 느껴졌다.

컴퓨터가 우리 삶의 중심으로 이동하면서, 나는 전에는 알지 못했던 기술의 특성을 발견했다. 기술은 욕망을 충족시키고(그리고 창조하고) 이따금 노동력을 절약해 주는 것 말고도 또 다른 능력을 지니고 있었다. 기술은 새로운 기회를 만들어 냈다. 나는 온라인망이 사람들을, 다른 식으로는 결코 접하지 못했을 생각, 개념, 타인과 연결하는 것을 내 눈으로 직접 보았다. 온라인망은 열정의 고삐를 풀고, 창의성을 장려하고 관용을 부추겼다. 박식한 사람들이 글쓰기가 죽었다고 문화적 선언을 하던 바로 그 순간에, 수백만 명의 사람들이 지금까지 인류가 썼던 것보다 더 많은 글을 온라인에서 쓰기 시작했다. 사람들이 외톨이로 살아갈 것이라고 전문가들이 선언한 바로 그 순간에, 수많은 사람들이 더 큰 무리를 지어 모이기 시작했다. 그들은 온라인에서 예기치 못한 수많은 방식으로 협력하고, 협조하고 공유하며 창조했다. 이것은 내게 새로웠다. 차가운 실리콘 칩, 긴 금속 통신선, 복잡한 고압 장비는 우리가 인간으로서 최선의 노력을 다하도록 북돋아 주고 있었다. 온라인 컴퓨터가 시적 영감을 자극하고 가능성을 증폭한다는 것을 알아차리자, 나는 자동차, 사슬톱, 생화학, 그리고 맞다, 텔레비전 같은 여타 기술들도 조금씩 다른 방식으로 똑같은 일을 한다는 것을 깨달았다. 이 깨달음은 내게 기술의 전혀 다른 얼굴을 보여 주었다.

나는 초기 원격 회의 시스템에서 아주 적극적으로 활동했고, 이 온라인상의 가상 존재를 토대로 1984년 《전 지구 카탈로그》에 고용되어 개인용 컴퓨터 소프트웨어를 다루는 최초의 소비자 출판물을 편찬하는 일을 도왔다.(온라인상에서 고용된 세계 최초의 인물이 나일 것이라고 믿는다.) 몇 년 뒤 나는 새로 등장한 인터넷으로 들어가는 최초의 대중 출입구를 만드는 일에 관여했다. 웰(Well)이라는 온라인 포털이었다. 1992년에는 디지털 문화의 공식 확성기인 《와이어드(Wired)》 잡지 창설을 도왔고, 처음 7년 동안 편집을 총괄했다. 그 뒤로도 계속 기술 채택의 최전선에 머물러 왔다. 현재 내 친구들은 슈퍼컴퓨터, 유전자 표적 약물, 검색 엔진, 나노 기술, 광섬유 통신 등 새로운 모든 것을 창안하는 부류다. 나는 어디에서든 변화를 일으키는 기술의 힘을 본다. 하지만 나는 PDA, 스마트폰 같은 것을 갖고 있지 않으며 블루투스 기술도 전혀 쓰지 않는다. 트위터도 하지 않는다. 내 세 아이는 텔레비전 없이 자랐고, 우리 집은 지금도 공중파나 케이블 방송을 보지 않는다. 나는 노트북도 없고 여행할 때 컴퓨터를 갖고 가지도 않으며, 반드시 갖추어야 할 첨단 기기를 지인들 사이에서 가장 나중에 구입하는 사람으로도 알려져 있다. 나는 요즘도 자동차를 몰기보다는 자전거를 더 많이 몬다. 나는 친구들이 진동하는 휴대용 기기에 얽매여 있는 모습을 본다. 하지만 나는 내 자신이 누구인지 더 쉽게 기억할 수 있도록 온갖 기술의 산물과 계속 일정한 거리를 유지한다. 그런 한편으로 쿨툴스(Cool Tools)라는 인기 웹사이트를 매일 갱신하며 운영하고 있다. 그것은 오래전 내가《전 지구 카탈로그》에서 했던, 개인에게 능력을 부여하는 기술을 평가하는 일의 연장이다. 내 작업실에는 일종의 승인을 받고 싶어 판매자들이 보내온 온갖 제품들이 강처럼 흘러든다. 그중 꽤 많은 제품은 결코 떠나는 법이 없다. 나는 사물들에 둘러싸여 있다. 나는 선뜻 받아들이지는 않더라도 손이 닿는 범위 내에 최대한 많은 수의 기술적 대안을 유지하자는 입장을 일부러 택해 왔다.

기술과 나의 관계가 모순으로 가득하다는 점을 인정한다. 그리고 나는 독자들도 같은 모순을 안고 있지 않을까 추측한다. 오늘날 우리 삶은 기술이 많을수록 좋다는 관점과 굳이 쓸 필요가 없다는 관점, 두 가치관 사이의 심각하고도 끊임없는 긴장에 사로잡혀 있다. 내 아이에게 이 기기를 사 줘야 할까? 수고를 줄여 줄 이 장치를 사용하는 법을 터득할 시간을 낼 수 있을까? 그리고 더 심오한 의문이 있다. 내 삶을 좌우하는 이 기술이란 대체 뭘까? 우리의 애정과 증오를 둘 다 불러일으키는 이 세계적인 압력은 대체 뭐란 말인가? 우리는 그것에 어떻게 접근해야 할까? 그것에 저항할 수 있을까? 아니면 모든 신기술은 하나하나 다 불가피한 것일까? 산사태처럼 가차 없이 쏟아지는 새로운 것들은 내 지원 혹은 회의적인 시선을 받아 마땅한 것일까? 그리고 내 선택이 중요하기는 한 것일까?

나는 이런 기술적 딜레마를 헤치고 나아가도록 안내해 줄 답이 필요했다. 그리고 내가 직면한 첫 질문은 가장 근본적인 것이었다. 나는 기술이 정말로 무엇인가라는 생각을 내가 전혀 한 적이 없다는 사실을 깨달았다. 기술의 본질은 무엇이었을까? 기술의 근본 특성을 이해하지 않는다면, 매번 기술의 새로운 산물이 등장할 때마다 나는 그것을 얼마나 약하게 또는 세게 껴안아야 할지 판단할 기준틀을 지니지 못할 터였다.

기술의 본질을 잘 모른다는 점과 기술과 모순되는 관계를 맺고 있다는 점을 자각한 나는 그 문제를 7년에 걸쳐 탐구했고, 그 결과가 바로 이 책이다. 조사를 하다 보니 시간의 출발점으로 거슬러 올라가기도 했고 먼 미래로 나아가기도 했다. 나는 기술의 역사를 깊이 파헤쳤고, 내가 사는 실리콘 밸리의 미래학자들이 앞으로 어떤 일이 일어날지에 관해 펼치는 상상력 풍부한 시나리오에도 귀를 기울였다. 기술의 가장 혹독한 비판자들과 가장 열렬한 팬들과도 인터뷰를 했다. 펜실베이니아 주 시골로 돌아가서 아미시파 사람들과 더 많은 시간을 보내기도 했다. 물품이 부족한 가난한 사람들의 말을 듣기 위해 라오스, 부탄, 중국 서부의 산골 마을에도 갔고, 앞으로 몇 년 내에 모든 이가 필수품이라고 여길 제품을 개발하려 애쓰는 부유한 기업가들의 연구실도 방문했다.

기술의 상충되는 경향들을 자세히 들여다보면 들여다볼수록 이런 문제들은 더욱 커져만 갔다. 기술을 둘러싼 우리의 혼란은 대개 아주 구체적인 걱정으로 시작한다. 인간 복제를 허용해야 할까? 휴대전화 문자 메시지를 보내는 일에 몰두하다가 우리 아이들이 바보가 되지 않을까? 우리는 자동차가 알아서 주차하기를 원하나? 하지만 탐구가 진전을 이루면서 나는 이런 질문들의 흡족한 답을 찾고 싶다면, 먼저 기술을 하나의 전체로서 고려할 필요가 있음을 알아차렸다. 기술의 이야기에 귀를 기울이고, 그것의 경향과 편향을 간파하고, 그것의 현재 방향을 추적해야만 우리는 우리 자신의 수수께끼를 푼다는 희망을 품을 수 있다.

엄청난 힘을 지니고도, 기술은 보이지 않고 숨겨진 채 이름 없이 있었다. 예를 하나 들어 보자. 조지 워싱턴이 1790년 최초로 시정 연설을 한 이래로, 모든 미국 대통령은 의회에서 국가의 현황과 전망, 세계에서 활약하는 가장 중요한 세력들에 대한 내용을 요약한 연례 연설을 했다. 1939년까지 기술이라는 용어는 일상 회화에 쓰이지 않았다.[1] 뿐만 아니라 1952년까지 한 시정 연설에 두 번 언급된 적도 없다.[2] 내 조부모와 부모가 분명히 기술에 둘러싸여 있었는데도 말이다! 우리의 집단 발명품인 기술은 어른이 된 뒤에도 거의 내내 이름 없이 살았다.

그 단어의 어원은 고대 그리스 어인 테크네로고스(technelogos)다. 고대 그리스 인은 테크네(techne)라는 단어를 예술, 솜씨, 기교, 심지어 영리함까지 포함하는 의미로 썼다. 아마 창의성이라는 말이 가장 근접한 번역어일지도 모른다. 테크네는 어떤 상황에서 허를 찌르는 능력을 가리킬 때 쓰였고, 따라서 그것은 호메로스 같은 시인들의 가장 소중한 재능이었다. 오디세우스 왕은 테크네의 달인이었다.[3] 비록 당대의 대다수 학자들처럼 플라톤도 테크네를 수공예품을 뜻하는 의미로 쓰곤 하면서 상스럽고 불결하고 타락한 것이라고 생각했지만 말이다. 플라톤은 실용 지식을 비난했기 때문에, 자신이 고안한 모든 지식의 정교한 분류 체계에서 공예는 아예 언급도 하지 않았다. 사실 고대 그리스 문헌 중에서 테크네로고스를 언급한 것은 단 하나도 찾아볼 수 없다. 아니 예외가 하나 있긴 하다. 우리가 아는 지식을 총동원해 보면, 테크네라는 단어가 로고스(logos, 단어나 말, 혹은 그것들을 활용하는 능력을 뜻하는)와 합쳐져서 테크네로고스라는 하나의 단어를 만든 최초의 사례를 찾아낼 수 있다. 바로 아리스토텔레스의 『수사학』에서다. 아리스토텔레스는 이 글에서 테크네로고스라는 말을 네 번 언급하지만, 네 번 다 정확히 어떤 의미로 썼는지 불분명하다. 그는 '단어 실력'을 말한 것일까, '기술에 관한 말하기'를 뜻한 것일까, 아니면 '공예에 관한 독해력'을 가리킨 것일까? 이렇게 잠깐 불가해하게 출현한 뒤, 기술이라는 용어는 본질적으로 사라졌다.[4]

그러나 물론 기술은 사라지지 않았다. 고대 그리스 인은 용접, 풀무, 돌림판, 열쇠를 발명했다. 그들의 제자인 로마 인은 둥근 천장, 수도관, 분유리, 시멘트, 하수도, 물방앗간을 발명했다.[5] 하지만 그들의 시대와 그 뒤로 여러 세기 동안, 제조된 것들을 다 아우르는 총괄 용어는 거의 보이지 않았다. 별도의 주제로 논의된 적도 없고, 아예 깊이 생각한 적도 없는 듯했다. 따라서 고대 세계에서 기술은 인간의 마음속을 제외한 모든 곳에서 찾을 수 있었다.

그 뒤로 여러 세기 동안 학자들은 물건의 제작을 공예(craft), 창의성의 발현을 예술(art)이라고 했다. 노구, 기계, 새 고안물이 널리 퍼짐에 따라, 그것들을 갖고 하는 일에 '유용 예술(useful arts)'이라는 명칭이 붙었다. 채광, 직조, 금속 세공, 바느질 같은 유용 예술에는 도제 관계를 통해 전수되는 나름의 비밀 지식이 있었다. 하지만 그것은 여전히 예술, 즉 제작자 각자의 고유한 특징이 담긴 것이었고, 그 용어는 공예와 재주라는 원래 고대 그리스어의 의미를 지니고 있었다.

그 뒤로 천 년 동안 예술과 기교는 서로 다른 개인적인 세계로 인식되었다. 이런 예술의 산물 하나하나는 쇠 울타리든 약초 배합법이든 간에 특정한 개인의 특정한 재주에서 나온 독특한 표현물이라고 여겨졌다. 만들어진 것은 모두 유일무이한 재능을 발휘한 작품이었다. 역사가 칼 미첨(Carl Mitcham)은 "전통적인 정신의 소유자에게 대량 생산은 상상도 할 수 없는 일이었고, 그것은 단지 기술적인 이유에서만이 아니었다."라고 설명한다.[6]

유럽 중세까지 영리함은 에너지의 새로운 이용이라는 측면에서 가장 두

드러지게 발현되었다. 효율적인 말 목사리가 사회 전체에 파급되면서 경작 면적이 급증했고, 물방앗간과 풍차가 개량되면서 목재와 밀가루의 가공 속도가 빨라지고 배수 기능도 향상되었다. 그리고 이 모든 풍요는 노예 없이 이룩한 것이었다. 기술사가인 린 화이트(Lynn White)는 이렇게 썼다. "중세 말기의 주된 영광은 성당이나 서사시나 스콜라 철학에 있지 않았다. 그것은 역사상 처음으로 땀 흘리는 노예나 하층 노동자의 등이 아니라 주로 인간 이외의 힘에 토대를 둔 복잡한 문명을 건설했다는 데 있었다."[7] 기계는 우리의 하층 노동자가 되고 있었다.

18세기에 산업혁명은 사회를 전복한 몇 가지 혁명 가운데 하나였다. 기계 창조물은 농장과 집으로 침입했다. 하지만 이 침입은 여전히 이름을 갖고 있지 않았다. 그러다가 드디어 1802년 독일 괴팅겐 대학교의 경제학 교수인 요한 베크만(Johann Beckmann)이 상승일로에 있는 힘에 이름을 붙였다. 베크만은 유용 예술이 빠르게 확산되고 점점 중요해지는 상황이므로 그것에 '전체적인 질서'를 부여해야 한다고 주장했다. 그는 건축의 테크네, 화학의 테크네, 금속 세공, 석공, 제조를 구분하고서, 처음으로 이 지식 분야들이 상호 연관되어 있다는 주장을 폈다. 그는 그것들을 하나의 통일된 교과 과정으로 종합했고, 잊힌 고대 그리스어를 부활시키면서 『기술 입문서(Guide to Technology, 독일어로는 Technologie)』라는 교재를 펴냈다.[8] 그는 자신이 개괄한 내용이 그 주제를 다룬 최초의 교양이 되기를 바랐다. 그것은 바란 대로 아니 그 이상이 되었다. 우리가 할 것에 이름을 주었으니까. 이름이 붙자, 우리는 이제 그것을 볼 수 있었다. 막상 그것을 보자 어떻게 아무도 그것을 보지 못했는지 의아할 정도였다. 베크만의 업적은 단지 보이지 않는 무언가에 이름을 붙인 것만은 아니었다. 그는 우리의 창조물들이 단지 무작위적 발명과 뛰어난 착상의 집합이 아니라는 것을 최초로 인식한 사람이기도 했다. 기술 자체는 우리가 그것을 정화한 형태인 개인적 재능의 가장 무도회에 정신이 홀렸던 까닭에 오랫동안 알아차릴 수 없는 상태로 남아 있었다. 그러다가 베크만이 가면을 벗기자, 우리의 예술과 인공물이 개인적인 차원을 넘어서서 일관성 있는 통일체를 구성하는 상호 의존적인 요소들임을 간파할 수 있었다.

각각의 새 발명은 앞선 발명들의 생존 능력을 계속 유지할 필요가 있다. 전기의 튀어나온 구리 신경이 없이는 기계 사이에 의사소통은 없다. 석탄이나 우라늄 광맥 채굴, 강의 댐 건설, 혹은 태양전지판을 만드는 희귀 금속 채굴이 없이는 전기도 없다. 운송 수단의 순환이 없이는 공장의 신진대사도 없다. 잘라서 손잡이를 만들 톱이 없이는 망치도 없다. 망치 없는 손잡이는 톱날을 두드릴 수 없다. 시스템, 하위 시스템, 기계, 도관, 도로, 전선, 컨베이어 벨트, 자동차, 서버와 라우터, 코드, 계산기, 감지기, 아카이브, 액티베이터, 집합 기억, 발전기가 상호 연결된 지구 규모의 원형망, 상호 연결되고 상호 의존하는 부품들로 구성된 이 방대한 고안물은 전체가 하나의 시스템을 이룬다.

이 시스템이 어떻게 기능하는지 조사하는 일에 나선 과학자들은 곧 특이한 점이 있음을 알아차렸다. 대규모 기술 시스템은 때로 아주 원시적인 생물처럼 행동한다는 점이다. 네트워크, 특히 전자 네트워크는 거의 생물 같은 행동을 보인다. 처음 온라인 세계를 경험할 때, 나는 전자우편을 보내면 네트워크가 그것을 조각으로 나눈 뒤 그 조각들을 둘 이상의 경로를 통해 최종 목적지로 보낸다는 것을 배웠다. 그 다중 경로는 미리 정해진 것이 아니라 그 순간 전체 네트워크의 트래픽에 따라 '출현했다.' 사실 전자우편의 두 부분은 서로 근본적으로 다른 경로를 취한 뒤에 마지막에 재조립될 수도 있다. 어떤 조각이 도중에 사라진다면, 도착할 때까지 다른 경로들을 통해 다시 보낸다. 나는 그것이 경이로울 정도로 유기적이라는 인상을 받았다. 개미탑에서 메시지가 보내지는 방식과 아주 흡사했다.

1994년 나는 기술적인 시스템이 자연의 계를 모방하기 시작하는 양상들을 길게 탐구한 『통제 불능(Out of Control)』이라는 책을 펴냈다. 책에서 나는 스스로를 복제할 수 있는 컴퓨터 프로그램과 스스로를 촉매할 수 있는 합성 화학 물질을 예로 들었다. 더 나아가 세포처럼 자신을 조립할 수 있는 원시적인 로봇도 언급했다. 전력망 같은 크고 복잡한 여러 시스템들은 우리 몸이 하는 것과 그리 다르지 않은 방식으로 스스로를 수선하도록 설계되어 있었다. 컴퓨터 과학자들은 너무 어려워서 사람이 짤 수 없는 컴퓨터 소프트웨어를 진화 원리를 이용하여 만들어 냈다. 즉 연구자들은 수천 줄의 코드를 짜는 대신에, 진화 시스템이 최상의 코드를 선택하고, 그것에 돌연변이를 일으키고 덜떨어진 것을 죽이는 과정을 완벽하게 수행되는 코드가 나올 때까지 되풀이하도록 했다.

같은 시기에 생물학자들은 살아 있는 계가 연산 같은 기계적 과정의 추상적 본질로 충만할 수도 있음을 깨달았다. 예를 들어 연구자들은 DNA(우리 창자에 흔한 대장균에서 발견된 실제 DNA)를 컴퓨터처럼, 어려운 수학 문제의 답을 계산하는 데 쓸 수 있다는 것을 발견했다.[9] DNA를 작동하는 컴퓨터로 만들 수 있고, 작동하는 컴퓨터를 DNA처럼 진화하도록 만들 수 있다면, 만들어진 것과 태어난 것 사이에 어떤 등가성이 있을지도 모른다, 아니 있는 것이 틀림없다. 기술과 생명은 어떤 근본적인 본질을 공유하는 것이 틀림없다.

내가 이런 의문들을 놓고 고심하는 동안, 기술에 기이한 일이 일어났다. 최고 수준의 기술이 놀랍게도 물질에서 벗어나고 있었다. 환상적인 수준의 기술은 물질을 더 이용하는 것이 아니라 덜 이용함으로써 점점 작아지고 있었다. 소프트웨어처럼, 최상의 기술 중에는 물질을 아예 이용하지 않는 것도 있다. 이런 발전이 새롭지는 않다. 역사상 위대한 발명품의 목록을 살펴보면 물질의 무게가 덜한 허깨비 같은 것들이 많이 있다. 달력, 알파벳, 나침반, 페니실린, 복식 부기, 미국 헌법, 피임약, 가축화, 숫자 0, 세균 이론, 레이저, 전기, 실리콘 칩 등등. 이런 발명품은 대부분 당신의 발가락 위에 떨어진다고 해도 다치지 않는다. 지금 이 탈물질화 과정이 가속되고 있다.

과학자들은 한 가지 놀라운 깨달음에 이르렀다. 생명을 어떻게 정의하든 간에 그것의 본질은 DNA, 조직, 살 같은 물질 형태 속에 있는 것이 아니라, 그 물질 형태에 담긴 만질 수 없는 에너지와 정보의 체계 속에 있다는 것이다. 그리고 원자라는 덮개가 벗겨지면서 기술의 핵심이 모습을 드러냄에 따라, 우리는 그 핵심에도 개념과 정보가 있다는 것을 확인했다. 생명과 기술은 둘 다 비물질적인 정보의 흐름에 토대를 둔 듯하다.

그즈음 나는 어떤 종류의 힘이 기술을 관통해 흐르는지 더 명확히 밝힐 필요가 있음을 깨달았다. 그것이 정말로 그저 유령 같은 정보일까? 아니면 기술은 물질적인 것을 필요로 할까? 그것은 자연력일까 비자연적인 힘일까? 기술이 자연에 있는 생명을 연장한 것임은 분명했지만(적이도 내세는), 그것은 자연과 어떤 식으로 다를까?(컴퓨터와 DNA가 본질적인 공통점을 지니긴 하지만, 맥북과 해바라기는 같지 않다.) 또 기술이 사람의 마음에서 나온다는 것은 분명하지만, 우리 마음의 산물들(인공 지능 같은 인지적 산물까지 포함하여)은 어떤 범주에서 우리의 마음 자체와 다른 것일까? 기술은 인간적일까 비인간적일까?

우리는 기술이라고 말하면 반질반질 광택이 흐르는 도구와 장치를 떠올리는 경향이 있다. 설령 기술이 소프트웨어처럼 비물질적인 형태로 존재할 수 있다고 인정할지라도, 우리는 그림, 문학, 음악, 춤, 시, 예술 전반을 이 범주에 포함하지 않는 경향이 있다. 하지만 포함해야 한다. 유닉스에 저장된 천 줄의 문자를 기술이라는 범주에 넣는다면(웹페이지용 컴퓨터 코드로서), 영어로 적힌 천 줄의 문자(『햄릿』)도 기술에 포함해야 한다. 둘 다 우리의 행동을 변화시키고, 사건들의 진행 경로를 바꾸고, 미래의 발명을 가능하게 할 수 있다. 따라서 셰익스피어의 소네트나 바흐의 푸가도 구글의 검색 엔진이나 아이팟과 같은 범주에 있다. 즉 그것들은 마음이 만든 유용한 것들이다. 우리는 영화 「반지의 제왕」을 만드는 데 쓰인 서로 겹치는 다양한 기술들을 낱낱이 분리할 수 없다. 독창적인 소설을 만드는 데 쓰인 문학적 기법도 환상적인 종족을 만드는 데 쓰인 디지털 기법과 똑같은 발명품이다. 둘 다 인간의 상상이 빚어낸 유용한 작품이다. 둘 다 관중에게 강한 영향을 미친다. 둘 다 기술적이다.

이 발명과 창작의 방대한 축적물을 그냥 문화(culture)라고 말하면 안 될까? 사실 그렇게 부르는 사람도 있다. 이런 용법으로 쓸 때, 문화는 우리가 지금까지 창안한 모든 기술에다가 그 발명의 산물들과 우리의 집단 마음이 만들어 낸 다른 모든 것들을 포함할 것이다. 그리고 문화라는 말을 국소적인 민족 문화가 아니라 인류 종의 전체 문화라는 의미로 쓴다면, 이 용어는 내가 지금까지 이야기한 기술의 방대한 세계와 거의 같은 것을 나타낸다.

하지만 문화라는 용어는 한 가지 중요한 면에서 부족하다. 그것은 너무 작다. 1802년 베크만이 기술이라는 용어를 붙일 때 알아차렸듯이, 우리가 창안한 것들은 일종의 자기 생성을 통해 다른 발명품들을 낳고 있다. 개별 기술(techical art)은 새로운 도구를 낳았고, 새 도구는 새 개별 기술을 낳았으며, 새 개별 기술은 다시 새 도구를 낳는 식으로 무한히 이어졌다. 인공물은 작동시키기도 몹시 복잡해지고 근원도 서로 몹시 뒤얽히면서 새로운 전체, 즉 기술이 되어 갔다.

문화라는 용어는 기술을 앞으로 밀어 대는 이 본질적인 자기 추진력을 제대로 전달하지 못한다. 하지만 솔직히 말하자면, 기술이라는 용어도 그 점을 제대로 표현하지 못한다. 기술이라는 용어 역시 너무 작다. 기술도 '생명공학(biotechnology)', '디지털 기술(digital technology)', 석기시대 기술처럼 특정 방법과 기구를 가리킬 수 있기 때문이다.

나는 어느 누구도 쓰지 않는 단어를 창안하는 일을 싫어하지만, 이 문제에서는 알려져 있는 모든 용어들이 필요한 규모를 제대로 전달하지 못한다. 그래서 좀 마지못해 우리 주변에서 요동치는 더 크고 세계적이며 대규모로 상호 연결된 기술계(system of technology)를 가리키는 단어를 창안해야 했다. 나는 그것을 테크늄(technium)이라고 부르려 한다. 테크늄은 반질거리는 하드웨어를 넘어서 문화, 예술, 사회 제도, 모든 유형의 지적 산물들을 포함한다. 그것은 소프트웨어, 법, 철학 개념 같은 무형의 것들도 포함한다. 그리고 가장 중요한 점은 그것이 더 많은 도구, 더 많은 기술 창안, 더 많은 자기 강화 연결을 부추기는, 우리 발명품들의 생성 충동을 포함한다는 것이다. 이 책에서 나는 남들이 기술이라는 말을 복수형으로 쓰는 곳에서 테크늄이라는 용어를 하나의 전체 시스템("기술은 촉진한다." 같은 사례에서)을 가리키는 의미로 쓸 것이다. 그리고 기술이라는 단어는 레이더나 플라스틱 중합체처럼 구체적인 기술을 가리키는 의미로 쓸 것이다. 예를 들어 "테크늄은 기술의 창안을 촉진한다." 같은 식이다. 다시 말해 기술은 특허를 받을 수 있는 것인 반면, 테크늄은 특허 제도 자체를 포함한다.

한 마디로 테크늄은 기계, 방법, 가공 과정 전체를 포괄하는 뜻을 지닌 독일어 테히닉(technik)과 비슷하다. 또 테크늄은 프랑스 어 명사인 테크니크(technique)와도 관계가 있다. 프랑스 철학자들은 테크니크를 도구의 사회와 문화라는 뜻으로 썼다.[10] 하지만 그 두 용어는 내가 테크늄의 본질적 특성이라고 여기는 것을 포착하지 못한다. 즉 자기 강화적인 창조 시스템이라는 개념을 말이다. 도구와 기계와 개념으로 이루어진 우리 시스템은 진화의 어느 시점에서 되먹임 고리들과 복잡한 상호작용이 너무나 빽빽해지면서 약간의 독립성을 낳게 되었다. 그것은 일종의 자율성(autonomy)을 발휘하기 시작했다.

기술의 독립성이라는 이 개념은 처음에는 이해하기가 쉽지 않다. 우리는 애초에 기술을 하드웨어 더미로, 그다음에는 우리 인간에게 전적으로 의존하는 불활성인 것으로 생각하도록 배웠다. 이 견해에 따르면 기술은 그저 우리가 만들어 낸 무엇이다. 우리가 없으면 기술은 더 이상 존재하지 않는다. 그것은 그저 우리가 원하는 무엇이다. 그리고 그것은 내가 이 탐구에 나설 때 믿었던 것이기도 하다. 하지만 기술적 창안 시스템 전체를 살펴보면 볼수록, 나는 그것이 강력하고 자기 생성적이라는 점을 더욱더 실감하게 되었다.

기술은 열광자뿐 아니라 적도 많으며, 그 적들은 테크늄이 어떤 식으로든 자율적이라는 개념에 강력하게 반대한다. 그들은 기술이 우리가 허용해 준 일만 한다는 믿음을 고수한다. 이 견해에 따르면, 기술의 자율성이라는 개념은 그저 기술 옹호자들의 소망을 반영한 생각일 뿐이다. 하지만 나는 정반대의 관점을 받아들인다. 1만 년에 걸친 느린 진화와 200년에 걸친 믿어지지 않을 정도로 복잡다단한 발전을 거친 끝에 테크늄은 독자적인 존재로 성숙하고 있다. 자기 강화하는 과정들과 부분들로 이루어진 자체 유지되는 테크늄의 망은 자율성의 가시적인 척도를 제공해 왔다. 테크늄은 예전에는 그저 우리가 지시한 대로 따라할 뿐인 낡은 컴퓨터 프로그램처럼 단순했을지 모르지만, 지금은 이따금 자신의 충동을 따르곤 하는 아주 복잡한 생물과 더 흡사해져 있다.

좋다, 아주 시적이긴 한데, 테크늄의 자율성을 보여 주는 증거가 과연 있나? 나는 있다고 생각하지만, 그것은 자율성을 어떻게 정의하느냐에 달려 있다. 우리가 세상에서 가장 애지중지하는 자질들은 사실 경계가 극도로 애매모호하다. 생명, 마음, 의식, 질서, 복잡성, 자유의지, 자율성은 모두 역설적이고 미흡한 여러 가지 정의를 지닌 용어들이다. 생명이나 마음, 혹은 의식이나 자율성이 시작되고 끝나는 지점이 정확히 어디인지 의견이 일치한 사례는 없다. 우리는 잘해야 그런 상태들이 단순히 있다와 없다라는 이

진법으로 나타낼 수 있는 것이 아니라는 데 동의할 수 있을 뿐이다. 그것들은 연속선상에 존재한다. 그렇다. 인간은 마음을 지니며, 개도, 생쥐도 지닌다. 물고기는 작은 뇌를 지니므로, 그도 작은 마음을 지닐 것이 분명하다. 그것이 훨씬 더 작은 뇌를 지닌 개미도 마음을 지닌다는 의미일까? 마음을 지니려면 얼마나 많은 뉴런이 필요할까?

자율성도 비슷하게 연속선상에 놓인다. 막 태어난 야생동물은 태어난 그날에 스스로 일어나 달릴 것이다. 하지만 처음 몇 해 동안 엄마가 없으면 죽는 사람의 아기가 자율적인 존재라고 말하기는 어렵다. 어른조차도 100퍼센트 자율적이지는 않다. 우리는 우리 창자에 살면서 음식의 소화나 독소의 분해를 돕는 다른 종들(대장균 같은)에 의지하기 때문이다. 사람이 완전히 자율적이지 않다면, 무엇이 자율적일까? 생물이나 시스템이 완전히 독립적이어야만 반드시 어느 정도 자율성을 보일 수 있는 것은 아니다. 모든 종의 아기가 그렇듯이, 그것은 극히 미미한 자율성에서 시작하여 점점 더 독립성을 획득할 수 있다.

그렇다면 자율성을 어떻게 검출할 수 있을까? 우리는 어떤 실체가 자기 수선, 자기 방어, 자기 유지(에너지 확보, 노폐물 배출), 목표의 자기 통제, 자기 개선이라는 형질 중 어느 하나를 드러낸다면 자율적이라고 말할 수 있을 것이다. 물론 이 모든 형질들이 지닌 공통점은 어느 수준에 이르면 자아가 출현한다는 점이다. 테크늄에서 이 모든 형질을 다 보여 주는 시스템은 없지만, 그중 일부를 보여 주는 사례는 많다. 자율적인 무인 항공기는 자동 항법을 하면서 몇 시간 동안 공중에 떠 있을 수 있다. 하지만 스스로 수선하지는 못한다. 통신망은 스스로 수선할 수 있다. 하지만 자가 증식할 수는 없다. 컴퓨터 바이러스는 자가 증식하지만, 스스로 개선하지는 못한다.

우리는 지구 전체를 감싸는 드넓은 통신망의 깊숙한 곳에서도 배아 단계에 있는 기술적 자율성의 증거를 찾아낸다. 테크늄은 단일한 거대 규모 컴퓨팅 플랫폼(computing platform)을 이룬 17경에 달하는 컴퓨터 칩들을 포함한다.[11] 현재 이 지구 규모의 망에 든 트랜지스터의 총 개수는 당신의 뇌에 있는 뉴런의 수와 거의 맞먹는다. 그리고 이 망에 있는 파일들 사이의 연결 수(전 세계 웹페이지 사이의 링크 수를 생각해 보라.)는 당신 뇌에 있는 시냅스 연결의 수와 거의 맞먹는다. 따라서 점점 커지는 행성 전자막은 이미 인간 뇌의 복잡성에 상응하는 수준이다. 그것은 30조 개의 인공 눈(휴대전화와 웹캠)을 끼고 있고,[12] 14킬로헤르츠(거의 들리지 않는 고음의 소리)의 윙윙거리는 속도로 키워드 검색을 처리하며,[13] 현재 세계 전기의 5퍼센트를 소비하는 대단히 큰 고안물이다.[14] 컴퓨터 과학자들은 그 안을 흐르는 트래픽의 대규모 강들을 살펴볼 때, 각 비트의 근원을 하나하나 다 밝혀내지 못한다. 매순간 어느 비트는 잘못 전달되며, 그런 돌연변이는 대부분 해킹, 기계 고장, 회선 손상 같은 파악 가능한 원인 탓으로 돌릴 수 있지만, 연구자들은 몇 퍼센트는 어떤 식으로든 스스로 변한 것이라고 본다. 다시 말해 테크늄이 전달하는 것 중에는 사람이 만든 노드에서 나온 것이 아니라 시스템 전체에서 기원한 것이 일부 있다.[15] 테크늄이 자기 자신에게 속삭이고 있는 것이다.

   테크늄망을 흐르는 정보를 더 깊이 분석하면 정보가 조직되는 방식이 서서히 변하고 있음이 드러난다. 한 세기 전의 전화망에서는 메시지가 수학자들이 무작위성과 관련짓는 패턴을 띠고 망 전체로 분산되었다. 하지만 지난 10년 사이에 비트의 흐름은 자기 조직적인 계에서 나타나는 패턴과 통계적으로 더 비슷해졌다. 한 가지 특징은 지구의 망이 프랙털 패턴이라고도 하는 자기 유사성을 보인다는 것이다. 우리는 가까이서 보나 멀리서 보나 비슷해 보이는 나뭇가지들의 모습 같은 것을 이런 프랙털 패턴에서 본다. 오늘날 메시지는 자기 조직화하는 프랙털 패턴을 보이며 지구의 전기통신망을 통해 분산되어 전달된다.[16] 이것이 자율성을 입증하는 것은 아니다. 하지만 자율성은 그것이 입증되기 훨씬 이전에 자명해질 때가 종종 있다.

우리는 테크늄을 창조했기에, 그것에 영향을 끼치는 것이 우리 자신뿐이라고 보는 경향이 있다. 하지만 우리는 모든 시스템이 자체 추진력을 생성한다는 것을 서서히 터득해 왔다. 테크늄은 인간 마음의 생성물이므로, 생명의 생성물이기도 하며, 더 확장하면 처음에 생명을 빚어낸 물리적 및 화학적 자기 조직화의 생성물이기도 하다. 테크늄은 인간의 마음뿐 아니라 고대 생명 및 기타 자기 조직적인 계와 공통의 뿌리를 지닌다. 그리고 마음이 인지를 관장하는 원리들뿐 아니라 생명과 자기 조직화를 관장하는 법칙들에도 복종해야 하는 것처럼, 테크늄도 마음, 생명, 자기 조직화의 법칙에 복종해야 한다. 물론 인간의 마음에도 복종해야한다. 따라서 인간의 마음은 테크늄에 미치는 여러 영향력 중 하나일 뿐이다. 더 나아가 가장 약한 영향력일지도 모른다.

테크늄은 우리가 원하여 그것에 설계해 넣는 것과 우리가 그것에게 시키려는 것을 원한다. 하지만 테크늄도 그런 욕구들 외에 나름대로 원하는 것이 있다. 깊이 상호 연결된 대형 시스템이 대부분 그렇듯이, 그것은 스스로를 분류하고 계층 구조로 자기 조직화하고 싶어 한다. 또 테크늄은 모든 살아 있는 계가 원하는 것을 원한다. 즉 스스로를 영속시키기를, 자신을 계속 유지하기를 원한다. 그리고 테크늄이 성장함에 따라 이런 본연의 욕구는 복잡성과 힘을 얻는다.

이런 주장이 기이하게 들리리라는 것을 나도 잘 안다. 그것은 마치 분명히 인간이 아닌 무언가를 인간화하려는 듯하다. 어떻게 토스터가 무언가를 원할 수 있단 말인가? 무생물에 너무 많은 의식을 할당하고, 그럼으로써 그들이 지닌 것, 아니 지녀야 할 것보다 더 많이 그들에게 우리를 지배할 힘을 주는 것은 아닐까?

이것은 타당한 의문이다. 하지만 '원하다'는 인간만의 것이 아니다. 당신의 개는 원반을 갖고 놀기를 원한다. 당신의 고양이는 긁어 주기를 원한다. 새는 짝을 원한다. 벌레는 습기를 원한다. 세균은 먹이를 원한다. 단세포 미생물의 원함은 당신이나 나의 원함보다 덜 복잡하고 덜 벅차며 수량도 덜 하지만, 그래도 모든 생물은 몇 가지 근본적인 욕구를 공통으로 지닌다. 바로 생존하려는, 성장하려는 욕구다. 모든 생물은 이런 '원함'에 이끌린다. 원생생물의 원함은 무의식적이고 불명료한 것이다. 즉 충동이나 성향에 더 가깝다. 세균은 자신의 욕구를 전혀 의식하지 못한 채 양분을 향해 나아가는 경향을 보인다. 세균은 흐릿한 방식으로 저쪽이 아니라 이쪽으로 향함으로써 자신의 원함을 충족시키기를 택한다.

테크늄에서 원함은 신중한 결정을 뜻하는 것은 아니다. 나는 테크늄이 의식적이라고 믿지 않는다.(이 시점에서는.) 그것의 기계적인 원함은 심사숙고가 아니라 성향이다. 학습, 충동, 궤적이다. 기술의 원함은 욕구, 즉 무언가를 향한 강박적 충동에 더 가깝다. 해삼이 짝을 찾아 무의식적으로 떠다니는 것처럼. 구성 부분들 사이에 영향을 미치는 무수한 회로들과 그 영향을 증폭하는 무수한 관계들은 테크늄 전체를 특정한 무의식적인 방향으로 밀어 댄다.

기술의 원함은 때로 추상적이거나 수수께끼처럼 보일 수 있지만, 요즘은 이따금 그것이 눈앞에 펼쳐지기도 한다. 최근에 스탠퍼드 대학교에서 그리 멀지 않은 녹음이 우거진 교외 지역의 윌로 개러지(Willow Garage)라는 신설 기업을 방문한 적이 있다. 연구용 첨단 로봇을 만드는 회사다. 가장 최신 제품은 PR2라는 개인용 로봇이다. 키는 어른의 가슴 높이이며, 네 바퀴로 움직이고, 5개의 눈과 2개의 육중한 팔이 있다. 팔을 잡아 보면 관절 부위가 뻣뻣하지도 흐느적거리지도 않는다. 마치 팔이 살아 있는 양 부드럽게 손을 내맡기면서 유연하게 반응한다. 좀 섬뜩한 느낌이다. 하지만 로봇은 당신의 손만큼이나 섬세하게 물건을 쥔다. 2009년 봄 PR2는 건물 안에 설치된 장애물에 부딪히지 않은 채 42.195킬로미터 마라톤 트랙을 완주했다. 로봇계에서 이것은 엄청난 성취다. 그러나 PR2의 가장 놀라운 성취는 전기 콘센트를 찾아 알아서 플러그를 꽂는 능력이다. PR2는 스스로 전력을 찾도록 프로그램되어 있지만, 그것이 콘센트를 찾아 가는 구체적인 경로는 장애물을 피해 나아갈 때 출현한다. 그래서 배가 고파지면, 로봇은 전지를 충전하기 위해 건물에 있는 12개의 전기 소켓 중 하나를 찾아 나선다. 로봇은 한 손으로 자신의 전기 플러그를 쥐고 레이저와 광학 눈을 이용하여 소켓에 맞는 위치에 가져가서, 작은 나선을 그리면서 소켓을 부드럽게 탐지하여 정확한 구멍을 찾아낸 뒤 플러그를 거기에 밀어 넣는다. 그런 뒤 2시간 동안 전력을 빨아들인다. 그 소프트웨어가 완벽해질 때까지 몇 가지 예치 않은 '원함'이 출현했다. 한 로봇은 전지가 다 충전된 뒤에도 계속 플러그를 꽂기를 갈망했고, 한번은 마치 건망중이 있는 자동차 운전자가 주유 호스를 빼지 않은 채 그대로 주유소에서 빠져나오는 것처럼, 플러그를 뽑지 않은 채 전선을 질질 끌면서 자리를 떴다. 로봇의 행동이 더 복잡해질수록 그것의 욕구도 복잡해질 것이다. PR2가 배가 고플 때 당신이 그 앞에 서면, 로봇은 당신에게 해를 입히지 않을 것이다. 로봇은 뒤로 물러났다가 돌아서 콘센트를 찾을 수 있는 길로 나아갈 것이다. 로봇은 의식이 없지만, 그것과 콘센트 사이에 서면 당신은 로봇이 무엇을 원하는지 뚜렷이 느낄 수 있다.

우리 집 밑 어딘가에는 개미집이 있다. 그냥 놔두면(물론 우리는 그냥 놔두지 않을 것이다.) 개미들은 우리 식료품 저장실에 있는 음식의 대부분을 가져갈 것이다. 우리 인간은 때로 억지로 맞설 때를 제외하고 자연에 복종하지 않을 수 없다. 우리는 자연의 아름다움에 굴복하지만, 이따금 칼을 꺼

내어 일시적으로 그것을 난도질하기도 한다. 자연계를 우리로부터 떼어 놓기 위해 옷을 짓고, 자연의 치명적인 질병에 맞서 접종할 백신을 만든다. 우리는 원기를 회복하기 위해 야생의 자연으로 달려가지만, 그럴 때 텐트를 가져간다.

테크늄은 이제 우리 세계에서 자연처럼 위대한 힘이며, 테크늄에 대한 우리의 반응도 자연에 대한 반응과 비슷해야 한다. 생명이 우리에게 복종하기를 요구할 수 없는 것처럼 기술이 우리에게 복종하기를 요구할 수 없다. 때로 우리는 기술의 인도에 따르고 기술이 주는 풍요라는 은혜를 받아야 하며, 우리 자신의 목적에 맞게 기술의 자연적인 경로를 구부리려고 해서는 안 된다. 테크늄이 요구하는 대로 전부 다 할 필요는 없지만, 이 힘에 맞서지 않고 그것과 함께 일하는 법을 배울 수는 있다.

그리고 그 일을 제대로 해내려면 먼저 기술의 행동을 이해할 필요가 있다. 기술에 어떻게 대응해야 할지 판단하려면 기술이 원하는 것이 무엇인지 파악해야 한다.

그것이 바로 오랜 여행 끝에 내가 내린 결론이다. 기술이 원하는 것에 귀를 기울임으로써, 나는 이 촘촘해지는 기술들의 그물 속에서 나를 인도할 기본 틀을 찾아냈다고 느낀다. 기술의 눈을 통해 우리 세계를 바라본 결과 기술의 더 큰 목적을 조망할 수 있었다. 그리고 기술이 원하는 것을 인식함으로써, 우리를 에워싼 기술의 어디에 위치해야 할지 판단할 때 생기는 갈등이 크게 줄어들었다. 이 책은 기술이 원하는 것에 관한 보고서다. 나는 사람들이 기술의 축복을 최대화하고 비용은 최소화할 나름의 방법을 찾아내는 데 이 책이 도움이 되기를 바란다.

1부

기원

2
우리 자신을 발명하다

기술이 어디로 향하는지 알려면, 그것이 어디에서 왔는지 알아야 한다. 그리고 그 일은 쉽지 않다. 테크늄의 역사를 거슬러 올라가면 갈수록, 그것의 기원은 더 멀리 물러나는 듯하다. 그러니 우리 자신의 기원에서 시작하기로 하자. 인류가 주로 자신이 만들지 않은 것들에 둘러싸여 살았던 선사시대로부터. 기술이 없던 시대에 우리의 삶은 어떠했을까?

이런 식의 질문이 지닌 문제점은 기술이 우리의 인간다운 모습보다 앞서 나타났다는 것이다. 인간보다 훨씬 오래전부터 다른 많은 동물들이 도구를 사용했다. 침팬지는 가느다란 풀줄기로 흰개미 둔덕에서 흰개미를 꾀어내는 데 쓸 사냥 도구를 만들었고(물론 지금도 만들어 쓴다.) 견과를 돌로 쳐서 깨 먹었다. 흰개미는 진흙으로 거대한 탑을 지어서 집으로 삼는다. 개미는 진딧물을 몰고 정원에서 곰팡이를 키운다. 새는 잔가지를 모아 엮어서 정교한 둥지를 짓는다. 그리고 일부 문어는 조개껍데기를 이동 주택으로 삼을 것이다. 마치 우리 몸의 일부인 양 쓰기 위해 환경을 굴복시키는 전략은 적어도 5억 년 전부터 있었다.

우리 조상들은 맨 처음 250만 년 전에 돌을 쪼아 긁개를 만들어서 자신의 날카로운 발톱으로 삼았다.[1] 약 25만 년 전 그들은 불로 요리하는 아니, 소화하기 쉽게 조리하는 엉성한 기술을 고안했다.[2] 요리는 보조 위장 역할을 한다. 즉 이빨과 턱 근육이 더 작아질 수 있게 하고 더 많은 종류의 음식을 먹을 수 있게 해 주는 인공 기관이다. 기술의 도움을 받는 사냥도 도구 없이 죽은 먹이를 찾아 헤매는 것 못지않게 오래된 것이다. 고고학자들은 10만 년 된 붉은사슴의 뼈에 박힌 나무 창과 말의 등뼈에 박힌 돌촉을 발견했다.[3] 그 뒤로 이 도구 사용 패턴은 죽 가속되기만 했다.

모든 기술, 즉 침팬지의 흰개미 낚시 작살과 사람의 낚시 작살, 비버의 댐과 사람의 댐, 몇몇 솔새의 매달린 둥지와 사람의 매단 바구니, 잎꾼개미의 정원과 사람의 정원은 모두 근본적으로 자연적이다. 우리는 제조 기술을 자연과 분리하고, 심지어 그것을 반자연적인 것으로까지 생각하는 경향이 있다. 오로지 기술이 자기 고향의 영향 및 힘과 맞설 정도로 성장했다는 이유 때문이다. 하지만 기원과 근본적인 면을 볼 때 도구는 우리의 삶만큼 자연적이다. 인간은 동물이다. 그 점은 논란의 여지가 없다. 하지만 인간은 동물이 아니기도 하다. 그 점도 논란의 여지가 없다. 이 모순되는 속성은 우리 정체성의 핵심에 놓여 있다. 마찬가지로 기술은 비자연적이다. 정의상 그렇다. 그리고 기술은 자연적이다. 더 폭넓은 정의상 그렇다. 이 모순도 인간 정체성의 핵심이다.

도구와 더 큰 뇌는 진화에서 독자적인 인류 계통의 출발점을 나타낸다. 최초의 단순한 석기는 그것을 만든 호미닌(인간다운 유인원)의 뇌가 현재 크기를 향해 커지기 시작한 바로 그 고고학적 시점에 나타났다. 따라서 호미닌은 250만 년 전 돌을 쪼개어 만든 거친 긁개와 자르개를 손에 쥔 채 지구에 등장했다. 약 100만 년 전, 이 뇌가 크고 도구를 휘두르던 호미닌은 아프리카를 벗어나 남유럽에 정착하여 그곳에서 (좀 더 큰 뇌를 지닌) 네안데르탈인으로 진화했다. 또 더 멀리 동아시아로 가서 그곳에서 (마찬가지로 더 큰 뇌를 지닌) 호모 에렉투스로 진화했다. 그 뒤로 수백만 년에 걸쳐 이 세 호미닌 계통은 진화했고, 아프리카에 남은 계통은 지금의 인류 형태로 진화했다.[4] 이 원인이 완전한 현생 인류가 된 시기가 정확히 언제인지는 물론 논란거리다. 20만 년 전이라고 말하는 사람도 있지만,[5] 가장 늦게 잡아도 10만 년 전이라는 데에는 논란의 여지가 없다. 10만 년 이전에 인류는 또 하나의 문턱을 넘어섰고, 그때부터 우리와 구분이 안 되는 외모를 지니게 되었다.[6] 그들 가운데 한 명이 해변에서 우리와 함께 거닐어도 우리는 이상하다는 것을 눈치채지 못할 것이다. 하지만 그들의 도구와 대부분의 행동은 친척인 유럽의 네안데르탈인 및 아시아의 에렉투스의 것과 구별할 수 없었을 것이다.

그 뒤로 5만 년 동안은 별 변화가 없었다. 아프리카 인류의 뼈대 구조는 이 기간에 변함없이 유지되었다. 그들의 도구도 그다지 진화하지 않았다. 초기 인류는 모서리가 날카로운 조잡한 돌을 써서 자르고 찌르고 뚫고 꿰뚫었다. 하지만 이 손에 쥐는 도구들은 용도가 정해져 있지 않았고, 위치나 시간에 따라 달라지지도 않았다. 이 시기(중석기시대)에 어느 호미닌이 언제 어디에서 이런 도구 중 하나를 집었는지에 상관없이, 그 도구는 네안데르탈인이나 에렉투스가 쥔 것이든 호모 사피엔스가 쥔 것이든 간에, 수만 킬로미터 떨어진 곳이나 수만 년 앞서 또는 뒤에 만들어진 도구와 비슷했을 것이다. 간단히 말해 호미닌에게는 혁신이 없었다. 생물학자 제레드 다이아몬드의 말마따나, "뇌가 컸음에도, 무언가가 빠져 있었다."[7]

그러다가 약 5만 년 전, 그 빠져 있던 것이 출현했다. 아프리카에서 초기 인류의 몸은 변하지 않은 반면, 그들의 유전자와 마음은 눈에 띄게 달라졌다. 처음으로 호미닌은 착상과 혁신으로 가득해졌다. 이 새로운 활력으로

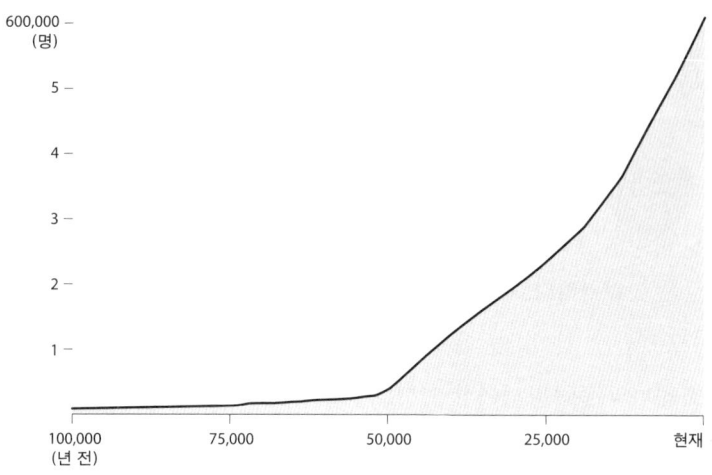

선사시대 인류 집단의 폭발적 증가.[8] 약 5만 년 전에 시작된 첫 인구 폭발의 시뮬레이션.

충만한 현대 인류, 즉 사피엔스(더 이전의 호모 사피엔스 집단과 구별하기 위해 이 용어를 쓸 것이다.)는 조상 대대로 살던 고향 동아프리카를 벗어나 새 지역들로 퍼졌다. 그들은 초원에서부터 퍼져 나갔고, 아프리카에 몇 만 명이 살던 수준에서 1만 년 전 농경이 시작되기 직전에는 전 세계에 약 800만 명으로, 비교적 짧은 기간에 폭발적으로 늘어났다.[9]

사피엔스가 지구 전역으로 행군하여 모든 대륙(남극 대륙을 제외한)에 정착한 속도는 경이롭다. 그들은 5000년 사이에 유럽을 뒤덮었다. 다시 1만 5000년이 흐르자 아시아 가장자리에 도달했다.[10] 사피엔스 부족들이 유라시아에서 현재의 알래스카를 잇는 육지 다리를 일단 건너자, 그들이 신세계 전체를 뒤덮는 데는 몇천 년밖에 걸리지 않았다.[11] 사피엔스가 얼마나 거침없이 나아갔던지, 다음 3만 8000년 사이에 그들은 평균 연간 2킬로미터씩 퍼졌다. 사피엔스는 도달할 수 있는 가장 먼 곳에 이르기까지 계속 나아갔다. 남아메리카의 땅 끝까지. 아프리카에서 '대약진'을 시작한 지 1500세대도 지나기 전에, 호모 사피엔스는 모든 유형의 생물군계와 모든 분수계에 사는, 지구 역사상 가장 널리 분포한 종이 되었다. 사피엔스는 지구 역사상 가장 침략적인 외래종이었다.

오늘날 사피엔스의 점유 범위는 우리가 아는 모든 대형 종의 점유 범위를 초월한다. 눈에 보이는 종 가운데 호모 사피엔스보다 지리적, 생물학적으로 더 많은 생태 지위를 차지하는 것은 없다. 사피엔스는 늘 급속도로 진출했다. 제레드 다이아몬드는 겨우 몇 가지 도구를 든 채 "마오리 족의 조상들이 뉴질랜드에 도착한 뒤 가치 있는 돌 공급원을 모두 발견하기까지 채 한 세기도 걸리지 않았다. 세계에서 가장 험준한 지형에 속한 곳에서 마지막 남은 모아까지 깡그리 몰살하는 데는 그로부터 몇 세기밖에 걸리지 않았다."라고 썼다.[12] 이런 갑작스러운 지구적 팽창에 이어서 수천 년에 걸쳐 안정적인 생활이 지속된 것은 한 가지 덕분이었다. 바로 기술 혁신이다.

사피엔스는 분포 범위를 확장하면서, 동물의 뿔과 엄니를 창과 칼로 개조했다. 동물의 무기를 자신에게 향하도록 교묘하게 전환한 것이다. 그들은 이 문턱을 넘은 5만 년 전에 최초의 예술품인 작은 상을 조각했고, 조개껍데기로 최초의 장신구인 구슬을 만들었다. 인류는 오랫동안 불을 사용해왔지만, 최초로 화덕과 주거 구조물이 발명된 것도 이 무렵이다. 희귀한 조개껍데기, 각암, 부싯돌의 교역도 시작되었다. 거의 같은 시기에 사피엔스는 낚싯바늘과 그물, 가죽을 기워 옷을 만드는 데 쓰는 바늘을 발명했다. 그들은 가죽옷을 입힌 시신을 무덤에 매장했다.[13] 이 시기에 만들어진 몇몇 토기 잔해들에는 올이 성긴 천과 그물의 자국이 찍혀 있다.[14] 같은 시기에 동물 덫도 발명했다. 그들의 쓰레기장에서는 발이 없는 작은 털북숭이 동물들의 뼈 무더기가 나온다. 오늘날 덫 사냥꾼들도 같은 방식으로 작은 동물들의 가죽을 벗긴다. 발에 붙은 가죽은 그대로 남긴 채 발을 잘라 내는 식이다. 예술가들은 벽에 털가죽 옷을 입고서 화살이나 창으로 동물을 잡는 사람을 그렸다. 중요한 점은 네안데르탈인과 에렉투스의 엉성한 도구와 달리, 이 도구들은 장소마다 양식과 기술적인 세세한 부분이 달랐다는 것이다. 사피엔스는 이미 혁신을 이루기 시작했다.

사피엔스는 따뜻한 옷을 만드는 마음의 능력에 힘입어 북극권 지역을 열어 젖혔고, 낚시 도구의 발명은 세계, 특히 큰 사냥감이 적은 열대 지역의 해안과 강을 열어 젖혔다. 그들은 혁신 덕분에 새로운 기후에서 폭넓게 번성할 수 있었지만, 특히 혁신을 이끈 것은 추위와 그 독특한 생태였다. 역사시대 수렵채집인 부족들은 집이 더 고위도에 있을수록 더 복잡한 '기술 단위들'이 필요했다.(혹은 그런 것들을 발명해 왔다.) 북극권에서 해양 포유류를 사냥하려면 강에서 연어를 사냥하는 것보다 상당히 더 정교한 도구를 써야 했다. 사피엔스는 도구를 빠르게 개량하는 능력 덕분에 유전적 진화가 허용하는 것보다 훨씬 더 빠른 속도로 새 생태 지위에 적응할 수 있었다.

사피엔스는 빠르게 지구 전체로 진출하면서 사촌인 네안데르탈인을 비롯하여 지구에 공존하고 있던 몇몇 호미닌 종들을 대체했다.(상호 교배를 했거나 그렇지 않았을 수도 있다.) 네안데르탈인은 수가 많았던 적이 없다. 한 시점에 인구는 1만 8000명에 불과했을 것이다.[15] 네안데르탈인은 수만 년에 걸쳐 유일한 호미닌으로서 유럽을 지배했지만, 도구를 지닌 사피엔스가 들어오자 100세대도 안 되는 짧은 기간에 사라졌다. 역사로 보면 눈 깜박할 시간이다. 인류학자 리처드 클라인(Richard Klein)의 말마따나, 지질학 관점에서는 거의 한순간에 일어난 일이었다. 고고학 기록에 중간 단계 같은 것도 전혀 없었다. 클라인은 말한다. "어느 날 네안데르탈인이 있었는데, 다음날이 되자 크로마뇽인[사피엔스]이 있었다." 화석 기록에 사피엔스 지층은 언제나 위에 놓였고, 뒤집힌 사례는 단 한 건도 없다. 그렇다고 반드시 사피엔스가 네안데르탈인을 살육했다는 의미는 아니다. 인구학자들은 번식 유효성(더 많은 종류의 고기를 집으로 가져오는 사피엔스의 능력에 주어지는 합리적인 기댓값)이 단 4퍼센트만 차이 나도 수천 년이면 번식률이 낮은 쪽 종이 사라질 수 있다고 계산한다. 자연의 진화에서 이 수천 년이라는 멸종 속도의 선례가 없는 것은 아니다. 유감스럽게도 그것은 인류가 일으키게 될 급속한 멸종의 첫 번째 사례였을 뿐이다.

지금 21세기의 우리에게 명확히 보이듯이, 네안데르탈인에게도 분명 새롭고 거대한 무엇이 출현했음이 명확히 보였을 것이다. 그것은 생물학적이자 지질학적인 새로운 힘이었다. 많은 과학자들(리처드 클라인, 이언 태터솔, 윌리엄 캘빈 등)은 5만 년 전에 일어난 '무엇'이 언어의 발명이라고 생각한다. 이 시기에 이르렀을 때 호미닌은 이미 영리했다. 아마도 지나치게 영리한 원숭이처럼 그들은 시행착오 방식으로 엉성한 도구를 만들고 불을 다룰 수 있었다. 아프리카 호미닌의 뇌 크기는 이미 증가하고 신체 자세도 변화한 상태였지만, 진화는 뇌 안에서 계속 일어나고 있었다. 클라인은 말한다. "5만 년 전에 일어난 일은 사람의 운영 체제에 일어난 변화였다. 아마 어떤 점 돌연변이 하나가 뇌의 회로 배선 방식에 영향을 미쳐서 언어, 즉 우리가 오늘날 이해하고 있는 빠르게 생산되는 분절 언어가 가능해졌을 것이다."[16] 네안데르탈인 및 에렉투스는 더 큰 뇌를 얻은 반면, 사피엔스는 뇌 회로를 재배선했다. 언어는 네안데르탈인의 것과 비슷했던 사피엔스의 마음에 변화를 일으킴으로써 사피엔스의 마음이 처음으로 목적과 생각을 갖고 발명을 할 수 있도록 했다. 철학자 대니얼 데닛(Daniel Dennett)은 우아한 언어로 찬미한다. "마음 설계의 역사에서 언어의 발명만큼 중요하고 높이 상승한 단계는 없었다. 호모 사피엔스는 이 발명의 수혜자가 되자, 지상의 다른 모든 종 너머로 저 멀리 쏘아 보낼 새총에 올라섰다."[17] 언어의 창조는 인간 최초의 특이점이었다. 그것은 모든 것을 바꾸었다. 언어 이후의 삶은 그 이전의 삶을 산 인류는 상상도 할 수 없는 것이었다.

언어는 의사소통과 협동을 허용함으로써 학습과 창작을 촉진한다. 새로운 착상은 남들이 스스로 발명해야 하는 상황이 되기 전에 누군가가 그것을 설명하고 전달할 수 있다면 더 빨리 전파될 수 있다. 하지만 언어의 주된 이점은 의사소통이 아니라 자기 생성이다. 언어는 마음이 자신에게 질문을 할 수 있도록 하는 비결이다. 즉 마음이 무엇을 생각하는지를 마음에게 보여 주는 마법 거울이다. 마음을 도구로 바꾸는 손잡이다. 자의식과 자기 준거라는, 요리조리 빠져나가는 목적 없는 활동을 파악함으로써 언어는 마음을 새로운 착상의 샘으로 삼을 수 있다. 언어의 대뇌 구조가 없었다면, 우리는 자신의 마음 활동에 접근할 수 없었다. 우리는 분명히 지금과 같은 식으로 생각할 수 없었다. 우리 마음이 이야기를 할 수 없다면, 우리는 의식적으로 이야기를 창작할 수도 없다. 그저 우발적으로 창작할 수 있을 뿐이다. 자신과 소통할 수 있는 조직화 도구로 마음을 길들이기 전까지, 우리는 서사 없이 떠도는 생각만 지니고 있다. 그것은 야생의 마음이다. 곧 도구 없는 영리함이다.

사실 소수이긴 하지만 언어를 촉발한 것이 기술이라고 믿는 과학자들이 있다. 죽일 수 있을 정도의 힘으로 움직이는 동물을 강타하도록 돌이나 막대기 같은 도구를 던지려면 호미닌의 뇌에서 진지한 연산이 이루어질 필요가 있다. 초를 가르는 짧은 순간에 실행되는 정확한 신경 명령들이 던질 때마다 연달아 길게 이어져야 한다. 하지만 공중에 있는 나뭇가지를 움켜쥐는 법을 계산하는 것과 달리, 돌이나 막대기를 던질 때에는 뇌가 동시에 몇 가지 대안을 계산해야 한다. 동물이 속도를 빨리할지 늦출지, 높이 겨냥할지 낮게 겨냥할지 등등. 그런 뒤 마음은 실제로 던지기 전에 결과들을 이끌어 가능한 최상의 던지기가 어느 것인지 저울질해야 한다. 이 모든 것이 몇 밀리초 내에 이루어진다. 신경생물학자 윌리엄 캘빈(William Calvin) 같은 과학자들은 뇌가 빠르게 던지기 시나리오를 다중 처리할 힘을 지니는 쪽으로 일단 진화하자, 이 던지기 절차를 빠르게 이어지는 개념들의 사슬을 다

중 처리하는 데 동원했다고 믿는다.[18] 뇌는 막대기 대신 단어를 던졌다. 따라서 이런 기술의 재활용 혹은 재목적화가 원시적이지만 유용한 언어가 된 것이다.

언어라는 다면적인 재능은 퍼져 나가는 사피엔스 부족들에게 새로운 생태 지위를 많이 열어 주었다. 사촌인 네안데르탈인과 달리, 사피엔스는 점점 더 다양해지는 사냥감을 사냥하거나 덫으로 잡고 점점 더 다양해지는 식물을 채집하고 가공하는 데 알맞게 도구들을 금방 개량할 수 있었다. 네안데르탈인의 식량이 몇 가지에 한정되어 있었다는 증거가 있다. 네안데르탈인의 뼈를 조사해 보면 물고기에 들어 있는 지방산들이 없다는 점과 그들의 주식이 고기였다는 사실이 드러난다.[19] 하지만 아무 고기나 먹은 것은 아니다. 털매머드와 순록이 그들 식단의 절반 이상을 차지했다. 네안데르탈인의 사멸은 대규모 무리를 이루었던 이 거대동물의 사멸과 관련이 있을지도 모른다.

사피엔스는 먹이의 폭이 넓은 잡식성 수렵채집인으로서 번성했다. 수만 년에 걸쳐 인류 계통이 끊기지 않고 이어졌다는 것은 몇 개의 도구가 자손을 생산할 만큼 충분히 영양분을 제공한다는 점을 입증한다. 우리가 지금 여기 있는 것은 수렵과 채집이 과거에 잘 이루어졌기 때문이다. 역사시대에 산 수렵채집인들의 식단을 분석한 자료들은 미국 식품의약청이 그들만 한 체구의 사람들에게 권고하는 수준의 열량을 그들이 충분히 확보할 수 있었음을 보여 준다. 예를 들어 인류학자들은 역사시대의 도베 족이 하루에 평균 2,140칼로리를 모은다는 것을 알았다. 피시크릭 족은 2,130칼로리, 헴플베이 족은 2,160칼로리였다.[20] 식단은 알뿌리, 야채, 과일, 고기로 다양했다. 쓰레기장의 뼈와 꽃가루를 조사한 자료를 토대로 볼 때, 초기 호모사피엔스도 그러했다.

철학자 토머스 홉스는 야만인(그가 가리킨 것은 사피엔스 수렵채집인이었다.)의 삶이 "역겹고 야만적이고 짧았다."라고 주장했다. 하지만 초기 수렵채집인의 수명이 짧았고 때로 역겨운 전쟁을 벌이곤 했던 것도 사실이지만, 야만적이지는 않았다. 빈약한 10여 종의 원시적인 도구를 갖고서도 인류는 온갖 환경에서 살아남기에 충분한 식량, 의복, 주거지를 확보했을 뿐 아니라, 이런 도구와 기법 들은 그런 일을 하는 한편으로 어느 정도의 여가도 즐길 수 있게 해 주었다. 인류학 연구 자료에 따르면 현대의 수렵채집인들이 온종일 사냥과 채집만 하는 것은 아니다. 인류학자 마셜 샐린스(Marshall Sahlins)는 수렵채집인이 필요한 식량을 마련하는 자질구레한 일에 하루 중 서너 시간만 쓴다고 결론지었다. 그는 그 시간이 짧다고 해서 '은행 업무 시간'이라고 이름 붙였다. 이 놀라운 연구 결과를 뒷받침하는 증거는 논란의 여지가 있다.

더 다양한 자료를 토대로 할 때, 현대 수렵채집인 부족들의 더 현실적이면서 논란이 덜한 평균적인 식량 모으는 시간은 하루에 약 6시간이다. 평균은 일과가 날마다 큰 차이를 보인다는 사실에 어긋난다. 한두 시간 선잠을 자거나 온종일 잠만 자는 날도 드물지 않았다.[21] 외부 관찰자들은 채집인들의 일이 단속적인 특성을 지닌다고 거의 보편적으로 기록해 왔다. 채집인들은 한 주의 며칠 동안 연달아 식량을 모으는 일을 아주 열심히 한 뒤 나머지 날은 아예 손을 놓고 있을 수도 있다. 인류학자들은 이런 주기를 '구석기시대 리듬(Paleolithic rhythm)'이라고 말한다. 하루 이틀 일하고, 하루 이틀 쉬는 식이다. 야마나 족을 잘 아는(하지만 거의 모든 사냥꾼 부족에 적용될 수 있다.) 한 관찰자는 이렇게 썼다. "그들의 일은 가다 서다 하는 식에 더 가까우며, 이렇게 때때로 노력을 할 때 그들은 일정한 기간에 상당한 에너지를 쏟을 수 있다. 그런 뒤 몹시 피로하다는 기색이 전혀 없으면서도 그들은 아무 일도 하지 않은 채 누워서 이루 헤아릴 수 없이 오래 쉬려는 욕구를 드러낸다."[22] 구석기시대 리듬은 사실상 '포식자 리듬'을 반영한다. 동물 세계의 위대한 사냥꾼인 사자를 비롯한 대형 고양이류도 같은 생활 방식을 보여 준다. 즉 짧은 기간 지치도록 사냥을 한 뒤에 며칠 동안 빈둥거린다. 정의상 사냥꾼은 거의 사냥을 나가지 않으며, 먹이 획득에 성공하는 경우는 더 적다. 투자한 시간당 획득한 열량으로 측정했을 때, 원시 부족의 사냥 효율은 채집의 절반에 불과했다.[23] 따라서 고기는 거의 모든 수렵 문화에서 특별 대접을 받는다.

그리고 계절 변화도 있다. 모든 생태계는 채집자에게 '굶주리는 계절'을 안겨 준다. 이 늦겨울-초봄의 굶주리는 계절은 추운 고위도 지방에서 더 심각하지만, 열대 위도에서도 좋아하는 식량, 간식거리인 열매, 중요한 야생 사냥감을 얻을 가능성이 계절에 따라 변한다. 게다가 기후 변동도 있다. 즉 연간 패턴을 교란할 수 있는 가뭄, 홍수, 폭풍이 길게 이어지는 시기가 있다. 여러 날, 여러 계절, 여러 해에 걸쳐 일어나는 이런 큰 요동은 수렵채집인이 잘 먹을 때가 많이 있기도 하지만, 굶주리고 굶어 죽고 영양 부족에 시달리는 시기도 많다고 예상할 수 있다는, 그리고 실제로 일어날 수 있다는 의미다. 극심한 영양 부족에 시달리는 이런 상태에서 보내는 시간은 어린아이들에게 치명적이고 어른에게는 끔찍하다.

이 모든 열량 변동의 결과가 바로 모든 시간 규모에서 나타나는 구석기 시대 리듬이다. 중요한 점은 이렇게 '일'을 몰아서 하는 양상이 선택 사항이 아니라는 것이다. 식량 공급을 주로 자연계에 의지한다면, 더 많이 일한다고 해서 식량을 더 많이 얻는 것은 아니다. 당신이 두 배로 열심히 일한다고 해서 두 배로 많은 식량을 얻지는 못한다. 무화과가 익는 시간은 재촉할 수도 없고 정확히 예측할 수도 없다. 사냥감 무리가 도착하는 시간도 마찬가지다. 남는 식량을 저장하거나 그 자리에서 기르지 않는다면, 이동해야 식량을 얻을 수 있다. 수렵채집인은 생산을 계속하려면 자원이 고갈된 곳을 벗어나서 끊임없이 이동해야 한다. 하지만 부단히 이동하려 할 때, 잉여물과 도구는 걸음을 늦추게 마련이다. 현대의 여러 수렵채집인 부족들은 물건에 구애받지 않는 것이 미덕, 더 나아가 도덕이라고 여긴다. 당신은 아무것도 지니지 않는다. 대신에 필요한 것이 무엇이든 필요할 때 영리하게 만들거나 조달한다. 마셜 샐린스는 "모아 두려는 효율적인 사냥꾼은 자긍심을 대가로 치른다."[24]라고 말한다. 게다가 잉여 생산자는 여분의 식량이나 물품을 모든 이와 공유해야 하며, 이 때문에 잉여물을 생산하려는 동기가 줄어든다. 따라서 수렵채집인에게 식량 저장은 사회적으로 자멸하는 짓이다. 대신에 당신의 허기는 야생에서의 이동에 맞게 적응해야 한다. 가뭄이 지속되어 사고야자가 맺는 열매가 적어진다면, 작업 시간을 아무리 늘려도 식량 조달량은 늘어나지 않을 것이다. 따라서 수렵채집인은 먹는 데 보조를 맞춘다. 식량이 있으면 모두가 아주 열심히 일한다. 식량이 없을 때에도 아무 문제없다. 그들은 굶주린 채 모여 앉아서 이야기를 나눌 것이다. 이 지극히 합리적인 접근법을 부족의 게으름으로 오독하는 사례가 종종 있지만, 그것은 식량 저장을 환경에 의지한다면 사실상 논리적인 전략이다.

우리 문명 세계의 현대 일꾼들은 일에 대한 이 느긋한 접근법을 보면서 부러움을 느낄 수도 있다. 하루에 3~6시간은 여느 선진국의 대다수 어른이 노동에 쓰는 시간보다 훨씬 적다. 게다가 문명 세계에 동화된 수렵채집인들도 필요한 것이 있는지 물으면, 대부분 자신이 지닌 것 외에 그 이상은 원하지 않는다. 하나의 부족은 도끼 한 자루처럼, 인공물을 하나만 지닐 뿐 그 이상은 거의 원하지 않을 것이다. 그 이상 필요할 까닭이 없지 않을까? 필요할 때면 그것을 쓰거나, 아니 필요할 때 하나를 만들 가능성이 높다. 쓰고 나면 인공물은 보관하기보다는 버린다. 지니고 다니거나 보살펴야 할 여분의 것이 전혀 없는 방식이다. 수렵채집인에게 담요나 칼 같은 선물을 준 서양인들은 다음날 선물이 버려진 것을 보고 기분 나빠하곤 한다. 몹시 신기한 방식으로 수렵채집인은 궁극적인 일회용 문화 속에서 살아간다. 최상의 도구, 인공물, 기술은 모두 일회용이다. 손으로 지은 정교한 주거지조차 일시적인 것으로 여긴다. 씨족이나 가족이 여행을 할 때, 그들은 하룻밤을 지낼 집(대나무 오두막이나 이글루 같은)을 지었다가 다음날 아침 그것을 버릴 수도 있다. 여러 가족이 묵는 더 큰 주거지도 유지되기보다는 몇 년 뒤에 버려질 수 있다. 식량 터도 마찬가지다. 수확한 뒤에 버려진다.

이 간편하게 그때그때 조달하는 자족적이고 흡족한 방식에 감동을 받아 마셜 샐린스는 수렵채집인들의 사회를 '원형 풍요사회'라고 선언했다. 하지만 수렵채집인이 대부분의 날에 충분한 열량을 얻었고 계속 더 많은 것을 갈구하는 문화를 만들지는 않았지만, 그들이 '풍족함 없는 풍요(affluence without abundance)'를 지녔다는 것이 더 제대로 요약한 말일 수 있다. 원주민 부족들과의 수많은 역사적인 만남을 토대로, 우리는 그들이 항상은 아니더라도 종종 배고프다고 투덜거렸다는 것을 안다. 저명한 인류학자 콜린 턴불(Colin Turnbull)은 비록 음부티 족이 숲의 친절함을 종종 친미하곤 했어도[25] 이따금 배고프다고 투덜거렸다고 기록했다. 가끔 수렵채집인들의 불만은 식사 때마다 몽공고 열매 같은 탄수화물 음식만 계속 먹어야 한다는 것이었다. 그들이 부족하다거나 배가 고프다는 말을 할 때, 그것은 고기가 부족하고 지방에 굶주리고, 굶주리는 시기가 싫다는 의미였다. 그들이 지닌 소량의 기술은 대부분의 기간에 그들에게 충분함을 주었지만, 풍족함은 아니었다.

평균적인 수준의 충분함과 풍족함을 가르는 가느다란 선은 건강에 중요하다. 인류학자들은 현대 수렵채집인 부족들에게서 여성들의 총 출생률(임신이 가능한 연령대에 태어난 살아 있는 아기의 평균 수)을 측정했을 때, 그 비율이 상대적으로 낮다는 것을 알았다. 농경 사회는 아이가 6~8명인 반면 수렵채집인 부족은 총 약 5~6명이었다.[26] 이 낮은 출생률의 배후에는 몇 가지 요인이 있다. 아마도 고르지 못한 영양 공급 때문에 수렵채집인 소녀에게는 사춘기가 늦게, 16~17세에 찾아왔을 것이다.[27](현대 여성의 사춘기는 13세에 시작된다.) 이 뒤늦은 초경은 짧은 수명과 결합되어 육아 기간을 지연시키고 따라서 줄인다. 수렵채집인은 수유 기간이 대개 더 길며, 이 때문에 출산 간격은 더 벌어진다. 대다수 부족은 아이가 2~3세가 될 때까지 젖을 먹이고, 몇몇 부족은 6세까지도 젖을 빨린다.[28] 또 많은 여성은 깡마르고 활동적이며, 서구의 깡마르고 활동적인 여성 운동선수들처럼 생리가 불규칙하거나 없을 때가 종종 있다. 한 이론은 여성이 생식력 있는 난자를 만들려면 '임계 지방(critical fatness)'이 필요하다고 말하며, 많은 수렵채집인 여성은 적어도 한 해의 일부 시기에 지방이 부족하다. 식량 공급의 요동 때문이다. 그리고 물론 어느 지역에서든 사람들은 아이들의 터울을 늘리기 위해 금욕을 할 수 있으며, 수렵채집인도 그렇게 할 이유가 있다.

수렵채집인 부족의 유아 사망률은 심각한 수준이었다. 역사시대에 여러 대륙의 25개 수렵채집인 부족을 조사한 결과, 아이의 25퍼센트는 돌이 되기 전에 사망했고, 37퍼센트는 15세가 되기 전에 죽었다. 한 전통적인 수렵채집인 부족은 유아 사망률이 60퍼센트였다. 역사시대 부족들은 대부분 인구 증가율이 거의 0이었다. 수렵채집인 부족들을 조사한 로버트 켈리(Robert Kelly)는 "이동하던 부족이 정착하면 인구 증가율이 상승한다."는 것을 볼 때 이 정체가 명백하다고 말한다.[29] 모든 조건이 같을 때, 경작을 통한 식량의 지속적인 공급은 더 많은 사람을 먹여 살린다.

많은 아이들이 일찍 죽는 동안, 어른 수렵채집인들이라고 상황이 훨씬 좋았던 것은 아니다. 그들의 삶도 험난했다. 한 고고학자는 뼈에 가해진 스트레스와 베인 상처를 분석한 자료를 토대로, 네안데르탈인 몸의 상처 분포가 로데오 선수들에게 난 양상과 비슷하다고 했다. 화난 커다란 동물을 가까이 대면했을 때 얻을 수 있는 것과 같은 상처가 머리, 몸통, 팔에 많이 나 있었다.[30] 초기 호미닌의 유골 중에서 40세를 넘은 것은 없다. 극도로 높은 유아 사망률이 평균 기대수명을 줄이므로, 수명의 최대 한계가 40세에 불과하다면 평균 연령은 20세 이하였을 것이 거의 확실하다.

전형적인 수렵채집인 부족은 아주 어린아이가 거의 없고 노인도 전혀 없었다. 이 인구 구조는 역사시대에 온전히 남아 있던 수렵채집인 부족들을 만난 방문자들이 공통으로 받았던 인상을 설명해 줄지 모른다. 그들은 "모두 아주 건강하고 튼튼해 보였다."라고 말하곤 했다. 그것은 어느 정도는 부족민 대다수가 인생의 전성기인 15~35세 사이에 있었기 때문이기도 하다. 우리도 똑같은 젊은 인구 구조를 지닌 도심의 첨단 유행 지구를 들를 때 똑같은 반응을 보일지 모른다. 부족 생활은 젊은 어른들의, 젊은 어른들을 위한 생활양식이었다.

수렵채집인의 이 짧은 수명이 미친 주된 영향 가운데 하나는 무력할 정도로 조부모가 없다는 점이다. 여성이 17세쯤에서야 아이를 갖기 시작하고 삼십 대에 사망한다는 점을 생각할 때, 십 대가 되기 전에 부모를 잃는 아이들이 흔했을 것이다. 짧은 수명은 개인에게 불쾌한 일이다. 하지만 사회에도 마찬가지로 극도로 해롭다. 조부모가 없으면 지식, 그리고 도구 사용의 지식을 후대에 전수하기가 몹시 어려워진다. 조부모는 문화의 도관이며, 그들이 없으면 문화는 정체된다.

조부모뿐 아니라 언어도 없는 사회를 상상해 보자. 사피엔스 이전 시대의 인류처럼. 다음 세대들은 어떻게 학습했을까? 당신이 어른이 되기 전에 당신의 부모는 죽었을 것이고, 어쨌든 간에 그들은 당신이 성숙하지 않았을 때 보여 줄 수 있었던 것 외에는 그 무엇도 당신에게 전달할 수 없었다. 당신은 직접 접촉하는 동년배 무리 외에 그 바깥에 있는 사람에게서는 분명히 아무것도 배우지 못할 것이다. 혁신과 문화적 학습은 중단될 것이다.

언어는 생각이 합쳐지고 소통될 수 있게 함으로써 이 막힌 곳을 뚫었다. 혁신은 부화된 뒤 아이들을 통해 세대를 건너 전파될 수 있었다. 사피엔스는 더 나은 사냥 도구(몸무게가 가벼운 인간이 안전한 거리에서 거대하고 위험한 동물을 죽일 수 있게 해 준 투창 같은), 더 나은 낚시 도구(미늘이 달린 갈고리바늘과 덫), 더 나은 요리법(달군 돌을 써서 고기를 구울 뿐 아니라 야생 식물에서 더 많은 열량을 추출하는)을 얻었다. 그리고 그들은 언어를 쓰기 시작한 지 겨우 100세대 만에 이 모든 것을 획득했다. 더 나은 도구는 더 나은 영양을 뜻했고, 그것은 더 빠른 진화를 도울 수 있었다.

영양 상태가 약간 더 나아진 결과 장기적으로 수명이 꾸준히 증가했다. 인류학자 레이철 캐스퍼리(Rachel Caspari)는 500만 년 전부터 대약진 시기까지 유럽, 아시아, 아프리카의 호미닌 768명의 치아 화석을 연구했다. 그녀는 '현생 인류의 극적인 수명 증가'가 약 5만 년 전에 시작되었다고 판단했다.[31] 수명 증가로 조부모 육아가 가능해져서, 할머니 효과(grandmother effect)라는 것이 생겼다. 조부모의 의사소통을 통한 선순환이 이루어지면서 후대로 전달되는 점점 더 강력한 혁신들은 수명을 더욱 늘릴 수 있었고, 늘어난 수명은 새로운 도구를 발명할 시간을 더 많이 주었고, 새 도구는 인구를 늘렸다. 그뿐이 아니었다. 늘어난 수명은 "인구 증가를 더욱 자극하는 선택적 이점을 제공했다." 인구 밀도 증가가 혁신의 속도와 영향을 증가시켰고, 그 혁신은 늘어난 인구에 공헌했기 때문이다. 캐스퍼리는 현생 인류가 이룬 행동 혁신의 바탕에 놓인 가장 근본적인 생물학적 요인이 어른 생존 기간의 증가일 수 있다고 주장한다. 기술 획득을 가장 잘 측정할 수 있는 결과가 수명 증가인 것은 결코 우연의 일치가 아니다. 그것은 가장 중대한 것이기도 하다.

1만 5000년 전, 세계가 따뜻해지고 지구를 뒤덮었던 빙원이 물러나자 사피엔스 무리는 인구와 도구를 함께 늘렸다. 사피엔스는 모루, 도기, 복합 도구(손잡이에 여러 작은 부싯돌 조각을 끼운 것처럼, 여러 부속품으로 만든 복합 창 또는 자르개) 등 40종류의 도구를 썼다. 사피엔스는 여전히 주로 수렵채집인으로 살아갔지만, 선호하는 식량 지역을 돌보기 위해 돌아가면서 이따금 정주 생활을 했고, 각기 다른 생태계에 맞는 전문 도구도 개발했다. 북쪽 위도대의 매장지를 통해, 우리는 바로 이 시기에 의복도 일반적인 것(엉성한 튜닉)에서 모자, 셔츠, 재킷, 바지, 모카신 같은 분화한 물품들로 진화했음을 안다.[32] 이후 인간의 도구는 점점 더 분화를 거듭했다.

사피엔스 부족들의 다양성은 그들이 다양한 분수계와 생물군계에 적응함에 따라 폭발적으로 증가했다. 그들의 새 도구들은 자기 고장의 특수한 상황을 반영했다. 강가의 거주자들은 많은 그물을 만들었고, 스텝 지역 사냥꾼들은 많은 촉을 지녔고, 숲 거주자들은 많은 종류의 덫을 만들었다. 언어와 외모도 다양해지고 있었다.

하지만 그들은 여러 특징을 공유했다. 대다수 수렵채집인들은 평균 약 25명의 친척들로 이루어진 씨족끼리 모였다. 씨족은 계절 잔치판이나 야영지에 모여서 수백 명으로 이루어진 더 큰 부족을 형성하기도 했다. 부족의 한 가지 기능은 상호 혼인을 통해 유전자를 계속 이동시키는 것이었다. 집단은 드문드문 퍼져 있었다. 한 부족의 평균 인구 밀도는 추운 지방에서 1제곱킬로미터에 0.01명도 안 되었다. 모여서 좀 더 큰 부족을 이루는 200~300명이 당신이 평생에 걸쳐 만날 사람의 전부였다. 다른 사람들이 있다는 것을 의식하고 있을 수도 있다. 교역이나 물물교환을 통해 물품들이 300킬로미터를 여행할 수도 있었으니까. 교역 물품 중에는 내륙 거주자를 위한 해양 조개껍데기 같은 장신구와 구슬, 해안 거주자를 위한 숲의 깃털도 있었을 것이다. 이따금 얼굴을 치장하는 물감도 교환되었는데, 이런 물감은 벽이나 나무 조각상에도 칠할 수 있었다. 당신은 뼈 뚫개, 송곳, 바늘, 뼈 칼, 창에 달아 물고기를 낚는 뼈 낚시 바늘, 돌 긁개, 아마도 돌 다듬개 등 수십 가지 도구를 지니고 있었을 것이다. 칼날에는 등나무 덩굴이나 가죽끈으로 뼈나 나무 손잡이를 매달았을 것이다. 당신이 모닥불 옆에 웅크리고 앉아 있을 때면, 누군가가 북이나 뼈 피리를 연주했을 것이다. 당신이 죽으면 당신이 지녔던 얼마 안 되는 물건들도 함께 묻혔을 것이다.

하지만 이런 발전이 조화롭게 이루어졌다고 보지 말기를. 아프리카 바깥으로 원대한 행군에 나선 지 2만 년이 지나지 않아, 사피엔스는 당시 존재하던 거대동물상의 90퍼센트를 전멸시키는 데 한몫을 했다. 사피엔스는 활과 화살, 창, 절벽으로 몰기 같은 혁신을 통해 마스토돈, 매머드, 모아, 털코뿔소, 큰 낙타를 마지막 한 마리까지 없앴다. 근본적으로 네 다리로 걷던 모든 대형 단백질 꾸러미들을 없앤 셈이다. 지구에 살던 모든 대형 포유동물 속의 80퍼센트 이상이 1만 년 전까지 완전히 사라졌다. 북아메리카에서 어찌어찌하여 이 운명을 피한 종은 넷밖에 없었다. 아메리카들소, 말코손바닥사슴, 엘크, 카리부였다.

부족 사이의 폭력도 만연했다. 같은 부족에 속한 자들 사이에서는 아주 잘 먹히고 현대 관찰자들에게 부러움을 사기도 하는 조화와 협력이라는 규칙은 부족 바깥의 사람들에게는 적용되지 않았다. 오스트레일리아에서는 샘을 놓고, 북미 평원에서는 사냥터와 야생 벼 밭을 놓고, 북미 북서부 태평양 해안에서는 강과 해안선을 차지하기 위해 부족 사이에 전쟁이 벌어지곤 했다. 중재 체제나 더 나아가 지도자도 없이, 약탈한 물품이나 여성이나 부의 증표(뉴기니의 돼지 같은)를 둘러싼 소규모 접전은 대대로 이어지는 전쟁으로 비화될 수 있었다. 전쟁에 따른 사망률은 훗날의 농업 기반 사회에서보다 수렵채집 부족들에게서 다섯 배 더 높았다.('문명화한' 전쟁에서는 한 해에 인구의 0.1퍼센트가 죽은 반면, 부족 사이의 전쟁에서는 0.5퍼센트가 죽었다.)[33] 전쟁의 실제 사망률은 부족마다 지역마다 달랐다. 현대 세계에서처럼, 호전적인 부족 하나가 여러 부족의 평화를 깰 수 있기 때문이다. 일반적으로 떠돌이 부족일수록 더 평화적이었다. 충돌을 피해 그냥 떠날 수 있기 때문이다. 하지만 싸움이 벌어지면 격렬하게 죽기 살기로 싸웠다. 양

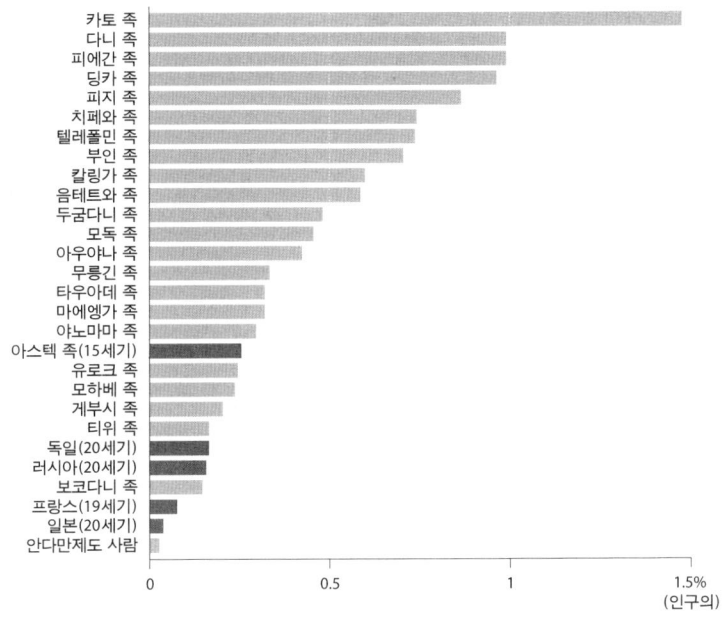

전쟁 사망률 비교.[34] 국가 이전 단계(옅은 회색 막대)와 현대 사회(짙은 회색 막대)의 인구에 대한 연간 전쟁 사망자 비율.

편의 전사 수가 거의 같을 때면, 원시 부족들은 대개 문명화한 군대를 능가한다. 켈트 족은 로마군을 무찔렀고, 투아레그 족은 프랑스군을 물리쳤고, 줄루 족은 영국군을 짓밟았고, 미국 군대가 아파치 족을 무찌르는 데는 50년이 걸렸다. 로런스 킬리(Lawrence Keeley)는 『문명 이전의 전쟁(War Before Civilization)』에서 초기 전쟁을 훑으면서 말한다.[35] "민족지학자들과 고고학자들이 발굴한 사실들은 선사시대 원시 전쟁이 역사시대의 문명화한 전쟁만큼 끔찍하고 효과적이었음을 여실히 보여 주었다. 사실 원시 전쟁은 문명국 사이의 전쟁보다 훨씬 더 치명적이었다. 전투의 빈도가 더 많고 더 잔인한 방식으로 수행되었기 때문이다. (……) 문명화한 전쟁 쪽이 양식화하고 의례화하고 비교적 덜 위험하다."

5만 년 전 언어 혁명이 일어나기 전, 세계에는 중요한 기술이 없었다. 그 뒤로 4만 년 동안, 태어난 모든 인간은 수렵채집인으로 살았다. 이 기간에 10억 명으로 추정되는 인류는 몇 가지 도구를 갖고 얼마나 멀리 갈 수 있는지 탐험에 나섰다.[36] 이 세계는 많은 기술이 없이도 '충분히' 제공했다. 인류에게는 여가와 흡족한 일이 있었다. 행복도. 석기 이외의 기술이 없는 상태에서, 자연의 리듬과 패턴은 직접적으로 와 닿았다. 자연은 당신의 굶주림을 지배했고 당신의 경로를 설정했다. 자연은 너무나 방대하고 너무나 윤택하고 너무나 가깝기에, 그것에서 떨어질 수 있는 사람은 거의 없었다. 자연 세계와 동조를 이루면 신성함을 느꼈다. 하지만 기술이 많지 않았기에 유아 사망이라는 비극이 늘 되풀이되었다. 사고, 전쟁, 질병은 당신의 수명이 평균적으로 가능한 길이의 절반에도 못 미친다는 것을 의미했다. 아마 당신의 유전자가 제공한 자연적인 수명의 4분의 1에 불과할지도 모른다. 굶주림은 늘 가까이 있었다.

하지만 가장 주목할 점은 중요한 기술이 없었기에, 당신은 여가 시간에 오로지 대대로 내려온 행위를 답습할 뿐이었다는 것이다. 새로운 무언가를 할 여지가 없었다. 당신 자신이 있는 협소한 범위 내에서는 이래라저래라 할 사람도 없었다. 하지만 당신 삶의 방향과 관심사는 낡디낡은 경로에 죽 깔려 있었다. 당신이 있는 환경의 순환 주기가 당신의 삶을 결정했다.

비록 방대하다고 해도 자연의 혜택이 모든 가능성을 지니지는 않았다는 것이 드러난다. 마음은 지니고 있지만, 아직 완전히 고삐 풀린 상태는 아니었다. 기술 없는 세계는 생존을 지탱하는 데 충분했지만, 그것을 초월하는 데는 충분하지 않았다. 오직 마음이 언어를 통해 해방되고 테크늄을 통해 가능해짐으로써 5만 년 전 자연의 제약을 초월했을 때에야, 더 큰 가능성의 세계들이 열렸다. 이 초월을 위해 치러야 했던 대가가 있었지만, 그것을 받아들임으로써 우리는 문명과 진보를 얻었다.

우리는 아프리카 바깥으로 행군한 인류와 동일하지 않다. 우리 유전자는 우리의 발명품들과 공진화해 왔다. 사실 지난 1만 년 사이에 우리 유전자는 그보다 앞서 600만 년 동안의 평균 속도보다 100배 더 빨리 진화했다.[37] 그렇다고 놀라지는 말도록. 우리가 늑대로부터 개(그 모든 혈통)를 길들이고 알지 못할 조상들로부터 소와 옥수수를 비롯한 것들을 기르면서, 우리 역시 길들여져 왔다. 우리는 자기 자신을 길들여 왔다. 우리의 치아 크기는 계속 줄어들며(우리의 바깥 위장인 요리 때문에), 우리의 근육은 가늘어지고, 우리의 털은 사라진다. 기술은 우리를 길들여 왔다. 도구를 개량하는 것만큼 빠르게 우리는 자신도 개량한다. 우리는 우리의 기술과 공진화하고 있으며, 따라서 기술에 깊이 의존하게 되었다. 모든 기술, 모든 칼과 창 하나하나가 이 행성에서 제거된다면, 우리 종은 몇 개월밖에 버티지 못할 것이다. 우리는 지금 기술과 공생하고 있다.

우리는 자기 자신을, 그리고 동시에 세계를 빠르게 상당 부분 바꾸어 왔다. 아프리카에서 나와 이 행성의 거주 가능한 모든 분수계에 정착한 시점부터, 우리의 발명품들은 우리의 보금자리를 바꾸기 시작했다. 사피엔스의 사냥 도구와 기법은 광범위하게 영향을 미쳤다. 그들의 기술은 주요 초식동물(매머드, 큰 엘크 등)을 죽여 없앨 수 있게 했고, 그 동물들의 멸종은 초원 생물군계 전체의 생태를 영구히 바꾸어 놓았다. 풀을 뜯던 우점종들이 사라지자, 생태계 전체로 연쇄적인 파급 효과가 미쳤다. 새 포식자, 새 식물 종, 그들의 모든 경쟁자와 동맹자가 출현하여 변화한 생태계를 뒤덮을 수 있게 되었다. 그리하여 소수의 호미닌 씨족들은 다른 수천 종의 운명을 바꾸었다. 사피엔스가 불의 통제력을 획득했을 때, 이 강력한 기술은 자연 환경을 대규모로 더욱 변형시켰다. 초원을 불태우고 맞불을 놓아 불을 억제하고 불꽃을 일으켜 낟알을 요리하는 것 같은 사소한 비결은 대륙의 드넓은 영역을 교란했다.

더 뒤에 전 세계에서 반복되는 발명과 농경의 전파는 지구의 표면뿐 아니라 100킬로미터 두께의 대기에도 영향을 미쳤다. 경작은 토양을 교란하고 CO_2를 증가시켰다. 일부 기후학자들은 8000년 전에 시작된 이 초기의 인위적인 온난화가 새 빙하기의 도래를 억제했다고 믿는다. 보통은 이맘때쯤 지구의 가장 북쪽 지방을 다시 얼어붙게 했을 자연의 기후 주기가 경작이 널리 채택되면서 교란되었다.[38]

물론 인류가 신선한 식물 대신에 농축된 오래된 식물(석탄)을 먹는 기계를 발명하자, 기계의 CO_2 배출로 대기의 균형은 더욱 달라졌다. 기계가 이 풍부한 에너지원을 이용함에 따라 테크늄은 활짝 꽃을 피웠다. 트랙터 엔진 같은 석유를 먹는 기계는 농업의 생산성과 전파를 변화시켰고(옛 추세를 가속화하면서), 더 많은 기계는 더 많은 원유를 빨리 채굴하면서(새로운 추세) 가속의 속도를 더욱 가속했다. 오늘날 모든 기계에서 뿜어내는 CO_2 배출량은 모든 동물이 뿜어내는 양을 훨씬 초과하며 더 나아가 지질학적 힘이 생성하는 양에 버금간다.

테크늄은 규모뿐 아니라 자기 증폭 특성에서도 엄청난 힘을 얻는다. 돌파구를 이룬 알파벳, 증기 펌프, 전기 같은 발명은 책, 석탄 광산, 전화 같은 또 다른 돌파구를 이루는 발명으로 이어질 수 있다. 그리고 이런 발전은 다시 도서관, 발전소, 인터넷 같은 돌파구 발명으로 이어졌다. 각 단계는 이전 발명의 장점을 대부분 보유하면서 힘을 더 추가한다. 누군가가 어떤 착상을 지니면(회전하는 바퀴!), 그것은 남들의 마음에 뛰어들 수 있고, 파생 착상(회전하는 바퀴를 썰매 밑에 넣어 더 끌기 쉽게 하자!)으로 돌연변이하고, 그것은 주된 균형을 교란하여 변동을 일으킨다.

하지만 기술이 야기하는 모든 변화가 다 긍정적인 것은 아니다. 아프리카에 가해졌던 것 같은 산업 규모의 노예 제도는 포로들을 대양 너머로 수

송하는 범선을 통해 가능해지고 노예들이 심고 수확하는 섬유를 값싸게 처리할 수 있는 조면기가 부추겼다. 기술이 없었다면, 이 대규모의 노예는 없었을 것이다. 수천 가지 합성 독소는 사람과 다른 종들 양쪽의 자연 순환을 대규모로 교란해 왔으며, 작은 발명이 원치 않는 엄청난 피해를 입힌 사례다. 특히 전쟁은 기술이 야기한 거대한 부정적인 힘의 증폭기다. 기술 혁신은 사회 전체를 전혀 새롭고 잔혹한 것에 시달리게 할 수 있는 끔찍한 파괴 무기로 직접 이어지곤 했다.

한편으로 부정적인 결과를 상쇄하고 억제하는 치료법도 기술에서 나왔다. 대다수 초기 문명은 국지적으로 타민족을 노예로 부렸으며, 아마 선사 시대에도 마찬가지였을 것이고, 지금도 세계 곳곳의 오지에서는 노예를 부리고 있다. 하지만 통신, 법, 교육이라는 기술 도구들 덕분에 지구 전체에서 노예는 전반적으로 줄어들었다. 검출과 대체 기술은 합성 독소의 일상적인 사용을 막을 수 있다. 모니터링, 법, 조약, 정책, 법원, 시민 언론 매체, 경제의 세계화 같은 기술은 전쟁의 악순환을 억제하고 약화하고 장기적으로 줄일 수 있다.

진보는 도덕의 진보까지도 궁극적으로 인간의 발명품이다. 그것은 우리 의지와 마음의 유용한 산물이며, 따라서 기술이다. 우리는 노예 제도가 좋은 생각이 아니라고 판단할 수 있다. 정실에 치우친 친척 등용보다 공정하게 적용되는 법이 더 좋은 생각이라고 판단할 수 있다. 우리는 협약을 통해 특정한 처벌을 불법화할 수 있다. 글쓰기를 발명함으로써 책임의 소재를 명확히 하도록 장려할 수 있다. 우리는 의식적으로 공감의 범위를 확대할 수 있다. 이런 것들은 전구와 전신 못지않게 모두 발명품, 즉 우리 마음의 산물이다.

사회적 개선이라는 이 사이클로트론(이온을 가속시켜 원자를 쪼개는 장치)의 추진력은 기술이다. 사회는 점점 더 용량이 늘어나면서 진화한다. 역사를 통틀어 매번 사회 조직을 출현시킨 것은 새로 출현한 신기술이었다. 글쓰기의 발명은 성문법의 공정성 수준을 크게 높였다. 표준 주화의 발명은 교역을 더 보편화하고, 기업가 정신을 부추기고, 자유 개념을 촉진했다. 역사학자 린 화이트는 "등자만큼 단순하면서도 역사에 촉매적인 영향을 끼친 발명품은 거의 없다."라고 적고 있다. 화이트는 말 안장에 맞는 낮게 발을 디딜 수 있는 등자 덕분에 말을 탄 채로 무기를 쓸 수 있게 되었고, 그것이 보병보다 기병과 말을 기를 여유가 있는 군주를 유리하게 했고, 그럼으로써 유럽에 귀족 봉건제도가 탄생할 자양분이 되었다고 본다.[39] 봉건제도의 원인이라고 비난받아 온 기술이 등자만은 아니다. 카를 마르크스가 주장했듯이, "디딜방아는 봉건 군주 사회를 낳고, 증기 방아는 산업 자본가 사회를 낳는다."

1494년 프랑스의 한 수도사가 창안한 복식부기는 기업이 현금 흐름을 감시하고 처음으로 복잡한 사업을 수행할 수 있게 했다. 복식 회계는 베네치아에서 은행업의 고삐를 풀었고, 지구 경제를 출범시켰다. 유럽에서 발명된 비고정형 인쇄술은 기독교인이 자기 종교의 토대를 이루는 문헌을 직접 읽고서 스스로 해석하도록 자극했고, 종교 안팎에 '이의 제기'라는 생각 자체를 출범시켰다. 일찍이 1620년 근대 과학의 대부인 프랜시스 베이컨은 기술이 얼마나 강력해지고 있는지를 깨달았다. 그는 세상을 바꾼 것이 세 가지 '실용 기술(인쇄기, 화약, 나침반)'이라고 꼽았다. 그는 "어떤 제국, 종파, 출발도 이런 기계적 발견들보다 인간사에 더 큰 힘과 영향을 끼치지는 못한 듯하다."라고 선언했다. 베이컨은 과학적 방법이 출범하는 데 일조했고, 과학적 방법은 발명의 속도를 가속시켰다. 그 뒤로 사회는 개념적 씨앗들이 연이어 사회적 평형을 파괴함에 따라, 끊임없는 변화 위에 놓이게 되었다.

단순해 보이는 시계 같은 발명품들도 심오한 사회적 결과를 야기했다. 시계는 끊김 없는 시간의 흐름을 측정 가능한 단위로 나누었고, 일단 얼굴을 지니자 시간은 우리 삶을 지배하는 독재자가 되었다. 컴퓨터 과학자 대니 힐리스(Danny Hillis)는 시계 장치가 과학을 비롯한 그것의 모든 문화적 후손들을 자아냈다고 믿는다. "시계의 메커니즘은 우리에게 자연법칙의 자율적인 작동을 가리키는 은유를 제공했다.(미리 정해진 규칙을 기계적으로 따르는 컴퓨터는 시계의 직계 후손이다.) 일단 우리가 태양계를 시계 장치 같은 오토마톤이라고 상상할 수 있다면, 그것을 자연의 다른 측면들에까지 일반화하는 것은 거의 필연적이며, 거기에서 과학의 과정이 시작되었다."[40]

산업혁명 때 우리의 발명품들은 우리의 일상생활을 변화시켰다. 기계 고안물과 값싼 연료는 풍족한 식량, 8시간 근무, 공장 굴뚝을 우리에게 주었다. 이 단계의 기술은 더럽고 분열을 야기하고 때로 비인간적인 규모로 세워지고 운영되었다. 쇠, 벽돌, 유리의 뻣뻣하고 차갑고 휘어지지 않는 특성은 설령 모든 살아 있는 것들에게는 아니라 해도 우리에게 반대하는 이질적인 것으로서 잠식해 들어오는 인상을 심어 주었다. 그것은 천연자원을 직접 먹고 자라며, 따라서 무시무시한 인상을 풍겼다. 산업시대의 최악의 부산물, 즉 검은 연기, 검은 강물, 새까맣게 때 묻은 채 공장에서 일하는 단명하는 삶은 우리가 소중히 여기는 자아상과 너무나 동떨어져 있었기에, 우리는 그 근원 자체가 이질적이라고 믿고 싶어 했다. 아니면 더 나쁜 것이거나. 단단하고 차가운 물질의 침략을 설령 필요악이라고 할지라도 악으로 보는 것은 어렵지 않았다. 기술이 우리의 전통적인 일상 활동들 사이에 출현했을 때, 우리는 그것을 우리 자신의 외부에 있는 것으로 보았고 일종의 감염체처럼 취급했다. 사람들은 그것의 산물들을 받아들였지만, 왠지 꺼림칙한 느낌을 받았다. 한 세기 전에 기술을 운명적인 것으로 생각했다니 우스꽝스럽게 여겨질지도 모르겠다. 그것은 수상쩍은 힘이었다. 두 번의 세계대전이 이 창의성의 살상력을 최대한으로 발휘했을 때, 기술이 우리를 기만하는 사탄이라는 평판은 굳어졌다.

기술 진화의 세대를 거치면서 다듬어 온 결과, 기술은 견고한 모습을 상당히 많이 잃었다. 우리는 물질이 기술의 위장한 겉모습임을 간파하기 시작했고 기술을 주로 작용으로 보기 시작했다. 그것은 몸에 깃들어 있었지만, 그것의 심장은 더 부드러운 것이었다. 최초의 유용한 컴퓨터를 탄생시키는 데 이론적 기여를 한 천재 요한 폰 노이만은 1949년 컴퓨터가 기술에 관해 우리에게 무엇을 가르치고 있는지 깨달았다. "기술은 가까운 미래 그리고 더 먼 미래에 세기, 물질, 에너지의 문제로부터 구조, 조직, 정보, 통제의 문제로 점점 전환할 것이다."[41] 명사로서의 기술은 더 이상 없으며, 기술은 하나의 힘이 되어 가고 있다. 우리를 앞으로 내던지거나 우리를 상대로 밀어 대는 생기(vital spirit)가. 사물이 아니라 동사가.

3
일곱 번째 생물계의 역사

 구석기시대를 돌아보면 인류의 도구가 배아기에 있는, 테크늄이 가장 최소 상태로 존재하는 진화 단계를 관찰할 수 있다. 하지만 기술은 인류보다 앞서 영장류, 아니 그 이전부터 출현했으므로, 기술 발전의 진정한 특성을 이해하려면 우리 자신의 기원 너머를 살펴볼 필요가 있다. 기술은 단순히 인간의 발명품이 아니다. 그것은 생명으로부터 태어난 것이기도 하다.
 지금까지 지구에서 발견된 온갖 생명을 도표로 그리면, 여섯 개의 넓은 범주로 나뉜다. 생물계라는 이 각각의 범주에 든 모든 종은 공통의 생화학적 청사진을 지닌다. 이중 세 생물계는 미생물들로 이루어진다. 단세포 생물들이다.
 다른 세 생물계는 우리가 흔히 보는 생물들로 이루어진다. 균류(버섯과 곰팡이), 식물, 동물이다. 여섯 생물계에 있는 모든 종, 즉 조류부터 얼룩말에 이르기까지 오늘날 지구에 살아 있는 모든 생물은 똑같이 진화해 왔다. 형태의 발달과 복잡성에 차이가 있다고 해도, 모든 살아 있는 종은 똑같은 시간만큼 선조로부터 진화했다. 약 40억 년이라는 기간 동안.[1] 모두 매일 시험을 받아 왔고 끊기지 않은 사슬을 통해 수억 세대를 거치면서 적응해 왔다.

이 생물 중에는 구조물을 만드는 법을 배운 것들이 많으며, 그 구조물은 생물이 자신의 조직 너머로 확장하게 해 주었다. 흰개미 군체가 쌓아 올린 단단한 2미터 높이의 둔덕은 마치 그 곤충들의 외부 기관처럼 작동한다. 둔덕은 온도가 조절되며 손상되면 수리된다. 메마른 진흙 자체가 살아 있는 듯하다. 우리가 산호라고 생각하는 것(돌처럼 단단한 나무 같은 구조물)은 거의 눈에 보이지 않는 산호동물들의 아파트다. 산호 구조물과 산호동물은 하나인 양 행동한다. 그것은 자라고 호흡한다. 벌집의 밀랍질 내부나 새 둥지의 잔가지로 된 건축 구조는 똑같은 식으로 작동한다. 따라서 둥지나 벌집은 자란 몸이라기보다는 지어진 몸으로 생각하는 것이 가장 나을 수 있다. 주거지는 동물의 기술, 확장된 동물이다.

그리고 확장된 인간은 테크늄이다. 마셜 맥루언을 비롯한 학자들은 옷이 사람의 확장된 피부, 바퀴는 확장된 발, 카메라와 망원경은 확장된 눈이라고 말했다. 우리의 기술적 창작물은 우리 유전자가 지은 몸의 거대한 외연이다. 이런 식으로 우리는 기술을 확장된 몸이라고 생각할 수 있다. 산업시대에는 세계를 이런 식으로 보기 쉬웠다. 증기로 움직이는 삽, 자동차, 텔레비전, 공학자의 레버와 톱니바퀴는 사람을 슈퍼맨으로 바꾸는 굉장한 겉뼈대였다. 더 자세히 보면 이 유추에 결함이 있음이 드러난다. 즉 동물의 확장된 차림새는 그들이 지닌 유전자의 결과다. 그들은 자신이 만드는 것의 기본 청사진을 물려받는다. 사람은 그렇지 않다. 우리 껍데기의 청사진은 우리 마음에서 나오며, 마음은 우리 조상 중 어느 누구도 만들거나 상상한 적도 없던 것을 자발적으로 만들 수도 있다. 기술이 인간의 확장이라면, 그것은 우리 유전자의 확장이 아니라 우리 마음의 확장이다. 따라서 기술은 생각을 위한 확장된 몸이다.

사소한 차이가 있긴 하지만, 테크늄(생각의 생물)의 진화는 유전적인 생물의 진화를 흉내 낸다. 둘은 많은 형질을 공유한다. 두 체계의 진화는 단순한 것에서 복잡한 것으로, 일반적인 것에서 구체적인 것으로, 통일성에서 다양성으로, 개체주의에서 상호주의로, 에너지 낭비에서 효율로, 느린 변화에서 더 큰 진화가능성으로 나아간다. 한 기술 종이 시간에 따라 변하는 방식은 종 진화의 계통수와 비슷한 패턴을 보인다. 하지만 유전자의 작품을 표현하는 대신에, 기술은 생각을 표현한다.

그러나 생각은 결코 홀로 서지 않는다. 생각은 부수적인 생각, 결과로 생기는 개념, 뒷받침하는 개념, 기초적인 가정, 부수적 효과, 논리적 결과, 이어서 나타나는 연쇄적인 가능성으로 엮인 그물을 짠다. 생각은 떼 지어 난다. 한 생각을 지닌다는 것은 생각들의 구름을 지닌다는 의미다.

대다수의 새로운 생각과 새로운 발명품은 뒤숙박죽인 생각들이 융합된 것이다. 시계 설계에서 일어난 혁신은 풍차 개량을 자극했고, 맥주를 제조하기 위해 만든 노는 제철산업에 유용한 것으로 드러났고, 오르간 제작을 위해 창안된 메커니즘은 베틀에 적용되었고, 베틀의 메커니즘은 컴퓨터 소프트웨어가 되었다. 서로 무관한 부분들이 더 진화한 설계 속에서 치밀하게 통합된 시스템을 이루기도 한다. 대다수의 엔진은 열을 생산하는 피스톤과 냉각 장치인 방열기를 갖추고 있다. 하지만 탁월한 공랭식 엔진은 두 착상을 하나로 융합한다. 그 엔진은 피스톤 자체가 자신이 생성한 열을 분산시키는 방열기 역할도 한다. 경제학자 브라이언 아서(Brian Arthur)는 『기술의 본성(The Nature of Technology)』에서 "기술에서는 조합적 진화가 우선하고 일상적이다."라고 말한다.[2] "한 기술의 구성 부분들 중에는 다른 기술들과 공유되는 것이 많으므로, 구성 요소가 주인 기술 '바깥' 다른 용도들에서도 개선되어 상당히 많은 발전이 자동으로 일어난다."

이런 조합은 짝짓기와 비슷하다. 그것들은 조상 기술들의 유전 계통수를 만든다. 다윈 진화에서처럼 작은 개선은 더 많은 사본으로 보상을 받으므로, 혁신은 개체군 내에서 꾸준히 퍼진다. 오래된 생각들은 융합되어 새끼 생각들을 낳는다. 기술은 서로 지원하는 동맹자들의 생태계를 형성할 뿐 아니라 진화 계통도 형성한다. 테크늄은 사실상 진화적인 생명의 한 유형으로 이해될 수 있을 뿐이다.

우리는 생명의 이야기를 몇 가지 방식으로 배열할 수 있다. 한 가지 방식은 생물학적 이정표들을 연대순으로 배열하는 것이다. 백만 년 단위에서 생명이 겪은 가장 큰 사건들의 목록 중 맨 위에 놓이는 것은 생물이 바다에서 육지로 이주한 시점이나, 등뼈를 획득한 시기나, 눈이 발달한 시대일 것이다. 꽃식물의 출현이나 공룡의 전멸과 포유동물의 부상도 이정표가 될 것이다. 이런 것들은 우리 과거에서 중요한 기준점이며 우리 조상들의 이야기에서 정당한 성취를 나타낸다.

하지만 생명이 자기 생성 정보 시스템이므로, 40억 년에 걸친 생명의 역사에서 더 많은 것을 드러낼 수 있는 방법은 생명체의 정보 조직화 과정에서 나타난 주요 전이 단계들을 표시하는 것이다. 이를테면 포유동물이 해면동물과 구별되는 주된 특징 중 하나는 생물체를 관통하는 정보가 흐르는 추가 단계가 있다는 것이다. 생명의 단계들을 보려면 진화 시간에 걸쳐 생명의 구조상에 일어난 주요 전이들을 떠올릴 필요가 있다. 이것은 생물학자 존 메이너드 스미스(John Maynard Smith)와 에외르시 서트흐마리(Eörs Szathmáry)가 쓴 방법이었다. 그들은 최근에 생명의 역사에서 생물학적 정보의 문턱 여덟 가지를 발견했다.

그들은 생물학적 조직화의 주요 전이 단계들이 다음과 같다고 결론지었다.[3]

복제 분자 하나 → 복제 분자들 상호 작용 집단

복제 분자들 → 염색체로 엮인 복제 분자들

RNA 효소의 염색체 → DNA 단백질

핵 없는 세포 → 핵을 지닌 세포

무성생식(클로닝) → 성적 재조합

단세포 생물 → 다세포 생물

홀로 살아가는 개체 → 군체와 초유기체

영장류 사회 → 언어 기반 사회

이 계층 구조의 각 수준은 복잡성 측면에서 이루어진 주요 발전을 나타낸다. 성의 발명은 아마 생물학적 정보의 재편이라는 측면에서 가장 큰 발전일 것이다. 성은 돌연변이의 전적으로 무작위적인 다양성이나 클론의 엄밀한 동일성이 아니라 형질들(양쪽 짝에서 온 일부 형질들)의 통제된 재조합을 허용함으로써, 진화가능성을 최대화한다. 유전자의 성적 재조합을 이용하는 동물은 경쟁자들보다 더 빨리 진화할 것이다. 나중의 다세포성의 발명과 더 나중의 다세포 생물 군체의 발명은 각각 다윈주의 생존 이점을 제공한다. 하지만 더 중요한 점은 이런 혁신이 생물학적 정보가 더 새롭고 더 쉽게 조직되는 방식으로 편재되도록 허용하는 발판 역할을 한다는 것이다.

과학과 기술의 진화는 자연의 진화와 유사하다. 주요 기술적 전이는 조직화의 한 수준에서 다음 수준으로 통과하는 것이기도 하다. 이 관점은 철, 증기력, 전기 같은 중요한 발명들을 주섬주섬 읊기보다는 신기술이 정보의 구조를 어떻게 변경하는지를 열거한다. 알파벳(DNA와 그리 다르지 않은 기호들의 끈)을 책, 색인, 도서관 등(세포 및 생물과 다르지 않은) 고도로 편재된 지식으로 전환하는 것이 주된 사례일 것이다.

스미스와 서트흐마리처럼, 나도 정보가 조직되는 수준에 따라 기술에서의 주요 전이 단계들을 배열해 왔다. 각 단계에서 정보와 지식은 이전에 없던 수준으로 처리된다.

테크늄에서 주요 전이 단계들은 다음과 같다.

    영장류 의사소통 → 언어
    구전 → 글쓰기·수학적 표기법
    필사 → 인쇄
    책 지식 → 과학적 방법
    장인 생산 → 대량 생산
    산업 문화 → 유비쿼터스 지구 통신

이중 첫 번째 항목인 언어의 창조만큼 우리 종, 더 나아가 세계에 더 큰 영향을 미친 기술상의 전이는 없다. 언어는 정보가 개인의 회상보다 더 많은 기억을 저장할 수 있게 해 주었다. 언어 기반의 문화는 후대로 전파할 수 있는 이야기와 구전 지혜를 축적했다. 개인이 배운 것은 설령 그가 후손을 남기지 못하고 죽더라도 기억되곤 했다. 체계라는 관점에서 볼 때, 언어 덕분에 인류는 배운 것을 유전자보다 더 빨리 전달하고 그에 맞추어 적응할 수 있었다.

언어와 수학을 위한 글쓰기 체계의 발명은 이 학습을 더욱 구조화했다. 이제 생각의 색인을 만들고 그것을 검색하고 퍼뜨리기가 더 쉬워졌다. 글쓰기 덕분에 일상생활의 여러 측면으로 정보의 조직화가 침투할 수 있었다. 글쓰기는 교역, 달력 만들기, 법 형성을 촉진했다. 모두 정보를 더욱 조직화한 산물이었다.

인쇄술은 읽고 쓰는 능력을 널리 퍼뜨림으로써 정보를 더욱 조직화했다.

인쇄술이 널리 퍼지자 상징 조작도 널리 퍼졌다. 도서관, 장서 목록, 교차 참조, 사전, 용어 색인, 세밀한 관찰 기록의 출간이 활짝 꽃을 피우면서 정보의 편재는 새로운 수준으로 올라섰다. 오늘날 우리가 인쇄술이 우리의 시야를 뒤덮고 있다는 것조차 알아차리지 못할 정도로.

인쇄술에 이어 등장한 과학적 방법은 폭발적으로 증가하고 있는, 인류가 생성해 낸 정보량을 더 세련되게 다루는 방법을 제공했다. 서신을 통해, 나중에는 학술지를 통해 동료 심사를 거치면서 과학은 신뢰할 수 있는 정보를 추출하고, 그것을 검사하고, 점점 늘고 있는 검증된 상호 연관된 사실들과 그것을 연관 짓는 방법을 제공했다.

그러자 이 새롭게 정돈된 정보, 즉 우리가 과학이라고 부르는 것을 물질 조직을 재구성하는 데 쓸 수 있었다. 그것은 새로운 물질, 물건을 만드는 새로운 과정, 새로운 도구, 새로운 전망을 낳았다. 과학적 방법이 수공업에 적용되자, 상호 교환될 수 있는 부품의 대량 생산, 조립라인, 효율성, 전문화가 탄생했다. 이 모든 정보 조직화 형태들은 생활 수준을 믿을 수 없을 정도로 높였고 우리는 그것을 당연시하게 되었다.

마지막으로 지식의 조직화에 일어난 가장 최근의 변화는 지금 진행 중이다. 우리는 만드는 모든 것에 질서와 설계를 주입한다. 또 소량의 연산과 통신을 수행할 수 있는 미세한 칩을 집어넣고 있다. 바코드가 붙은 가장 보잘것없는 일회용 물품조차도 우리의 집단 마음의 가느다란 한 조각을 공유한다. 사람뿐 아니라 제조물을 포함할 만큼 확대되고 하나의 거대한 그물을 이루어 지구 전체에 퍼져 있는, 이 어디에나 스며드는 정보의 흐름은 가장 큰 규모에서 이루어지는 (하지만 최종적인 것은 아닌) 정보의 질서화다.

테크늄에서 질서 증가의 궤적은 삶에서의 궤적과 같은 경로를 따른다. 생명과 테크늄 둘 다 한 수준에서 상호 연결이 점점 촘촘해지면서 그 위에 새로운 수준을 자아낸다. 그리고 테크늄에서의 주요 전이들이 생물학에서의 주요 전이들이 이룬 바로 그 수준에서 시작된다는 점이 중요하다. 영장류 사회가 언어를 낳은 수준에서 말이다.

언어의 발명은 자연 세계에 마지막으로 일어난 주요 전환이자 만들어진 세계에서의 첫 번째 전환을 의미한다. 단어, 생각, 개념은 사회적 동물(우리 같은)이 만드는 가장 복잡한 것이자, 모든 종류의 기술을 지탱하는 가장 단순한 토대이다. 따라서 언어는 연이어 일어난 두 주요 전이를 잇는 다리이며, 둘을 하나의 연속된 서열로 통합함으로써, 자연 진화가 기술 진화로 진입하여 흐르도록 한다. 기나긴 역사에서 있었던 주요 전이들을 순서대로 모두 나열하면 다음과 같다.

복제 분자 하나 → 복제 분자들의 상호 작용 집단
복제 분자들 → 염색체로 엮인 복제 분자들
RNA 효소의 염색체 → DNA 단백질
핵 없는 세포 → 핵을 지닌 세포
무성생식(클로닝) → 성적 재조합
단세포 생물 → 다세포 생물
홀로 살아가는 개체 → 군체와 초유기체
영장류 사회 → 언어 기반 사회
구전 → 글쓰기 · 수학 표기법
필사 → 인쇄
책 지식 → 과학적 방법
장인 생산 → 대량 생산
산업 문화 → 유비쿼터스 지구 통신

질서 증가를 보여 주는 이 단계적인 확대 양상은 하나의 긴 이야기임이 드러난다. 우리는 테크늄을 여섯 가지 생물계에서 시작한 정보의 재조직화로 생각할 수 있다. 이런 식으로 테크늄은 생명의 일곱 번째 계가 된다. 그것은 40억 년 전에 시작된 과정을 확장한다. 사피엔스의 진화 가지가 오래전 동물 조상들의 가지에서 갈라져 나왔듯이, 테크늄도 이제 자신의 선조인 인간이라는 동물의 마음에서 갈라져 나오고 있다. 이 공통의 뿌리로부터 망치, 바퀴, 나사돌리개, 정련된 금속, 길들여진 작물 같은 신종뿐 아니라 양자컴퓨터, 유전공학, 제트기, 월드와이드웹 같은 희귀한 종까지 흘러나온다.

테크늄은 두 가지 중요한 면에서 다른 여섯 개 계와 다르다. 다른 여섯 개 계의 구성원들에 비해, 이 신종들은 지구에서 가장 덧없는 종들이다. 브리슬콘소나무(bristlecone pine)^{북미 지역에서 자라는 소나무의 일종. 수명이 5000년에 달한다. 강털 소나무라고도 부른다}는 기술의 과와 강 전체가 오고 가는 모습을 지켜보면서 서 있었다. 우리가 만든 것 중에 그 말없이 서 있는 생물만큼 영속성을 지닌 것은 없다. 많은 디지털 기술은 좋은커녕 하루살이 한 마리보다 수명이 더 짧다.

하지만 자연은 미리 계획할 수 없다. 자연은 훗날 이용하기 위해 혁신을 쌓지 않는다. 자연에서 어떤 변이가 지금 당장 생존에 유리하게 작용하지 않는다면, 그것을 계속 간직하기에는 치러야 할 대가가 너무 크기 때문에 시간이 흐르면 사라진다. 하지만 때로 한 문제에 유익한 형질이 예기치 않게 또 다른 문제에도 유익하다는 점이 드러나기도 할 것이다. 한 예로 깃털은 차가운 피를 지닌 작은 공룡의 몸을 따뜻하게 하기 위해 진화했다. 온기를 주기 위해 사지를 뒤덮었던 바로 그 깃털이 단거리 비행에 안성맞춤이라는 것이 나중에 입증되었다. 이 보온 혁신으로부터 계획하지 않았던 날개와 새가 출현했다. 뜻하지 않게 예견한 셈이 된 이런 혁신을 생물학에서는 굴절적응(exaptation)이라고 한다. 우리는 자연에 굴절적응이 얼마나 흔한지 알지 못하지만, 테크늄에서는 그것이 일상적이다. 테크늄은 굴절적응에 다름 아니다. 혁신은 다른 기원 계통에서 빌려 오기도 쉽고 시간을 건너뛰어 다른 목적에 쉽게 전용할 수도 있기 때문이다.

닐스 엘드리지(Niles Eldredge)는 계단식 단속평형이론의 공동 창시자(스티븐 제이 굴드와 함께)다.[4] 그는 오늘날의 쥐며느리와 비슷하게 생긴 고대 절지동물 삼엽충의 역사를 전공했다. 그의 취미는 트럼펫과 아주 비슷하게 생긴 악기인 코넷을 수집하는 것이다.[5] 그는 언젠가 500점에 달하는 자신의 코넷 수집품들에 전공인 분류학적 방법을 적용해 보았다. 가장 오래된 코넷은 1825년에 제작된 것이었다. 그는 삼엽충에 적용하는 것과 비슷한 종류의 방법을 써서 악기마다 차이를 보이는 17가지 형질, 이를테면 뿔의 모양, 판의 위치, 관의 지름 등을 골랐다. 그 고대 절지동물에 적용하는 것과 비슷한 기법을 써서 코넷의 진화를 살펴보자, 살아 있는 생물들에게서 볼 수 있는 것과 여러 면에서 아주 흡사한 계통수가 나왔다. 한 예로 코넷의 진화는 삼엽충과 아주 흡사한 계단식 발전을 보여 주었다. 하지만 악기의 진화에는 독특한 점도 있었다. 다세포 생명의 진화와 테크늄의 진화 사이의 중요한 차이는 생명에서는 형질의 혼합이 주로 시간상 '수직적으로' 일어난다는 점이다. 혁신은 살아 있는 부모에서 자손으로 (수직적으로) 전달된다. 반면에 테크늄에서는 형질의 혼합이 주로 수평으로 일어난다. 심지어 '멸종'한 종과 부모가 다른 계통으로부터도 얻는다. 엘드리지는 테크늄에서 진화의 패턴은 생명 계통수처럼 되풀이하여 가지가 갈라지는 양상과는 달리, 이따금 '죽은' 생각으로 돌아가고 '사라진' 형질을 부활시키는 경로들로 이루어진 넓게 퍼진 반복되는 망이라는 것을 알아차렸다. 같은 말을 다른 식으로 할 수도 있다. 초기 형질(굴절형질)은 그것을 채택하는 후대 계통을 예견한다고. 이 두 패턴이 충분히 달랐기에, 엘드리지는 이 패턴을 이용하면 한 진화 계통수가 태어난 씨족을 묘사하고 있는지 만들어진 씨족을 묘사하고 있는지를 알아낼 수 있다고 주장한다.

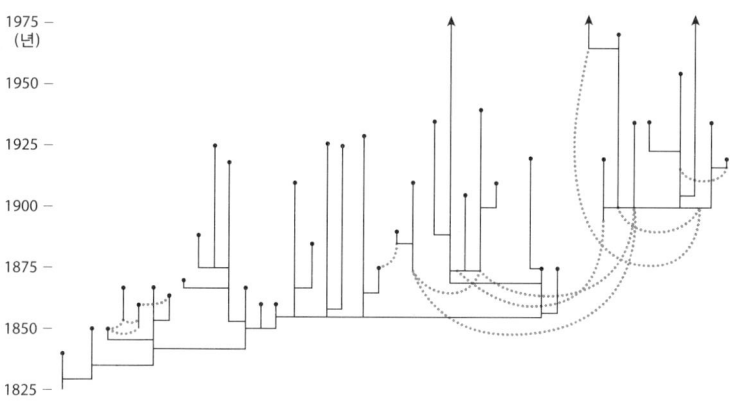

코넷의 진화 계통수.[6] 각 악기의 설계 전통을 보면, 유기체 진화와 달리 일부 가지가 훨씬 더 이전의 모델이나 멀리 떨어진 가지에서 설계를 빌려온다(점선으로 표시)는 것이 드러난다.

    테크늄의 진화와 유기체의 진화 사이의 두 번째 차이점은 생물학에서는 점진적인 변형이 규칙이라는 점이다. 혁명적인 단계는 거의 없다. 즉 모든 것은 아주 길게 이어지는 작은 단계들을 거쳐 발전하며, 각 단계는 그 시점에 그 생물에게 작용해야 한다. 대조적으로 기술은 앞으로 도약하고, 갑작스럽게 뛰고, 점진적인 단계들을 건너뛸 수 있다. 엘드리지가 지적하듯이, "한쪽으로 몰린 가자미 눈이 조상 물고기의 좌우대칭 배치에서 유래하는 식으로 트랜지스터가 진공관에서 '진화할' 방법은 결코 없었다."[7] 가자미가 겪은 수억 번에 걸친 점진적인 개선 대신에 트랜지스터는 기껏해야 수십 번의 반복을 통해 조상인 진공관에서 도약했다.

    하지만 태어난 것의 진화와 만들어진 것의 진화 사이 가장 큰 차이점은 생물학상의 종과 달리 기술의 종은 멸종하는 일이 거의 없다는 점이다. 멸종한 과거의 기술이라고 여겨지는 것을 자세히 살펴보면, 지구의 어디선가 누군가가 그것을 여전히 만들고 있다는 사실이 거의 언제나 드러난다. 어떤 기법이나 인공물은 현대 도시에서는 드물어도 개발도상국의 시골에서는 아주 흔할 수도 있다. 예를 들어 미얀마에는 소달구지 기술이 가득하다. 아프리카 대부분의 지역에서는 바구니가 흔하다. 볼리비아에서는 물레로 실을 잣는 일이 여전히 성업 중이다.

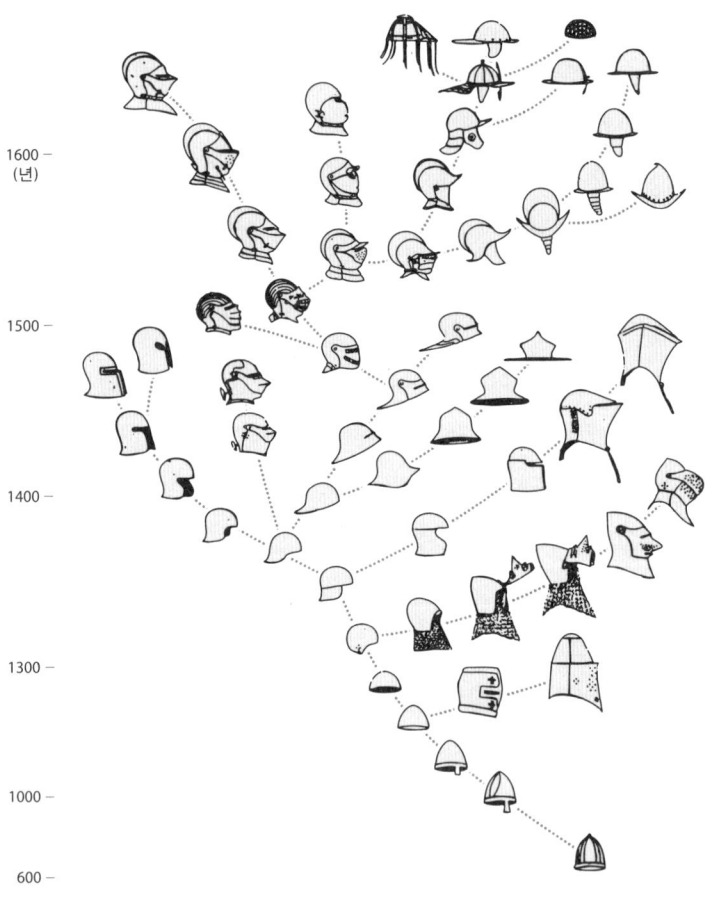

1000년에 걸친 헬멧 진화.[8] 미국의 동물학자이자 중세 갑옷 전문가인 배시포드 딘은 서기 600년부터 시작하여 중세 유럽 헬멧의 진화 '계통수'를 그렸다.

죽었다고 하는 기술은 의례적인 만족감을 주기만 한다면, 현대 사회에서 전통을 중시하는 소수 집단이 열정적으로 받아들일 수도 있다. 아미시파의 전통 방식이나 현대 부족 공동체나 열광적인 음반 수집광들을 생각해 보라. 오래된 기술은 종종 폐물 취급을, 즉 그다지 흔하게 쓰이지 않는다거나 이류 취급을 받지만, 여전히 소규모로 쓰일 수 있다. 많은 사례 중 하나를 들자면, 원자시대라고 불리던 1962년까지도 보스턴의 한 구역에는 많은 소규모 사업체가 천장 쪽에 설치된 구동축을 통해 전달되는 증기 동력을 이용하여 기계를 가동했다. 이런 종류의 시대착오적 기술은 결코 이상한 것이 아니다.[9]

세계를 여행하면서 나는 고대의 기술들이 얼마나 쉽게 복원되는지, 동력과 현대적인 자원이 귀한 곳에서 그것들이 일차 대안일 때가 얼마나 많은지를 보면서 깊은 인상을 받았다. 어떤 기술도 사라지는 법이 없는 듯했다. 이 결론을 반박하는 사람을 만난 적이 있다. 그는 아주 존경받는 기술사학자였는데, 생각해 보지도 않은 채 내게 말했다. "이봐요, 사람들은 증기력으로 움직이는 자동차를 더 이상 만들지 않잖아요." 흠, 나는 구글에서 몇 번 클릭을 하는 것만으로도 스탠리 증기력 자동차의 최신 부품을 만드는 사람들이 있는 곳을 금방 찾아냈다. 윤기 나는 멋진 구리 밸브, 피스톤 등등 필요한 것은 다 있다. 돈만 있으면 그 부품들을 모아서 멋진 증기력 새 자동차를 조립할 수도 있다. 그리고 물론 수천 명의 애호가들이 지금도 볼트를 죄면서 증기력 자동차를 만들고 있으며, 그들 외에 오래된 증기 자동차를 계속 몰고 다니는 사람이 수백 명은 더 된다. 증기력은 비록 흔하지 않지만 지극히 온전한 기술 종이다.

나는 (샌프란시스코 같은) 국제 도시에 사는 포스트모던 도시민이 오래된 기술을 얼마나 많이 손에 넣을 수 있는지 알아보기로 했다. 100년 전에는 전기도 내연기관도 없었고, 고속도로도 거의 없었으며, 우체국 망 외에는 장거리 통신도 거의 없었다. 하지만 우편망을 통해 당신은 몽고메리워드 통신 판매 상품 안내서에 나온 거의 모든 제조 물품을 주문할 수 있었다. 내가 손에 넣은 색 바랜 신문용지에 인쇄된 안내서는 오래전에 죽은 문명의 무덤 같은 분위기를 풍겼다. 하지만 놀랍게도 이 통신 판매 상품 안내서에 실려 있는, 100년 전에 판매된 수천 가지 물품 중 대부분이 지금도 여전히 판매된다는 것이 금방 확연히 드러났다. 비록 양식은 다르지만 바탕이 되는 기술, 기능, 형태는 똑같다. 장식물이 달린 가죽 장화는 지금도 여전히 가죽 장화로 남아 있다.

나는 1894~1895년도 몽고메리워드 상품 안내서의 한 쪽을 골라서 거기에 실린 상품들을 모두 찾을 수 있는지 도전해 보기로 했다. 600쪽이나 되는 안내서를 죽 넘겨서 농사 기구가 실린 꽤 전형적인 쪽을 선택했다. 이런 구식 도구들은 다른 쪽들에 실린 솥, 램프, 시계, 펜, 망치 같은 것들보다 오늘날 찾기가 훨씬 더 힘들 터였다. 농기구는 공룡처럼 보였다. 손으로 돌리는 옥수수 탈곡기나 염료 분쇄기가 뭐든 간에, 누가 그런 것들을 필요로 하겠는가? 농경시대의 유물인 그런 구식 도구를 구입할 수 있다면, 그것은 사라진 물품이 많지 않다는 것을 강하게 시사할 것이다.

물론 이베이에서 골동품을 찾는 일은 누구나 할 수 있다. 내 실험은 이런 기구의 최신 제조품을 찾는 것이다. 그래야 이런 종이 여전히 생존력이 있음을 보여 주는 셈일 테니까.

결과는 놀라웠다. 단 몇 시간 만에 나는 한 세기 전의 상품 안내서에 실려 있던 물품들을 전부 찾을 수 있었다. 각각의 오래된 도구는 새로운 모습으로 바뀌어 웹에서 팔리고 있었다. 죽은 것은 전혀 없었다.

각 물품이 생존한 이유를 찾으려고 탐색을 시작하지는 않았지만, 대부분의 도구들이 비슷한 이야기를 공유하지 않을까 추측한다. 농장은 이런 구식 도구들을 다 버리고 거의 완전히 자동화되어 있는 반면, 많은 이들은 여

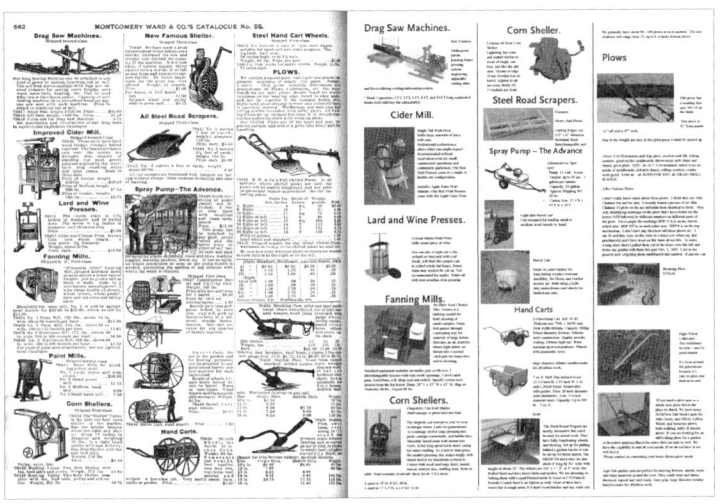

내구재 상품 안내서.[10] 1894~1895년도 몽고메리워드 상품 안내서.(왼쪽) 562쪽에 우편으로 주문하는 농기구들이 실려 있다. 오른쪽은 2005년 웹의 여러 곳에서 파는 상응하는 최신 물품들이다.

전히 아주 원시적인 손 도구로 정원을 가꾼다. 그저 그것이 작동하기 때문이다. 뒤뜰의 토마토가 농가에서 재배된 것보다 맛이 더 좋기만 하다면, 원시적인 괭이는 계속 살아남을 것이다. 그리고 설령 흙이 묻고 지저분해 보일지라도 손으로 직접 작물을 수확하는 기쁨도 있다. 석유를 먹는 기계 없이 일을 하는 데에서 보람을 얻는 아미시파나 땅으로 돌아가자는 자경 운동을 펼치는 사람들이 아마 이런 물품들을 구입하지 않을까 나는 추측해 본다.

하지만 1895년은 충분히 오래전이라고 할 수 없을지도 모른다. 그러니 가장 오래된 기술을 골라 보자. 돌칼이나 돌도끼는 어떨까? 손으로 돌을 쪼아 다듬고 사슴뿔 손잡이를 가죽 끈으로 꽁꽁 감아서 세심하게 붙인 최신 돌칼도 실제로 구입할 수 있다. 그것은 모든 면에서 3만 년 전에 만들어진

돌칼과 정확히 똑같은 기술이다. 50달러만 내면 손에 넣을 수 있으며, 파는 웹사이트도 한 곳이 아니다. 뉴기니 고지대에서는 부족민들이 1960년대까지 스스로 쓸 돌도끼를 만들고 있었다. 그들은 지금도 똑같은 방식으로 돌도끼를 만들며 이제는 관광객에게 판다. 그리고 돌도끼 애호가들이 그들을 연구하고 있다. 이 석기시대 기술을 계속 살아 있도록 한 끊기지 않은 지식의 사슬이 있다. 오늘날 미국에만 해도 손으로 화살촉을 깎는 아마추어 애호가가 5000명은 된다. 그들은 돌 깎기 동호회를 만들어서 주말에 모임을 갖고, 화살촉을 교환하며, 기념품 가게에 화살촉을 판다. 고고학자이자 직접 돌을 깎기도 하는 존 휘태커(John Whittaker)는 이런 아마추어 동호인들을 연구해 왔으며, 그들이 한 해에 100만 점이 넘는 창과 화살촉을 생산한다고 추정한다.[11] 휘태커 같은 전문가가 보아도, 이런 새 화살촉은 진짜 고대 유물과 구별할 수 없다.

지구 표면에서 영구히 사라진 기술은 거의 없다. 고대 그리스의 전쟁 비법은 수천 년 동안 사라진 상태였지만, 연구를 통해 복원될 가능성이 꽤 높다. 끈에 매듭을 묶어서 셈을 하는 잉카의 회계법 퀴푸(quipu)를 실제로 어떻게 하는지는 잊혔다. 그 고대 유물은 몇 점 남아 있지만 실제로 그것이 어떻게 쓰였는지는 전혀 모른다. 아마도 이것이 유일한 예외 사례일 것이다. 과학소설 작가인 브루스 스털링(Bruce Sterling)과 리처드 캐드리(Richard Kadrey)는 얼마 전에 대중적인 기계 장치들의 덧없음을 강조하기 위해 '죽은 매체'의 목록을 집대성했다.[12] 랜턴 환등기나 텔하모늄(telharmonium)^{최초의 전기 건반 악기} 같은 오래된 종들의 긴 목록에 코모도어 64 컴퓨터와 아타리 컴퓨터 같은 최근에 사라진 장치들도 추가되어 있다. 하지만 사실 이 목록에 실린 물품 대부분은 죽은 것이 아니라 그저 희귀할 뿐이다. 가장 오래된 매체 기술들 중 일부는 지하실에 틀어박혀 이것저것 뚝딱거리며 만드는 만물박사나 광적인 애호가를 통해 유지되고 있다. 그리고 더 최근 기술들 중에는 상품명이나 모습만 바뀐 채 여전히 생산되는 것들이 많다. 예를 들어 초기 컴퓨터에 처음 도입되었던 많은 기술들은 지금 당신의 시계나 장난감 안에 들어 있다.

극히 예외적인 사례를 빼고, 기술은 죽지 않는다. 이 점에서 기술은 결국은 필연적으로 사라지게 마련인 생물종과 다르다. 기술은 바탕에 깔린 생각이며, 문화는 기술의 기억이다. 기술은 잊히면 부활시킬 수 있고, 간과되지 않도록 기록할 수 있다.(점점 더 나은 수단을 통해.) 기술은 영원하다. 기술은 생명의 일곱 번째 계의 영속하는 가장자리다.

4
엑소트로피의 등장

 테크늄의 기원은 동심원을 이루는 창조 이야기들로 개작할 수 있다. 개작된 각각의 이야기는 더 깊은 영향들을 명확히 드러낸다. 첫 이야기(2장)에서 기술은 사피엔스의 마음에서 시작하여 곧 그것을 초월한다. 두 번째 이야기(3장)는 인간의 마음 외에 테크늄에 작용하는 힘, 곧 유기체 생명 전체의 외연과 심화를 드러낸다. 이제 이 세 번째 판본에서는 마음과 생명을 넘어 우주를 포함하는 더욱 넓은 원을 그리도록 하자.

 테크늄의 뿌리는 원자의 삶까지 거슬러 올라갈 수 있다. 원자는 회중전등의 전지처럼 일상생활에 쓰이는 기술 산물을 통해 잠시 여행을 하는데, 이는 원자의 긴 생애를 통틀어 그 무엇과도 다른 순간적인 존재 양식이다.

 대다수의 수소 원자는 시간이 시작될 때 태어났다. 그들은 시간 자체만큼 오래되었다. 그들은 빅뱅의 불꽃에서 생겨나서 균일하게 퍼지는 따스한 안개처럼 우주로 흩어졌다. 그 뒤로 각 원자는 고독한 여행을 계속했다. 한 수소 원자가 다른 원자와 수백 킬로미터 떨어진 채 깊은 우주의 무의식 속을 떠다닐 때, 주위의 진공보다 더 활동적이라고 하기는 어렵다. 시간은 변화가 없이는 무의미하며, 우주의 99.99퍼센트를 채우고 있는 드넓은 공간 어디에서도 변화는 거의 없다.

수십억 년이 흐른 뒤, 응축되고 있는 은하에서 뻗어 나오는 중력의 흐름에 한 수소 원자가 휘말릴지 모른다. 가장 희미한 시간과 변화 속에서, 서서히 그것은 다른 원자가 있는 방향으로 꾸준히 떠간다. 다시 10억 년이 흐른 뒤 그것은 처음으로 물질 조각과 충돌한다. 수백만 년이 흐른 뒤 두 번째 물질과 마주친다. 머지않아 그것은 동족, 즉 다른 수소 원자와 만난다. 그들은 약한 인력으로 묶인 채 함께 떠다니다가 시간이 한없이 흐른 뒤 산소 원자와 만난다. 갑자기 기이한 일이 일어난다. 한순간 열을 내뿜으면서 결합해 그들은 하나의 물 분자가 된다. 아마 그들은 행성을 순환하는 대기에 빨려들 것이다. 이 혼인하에서 그들은 거대한 변화의 주기에 붙잡힌다. 그 분자는 빠르게 위로 운반되어 비가 되고, 서로 부대끼는 원자들이 가득한 혼잡한 웅덩이로 들어간다. 그것은 무수한 다른 물 분자들과 함께 비좁은 웅덩이에서 넓게 퍼진 구름으로, 그리고 다시 되돌아오는 이 회로를 수백만 년 동안 여행한다. 어느 날 한순간 운이 닿아서 물 분자는 한 웅덩이에 있는 유달리 활동적인 산소들의 사슬에 붙잡힌다. 그것의 경로는 다시 한 번 가속된다. 그것은 탄소 사슬의 여행을 보조하면서 단순한 고리를 돌고 돈다. 그러면서 활기 없는 깊숙한 공간에서는 가능하지 않을 속도, 운동, 변화를 즐긴다. 탄소 사슬은 다른 사슬에 약탈당하고 수없이 재조립되고, 그 수소는 이내 자신이 한 세포 안에서 다른 분자들과 관계와 결합을 끊임없이 재배열한다는 것을 깨닫는다. 이제 변화를 멈추기는 거의 어려우며, 상호 작용은 결코 멈추지 않는다.

한 사람의 몸에 있는 수소 원자들은 7년마다 완전히 새롭게 바뀐다. 나이를 먹어 갈 때의 우리는 사실상 우주만큼 나이가 많은 원자들의 강이다. 우리 몸의 탄소들은 별의 먼지에서 만들어졌다. 우리의 손, 눈, 심장에 있는 물질 집합은 수십억 년 전, 거의 시간이 시작될 무렵에 만들어졌다.[1] 우리는 보기보다 훨씬 더 나이가 많다.

우리 몸의 평균 수소 원자가 한 세포 정거장에서 다른 세포로 쏜살같이 움직이면서 보내는 몇 년은 상상할 수 있는 가장 덧없는 영광의 시간이다. 140억 년이라는 활기 없는 권태기를 보낸 뒤, 생명의 물들을 통과하는 험난한 짧은 여행을 한 뒤, 행성이 죽을 때 다시 우주 공간에 고립된다. 눈 깜박할 시간이라는 말도 비유로서는 너무 길다. 한 원자의 관점에서 볼 때 살아 있는 모든 생물은 그 원자를 혼돈과 질서의 광란에 빠트려서 140억 년에 걸친 평생에 한 번 날뛸 기회를 제공하는 폭풍이다.

세포가 빠르고 광적일지라도, 에너지가 기술을 통과하여 흐르는 속도는 더욱 빠르다. 사실 기술은 이런 면에서 우리가 현재 인지하고 있는 그 어떤 지속 가능한 구조보다 더 활동적이다. 즉 기술은 원자가 타고 마구 달릴 수 있는 것을 더 제공할 것이다. 오늘 궁극적 속도로 여행을 하겠다면 우주에서 가장 지속가능하고 활력 있는 컴퓨터 칩을 추천한다.

이것을 더 정확히 표현할 방법이 있다. 행성에서 별까지, 데이지에서 자동차까지, 뇌에서 눈에 이르기까지 우주에서 지속 가능한 모든 것 중에서 가장 높은 출력 밀도(1초에 물질 1그램을 통해 흐르는 최대 에너지)로 에너지를 보낼 수 있는 것은 당신 노트북의 핵심에 위치해 있다. 어떻게 그럴 수 있을까? 별 하나의 출력 밀도는 공간의 성운을 떠돌며 통과하는 온화한 출력에 비해 엄청나다. 하지만 놀랍게도 태양의 출력 밀도는 풀잎에서 벌어지는 강렬한 에너지의 흐름과 활동에 비하면 미약하다. 태양의 표면은 강렬하지만 질량이 엄청나고 수명이 100억 년에 이르러, 계 전체로 볼 때 1초에 1그램을 지나는 에너지의 양은 그 태양의 에너지를 흠뻑 받는 해바라기 안을 지나는 양보다 적다.

폭발하는 핵폭탄은 통제를 벗어난 지속 불가능한 에너지 흐름이므로 태양보다 출력 밀도가 훨씬 더 높다. 1메가톤의 핵폭탄은 10^{17}에르그(erg)의 에너지를 방출한다. 아주 큰 출력이다. 하지만 그 폭발의 총 수명은 눈 깜박할 시간도 못 되는 10^{-6}초다. 그러니까 그 에너지가 마이크로초 대신에 1초에 걸쳐 소비되도록 핵 폭풍을 '분배한다'면, 그 출력 밀도는 1초 1그램당 10^{11}에르그로 줄어들 것이다. 그것은 대략 노트북 칩의 세기에 해당한다. 에너지 측면에서 펜티엄 칩은 아주 느린 핵폭발로 생각하는 편이 더 나을지도 모른다.

핵무기에서 보이는 순간적으로 소멸되는 불꽃은 불, 화학 폭탄, 초신성 및 다른 유형의 폭발에서도 나타난다. 그들은 말 그대로 엄청나게 높지만 지속 불가능한 에너지 밀도로 자신을 소모한다. 태양 같은 별의 영광은 그것이 수십억 년에 걸쳐 눈부신 핵융합을 계속할 수 있다는 데 있다. 하지만 그 별은 녹색식물에서 일어나는 지속 가능한 에너지 흐름보다 더 낮은 에너지 유량으로 그렇게 한다! 풀에서의 에너지 교환은 불꽃을 터뜨리기보다는 초록 잎, 황갈색 줄기, 그림처럼 완벽한 클론을 복제할 수 있는 정보를 지닌 채 익어 가는 통통한 씨로 구성된 냉정한 질서를 낳는다. 동물 내에서도 더 크지만 꾸준한 에너지 흐름이 있으며, 그곳에서 실제로 에너지 파동이 감지된다. 그들은 꿈틀거리고 고동치고 움직이며 어떤 경우에는 온기를 방사한다.

기술을 통한 에너지 흐름은 더 크다. 1초당 1그램의 물질을 통과하는 줄(또는 에르그)로 측정했을 때, 첨단 기술 장치만큼 장시간 에너지를 집중시킬 수 있는 것은 없다. 물리학자 에릭 체이슨(Eric Chaisson)이 작성한 전력 밀도 그래프의 오른쪽 맨 끝은 컴퓨터 칩이 차지한다.[2] 그것은 동물, 화산, 태양보다 작은 통로를 통해 1초 1그램당 더 많은 에너지를 전달한다. 알려진 우주 안에서는 이 첨단 기술 부품이 에너지 측면에서 가장 활동적이다.

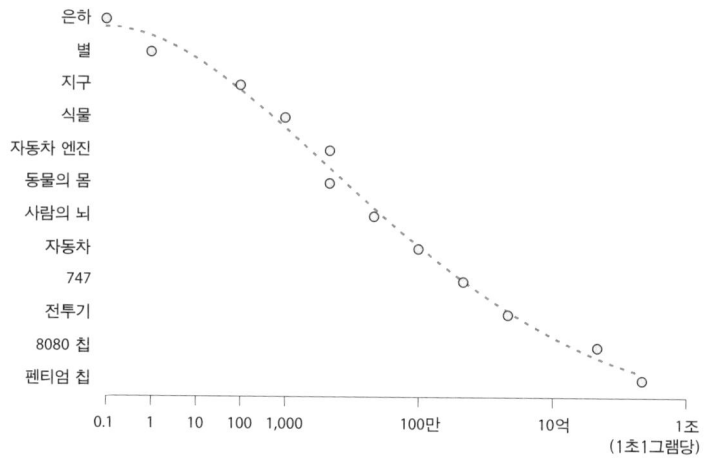

출력 밀도 기울기.[3] 계의 지속 시간 중 1초 1그램당 계를 흐르는 에너지 양으로 측정한 에너지 흐름 밀도 순서에 따라 배열한 크고 복잡한 계들.

이제 우리는 테크늄의 이야기를 팽창하는 우주 활동의 이야기로 각색할 수 있다. 태초에 우주는, 우주라고 하기는 좀 그렇지만, 아주아주 작은 공간에 꾸려 넣어져 있었다. 우주 전체는 가장 작은 원자의 가장 작은 입자의 가장 작은 조각보다 더 작은 점에서 시작되었다. 그 점 안은 어디나 똑같이 뜨겁고 밝고 조밀했다. 이 너무나 작은 점의 모든 부분은 온도가 똑같았다. 사실 어떤 차이가 있을 여지도 없고 활동도 전혀 없었다.

하지만 탄생하는 바로 그 순간부터, 이 작은 점은 우리가 이해하지 못하는 과정을 통해 팽창했다. 모든 새 지점은 다른 모든 새 지점들에서 순식간에 멀어져 갔다. 우주가 당신의 머리만큼 팽창하자 냉각이 가능해졌다. 그 크기까지 팽창하기 직전, 즉 첫 3초 동안 우주는 쉴 만한 빈 곳조차 전혀 없이 완벽하게 꽉 차 있었다. 어찌나 꽉 차 있었는지 빛조차 움직일 수 없었다. 너무나 균일했기에 오늘날 현실에서 작동하는 네 가지 근본 힘, 곧 중력,

전자기력, 강력, 약력조차 통일된 힘 하나로 압축되어 있었다. 그 출발 단계에서는 하나의 일반 에너지가 있었고, 우주가 팽창함에 따라 그것이 네 가지 다른 힘으로 분화했다.

태초의 첫 펨토초(10^{-15}초)에 우주에는 오직 한 가지, 모든 것을 지배한 초밀도 힘만 있었고, 이 유일한 힘이 팽창하고 식어서 수천 가지 변이 형태가 되었다고 말해도 그리 과장이 아닐 것이다. 따라서 우주의 역사는 하나에서 다양성으로 진행된다.

우주는 팽창하면서 무(無)를 만들었다. 텅 빈 곳이 늘어남에 따라 냉각도 심해져 갔다. 공간은 에너지가 식어서 물질이 되도록 하고 물질이 느려지도록 허용했고, 빛이 뿜어 나오고 중력과 다른 힘들이 펼쳐지도록 했다.

에너지는 그저 식을 수 있는 퍼텐셜(차이를 필요로 하는)을 말한다. 에너지는 더 큰 쪽에서 적은 쪽으로만 흐를 수 있으므로, 차이가 없으면 어떤 에너지도 흐를 수 없다. 신기하게도 우주는 물질이 식어서 균을 수 있는 것보다 더 빨리 팽창했고, 그것은 냉각 퍼텐셜이 계속 증가한다는 것을 의미한다. 우주가 더 빨리 팽창할수록 그것이 냉각 퍼텐셜은 더 커졌고 우주의 경계 내에서 냉각 퍼텐셜 차이도 커졌다. 기나긴 우주 시간에 걸쳐, 이 차이의 팽창(팽창하는 공허와 빅뱅의 잔류 뜨거움 사이)은 진화, 생명, 지능, 궁극적으로 기술의 가속화를 촉진했다.

중력을 받는 물처럼 에너지도 가장 낮은, 가장 차가운 수준으로 스며들 것이며, 모든 차이가 제거될 때까지 쉬지 않을 것이다. 빅뱅 이후 첫 1000년 동안 우주 내의 온도 차이는 너무나 작아서 금방 평형 상태에 이르렀을 것이다. 우주가 계속 팽창하지 않았다면 흥미로운 일은 거의 일어나지 않았을 것이다. 하지만 우주 팽창은 일이 벌어지도록 방향을 틀어놓았다. 모든 방향으로 팽창함으로써, 모든 지점이 다른 모든 지점과 멀어지면서, 공간은 에너지가 흐를 수 있는 빈 바닥, 일종의 지하실을 제공했다. 우주가 더 빨리 커질수록 그것이 건설하는 지하실은 더 커졌다.

지하실의 밑바닥에는 열 죽음이라는 최종 상태가 놓여 있다. 열 죽음은 절대적으로 정지한 상태다. 아무런 차이가 없기 때문에 아무런 움직임도 없다. 아무런 퍼텐셜도 없다. 빛도 없고 소리도 없고 어느 방향에서든 똑같다고 생각해 보라. 여기와 저기 사이의 원소 차이를 비롯하여 모든 차이는 해소되어 있다. 이 균일성의 지옥을 최대 엔트로피(maximum entropy)라고 한다. 엔트로피는 낭비, 혼돈, 무질서를 가리키는 멋진 과학 명칭이다. 우리가 아는 한, 우주의 어느 곳에서도 알려진 예외가 전혀 없는 유일한 물리 법칙이 바로 이것이다. 만물은 지하층으로 향한다는 것. 우주의 모든 것은 폐열과 최대 엔트로피라는 최고의 평등을 향해 비탈을 꾸준히 미끄러져 내려간다.

우리는 여러 방식으로 우리 주위에서 온갖 비탈을 본다. 엔트로피 때문에, 빠르게 움직이는 것은 느려지며, 질서는 혼돈으로 끝나고, 독특하게 남아 있으려는 모든 유형의 차이나 개성은 사라진다. 모든 행동은 그 비탈로 에너지를 누출하므로 속도든 구조든 행동이든 각각의 차이는 빠르게 줄어든다. 우주 내의 차이는 공짜가 아니다. 차이를 유지하려면 본래의 성향에 맞서야 한다.

엔트로피의 끌어당김에 맞서 차이를 유지하려는 노력은 자연의 장엄함을 빚어낸다. 독수리 같은 포식자는 엔트로피 소비 피라미드의 꼭대기에 자리한다. 독수리 1마리는 연간 송어 100마리를 먹고, 그 송어들은 메뚜기 1만 마리를 먹으며, 그 메뚜기들은 풀잎 100만 개를 먹는다. 따라서 간접적으로 풀잎 100만 개가 독수리 1마리를 지탱한다고 할 수 있다. 하지만 이 풀잎 더미 100만 개의 무게는 독수리보다 훨씬 더 무겁다. 이 엄청난 비효율은 엔트로피 때문이다. 동물이 살아가면서 움직일 때마다 소량의 열(엔트로피)이 낭비되며, 그것은 모든 포식자는 먹이가 소비하는 총 에너지보다 더 적은 양의 에너지를 얻는다는 것을 뜻하며, 매시각 이 각각의 행동은 부족분을 더 늘린다. 생명은 오로지 풀잎에 쏟아지는 햇살이 새로운 에너지를 끊임없이 보충하기에 계속 순환한다.

이 불가피한 낭비는 너무나 가차 없고 피할 수 없는 것이기에 어떤 조직이 급속히 차가운 평형으로 녹아들지 않은 채 오래 지속된다는 것 자체가 놀라운 일이다. 우주에서 우리가 흥미롭고 좋다고 생각하는 모든 것(생물, 문명, 공동체, 지능, 진화 자체)은 어떤 식으로든 엔트로피의 공허한 무차별에 맞서 지속적인 차이를 유지한다. 편형동물, 은하, 디지털 카메라 할 것 없이 모두 이 특성을 똑같이 지니고 있으며, 그들은 열적 미분화와 거리가 먼 차이 상태를 유지한다. 그 우주적 권태와 무활동 상태는 우주에 있는 대다수 원자들의 표준 상태다. 물질 우주의 나머지가 그 얼어붙은 지하실로 미끄러져 내려갈 때, 놀라울 정도로 아주 적은 양만이 에너지의 파도에 올라타서 치솟으며 춤출 것이다.

지속 가능한 차이라는 이 솟구치는 흐름은 엔트로피의 역전이다. 편의상 여기서는 그것을 바깥으로 향한다는 의미의 엑소트로피(exotropy)라고 하자. 엑소트로피는 네겐트로피(negentropy), 즉 음의 엔트로피라는 전문 용어의 다른 이름이다. 이 단어는 원래 철학자 맥스 모어(Max More)가 만들었다. 비록 그는 엑스트로피(extropy)라고 했지만, 나는 엔트로피의 반대라는 측면을 더 강조하기 위해 철자를 바꾸어 그의 용어를 써 왔다. 나는 네겐트로피보다 엑소트로피를 더 선호한다. '질서의 없음의 없음'이라는 이중부정의 의미 대신에 긍정적인 의미를 지닌 용어이기 때문이다. 이 책에서 엑소트로피는 단순히 혼돈을 제거한다는 의미보다 훨씬 더 큰 의미를 담고 있다. 엑소트로피는 있을 법하지 않은 존재들의 끊기지 않은 서열을 따라 질주하는 자체적인 힘이라고 생각할 수 있다.

엑소트로피는 파동도 입자도 아니며, 순수한 에너지도 초자연적인 기적도 아니다. 그것은 정보와 아주 흡사한 비물질적인 흐름이다. 엑소트로피는 음의 엔트로피, 곧 무질서의 역전으로 정의되므로, 정의상 질서의 증가를 의미한다. 그런데 질서란 무엇일까? 단순한 물리계라면 열역학 개념으로 충분하겠지만, 해삼, 뇌, 책, 자체적으로 움직이는 트럭으로 이루어진 현실 세계에 유용한 엑소트로피 계량법은 우리에게 없다. 우리는 그저 엑소트로피가 정보와 동등하지는 않지만 닮았으며 자기 조직화를 수반한다는 것만 말할 수 있을 뿐이다.

정보가 무엇인지 실제로 알지 못하기에 정보와 연관지어 엑소트로피를 정확히 정의하기는 불가능하다. 사실 정보라는 용어는 서로 별개의 용어들을 포함한다고 봐야 할 정도로 몇 가지 모순되는 개념을 포괄한다. 우리는 정보를 (1) 비트 더미나 (2) 의미 있는 신호라는 의미로 쓴다. 혼란스럽게도 엔트로피가 커질 때 비트는 증가하지만 신호는 감소하므로, 한 종류의 정보는 증가하는 반면 다른 종류의 정보는 줄어든다. 우리가 언어를 더 명료하게 다듬을 때까지, 정보라는 용어는 다른 무엇보다도 은유에 더 가깝다. 나는 이 책에서 정보를 두 번째 의미로 사용하고자 한다.(언제나 그런 것은 아니지만.) 즉 정보는 차이를 만드는 비트 신호다.

더욱 혼란스러운 점은 정보가 오늘날 널리 퍼져 있는 은유라는 것이다. 우리는 그 시기에 알고 있는 가장 복잡한 계가 시사하는 이미지 속에서 삶을 둘러싼 수수께끼를 해석하는 경향이 있다. 자연은 한때 몸으로 묘사되었고, 시계의 시대에는 시계로 묘사되고, 산업시대에는 기계로 기술되었다. '디지털 시대'인 지금은 컴퓨터 연산에 비유한다. 우리 마음이 어떻게 작동하는지, 진화가 어떻게 이루어지는지 설명하기 위해 우리는 정보 비트를 처리하는 아주 커다란 소프트웨어 프로그램의 패턴을 적용한다. 이런 역사적 은유들 중에 잘못된 것은 없다. 그것들은 그저 불완전할 뿐이다. 정보와 연산이라는 가장 최신판 비유도 마찬가지다.

하지만 질서 증가로서의 엑소트로피는 정보뿐 아니라 다른 것도 지니는 것이 분명하다. 우리는 수천 년에 걸친 과학과 수천 가지의 은유를 물려받았다. 정보와 연산이 존재하는 가장 복잡한 비물질적인 실체일 리는 없지만, 우리가 지금까지 발견한 가장 복잡한 것이긴 하다. 나중에는 엑소트로피가 양자역학이나 중력, 심지어 양자중력을 수반한다는 것이 발견될지도 모른다. 하지만 엑소트로피의 본질을 이해하고자 할 때 지금으로서는 우리가 아는 다른 모든 것보다 정보(구조라는 의미에서)가 가장 나은 유추다.

한 우주적인 관점에서 볼 때, 정보는 우리 세계의 지배적인 힘이다. 빅뱅 바로 직후인 우주 초창기에는 에너지가 주된 존재 형태였다. 당시에는 어디에나 복사선이 있었다. 우주는 하나의 빛이었다. 그러다가 공간이 팽창하고 식으면서 서서히 물질이 에너지를 대체했다. 물질은 덩어리를 이루고 불균일하게 퍼져 있었지만 응축되어 중력을 형성했고, 중력은 공간의 모양을 빚어내기 시작했다. 생명이 출현하면서(우리 바로 근처에서) 정보의 영향력은 급등했다. 우리가 생명이라고 부르는 정보 처리 과정은 수십억 년 전에 지구 대기를 통제하기에 이르렀다. 지금은 또 다른 정보 처리 과정인 테크늄이 지구 대기를 재정복하고 있다. 우주에서 엑소트로피의 증가(우리 행성의 관점에서 볼 때)는 84쪽 그림처럼 생각할 수 있다.

안정한 분자, 태양계, 행성 기후, 생명, 마음, 테크늄으로 상승하면서 수십억 년에 걸쳐 진행된 엑소트로피 증가는 질서 있는 정보의 느린 축적이라고 고쳐 말할 수 있다. 아니 그보다는 축적된 정보의 느린 질서화다.

이 점은 극단에서 더 뚜렷이 드러난다. 뉴클레오티드가 담긴 실험실 선반 위의 병 네 개와 당신의 염색체에 배열된 네 가지 뉴클레오티드 사이의 차이점은 복제하는 DNA 나선에 참여한 뉴클레오티드의 원자들이 추가 구조, 즉 추가 질서를 갖춘다는 데 있다. 원자들은 같지만, 더 질서가 있다. 그 뉴클레오티드의 원자들은 그들의 숙주인 세포가 진화를 거칠 때 또 다른

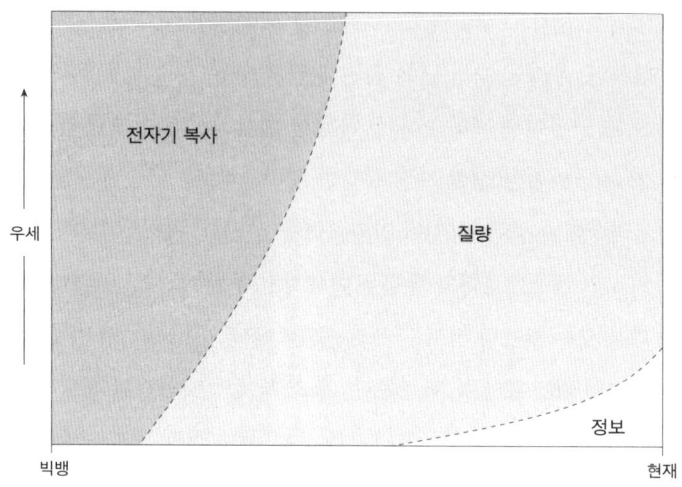

우주의 시대 구분.[4] 우주의 영역에서 상대적으로 우세한 힘은 빅뱅 이래로 변해 왔다. 여기서 시간은 지수적으로 증가하는 로그 단위로 나타냈다. 이 단위로 재면 시간의 여명기에서 몇 초는 현재의 10억 년과 똑같은 수평 거리를 차지한다.

수준의 구조와 질서를 획득한다. 생물이 진화할 때, 그 원자들이 지닌 정보 암호는 조작되고 가공되고 재편된다. 원자들은 이제 유전정보뿐 아니라 적응적 정보도 전달한다. 원자는 살아남는 혁신 사례들로부터 질서를 획득한다. 시간이 흐르면서 그 원자는 승격되어 새로운 수준의 질서를 갖출 수 있다. 단세포였던 자신의 집이 다른 세포와 결합되어 다세포가 될 수도 있다. 그것은 세포로서만이 아니라 더 큰 생물을 위한 정보 구조를 요구한다. 조직과 기관으로의 응집, 성의 습득, 사회 집단의 형성 등으로 진화 과정에서 전이가 더욱더 진행됨으로써 질서는 계속 향상되고, 같은 원자들을 통해 흐르는 정보의 구조도 증가한다.

40억 년 동안 진화는 자신의 유전자 도서관에 지식을 축적해 왔다. 40억 년이라면 많은 것을 배울 수 있다. 오늘날 지구에 살고 있는 약 3000만 종은 모두 최초의 세포까지 끊기지 않고 이어지는 정보의 실이다. 실(DNA)은 새 세대마다 무언가를 배워서 어렵게 얻은 지식을 그 실의 암호에 추가한다. 유전학자 기무라 모토는 약 5억 년 전 캄브리아기 대폭발 이래로 축적된 총 유전정보가 한 유전 계통(앵무새나 왈라비 한 마리 같은)에 10메가바이트 정도 있다고 추정한다.[5] 이제 각 생물이 지닌 고유 정보에 현재 세계에 살아 있는 생물의 총 수를 곱하면, 천문학적으로 거대한 보물을 얻게 된다. 지구에 있는 모든 생물의 유전적 짐(씨, 알, 포자, 정자)을 운반하는 데 필요할 디지털 저장 장치라는 노아의 방주를 상상해 보자. 한 연구는 지구에 10^{30}마리의 단세포 미생물이 산다고 추정한다. 효모 같은 전형적인 미생물에서는 한 세대에 한 개의 1비트 돌연변이가 일어나며, 그것은 살아 있는 모든 생물이 1비트의 독특한 정보를 지닌다는 의미다. 미생물만 따져도 (지구 생물량의 약 50퍼센트에 해당한다.) 현재 생물권은 10^{30}비트, 다시 말해 10^{29}바이트 또는 1만 요타바이트의 유전정보를 지닌다. 꽤 많다.

    그리고 그것은 생물학적 정보만이다. 테크늄도 나름의 정보의 바다에 잠겨 있다. 그것은 8000년에 걸쳐 획득된 인간 지식을 반영한다. 쓰이는 디지털 저장 장치의 양으로 따질 때, 오늘날의 테크늄은 자연의 총량에 비해 단위가 훨씬 적은 487엑사바이트(10^{20})의 정보를 지니지만, 지수적으로 증가하고 있다. 기술은 자연의 그 어떤 원천보다도 압도적으로 큰 성장 속도인 연간 66퍼센트씩 자료를 늘린다. 이웃한 다른 행성들이나 먼 우주 공간을 멍하니 떠다니는 물질과 비교할 때, 이 행성은 학습하고 자기 조직화하는 정보로 두꺼운 담요처럼 둘러싸여 있다.

    테크늄의 우주 이야기에는 판본이 하나 더 있다. 우리는 엑소트로피의 장기 궤적을 물질로부터의 탈출과 비물질로의 초월로 볼 수 있다. 초기 우주에서는 물리 법칙만이 지배했다. 화학 법칙, 운동량, 돌림힘, 전하, 기타 가역적인 물리적 힘들만이 중요했다. 다른 것들은 전혀 없었다. 물질 세계의 엄격한 제약 조건들은 바위, 얼음, 가스구름 같은 극도로 단순한 역학적 형태들만 낳았다. 하지만 공간이 팽창하고 그에 따라 위치 에너지가 증가하면서 세계에 새로운 비물질적 매개체가 등장했다. 바로 정보, 엑스트로피, 자기 조직화다. 이 새로운 조직적 가능성들(살아 있는 세포와 마찬가지의)은 화학 및 물리학의 법칙들과 충돌하는 것이 아니라 그것들을 통해 흘렀다. 마치 생명과 마음은 물질과 에너지의 본질에 단순히 박혀 있는 것이 아니라, 그 제약 조건들에서 출현하여 그것들을 초월한 것 같다. 물리학자 폴 데이비스(Paul Davies)가 그것을 잘 요약하고 있다. "생명의 비밀은 그것의 화학적 토대에 있지 않다. (……) 생명은 화학적 명령을 교묘히 비껴감으로써 성공을 거둔다."[6]

현재 우리 경제가 물질 기반 산업에서 무형의 상품(소프트웨어, 디자인, 매체 산물 같은)을 다루는 지식 경제로 옮겨가고 있는 것은 비물질을 향한 꾸준한 이동 사례의 최신판일 뿐이다.(물질 처리 과정이 느슨해지는 지금 바로 그 무형의 처리 과정이 더 경제적으로 가치 있다는 점에 주목하기를.) 댈러스 연방준비은행 총재 리처드 피셔(Richard Fisher)는 말한다. "세계 거의 모든 부문에서 나오는 자료는 소득이 증가함에 따라 소비자들이 상대적으로 상품을 덜 쓰고 용역을 더 쓰는 경향이 있음을 보여 준다. (……) 일단 기본적인 욕구를 충족시키면, 사람들은 의료, 교통과 통신, 정보, 휴양, 오락, 금융과 법률 자문 같은 것들을 원하는 경향이 있다."[7] 가치의 구현(가치는 더 많이, 크기는 더 적게)은 테크늄에서 꾸준히 일어나는 추세. 지난 6년 사이에 미국 수출품(미국이 생산하는 가장 가치 있는 것들)의 달러당 평균 무게는 절반으로 줄어들었다. 오늘날 미국 수출품의 40퍼센트는 제조된 상품(원자)이라기보다는 용역(무형물)이다.[8] 우리는 경직되고 무거운 원자를 무형의 디자인, 유연성, 혁신, 영리함으로 꾸준히 대체하고 있다. 지극히 현실적인 의미에서, 용역과 생각을 토대로 한 경제로의 진입은 빅뱅에서 시

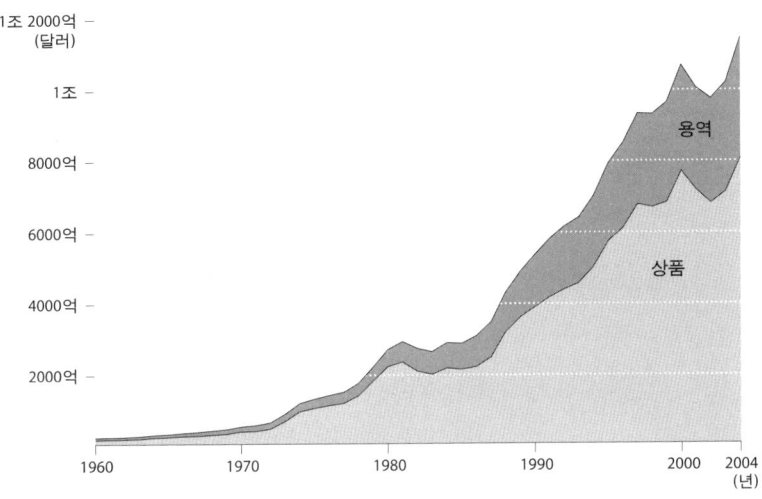

미국 수출품의 탈물질화.[9] 1960~2004년 미국이 연간 수출한 상품과 용역의 총량.

작된 추세의 연속이다.

 탈물질화가 엑스트로피가 나아갈 유일한 길은 아니다. 고도로 다듬어진 구조로 정보를 압축하는 테크늄의 능력도 비물질의 성공 사례다. 예를 들어 과학(뉴턴에서 시작하는)은 어떤 대상의 움직임에 관한 수많은 증거를 $F=ma$ 같은 아주 단순한 법칙으로 추상화할 수 있었다. 마찬가지로 아인슈타인은 엄청나게 많은 경험적 관찰을 $E=mc^2$이라는 고도의 압축 용기에 집어넣었다. 기후, 공기역학, 개미의 행동, 세포분열, 산의 융기, 수학 등 무엇에 관한 것이든 간에 모든 과학 이론과 공식은 결국 정보의 압축이다. 이런 식으로, 교차 색인과 주석이 붙은 방정식이 가득하고 동료 심사를 거쳐 학술지에 실린 논문들로 빽빽한 우리의 도서관은 농축된 탈물질화의 거대한 보고다. 하지만 탄소 섬유의 기술에 관한 학술서적이 무형의 압축물인 것처럼, 탄소 섬유 자체도 그렇다. 그것은 탄소보다 훨씬 더 많은 것을 담고 있다. 철학자 마르틴 하이데거는 기술이 내면 현실의 '드러냄', 곧 폭로라고 주장했다. 그 내면 현실이란 제조된 것의 비물질적인 본성을 말한다.

테크늄이 하드웨어와 물질 장치를 우리 무릎에 갖다 놓는 것으로 유명하긴 하지만, 테크늄은 이제야 바야흐로 고삐가 풀린 가장 형태가 없고 비물질적인 과정이다. 사실 그것은 세계에서 가장 강력한 힘이다. 우리는 사람의 뇌가 세상에서 가장 강한 힘이라고 생각하는 경향이 있다.(비록 우리에게 그렇게 말하는 것이 뇌임을 기억해야 할 테지만.) 하지만 테크늄은 뇌라는 자신의 부모를 이미 넘어섰다. 우리 마음의 힘은 주의를 기울여 성찰하면 그나마 조금 증가시킬 수 있다. 생각에 관해 생각을 하면 우리는 겨우 조금 더 영리해질 것이다. 그러나 테크늄의 힘은 자신의 변형하는 특성을 자신에게 되비침으로써 무한정 증가시킬 수 있다. 새로운 기술은 더 나은 기술을 창안하는 일을 계속하여 더 쉽게 만든다. 사람의 뇌도 같다고 말할 수는 없다. 이 무제한의 기술적 증폭을 통해서 테크늄의 비물질적 조직화는 지금 우주의 이쪽 영역에서 가장 지배적인 힘이 되고 있다.

기술의 지배는 궁극적으로 그것이 사람의 마음에서 탄생했다는 데에서 비롯되는 것이 아니라, 기술이 은하, 행성, 생명, 마음을 출현시킨 것과 같은 자기 조직화에서 기원했다는 점에서 비롯된다. 이는 빅뱅에서 시작하여 시간이 흐를수록 점점 더 추상적이고 비물질적인 형태로 확장되는 거대한 비대칭 호의 일부분이다. 그 호는 물질과 에너지라는 고대의 명령으로부터 느리지만 비가역적으로 해방되어 감을 의미한다.

2부

명령들

5
심오한 진보

새로움은 고대에 그것이 얼마나 드물었는지를 잊을 만큼 오늘날 우리 삶의 핵심 부분이 되었다. 과거에 변화는 대개 순환적이었다. 숲을 개간하여 밭을 만들었다가도 경작이 끝나고 나면 버렸다. 군대는 왔다가 다시 떠났다. 가뭄 뒤에는 홍수가 왔고, 선하든 악하든 한 왕 뒤에는 다른 왕이 권좌를 이었다. 대다수 사람들은 대부분의 시간에 진정한 변화란 것을 거의 경험하지 않았다. 수세기가 지나도 변화는 거의 일어나지 않았다.

그러다가 막상 변화가 터져 나오면 그것을 회피했다. 역사적 변화에 사람들이 식별할 수 있는 어떤 방향이 있다면, 그것은 내리막이었다. 과거는 대개 황금 시대였다. 젊은이들이 어른을 공경하고, 밤에 도둑이 들지 않고, 사람의 마음이 신에게 더 가까웠던 시절이다. 고대에 수염 가득한 예언자가 무언가 닥쳐올 것이라고 예언하면, 그것은 대개 나쁜 소식이었다. 미래가 나아질 것이라는 생각은 최근까지 인기를 끌었던 적이 없다. 심지어 지금도 진보는 보편적으로 받아들여졌다고 할 수 없다. 흔히 문화 발전은 어느 순간에라도 서글픈 과거로 전락할 수 있는 예외적인 사건으로 여겨진다.

시간이 흐르면서 점진적인 변화가 일어난다는 모든 주장은 수십억 명 사이의 불평등, 악화되는 지역 환경, 국지전, 대량 학살, 빈곤이라는 현실에 비추어 보아야 한다. 게다가 합리적인 사람이라면 오래된 문제를 치유하려는 선의의 시도에서 비롯된 새로운 문제를 포함하여 우리의 발명과 활동이 꾸준히 만들어 낸 새로운 불행의 흐름을 무시할 수 없다. 좋은 사물과 사람이 계속해서 파괴되는 일이 가차 없이 일어나는 듯하다. 실제로 그렇다.

하지만 마찬가지로 좋은 것들도 수그러들지 않고 꾸준히 흘러나온다. 항생제의 혜택을 누가 부정할 수 있을까? 설령 과잉 처방된다 할지라도 말이다. 전기나 직물, 라디오의 혜택은? 바람직한 것들은 이루 헤아릴 수 없이 많다. 일부는 안 좋은 면도 지니지만, 우리는 그들의 좋은 면에 의존한다. 현재 알려져 있는 불행을 치유하기 위해 우리는 더 새로운 것들을 만들어 낸다.

이 새 해결책 중 일부는 그것들이 해결하겠다고 한 문제보다 더 나쁘지만, 나는 평균적으로 그리고 시간이 흐를수록 새 해결책이 새 문제보다 우세해지리라고 생각한다. 진지한 기술낙관론자는 대다수의 문화적, 사회적, 기술적 변화가 지극히 긍정적이라고 주장할 수도 있다. 해마다 테크늄에서 일어나는 변화의 60퍼센트 혹은 70퍼센트나 80퍼센트는 세계를 더 나은 곳으로 만든다고 말이다. 나는 실제 비율이 얼마인지는 모르겠지만, 균형을 따지자면 긍정적인 쪽이 50퍼센트는 넘을 것이라고 본다. 설령 아주 조금 넘는다고 할지라도 말이다. 랍비인 잘만 샤흐터샬로미(Zalman Schachter-Shalomi)는 "세상에는 악보다 선이 더 많다. 하지만 많이는 아니다."라고 말한 바 있다.[1]

의외겠지만, 복합적인 이해관계를 저울질할 때는 그저 '많이는 아니'만 있으면 된다. 그리고 테크늄이 바로 그런 일을 한다. 세계가 완벽한 유토피아가 되어야 진보를 볼 수 있는 것은 아니다. 우리 행동에는 전쟁처럼 파괴적인 것도 있다. 우리가 생산하는 것 중에는 쓰레기 같은 것도 있다. 아마 우리가 하는 일의 거의 절반은 그럴 것이다. 하지만 파괴하는 것보다 고작 1퍼센트나 2퍼센트(아니 10분의 1퍼센트라도) 더 긍정적인 것을 창조한다면, 우리는 진보한 것이다. 이 차이는 거의 알아보기 어려울 만큼 미미할 수 있으며, 그것이 바로 진보가 보편적으로 인정받지 못하는 이유일 수도 있다. 우리 사회의 엄청난 규모의 결함에 대비하면, 1퍼센트 차이는 사소해 보일 수 있다. 하지만 이 미미하고 빈약하고 초라한 차이는 문화의 깔쭉톱니바퀴와 조합될 때 진보를 낳는다. 시간이 흐르면 '많이 낫지는 않은' 몇 퍼센트가 쌓여서 문명이 된다.

하지만 정말로 장기간에 걸쳐 연간 1퍼센트씩이라도 개선이 일어날까? 나는 이 추세를 보여 주는 다섯 가지 부류의 증거가 있다고 생각한다. 하나는 평균적인 사람의 수명, 교육, 건강, 부의 장기적인 증가다. 이는 측정이 가능하다. 역사를 볼 때 일반적으로 더 최근에 산 사람일수록 더 오래 살았고, 축적된 지식을 접할 기회가 더 많았고, 보유한 도구와 대안도 더 많았다. 평균적으로 그렇다. 전쟁과 다툼이 국지적이고 일시적으로 안녕을 해칠 수 있으므로, 건강과 부의 지표들은 수십 년 단위에서 그리고 세계의 지역별로 요동친다. 하지만 장기 궤적(여기서 '장기'란 수백 년, 더 나아가 수천 년을 뜻한다.)을 보면 꾸준히 눈에 띄게 상승하고 있다.

장기 진보의 두 번째 지표는 우리가 자신의 생애 내에서 뚜렷이 목격해 온 긍정적인 기술 발전의 물결이다. 아마 매일같이 들이닥치는 이 끊임없는 파도는 다른 어떤 신호보다도 더 상황이 개선되고 있다고 우리를 설득한다. 기기들은 더 나아질 뿐 아니라 더 나아지면서 더 저렴해진다. 우리는 몸을 돌려 창문을 통해 과거를 들여다보지만, 당시에는 유리창이 아예 없었다. 또 과거에는 기계로 짠 직물, 냉장고, 강철, 사진, 동네 슈퍼마켓의 통로까지 가득 채운 온갖 상품들도 없었다. 이 풍요의 뿔은 점점 가늘어지면서 신석기 시대까지 이어진다. 고대의 공예품은 그 정교함으로 우리를 놀라게 할 수 있지만, 엄청난 양, 다양성, 복잡성을 자랑하는 현대의 발명품들 앞에 세우면 빛이 바랜다. 그렇다는 증거는 명백하다. 우리는 오래된 것보다 새것을 사니까. 구식 도구와 새 도구 중에서 선택할 때, 옛날이든 지금이든 대부분의 사람은 새것을 집을 것이다. 극소수는 낡은 도구를 모으겠지만, 이베이처럼 큰 시장과 전 세계 벼룩시장들을 다 합쳐도 새것을 파는 시장에 비하면 왜소하다. 새로운 것이 실제로는 더 낫지 않을지라도 우리는 여전히 그것을 집으러 손을 뻗으며, 그런 탓에 계속 속거나 얼간이가 된다. 우리가 새로운 것을 추구하는 이유는 새것이 더 낫기 때문일 가능성이 높다. 그리고 물론 새것이 선택의 여지가 더 많다.

미국의 전형적인 슈퍼마켓은 3만 점의 물품을 판다. 해마다 미국에서만 식품, 비누, 음료 같은 신상품 2만 점이 그 혼잡한 진열대에서 살아남기를 바라면서 출시된다.[2] 이 현대 상품들은 대부분 바코드를 붙이고 있다. 바코드에 쓰이는 기호를 부여하는 기관은 현재 세계적으로 적어도 3000만 개의 바코드가 쓰이고 있다고 추정한다.[3] 이 행성에서 이용 가능한 제조물은 수억 종까지는 아니라도 수천만 종에 달할 것이 분명하다.

1547년 영국 왕 헨리 8세가 서거하자, 그의 회계원들은 그의 소유물을 기록한 방대한 목록을 작성했다. 그의 부(富)가 두 배로 늘어나면 영국의 부도 두 배로 늘어나기에 그들은 물품을 아주 꼼꼼히 세었다. 회계원들은 그의 가구, 숟가락, 비단옷, 갑옷, 무기, 은 접시 등 당시 왕의 통상적인 소유물들도 모두 추가했다. 그들이 집계한 바에 따르면, (영국의 국가 재산인) 헨리 왕실은 1만 8000점의 물품을 지녔다.[4]

나는 아내, 세 아이, 처제, 조카 둘과 함께 미국의 커다란 집에서 산다. 어느 날 여름 어린 딸 팅과 함께 나는 우리 집에 있는 물건들을 모두 세었다. 휴대용 계수기와 적는 판을 들고서 우리는 몇 년 동안 열린 적이 없는 부엌 찬장, 침실 옷장, 책상 서랍을 뒤적거리면서 이 방 저 방 돌아다녔다.

내 주된 관심은 총 개수보다 우리 집에 얼마나 다양한 물건이 있는지였기에, 기술 '장르'의 수를 세려고 시도했다. 우리는 각 유형 중에서 대표로 하나씩만 세기로 했다. 어느 특정한 색깔(이를테면 노랑이나 파랑)이나 피상적인 치장이나 장식 같은 것이 더해져도 유형은 바뀌지 않을 것이다. 책도 원형만 세었다. 이를테면 염가본 하나, 양장본 하나, 커피탁자용 특대형 책 하나 등등. CD는 모두 한 장르로 보았고, 비디오테이프도 전부 하나로 세었다. 본질적으로 내용은 고려하지 않았다. 서로 다른 재료로 만들어진 것들은 다른 종이라고 보았다. 도자기 그릇들은 다 하나로 보았다. 유리 그릇들도 하나였다. 같은 기계로 만든 물건들도 한 종이었다. 찬장에 있는 통조림들은 모두 한 장르였다. 옷장은 문제가 달랐다. 옷들은 대부분 같은 기술로 만들어지지만 섬유는 저마다 다양하다. 면바지와 면셔츠는 한 종으로 보았고, 양털 바지는 다른 종, 합성섬유로 만든 블라우스도 다른 종으로 보았다. 무언가를 만드는 데 서로 다른 기술이 필요한 듯하다면, 나는 그것을 서로 다른 기술 종으로 보았다.

차고를 제외하고(그 자체가 별개의 계획이 될 것이다.) 아무것도 빼놓지 않은 채 모든 방을 다 훑은 뒤, 우리 집에 총 6000종류의 물건이 있다는 결론에 이르렀다. 책, CD, 종이 접시, 숟가락, 양말 같은 것들은 여러 개씩 있으므로, 나는 차고까지 포함하여 우리 집에 있는 물건의 총 수가 1만 개에 이를 것이라고 추정한다.

그다지 그러모으려 애쓰지 않아도 현대의 전형적인 집 안에는 왕이 지닌 만큼의 물건이 있다. 그러나 사실 우리는 헨리 왕보다 더 부유하다. 사실 맥도널드 상점에서 가장 낮은 급료를 받고 버거를 뒤집는 일을 하는 종업원도 여러 면에서 헨리 왕, 아니 그다지 오래되지 않은 시대에 살았던 가장 부유한 그 어떤 사람보다도 더 낫다. 비록 버거를 뒤집는 사람이 집세를 낼 만큼의 돈도 벌기 힘들지라도, 그나 그녀는 헨리 왕이 가질 수 없었던 많은 것을 가질 수 있다.

헨리 왕의 부, 곧 영국 전체의 재산으로는 실내 수세식 변기나 에어컨을 살 수 없었을 테고, 500킬로미터를 편안히 앉아 달릴 수도 없었을 것이다. 오늘날에는 어느 택시기사도 그런 것들을 살 수 있다. 겨우 100년 전, 세계 최고의 부자인 존 록펠러의 엄청난 재산도 현재 봄베이의 최하층 천민인 거리 청소부도 쓰고 있는 휴대전화를 그에게 갖다 주지 못했다. 19세기 전반기에는 네이선 로스차일드(Nathan Rothschild)가 세계 최고의 부자였다. 하지만 그의 엄청난 재산도 항생제를 사기에는 부족했다. 로스차일드는 오늘날 몇천 원짜리 네오마이신 연고만 있으면 치료할 수 있었을 감염된 고름집 때문에 사망했다. 비록 헨리 왕에게 멋진 의복과 많은 시종이 있었을지라도, 오늘날 당신은 통신망도 거의 없고 통행이 차단된 도로로 세상과 단절된 채, 위생 설비도 없이 바람 숭숭 들어오는 어두운 방에서 그처럼 살아가는 사람에게 아무 관심도 갖지 않을 것이다. 자카르타의 음침한 기숙사 방에서 생활하는 가난한 대학생도 여러 면에서 헨리 왕보다 더 잘산다.

최근에 사진사 피터 멘젤(Peter Menzel)은 전 세계를 돌면서 자신들의 모든 소유물에 둘러싸인 가족들의 사진을 찍기 위해 원정대를 조직했다.[5] 네팔, 아이티, 독일, 러시아, 페루 등 39개국의 가족들은 멘젤과 그의 대리인들이 집 안 세간을 모두 거리나 마당에 내놓아 사진을 찍고, 목록을 작성하고, 책으로 출간하도록 허락했다. 멘젤은 책제목을 『물질 세계(Material World)』라고 붙였다. 거의 모든 가족은 자신들이 지닌 것들을 자랑스럽게 여겨서 집 앞에 다채롭게 늘어놓은 가구, 솥, 옷 등 갖가지 물품 앞에 행복한 표정으로 서서 사진을 찍었다. 한 가족이 지닌 물건은 평균 127개였다.

제각기 다른 이 소유물 사진들에서 우리가 확실하게 말할 수 있는 것이 하나 있고, 그렇게 말할 수 없는 것도 하나 있다. 확실한 것은 이전 세기 해당 지역에 살던 가족들은 127개보다 물건을 더 적게 소유했다는 것이다. 오늘날 가장 가난한 나라에 사는 가족들조차 2세기 전 가장 부유한 나라에 살던 가족들보다 더 많은 것을 지닌다. 식민지시대 미국에서는 집주인이 죽으면, 대개 공무원들이 그 집의 물품들을 가져갔다. 기록상 그 시대에 사망한 집주인의 소유물 목록은 대개 40~50개였고, 집 전체에서는 대개 75개 이하였다.[6]

우리가 말할 수 없는 것은 이렇다. 사람들과 그들의 소유물을 찍은 사진 두 장(솥과 베틀 말고 다른 물건은 그다지 눈에 띄지 않는 과테말라 가족의 사진과 세탁기 겸 건조기, 첼로, 피아노, 자전거 세 대, 말, 기타 1000가지 물품을 지닌 아이슬란드 가족의 사진)을 집을 때, 우리는 어느 가족이 더 행복한지 말할 수 없다. 모든 소유물을 지닌 가족일까, 지니지 않은 가족일까?

지난 30년 동안 일단 사람이 최소 생활수준에 도달하면, 돈이 더 많다고 더 행복해지지는 않는다는 것이 상식이었다. 어느 문턱보다 낮은 소득으로 생활한다면 돈이 늘어날수록 차이가 생기지만, 이를 지나면 돈이 행복을 사지 못한다. 이는 이제 고전적인 연구가 된 리처드 이스털린(Richard Easterlin)이 1974년에 발표한 논문의 결론이다.[7] 그러나 최근 펜실베이니아 대학교 와튼스쿨에서 내놓은 연구 결과는 전 세계에서 풍요가 만족감을 증가시킨다는 것을 보여 준다.[8] 즉 소득이 높은 사람일수록 더 행복하다. 소득이 높은 국가의 국민들이 평균적으로 더 만족하는 경향을 보인다.

이 최신 연구에 대해 나는(우리의 직관적인 인상과 일치하게도) 돈이 그저 물품만 늘리는 것이 아니라(비록 더 많은 물품이 들어차긴 할지라도) 대안을 늘린다고 해석한다. 우리는 더 많은 장치와 경험을 얻는 데에서 행복을 느끼는 것이 아니다. 우리는 자신의 시간과 일과 진짜 여가를 누릴 기회를 통제하는 데에서, 전쟁과 가난과 부패라는 불확실성을 피한다는 데에서, 개인의 자유를 추구할 기회를 지닌다는 데에서 행복을 느낀다. 그리고 이 모든 것은 풍요가 증가할 때 따라 나온다.

나는 세계의 여러 곳에서 살아 보았다. 가장 가난한 지역과 가장 부유한 지역, 가장 오래된 도시와 가장 최신 도시, 가장 빠른 문화와 가장 느린 문화에서. 그리고 기회만 주어진다면 걷는 사람은 자전거를 살 것이고, 자전거를 타는 사람은 스쿠터를 살 것이고, 스쿠터를 타는 사람은 자동차로 바꿀 것이고, 자동차를 모는 사람은 비행기를 몰 꿈을 꾼다는 것도 관찰했다. 어디에서든 농부는 기회가 닿으면 소 쟁기를 트랙터로, 조롱박 그릇을 놋그릇으로, 샌들을 구두로 바꾼다. 언제나 그렇다. 거꾸로 하는 사람은 거의 없다. 유명한 아미시파 같은 예외도 자세히 살펴보면 그다지 예외적이지 않은데 그들의 공동체조차 되돌아가지 않고 선택된 기술을 채택한다.

기술을 향한 이 일방적인 끌어당김은 순진무구한 사람들을 그들이 실제로 원하지 않는 것을 소비하도록 유혹하는 마법의 사이렌이거나, 우리가 뒤엎을 수 없는 독재자와 같다. 아니면 기술이 고도로 바람직한 무엇, 간접적으로 더 큰 만족을 주는 것을 제공하거나.(이 세 가지 가능성이 모두 참일 가능성도 있다.)

기술의 어두운 측면을 회피할 수는 없다. 그것은 테크늄의 거의 절반을 차지할 수도 있다. 내 집에 있는 반들거리는 1만 가지 첨단 기술 물품 뒤에는 유독한 중금속을 내뿜으면서 희토류 원소를 캐내는 오지의 위험한 광산이 있다. 내 컴퓨터의 전원을 켜려면 거대한 댐이 필요하다. 내 서가를 만들 나무를 베느라 정글에는 그루터기가 남았고, 내 집과 사무실의 온갖 물건들을 포장하여 판매하려면 자동차와 도로의 기나긴 사슬이 필요하다. 모든 장치는 흙, 공기, 햇빛과 다른 도구들의 그물에서 시작한다. 우리가 헤아린 물품 1만 개는 뿌리가 깊은 거대한 나무의, 눈 앞에 드러난 꼭대기에 불과하다. 원소들을 우리의 물품 1만 개로 전환하려면 막의 뒤편에서 아마 10만 가지의 물리적 고안이 필요했을 것이다.

하지만 그러면서도 줄곧 테크늄은 자기 뿌리의 투명도를 증가시키고, 더 많은 카메라 눈, 더 많은 통신 뉴런, 자신의 복잡한 과정을 드러내는 더 많은 추적 기술을 모으고 있다. 하려고만 하면, 기술의 진정한 비용을 살펴볼 대안은 더 많이 있다. 이런 통신과 모니터링 시스템이 무분별한 소비주의를 억제할 수 있을까? 가능할 것이다. 하지만 테크늄의 진정한 비용과 상쇄 효과가 대폭 투명해지고 눈에 띈다고 해도 테크늄의 발전이 느려지지는 않을 것이다. 테크늄의 안 좋은 면을 인식함으로써 경솔한 소비에서 더 선택적이고 의미 있는 발전으로 에너지를 돌릴 수 있고 그 결과 테크늄의 진화를 유도하고 개선을 촉진할 수도 있을 것이다.

조금씩 꾸준히 장기적인 발전이 이루어진다는 세 번째 증거는 도덕 영역에 자리한다. 여기서는 측정에 쓸 계량법이 거의 없으며 사실들을 둘러싼 견해 차이가 더 크다. 시간이 흐르면서 우리의 법, 관습, 윤리는 인간 공감의 영역을 서서히 확장해 왔다. 일반적으로 인간은 본래 주로 가족을 통해 자신의 정체성을 파악했다.

씨족은 '우리'였다. 이 선언으로 그 친밀한 범위 너머에 있는 사람은 누구든 '남'이 되었다. 우리는 '우리'라는 원 안에 있는 사람과 바깥에 있는 사람에게 서로 다른 행동 규범을 적용했고, 지금도 여전히 그렇다. '우리'의 원은 서서히 씨족 내부로부터 부족 내부로, 이어서 부족에서 국가로 확대되었다. 원은 끊임없이 확대되어 현재 국가 그리고 아마도 종족까지도 넘어서고 있으며, 아마 곧 종의 경계를 넘어설지도 모른다. 다른 영장류도 점점 더 인간과 같은 권리를 누릴 가치가 있는 것으로 여겨지고 있다. 도덕과 윤리학의 황금률이 "남이 당신에게 해 주길 원하는 것을 남에게 하라."라면, 우리는 '남'이라는 개념을 꾸준히 확대하고 있다. 이것이 바로 도덕 진보의 증거다.

네 번째 계통의 증거는 진보가 현실임을 입증하는 것이 아니라 진보에 강한 버팀목을 제공한다. 극도로 단순한 생물에서 극도로 복잡한 사회적 동물에 이르기까지 40억 년에 걸쳐 생명이 엄청난 거리를 여행해 왔음을 보여 주는 과학 문헌은 많을뿐더러 지금도 계속 늘어나고 있다. 우리 문화에서 일어나는 변화는 40억 년 전에 시작된 진보의 연속이라고 볼 수 있다. 이 중요한 유사 사례는 다음 장에서 다룰 것이다.

진보가 현실임을 입증하는 다섯 번째 논거는 도시화를 향한 질주다. 1000년 전에는 인류의 극소수만이 도시에 살았다.[9] 지금은 50퍼센트가 도시에 산다.[10] 도시는 사람들이 '더 나은 내일'을 위해 이사하는 곳이자, 선택 가능한 대안과 가능성이 늘어나 만개한 곳이다. 매주 백만 명이 시골에서 도시로 이주하며, 그 여행은 공간적이라기보다는 시간적인 면이 더 강하다. 이 이주자들은 사실상 수백 년 앞으로 옮겨 가는 것, 중세 마을에서 21세기의 팽창하는 도시 지역으로 이사하는 것이다. 슬럼가의 비참함이 확연히 눈에 띄지만, 그들은 도시로의 이주를 멈추지 않는다. 더 많은 자유와 대안이 있다는 희망이 그들을 계속 오게 한다. 우리 모두 그렇듯이. 우리는 이주자들과 똑같은 이유로 도시와 교외에서 산다. 더 많은 선택이라는 한계 이익을 얻기 위해서.

우리의 초창기 상태로 돌아간다는 대안도 언제든 쓸 수 있다. 사실 과거로 되돌아가기가 이렇게 쉬웠던 적은 없다. 개발도상국의 국민들은 그저 버스를 타기만 하면 자신의 고향 마을로 돌아갈 수 있고, 그곳에서 유서 깊은 관습과 한정된 대안을 지닌 채 살아갈 수 있다. 그들은 굶지 않을 것이다. 선택이라는 맥락과 비슷하게, 신석기시대가 인류 삶의 전성기였다고 믿는다면, 당신은 아마존의 한 벌목지에서 야영을 하며 지낼 수도 있다. 1890년대가 황금기였다고 생각한다면, 아미시파의 농장에서 그 시대를 발견할 수 있다. 우리에게는 과거를 다시 들를 기회가 많이 있지만, 실제로 거기에서 살고자 하는 사람은 거의 없다. 오히려 세계 모든 지역에서, 모든 역사적 시기에, 모든 문화에서 사람들은 수십억 명씩 '조금 더 대안이 많은' 미래로 최대한 빨리 우르르 몰려나왔다. 그들은 도시로 이주함으로써 자신의 발로 진보 쪽에 표를 찍은 것이다.

도시는 기술의 인공물, 우리가 만드는 가장 큰 기술이다. 도시의 영향은 그 안에 사는 사람들의 수에 비례하지 않는다. 본문의 그림에 나와 있듯이, 도시에 사는 사람의 비율은 역사의 기록 대부분에서 평균 약 1~2퍼센트였다. 하지만 우리가 '문화'라고 말할 때 떠드는 거의 모든 것은 도시 안에서 생겨났다.(영어의 도시(city)와 문명(civilization)이라는 단어는 어원이 같다.) 그러나 오늘날의 테크늄을 특징짓는 대규모 도시화는 아주 최근에 발달했다. 테크늄을 묘사하는 대다수 다른 도표에서도 볼 수 있듯, 도시화도

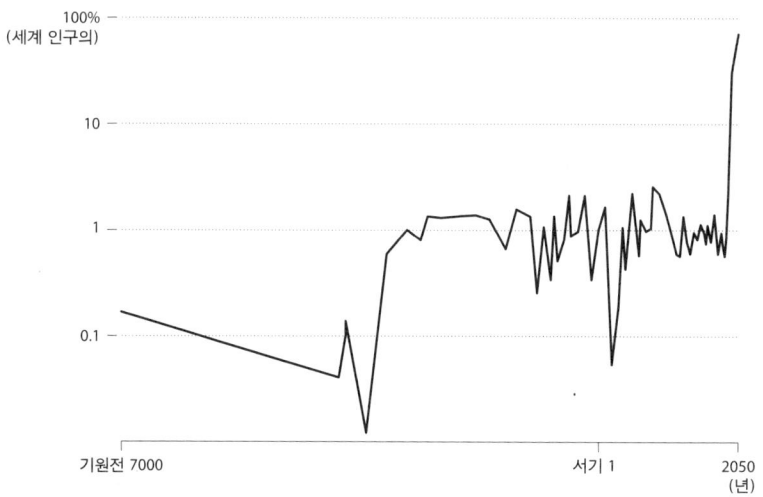

세계 도시 인구.[11] 기원전 7000년부터 현재까지 세계 총 인구 중 도시 지역 거주자의 비율. 2050년까지 추정한 값도 있다. 퍼센트는 로그 단위로 표시했다.

지난 2세기 전까지 그다지 나타나지 않았다. 그 이후에야 인구가 급증하고, 혁신이 터져 나오고, 정보가 폭발하고, 자유가 증가하고, 도시가 지배한다.

진보가 지닌 모든 약속, 역설, 상쇄 효과는 도시에서 나타난다. 사실 우리는 도시의 특성을 살펴봄으로써 기술 진보의 개념과 진실성을 상세히 조사할 수 있다. 도시는 혁신의 엔진일 수도 있지만, 모든 사람이 도시가 아름답다고 생각하는 것은 아니다. 특히 제멋대로 뻗어 나가면서 에너지, 물질, 주의를 게걸스럽게 빨아들이는 오늘날의 거대도시는 더욱 그렇다. 도시는 야생을 먹어 치우는 기계처럼 보이며, 많은 사람은 도시가 우리도 먹어 치우지 않을까 생각한다. 도시는 갖가지 장치보다도 더 우리가 테크늄에 대해 느끼는 영원한 긴장을 부활시킨다. 즉 우리는 최신 발명품을 사고 싶어서 사는 것일까 아니면 사야 하기 때문에 사는 것일까? 최근 일어난 도시로의 대규모 재배치는 선택일까 필연일까? 사람들은 도시에 있는 기회의 유혹에 끌리는 것일까, 아니면 절망 때문에 의지에 맞서 도시로 밀리는 것일까? 억지로 내몰리지 않았다면 시골 마을의 안락함을 버리고 떠나 도시의 냄새나고 비 새는 오두막에 웅크리고 앉는 쪽을 기꺼이 택할 이유가 어디 있을까?

사실 모든 아름다운 도시는 슬럼가에서 시작된다. 특정 계절에 임시변통하여 쓸 만한 것들을 모아 뚝딱뚝딱 만든 야영지가 출발점이다. 안락한 생활 환경은 거의 찾기 어렵고 불결함이 가득한 곳이다. 사냥꾼, 채집자, 교역자, 개척자는 하룻밤이나 이틀 밤 쉴 만한 곳을 찾아다니고, 우연히도 야영지가 지내기 좋은 곳이라면 그곳은 너저분한 마을이나 불편한 요새나 황량한 전초 기지로 성장한다. 영구적인 건물들을 중심으로 임시 오두막들이 늘어서 있는 형태다. 마을이 성장하기에 좋은 곳에 자리했다면, 무단 거주자들이 계속 모여들면서 동심원이 확장되고 마을은 이내 혼란스럽게 확대되어 소도시가 된다. 소도시가 번성하면서 시민 생활이나 종교의 중심지가 생기고 도시의 가장자리는 계획도 통제도 없이 혼란스럽게 복작거리면서 계속 확대된다. 어느 시대든 어느 지역이든 중요하지 않다. 도시의 우글 거리는 변두리는 이미 자리를 잡은 도시 주민들에게 충격을 주고 동요를 일으킬 것이다. 새 이주자를 경멸하는 변치 않는 태도는 최초의 도시만큼 이나 오래된 것이다. 로마 인들은 도시 변두리의 가옥, 판잣집, 오막살이를 '더럽고 눅눅하고 무너져 가는' 곳이라고 불평했다. 종종 로마 병사들이 나서서 무단 거주자들의 정착촌을 없애 버렸지만, 몇 주가 지나기 전에 그 자리나 다른 곳에 다시 정착촌이 세워지곤 했다.

바빌로니아, 런던, 뉴욕에는 모두 환영받지 못한 정착민들이 세운, 위험한 거래에 관련된 위생 불량의 조잡한 집들 가득한 빈민굴이 있었다. 역사학자 브로니슬라프 게메레크(Bronislaw Geremek)는 중세 파리의 "슬럼가가 도시 경관의 큰 부분을 차지했다."라고 말한다.[12] 심지어 파리가 전성기를 구가했던 1780년대에도 주민의 거의 20퍼센트는 '일정한 주거지'가 없었다. 즉 그들은 임시 판잣집에서 살았다. 한 신사는 당시 중세 프랑스 도시에서 으레 들려오던 불만을 적어 놓았다. "한 집에 서너 가족이 산다. 한 방에 직공의 가족이 난롯가에서 옹기종기 모여 복작거리고 있을지도 모른다."[13] 그런 불만은 역사 내내 되풀이된다. 한 세기 전 맨해튼은 2만 명의 무단 거주자들이 모여 판잣집을 짓고 살던 곳이었다. 최고조에 달했던 1880년대에는 브루클린(제재소에서 훔친 널빤지를 썼다고 해서 붙은 지명이다.)의 슬랩 시티에만 슬럼가에 1만 명의 주민이 우글거렸다.[14] 1858년 《뉴욕 타임스》는 뉴욕의 슬럼가에서 "판잣집의 열에 아홉은 단칸방이며, 넓이는 평균 1제곱미터를 넘을까말까 하며, 식구들의 온갖 활동이 이 좁은 방에서 이루어진다."라고 보도했다.[15]

샌프란시스코는 무단 주거자들이 세웠다. 롭 뉴위스(Rob Neuwirth)가 놀라운 저서 『그림자 도시(Shadow Cities)』에서 상세히 설명한 바에 따르면, 1855년에 이루어진 한 조사에서는 "[샌프란시스코]의 부동산 소유자 95퍼센트는 자기 땅에 대한 진정한 법적 권리 증서를 내놓을 수 없을 것이다."라고 추정했다.[16] 무단 주거자들은 습지, 모래언덕, 군 기지 등 어디에나 있었다. 한 목격자는 이렇게 말했다. "빈 땅이 한군데 보였다 치면, 다음날이면 오두막이나 판잣집 여섯 채가 들어서 있었다."[17] 필라델피아도 대체로 지역 신문들이 '무단 주거자(squatler)'라고 칭한 사람들이 차지했다. 상하이도 1940년대까지 주민 다섯 명 중 한 명은 무단 주거자였다. 그 100만 명의 무단 주거자들은 머물면서 슬럼가를 계속 개량했고, 그 결과 한 세대가 지나기 전에 그들의 판잣집 도시는 최초의 21세기 도시 중 한 곳이 되었다.

바로 이것이 도시가 형성되는 방식이다. 그리고 이것은 모든 기술이 작동하는 방식이다. 기계 장치는 잡동사니로 만든 원형에서 출발하여, 제대로 작동하는 일이 거의 없는 장치로 나아간다. 슬럼가의 임시 오두막은 시간이 흐르면서 개량되고, 하부구조도 확장되며, 임시변통으로 이루어지던 서비스도 이윽고 공식적인 것이 된다. 한때 약삭빠른 가난한 자들로 가득했던 곳은 여러 세대가 흐르면 부유하며 약삭빠른 자들이 사는 곳이 된다. 슬럼가를 불리는 것이 도시가 하는 일이며, 슬럼가에서 사는 것이 도시가 성장하는 방식이다. 거의 모든 현대 도시의 주요 구역들은 성공한 옛 슬럼가에 다름 아니다. 오늘날 무단 주거자들의 도시는 내일의 명문가 거주 지역이 될 것이다. 현재 리우데자네이루와 뭄바이에서는 이런 일이 이미 일어나고 있다.

과거의 슬럼가든 지금의 슬럼가든 똑같이 묘사할 수 있다. 첫인상은 예전이나 지금이나 불결하고 지나치게 복작거린다는 것이다. 1000년 전의 빈민굴이나 오늘날의 슬럼가나 집은 되는 대로 지어 놓았고 다 허물어져 간다. 냄새도 극심하다. 하지만 경제 활동은 활발하다. 모든 슬럼가에는 간이식당과 선술집이 성업 중이며, 잠잘 곳을 빌려 주는 여관 같은 곳도 많다. 동물, 신선한 우유, 야채 가게, 이발소, 치료사, 약초 가게, 수선 가게, '보호'

를 해 준다는 어깨들까지 있다. 무단 거주자 도시는 늘 그래 왔듯이 지금도 그림자 도시다. 공식적으로 인정받지는 못했지만 그럼에도 도시인 평행 세계다.

여느 도시처럼 슬럼가도 아주 효율적이다. 아마 도시의 공식 구역보다 더 효율적일 것이다. 버리는 것이 거의 없기 때문이다. 슬럼가에서는 온갖 넝마주이와 재판매업자가 살면서 도시의 나머지 지역에서 잡동사니를 모아 와서 판잣집을 짓고 자기 경제를 부양시킨다. 슬럼가는 그 도시의 피부, 도시가 성장할 때 풍선처럼 부풀어 오를 수 있는 투과성이 있는 가장자리다. 도시 전체는 에너지 흐름과 마음을 컴퓨터 칩과 같은 밀도로 집약하는 경이로운 기술 발명품이다. 비교적 좁은 면적에서 도시는 최소 공간 안에 생활 구역과 거주 지역을 제공할 뿐 아니라, 최대한의 생각과 발명을 낳는다.

스튜어트 브랜드(Stewart Brand)는 저서 『전 지구 훈련(*Whole Earth Discipline*)』의 '도시 행성'이라는 장에서 "도시는 부유한 창조자다. 늘 그래 왔듯이."라고 쓰고 있다.[18] 그는 도시 이론가 리처드 플로리다(Richard Florida)의 말을 인용한다. 플로리다는 세계 최대의 거대도시 40곳이 세계 인구의 18퍼센트가 사는 곳이자 "세계 경제 산출량의 3분의 2를 생산하고 새로 특허를 받는 혁신 사례의 거의 90퍼센트가 산출되는" 곳이라고 주장한다.[19] 한 캐나다 인구학자는 "GNP 성장의 80~90퍼센트는 도시에서 일어난다."고 계산한다.[20] 각 도시의 누더기투성이 새 지역, 즉 불법 점유지와 무단 주거지는 가장 생산적인 시민들이 사는 곳일 때가 많다. 마이크 데이비스(Mike Davis)는 『슬럼, 지구를 뒤덮다(*Planet of Slums*)』에서 이렇게 지적한다. "전통적으로 인도 노숙자들은 으레 시골에서 갓 올라온 가난에 찌든 농민이며, 그들은 구걸하며 살아가지만, 뭄바이에서 이루어진 연구가 보여 주듯 거의 모든(97퍼센트) [가족에] 생계를 책임지는 사람이 적어도 한 명은 있으며, 70퍼센트는 적어도 6년 동안 도시에서 지내 왔다."[21] 슬럼 거주자들은 집세가 비싼 인근 구역에서 저임금 노동을 하느라 바쁠 때도 많다. 그런 사람들은 돈이 있지만 일터에 가깝다는 이유로 무단 주거 구역에 산다. 그들은 부지런하기 때문에 빨리 발전한다. 유엔의 한 보고서에 따르면, 방콕의 오래된 슬럼가에서는 한 집에 평균 텔레비전 1.6대, 휴대전화 1.5대, 냉장고 1대가 있고, 가정의 3분의 2는 세탁기와 CD 플레이어를 1대씩 갖고 있으며, 절반은 유선전화, 비디오 플레이어, 스쿠터를 1대씩 지니고 있다고 한다. 리우데자네이루의 빈민가에서 1세대 무단 주거자들의 문맹률은 95퍼센트에 달했지만, 그들의 자식들은 6퍼센트에 불과했다.[22]

이런 성장에는 대가가 따른다. 도시는 활기차고 역동적일지라도, 가장자리는 불쾌할 수 있다. 슬럼가에 들어가려면 지린내 나는 골목길을 따라 걸어가야 한다. 길옆에는 사람의 배설물이 썩고 있으며, 도랑에는 오줌이 흐르고, 군데군데 쓰레기가 쌓여 있다. 나는 개발도상국의 제멋대로 뻗은 판잣집 도시를 여러 차례 가 보았는데, 결코 즐거운 경험이 아니었으며, 그곳의 일상생활을 견뎌야 하는 주민들에게는 더욱 그러하다. 이런 바깥의 오염과 추함을 보상이라도 하려는 듯이 무단 주거자의 집 안은 종종 놀라울 정도로 안락하다. 벽은 재활용된 재료로 덮여 있고, 온갖 색깔이 가득하며, 자질구레한 물건들이 모여 안락한 공간을 만든다. 물론 방 한 칸에 가능해 보이는 수준을 넘어서 훨씬 더 많은 사람들이 들어가 있는 듯하지만, 많은 이에게 슬럼가 주거지는 시골 마을의 오두막보다 더 큰 안락함을 제공한다. 훔쳐 쓰는 전기라 언제 끊길지 모르지만, 그래도 적어도 전기가 있다. 하나 있는 수도꼭지 앞에 길게 줄을 서야 할지 모르지만, 수도꼭지는 고향에 있는 우물보다 더 가까울 수 있다. 비싸긴 해도 의약품을 구할 수 있다. 그리고 호의를 베풀 교사들이 있는 학교도 있다.

유토피아는 아니다. 비가 오면 슬럼가는 진흙탕 도시로 변한다. 어떤 일이든 뇌물이 오가야 하는 상황은 절망스럽다. 게다가 무단 거주자들은 자신의 지위가 열악하다는 사실에 곤혹스러워한다. 뭄바이를 다룬 책 『최대도시(Maximum City)』의 저자 수케투 메타(Suketu Mehta)는 묻는다. "왜 사람들은 망고나무 두 그루가 있고 낮은 언덕이 보이는 동부 마을의 벽돌집을 떠나 여기로 올까?" 그는 답한다. "언젠가 장남이 도시의 북쪽 가장자리의 미라 가에 방 두 개짜리 집을 살 수 있을 테니까. 그리고 차남은 더 멀리 뉴저지까지 이사할 수 있다. 불편함은 일종의 투자다."[23]

메타는 계속해서 말한다. "인도 시골 마을의 젊은이에게 뭄바이의 매력은 그저 돈과 관련된 것이 아니다. 그것은 자유에 관한 것이기도 하다." 스튜어트 브랜드는 활동가 카비타 람다스의 입을 빌려서 도시의 이 자석 같은 인력을 상세히 설명한다. "시골 마을에서 여성이 할 일이라고는 그저 남편과 친척들에게 복종하고, 곡물을 찧고, 노래를 부르는 것밖에 없다. 소도시로 가면, 그녀는 일을 구하고, 사업을 시작하고, 아이들을 교육할 수 있다."[24] 예전 아라비아의 베두인 족은 누구의 간섭도 받지 않은 채 별들의 장막 아래에서 마음 내키는 대로 드넓은 룹알할리 사막을 돌아다니는 세상에서 가장 자유로워 보이는 사람들이었다. 하지만 그들은 급속히 유목 생활을 그만두고 걸프 지역 빈민굴의 칙칙한 콘크리트 아파트로 서둘러 이주하고 있다. 《내셔널 지오그래픽》의 도너번 웹스터(Donovan Webster)의 보도에 따르면, 그들은 조상 대대로 살아 온 마을에서 축사에 낙타와 염소를 키우고 있다. 목축 생활에서 여전히 풍요와 매력을 느끼기 때문이다. 베두인 족은 자신들이 도시로 내몰리는 것이 아니라 도시로 끌리는 이유가 있다고 말한다. "우리는 언제든 사막으로 가서 전통적인 삶을 맛볼 수 있다. 하지만 이 [새로운] 삶은 전통적인 삶보다 낫다. 예전에는 의료도, 아이들을 위한 학교도 없었으니까." 80세의 한 베두인 족장은 그 점을 나보다 더 잘 요약한다. "아이들은 미래에 더 많은 대안을 가질 테니까요."[25]

이주자들이 굳이 도시로 올 필요는 없다. 하지만 그들은 시골 마을이나 사막이나 관목림으로부터 수백만 명씩 온다. 왜 오는지 물으면 거의 언제나 같은 대답을 한다. 베두인 족과 뭄바이의 슬럼가 거주자들과 같은 대답을. 그들은 기회를 찾아서 온다. 그들은 자신들이 있던 곳에 머물 수도 있다. 아미시파가 그렇게 하기로 선택하듯이. 젊은 남녀는 시골 마을에 남아서 부모의 뒤를 이어 농업과 소도시 수공업의 흡족한 리듬에 맞추어 살아갈 수도 있다. 계절에 따른 가뭄과 홍수는 항구적이다. 믿어지지 않을 만큼 아름다운 땅과 친밀한 가족생활, 공동체의 든든한 뒷받침도 그렇다. 대대로 내려온 도구들은 잘 든다. 대대로 내려온 전통은 늘 그래 왔듯이 기대에 화답한다. 계절에 따른 노고, 풍부한 여가, 가족의 강한 유대감, 마음 편한 순응주의, 한 만큼 보상이 돌아오는 육체노동에 따르는 엄청난 만족감은 언제나 우리의 마음을 끌어당길 것이다. 모든 것이 동등하다면, 그리스 섬이나 히말라야 산맥의 마을이나 무성하게 우거진 남중국의 안뜰을 누가 떠나고 싶겠는가?

하지만 대안들은 동등하지 않다. 전 세계 사람들은 점점 더 많이 텔레비전과 라디오를 갖고 영화를 보러 소도시로 여행을 하면서, 무엇이 가능한지를 알게 된다. 도시에서 누리는 자유는 그들의 시골 마을을 감옥처럼 보이게 만든다. 그래서 그들은 아주 기꺼이, 아주 열렬히 도시로 달려 나오는 쪽을 택한다.

자신들에게 달리 대안이 없었다고 주장하는 이들도 있다. 시골 마을이 더 이상 농민들을 먹여 살릴 수 없어서 싫지만 어쩔 수 없이 도시로 이주하여 슬럼가로 온 사람들이다. 그들은 마지못해 떠난다. 아마 대를 이어 커피 농사를 지은 끝에, 그들은 세계 시장이 변했고 커피 가격이 떨어져서 손에 남는 것이 한 푼도 없기에 영세농으로 돌아가거나 버스에 올라타는 것밖에는 길이 없음을 알아차릴 것이다. 혹은 석탄 채굴 같은 기술 발전으로 땅이 유독해지고 지하수위가 낮아짐으로써 탈출을 자극할 수도 있다. 게다가 트랙터, 냉장, 상품을 운송하는 데 쓰이는 도로 같은 형태의 기술 발전이 가장 먼 밭까지 도달함에 따라, 선진국에서조차 필요한 농민의 수는 점점 적어진다. 주택과 건설에 쓸 목재를 생산하기 위해 또는 도시를 먹여 살릴 새 농장이 들어설 경지를 정리하기 위해 이루어지는 대규모 삼림 파괴도 토착민을 야생의 고향과 전통 생활방식으로부터 몰아낸다.

사실 아마존 유역이나 보르네오 섬, 파푸아 뉴기니의 정글에서 토착 부족민들이 사슬톱으로 자신의 숲을 베는 모습보다 더 심란한 광경은 없다. 자신의 보금자리인 숲이 베어 나갈 때, 당신은 야영지로, 소도시로, 이윽고 도시로 내몰린다. 일단 야영지에 들어가면, 당신의 수렵채집 기술은 쓸모없어지고 오로지 돈을 받고 하는 일, 바로 이웃의 숲을 베는 일만을 택해야 하기에 기이한 기분에 사로잡힌다. 원시림 벌목은 수많은 이유에서 문화적으로 어리석은 짓이지만 특히 이런 서식지 파괴로 부족민들이 돌아갈 수 없이 쫓겨나기 때문에 그렇다. 추방돼 지 하두 세대가 채 지나기 전에, 그들은 핵심 생존 지식을 잃을 수 있고, 그러면 설령 고향이 재건된다 해도 그들의 후손은 돌아가지 못한다. 그들의 퇴거는 본의 아니게 이루어지는 편도 여행이다. 마찬가지로 아메리카의 백인 정착민들이 정착 과정에서 토착 부족들에게 저지른 야비한 짓으로 말미암아, 사실상 그 부족들은 어쩔 수 없이 정착하게 되었고 굳이 서둘러 쓸 필요가 없는 신기술을 채택하게 되었다.

하지만 벌목은 기술적으로 불필요하다. 어떤 유형이든 서식지 파괴는 통탄스럽고 어리석은 저급한 기술이지만, 이주의 주요 원인도 아니다. 삼림 파괴는 지난 60년 동안 25억 명을 도시로 끌어들인 휘황찬란한 불빛이라는 일종의 유인등에 비하면 사소한 추동력이다. 예전이나 지금이나 도시로의 대량 이주(10년에 수억 명에 이른다.)는 대부분 기회와 자유를 얻기 위해 슬럼가에 살면서 기꺼이 불편함과 더러움이라는 대가를 지불하는 정착민들이 주도한다. 부자가 기술적 미래로 움직이는 것과 똑같은 이유로 가난한 사람도 도시로 이주한다. 즉 가능성과 더 많은 자유를 향해서.

그레그 이스터브룩(Gregg Easterbrook)은 『진보의 역설(*The Progress Paradox*)』에 이렇게 썼다. "책상 앞에 앉아서 연필로 그래프 용지에 제2차 세계대전이 끝난 이후 미국인과 유럽인의 생활 추세를 그린다면, 위로 치솟는 그래프가 많이 나올 것이다."[26] 레이 커즈와일(Ray Kurzweil)은 대다수는 아니라도 많은 기술 분야에서 상향-급상승 추세를 묘사한 그래프들을 수집해 왔다. 기술 진보를 보여 주는 모든 그래프는 수백 년 전 조금 변화를 보이면서 낮게 시작했다가, 지난 100년 사이에 위쪽으로 휘어지기 시작했고, 그 뒤로 지난 50년 동안 하늘 높이 치솟았다.

이런 그래프들은 우리 생애에서도 변화가 가속되고 있다는 우리의 느낌이 옳음을 보여 준다. 새로움은 순식간에 등장하며(더 이전에 비해) 새로운 변화 사이의 간격이 점점 더 짧아지는 듯하다. 기술은 우리가 미래로 나아갈수록 점점 더 나아지고 값싸지고 빨라지고 가벼워지고 쉬워지며 더 흔해지고 더 강력해진다. 그리고 그것은 단지 기술만이 아니다. 사람의 수명은 증가하고, 유아 사망률은 감소하며, 심지어 평균 IQ도 해마다 높아진다.

이 모든 것이 사실이라면, 오래전에는 어떠했을까? 오래전에는 진보의 증거가 그다지 없었다. 적어도 우리가 지금 떠올리는 방식으로는 그렇다. 500년 전 기술은 18개월마다 성능이 두 배로 늘어나지도 가격이 절반으로 떨어지지도 않았다. 해마다 수차의 값이 더 싸지지도 않았다. 망치는 10년이 지나도 사용법이 더 쉬워지지 않았다. 철의 강도가 세지지도 않았다. 옥수수 낟알의 수확량은 해마다 나아진 것이 아니라 계절 기후에 따라 달라졌다. 12개월마다 지금 쓰는 것보다 훨씬 더 나은 황소 멍에로 교체할 수도 없었다. 그리고 당신, 혹은 당신 아이들의 예상 수명은 당신 부모의 수명과 거의 같았다. 전쟁, 기근, 폭풍, 신기한 사건들은 왔다가 사라졌지만, 어느 방향으로든 꾸준한 운동은 일어나지 않았다. 요컨대 진보 없는 변화만이 있는 듯했다.

　인류 진화에 관한 흔한 오해 중 하나는 역사시대의 부족들과 선사시대의 초기 사피엔스 씨족들이 평등주의적인 수준의 정의, 자유, 해방, 조화를 이루었으며, 그런 것들은 그 뒤로 쇠퇴하기만 했다는 것이다. 이 관점에서 보면, 도구(그리고 무기)를 만드는 인간의 성향은 오직 문제만 일으켜 온 꼴이다. 각각의 새 발명은 집중되거나 불균등하게 휘두르거나 부패할 수 있는 새 힘을 불러일으키며, 따라서 문명의 역사는 기나긴 퇴화의 역사다. 이 설명에 따르면 인간 본성은 고정되고 경직된 것이다. 인간 본성을 바꾸려는 시도는 오직 나쁜 방향으로 나아갈 뿐이다. 신기술은 일반적으로 인간이 타고난 신성한 특성을 침식시키며, 엄격한 도덕적 감시로 기술을 최소한으로 유지시킴으로써만 저지할 수 있다. 따라서 물건을 만들려는 우리의 끈질긴 성향은 일종의 종 수준의 중독 혹은 자기 파괴적인 경박함이며, 우리는 늘 그 주문에 굴복하지 않도록 자신을 지켜야 한다.

　현실은 정반대다. 인간 본성은 유연하다. 우리는 마음을 이용하여 자신의 가치 기준, 기대, 스스로에 대한 정의를 바꾼다. 우리는 호미닌 시대 이후로 우리의 본성을 변화시켜 왔고, 일단 변화하면 우리는 계속 우리 자신을 더욱더 변화시킬 것이다. 언어, 글쓰기, 법, 과학 같은 발명품들은 너무나 근본적이고 현재에 깊이 박혀 있어서 과거에도 역시 비슷한 좋은 것들을 볼 수 있으리라고 오늘날 우리가 천진하게 기대할 정도로 진보의 수준에 불을 붙였다. 하지만 우리가 '시민적', 아니 더 나아가 '인간적'이라고 여기는 것의 상당수는 오래전에는 없었다. 초기 사회는 평화롭지 않았고 전쟁이 가득했다. 부족 사회에서 어른이 사망하는 가장 흔한 원인 가운데 하나는 마녀나 악령이라고 고발되는 것이었다. 이런 미신적인 고발에 합리적인 증거 따위는 전혀 필요가 없었다. 씨족 내에서 위배되는 행위를 한 자에게는 으레 잔혹하고 치명적인 처벌을 내렸다. 즉 우리가 생각하는 형태의 공정성은 자기 부족 너머로는 확대되지 않았다. 성별 사이의 극심한 불평등과 신체적 차이를 토대로 한 힘이 곧 정의라는 관점을 자신에게 적용하고 싶어 할 현대인은 거의 없을 것이다.

하지만 이 모든 가치 체계는 최초의 인간 공동체에서 쓰였다. 초기 사회는 놀라울 정도의 적응력과 복원력을 지녔다. 그 사회는 예술, 사랑, 의미를 낳았다. 그 사회는 자신의 사회 규범이 성공했기 때문에 자기 환경에서 아주 성공했다. 설령 우리가 그런 사회를 견딜 수 없을지라도. 만일 이 초기 사회들이 정의, 조화, 교육, 평등의 현대 개념에 의지했다면 실패했을 것이다. 하지만 오늘날의 호주 원주민 문화를 포함하여, 모든 사회는 진화하고 적응한다. 사회의 진보를 알아차릴 수 없을지도 모르겠지만, 그것은 실제로 일어난다.

약 17세기 이전의 모든 문화는 소리 없이 찔끔찔끔 표류하는 진보를 신들, 혹은 유일신 탓으로 돌렸다. 진보는 신으로부터 해방되어 우리 자신에게 귀속된 뒤에야 스스로를 부양하기 시작했다. 위생 시설은 우리를 더 건강하게 했고, 따라서 우리는 더 오래 일할 수 있었다. 농기구 덕분에 우리는 일을 더 적게 하면서도 더 많은 식량을 생산할 수 있었다. 자질구레한 기계 장치는 편안히 이런저런 새로운 착상을 떠올릴 수 있도록 집 안을 더 안락하게 만들어 주었다. 발명이 많을수록 삶은 더 나아졌다. 늘어난 지식으로 더 많은 도구를 발견하고 제작할 수 있었고, 그 도구들 덕분에 더 많은 지식을 발견하고 배울 수 있게 되어 치밀한 되먹임 고리가 형성되었고, 도구와 지식은 우리를 더 편하게 더 오래 살게 해 주었다. 지식과 안락과 선택, 그리고 행복감의 전반적인 확대는 진보라고 불렸다.

진보의 증가는 기술의 증가와 함께 일어났다. 그런데 무엇이 기술을 밀어올렸을까? 우리에게는 꾸준히 배우고 정보를 다음 세대로 전달하는, 수만 년까지는 아니더라도 수천 년 동안 이어진 인류 문화가 있다. 하지만 진보는 없었다. 분명 새로운 것이 이따금 발견되고 서서히 퍼지거나 독자적으로 재발견되곤 했지만, 어떤 개선이든 그 옛날 수세기에 걸쳐 이루어진 정도를 측정해 보면 아주 미미할 것이다. 사실 1650년에 살았던 평균적인 농부는 기원전 1650년이나 기원전 3650년에 살았던 평균적인 농부와 거의 구분할 수 없는 삶을 살았다. 세계의 일부 계곡에서(이집트의 나일강, 중국의 양쯔강) 그리고 특정 시대와 장소에서(고대 그리스, 르네상스시대 이탈리아) 주민들의 삶은 역사적인 평균보다 더 높았을지 모르지만, 한 왕조가 끝나거나 기후가 변하면 낮아졌다. 300년 전 평균적인 인간의 생활 수준은 시대와 장소가 바뀌어도 거의 변함이 없었다. 사람들은 늘 배가 고팠고 수명이 짧았고 대안은 한정되어 있었고 다음 세대에 살아남기라도 하려면 전통에 극도로 의존해야 했다.

탄생과 죽음의 이런 느린 순환이 수천 년 동안 이어지다가 갑자기 쾅! 하면서 복잡한 산업 기술이 출현했고 모든 것이 아주 빠르게 움직이기 시작했다. 애초에 무엇이 그 '쾅'을 일으켰을까? 진보는 어디에서 기원했을까?

고대 세계, 특히 도시는 수없이 많은 엄청난 발명품을 향유했다. 사회는 아치 다리, 수도교, 강철 칼, 현수교, 물레방아, 종이, 식물성 염료 같은 경이로운 것들을 서서히 축적했다. 이런 혁신들은 하나하나 시행착오를 거쳐 발견되었다. 되는 대로이긴 했지만 일단 발견된 것들은 우연히 되는 대로 퍼졌다. 일부 경이로운 것들은 다른 나라에 도달하는 데 몇 세기가 걸릴 수도 있었다. 이런 거의 무작위적인 개선 방법은 과학이라는 도구를 통해 바뀌었다. 믿음을 뒷받침할 증거를 체계적으로 기록하고 사물이 작동하는 이유를 조사한 뒤 검증된 혁신 사례를 세심하게 보급함으로써, 과학은 금방 세계가 이전에 본 적이 없는 새로운 것들을 만드는 가장 큰 도구가 되었다. 과학은 사실 문화가 학습하는 데 쓰는 우수한 방법이었다.

많은 것들을 빠르게 발명하도록 해 주는 과학을 일단 발명하면, 당신은 아주 빠르게 앞으로 추진시킬 주조종간을 지니게 된다. 서구에서 약 17세기에 시작된 일이 바로 그것이다. 과학은 사회를 빠른 학습의 시대로 진입시켰다. 18세기에 이르러 과학은 산업혁명을 일으켰고, 진보는 도시의 팽창, 수명과 문자 해독률 증가, 발견의 가속을 통해 두드러졌다.

하지만 수수께끼가 하나 있다. 과학적 방법의 필수 성분은 개념적이며 꽤 낮은 수준의 기술이다. 즉 기록하고 목록을 작성하고 적힌 증거를 놓고 의사소통을 하고 시간을 들여 실험을 하는 것이다. 고대 그리스 인은 왜 그것을 창안하지 못했을까? 고대 이집트 인은? 현대의 시간여행자는 고대 알렉산드리아나 아테네로 돌아가서 그다지 어려움 없이 과학적 방법을 수립할 수 있을 것이다. 하지만 과연 그것이 유행할까?

아마 그렇지 않을 것이다. 과학은 개인이 하기에는 희생이 크다. 당신의 주된 목적이 오늘 쓸 더 나은 도구를 찾는 것이라면, 결과를 공유해 보았자 혜택은 미미하다. 따라서 과학의 혜택은 개인에게는 확연히 와 닿지도 직접 와 닿지도 않는다. 과학은 발전을 위한 실패를 공유하고 이를 뒷받침할 의지가 있는 여유있는 사람들을 어느 정도 필요로 한다. 그런 여가는 많은 인구를 위한 잉여 식량을 꾸준히 제공하는 쟁기, 제분기, 일손을 돕는 가축 등 과학 이전 시대의 발명들을 통해 생긴다. 다시 말해 과학은 번영과 인구를 필요로 한다.

과학과 기술의 지배 영역 너머에서 인구 증가는 맬서스 한계에 부딪힐 때 스스로 붕괴할 것이다. 하지만 과학의 지배 영역 내에서는 인구 증가가 양의 되먹임 고리를 만든다. 더 많은 사람이 과학적 혁신에 참여하고 그 결과를 구입함으로써 더 많은 혁신을 일으키며, 그 혁신은 영양 상태 향상, 잉여물과 인구의 증가를 낳고, 인구 증가는 그 순환을 더욱 부추긴다.

엔진이 폭발 에너지를 일을 하는 쪽으로 돌림으로써 자신의 불을 길들이는 것처럼, 과학은 자신의 폭발 에너지를 번영으로 돌림으로써 인구 성장을 길들인다. 인구가 증가함에 따라 진보도 증가하며, 그 역도 마찬가지다. 둘의 성장은 긴밀하게 연관되어 있다.

우리는 현대에 인구 증가가 생활수준의 감소로 이어지는 사례를 많이 본다. 지금도 아프리카 곳곳에서 그런 일이 일어나고 있다. 반면에 역사 전체를 볼 때 인구 감소를 통해 장기적으로 번영이 추진되는 사례는 거의 찾기 어렵다. 인구 감소는 거의 언제나 번영의 쇠락과 연관되어 있다. 흑사병이 돌아 한 지역 인구의 30퍼센트가 죽던 시기에도 생활수준의 변화는 균일하지 않았다. 유럽과 중국의 인구 과밀 농경 지역 가운데 많은 곳은 경쟁이 줄어들면서 번영했지만, 상인과 상류 계급의 삶의 질은 크게 후퇴했다. 생활수준이 재분배되었지만, 이 시기에 진보의 순증가는 없었다. 흑사병에서 도출된 증거들은 인구 증가가 진보의 충분조건은 아니지만 필요조건이라고 말한다.

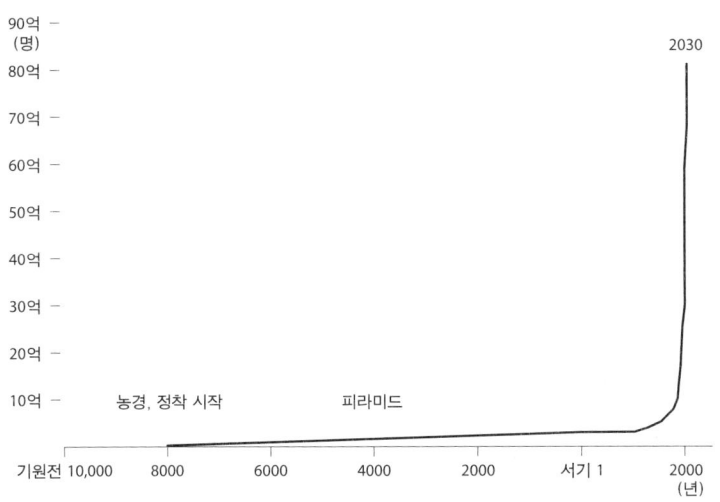

문명사회의 세계 인구.[27)] 지난 1만 2000년간의 세계 인구 변화를 보여 주는 전형적인 그림. 2030년까지 단기 추정값도 포함되어 있다.

5 심오한 진보 115

진보의 뿌리는 분명 과학과 기술의 구조화한 지식 깊숙한 곳에 놓여 있다. 하지만 이 점진적인 성장이 만개하려면 대규모 집단의 성장도 필요한 듯하다. 역사학자 니얼 퍼거슨(Niall Ferguson)은 지구 규모의 진보는 오직 인구 팽창에서 기원했다고 믿는다.[28] 이 이론에 따르면, 맬서스 한계 너머로 인구를 늘리려면 과학이 필요하지만 궁극적으로 과학, 따라서 번영을 추진시키는 것은 인구 증가다. 이 효과적인 순환에서는 더 많은 인간 마음이 더 많은 인간을 지탱할 도구, 기법, 방법을 포함하는 더 많은 것을 발명하고 이어서 더 많은 발명품을 사게 한다. 따라서 더 많은 인간 마음은 더 많은 진보에 대응한다. 경제학자 줄리언 사이먼(Julian Simon)은 인간 마음을 '궁극적인 자원'이라고 했다. 그의 계산에 따르면, 더 많은 마음은 심오한 진보의 주 원인이었다.[29]

인구 증가가 진보의 주 원인이든 단지 하나의 요인이든 간에, 인구 증가는 두 가지 방식으로 진보의 성장을 돕는다. 첫째, 한 문제에 한 사람이 달려드는 것보다 100만 명의 마음이 달려들면 더 낫다. 누군가가 해답을 찾을 가능성이 더 높다. 둘째, 더 중요한 점은 과학이 집단 활동이며, 공유된 지식에서 나오는 창발적 지능은 종종 100만 명의 개인보다 더 낫다는 것이다. 홀로 일하는 과학 천재는 신화에 불과하다. 과학은 우리가 개인적으로 대상을 아는 방식이자 집단적으로 아는 방식이기도 하다. 한 문화에 속한 개인들이 많아질수록 과학은 더 영리해진다.

경제도 비슷한 방식으로 작동한다. 현재 경제적 번영의 상당 부분은 인구 증가 덕분이다. 미국의 인구는 지난 몇 세기 동안 꾸준히 증가했고, 그럼으로써 혁신적인 것들의 시장이 꾸준히 커졌다. 동시에 세계 인구도 계속 증가해 세계적으로 경제가 성장하도록 이끌었다. 또 세계 인구 수십억 명이 자작농에서 시장으로 옮겨 감에 따라 그들의 접근 가능성과 욕망도 높아졌다. 세계 시장이나 미국 시장이 해마다 줄어들었다면, 지난 2세기 동안

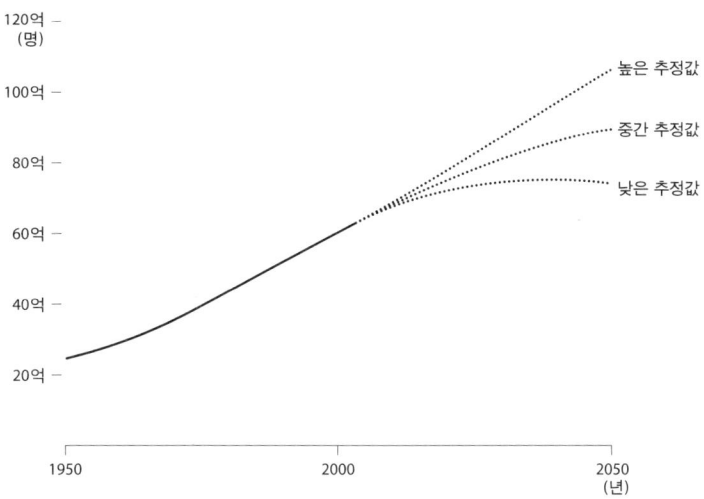

세계 인구 예측.[30] 2002년 유엔이 추정한 2002~2050년의 세계 인구 예측값.

부가 같은 수준으로 증가했으리라고 상상할 수 있을까?

인구가 증가함에 따라 진보도 증가한다는 말이 사실이라면, 우리는 우려해야 한다. 유엔이 내놓은 공식 인구 정점 그래프를 본 적이 있는가? 현재의 세계 인구를 조사한 가장 나은 자료를 토대로 만든 그래프이다. 지구의 최대 인구 추정값은 지난 수십 년 동안 갱신될 때마다 변해 왔지만(하강하는 쪽으로), 그래프의 형태 자체는 변하지 않는다. 앞으로 40년의 추세를 다룬 유엔의 전형적인 그래프는 위와 같다.

기술 진보의 기원을 이해하고자 할 때 이런 그래프가 지닌 문제점은 언제나 바로 거기, 즉 2050년에서 멈춘다는 것이다. 바로 정점에서 말이다. 그 꼭대기 너머는 감히 보려 하지 않는다. 그렇다면 인구가 정점에 이른 뒤에는 어떤 일이 벌어질까? 가라앉을까, 둥둥 뜬 채 헤엄칠까, 더 솟구칠까? 왜 그다음은 결코 보여 주지 않는 것일까? 대다수 그래프는 그 질문을 그냥 무시한다. 빠뜨려서 죄송하다는 사과의 말도 전혀 없이. 지금까지 너무나 오랫동안 으레 곡선의 절반만 보여 주었던 터라 나머지 절반이 어떠한지 묻는 사람도 아예 없었다.

2050년경 인구가 정점에 달한 뒤 그래프의 반대편에서 어떤 일이 벌어지는지를 믿을 만하게 추정한 자료는 찾아보니 하나밖에 없었다. 유엔이 2300년, 즉 앞으로 이어질 300년의 세계 인구를 추정한 시나리오들이다.[31]

먼저 세계의 출산율이 여성 1명에 아이 2.1명이라는 대체 수준보다 낮아진다면, 세계 인구는 장기적으로 줄어든다는, 즉 음의 인구 성장이 일어난다는 뜻임을 기억해 두자. 유엔의 고성장 시나리오는 평균 출산율이 1995년 수준, 즉 여성 1명당 2.35명으로 유지된다고 가정한다. 우리는 이 극단적인 일이 일어나지 않는다는 것을 이미 알고 있다. 100개가 넘는 전 세계 국가 중에서 그 정도로 높은 출산율을 유지해 온 곳은 2개국에 불과하다. 중간

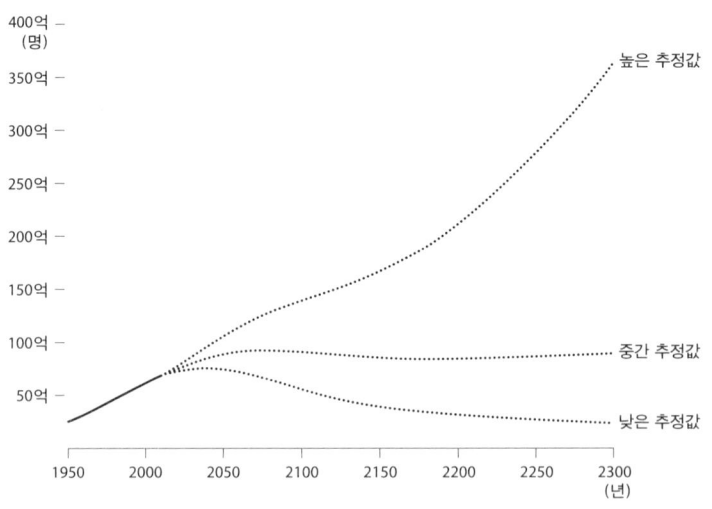

장기 세계 인구 추정.[32] 앞으로 300년 동안 2000~2300년에 걸쳐 세계 인구 변화를 추정한 유엔의 시나리오.(고성장, 중간 성장, 저성장)

시나리오는 평균 출산율이 100년 사이에 대체 수준인 2.1명보다 낮아진 뒤에 어떤 이유로 나머지 200년 동안 대체 수준으로 회복된다고 가정한다. 보고서에는 선진국에서 출산율이 왜 상승한다는 것인지 납득할 만한 근거가 전혀 나와 있지 않다. 저성장 시나리오는 여성 1명당 출산율이 1.85명이라고 가정한다. 오늘날 유럽의 모든 나라는 출산율이 2.0명보다 낮으며,[33] 일본은 1.34명이다.[34] 이 '저성장' 시나리오조차도 현재 대다수 선진국에서 나타나는 값보다 200년 동안 출산율을 더 높게 가정한다.

어찌 된 일일까? 국가가 발전할수록 출산율은 떨어진다. 현대화를 거치는 모든 나라에서 출산율이 저하되었으며, 이 보편적인 출산율 감소를 '인구 변천(demographic transition)'이라고 한다. 문제는 인구 변천에 바닥이 없다는 것이다. 선진국의 출산율은 계속 낮아지고 있다. 계속해서. 유럽(다음 그림)이나 일본을 보라. 출산율이 0을 향하고 있다.(제로 인구 성장을 말

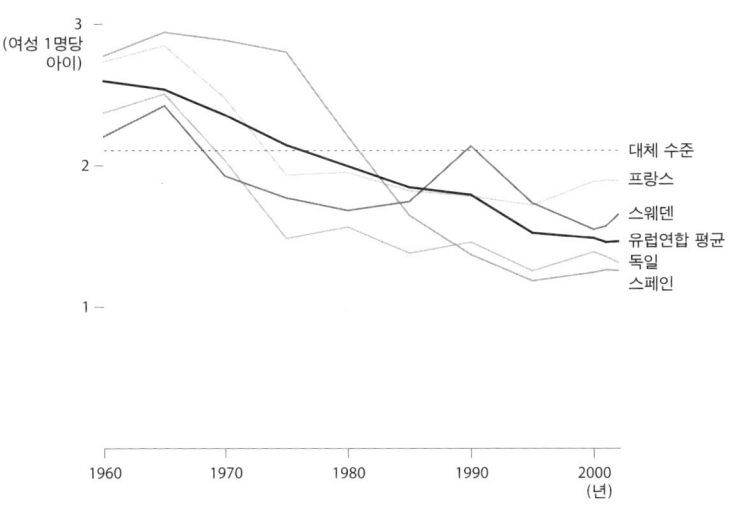

유럽의 최근 출산율.[35] 점선은 인구 집단이 스스로를 대체할 수 있는 최저 비율인 대체 수준이다.

하는 것이 아니다. 이 나라들은 오래전에 이미 그 수준을 넘어서 인구가 0을 향하고 있다.) 사실 대다수 국가들, 심지어 개발도상국까지도 출산율 하락을 겪고 있다. 세계 나라의 거의 절반에서 출산율이 이미 대체 수준보다 낮다.

다시 말해 늘어나는 인구 덕분에 번영이 증가할 때, 출산율은 떨어진다. 그리고 그것은 인구를 줄인다. 이것은 진보의 지수 성장률을 억제하는 항상성 되먹임 메커니즘일지 모른다. 아니면 잘못 되어 가는 것이거나.

유엔 2300년 시나리오들은 두렵지만, 이 300년 예측이 지닌 문제점은 이 끔찍한 시나리오가 실제로는 덜 끔찍한 수준이라는 것이다. 전문가들은 최악의 시나리오에서조차 출산율이 유럽이나 일본 같은 곳에서 나타나는 낮은 출산율보다 더 낮을 수는 없다고 가정한다. 왜 그렇게 가정하는 것일까? 그런 일이 전에는 결코 일어난 적이 없기 때문이다. 물론 지금 수준의 번영도 이전에는 결코 일어난 적이 없었다. 여태껏 모든 증거는 증가한 번영이 평균 여성이 원하는 아이의 수를 계속 줄이고 있음을 시사한다. 세계 출산율이 선진국의 모든 여성에게서는 2.1명이라는 대체율보다 더 낮아지고 개발도상국에서는 2.3명보다 낮은 수준으로 계속 떨어진다면 어떻게 될까? 대체율은 그저 제로 성장을 유지하는, 즉 인구가 줄어들지 않도록 유지하는 데 필요한 수준이다. 평균 출산율이 2.1명이 되려면 아이가 없거나 한두 명뿐인 여성들을 상쇄하기 위해 상당한 비율의 여성들이 아이를 3명, 4명, 또는 5명을 낳아야 한다. 현대의 교육받은 일하는 여성들이 아이를 셋, 넷, 혹은 다섯을 낳도록 부추기는 반문화적인 힘이 작용하고 있다면, 그것은 무엇일까? 당신의 친구 중에 아이가 4명인 사람은 얼마나 되나? 혹은 3명인 사람은? 장기적으로 볼 때 '그저 몇 사람'은 큰 의미가 없을 것이다.

세계 출산율이 대체 수준보다 그저 조금 낮게, 이를테면 1.9명으로 유지된다면 결국 불가피하게 세계 인구는 0으로 줄어든다는 점을 명심하기를. 해마다 태어나는 아기가 점점 줄어들기 때문이다. 하지만 0이 될 것이라고 걱정할 필요는 없다. 인구가 0으로 줄어들기 한참 전에 아미시파와 모르몬교 사람들이 왕성한 출산력과 대가족으로 인류를 구원할 테니까. 문제는 번영이 인구 증가에 의존한다면, 인구가 수세기에 걸쳐 서서히 줄어들 경우 기술의 심오한 진보에 어떤 일이 일어날까 하는 점이다.

여기 진보의 본질에 관한 다섯 가지 가정을 토대로 한 다섯 가지 시나리오가 있다.

1번 시나리오

아마 기술은 훨씬 더 쉽고 훨씬 더 적은 비용으로 아기를 갖게 해 줄 것이다. 비록 기술이 세 아이를 키우는 일을 어떤 식으로 더 쉽게 해 줄지는 상상하기 어렵지만. 혹은 아마 종이나 사회적 지위를 유지하기 위해 많은 아이를 갖도록 사회적 압력이 가해질지도 모른다. 로봇 유모의 등장으로 상황이 완전히 달라져서 아이를 2명 이상 키우는 것이 유행이 될 수도 있다. 현상을 유지하는 방법들을 떠올리는 것도 불가능하지 않다. 하지만 설령 세계 인구가 안정되어 일정한 수를 유지한다 할지라도, 우리는 정체된 인구가 진보를 증가할 수 있음을 시사하는 경험을 한 적이 없다.

2번 시나리오

인간 마음의 수가 줄어들지라도 우리는 인공 마음을, 아마도 수십억 개씩 만들어 낼 수 있을 것이다. 아마 이 인공 마음만 있으면 계속해서 더욱더 번영할 수 있을지도 모른다. 그렇게 하려면 인공 마음은 착상을 계속 내놓아야 할 뿐 아니라 인간이 하듯이 그것들을 소비해야 한다. 그들은 인간이 아니므로(인간의 마음을 원한다면 아이를 낳아라.) 이 번영과 진보는 지금의 것과 다를 가능성이 높을 것이다.

3번 시나리오

아마도 진보는 인간 마음의 수를 늘리는 데 의존하기보다는 인간의 평균 마음을 더 향상시킴으로써 계속 나아갈 수 있을 것이다. 아마 늘 곁에 있을 기술이나 유전공학이나 알약의 도움으로 개인의 마음이 지닌 잠재력이 증가하고, 이 증가가 진보를 추진할 것이다. 우리는 주의 집중 시간을 늘리고, 수면 시간을 줄이고, 더 오래 살고, 더 많은 것을 소비하고 생산하고 창조할 것이다. 더 적지만 더 강력한 마음을 통해 그 순환은 더 빨라질 것이다.

4번 시나리오

우리가 전부 잘못 생각했을지도 모른다. 아마 번영은 마음의 수 증가와 무관할지 모른다. 소비는 진보의 일부가 아닐지도 모른다. 우리는 점점 더 적은 인구(점점 더 오래 사는)로 생활의 질, 대안, 가능성을 어떻게 증가시킬지를 해결할 것이다. 지극히 환경 친화적인 관점이지만, 우리의 현 체제에 지극히 이질적이기도 하다. 내 잠재적인 청중이나 소비자가 해마다 줄어든다면, 나는 청중이나 소비자의 성장이 아닌 다른 이유를 들어 무언가를 창조해야 한다. 성장 없는 경제는 상상하기 어렵다. 하지만 더 기이한 일들도 일어나 왔다.

5번 시나리오

인류는 급감하여 소규모 잔존 집단만 남는다. 그들은 필사적으로 미친 듯이 번식에 힘쓴다. 세계 인구는 요동친다.

번영의 기원이 오로지 인구의 성장 안에 놓여 있다면, 진보는 역설적으로 다음 세기에 저절로 잦아들 것이다. 진보의 기원이 인구 성장 바깥에 놓여 있다면, 우리는 인구 정점 너머를 보기 위해서, 즉 우리가 계속 번성할 수 있을지 알아보기 위해서 그것을 파악할 필요가 있을 것이다.

나는 진보의 증가를 인간의 마음이 추진한다는 식으로 이야기하고 있지만, 인류의 에너지 이용이 똑같은 상향 곡선을 그린다는 중요한 사실은 아직 언급하지 않았다. 지난 200년 동안 가속되어 온 진보가 기하급수적으로 증가한 값싸고 풍부한 에너지로 추진되었다는 것은 논란의 여지가 없다. 산업시대의 여명기에 진보의 도약이 정확히 인류가 가축의 힘 대신, 아니 그것에 덧붙여 석탄의 힘을 다스리는 법을 이해했을 때 시작되었다는 것은 결코 우연의 일치가 아니다. 우리는 20세기에 인구, 기술 진보, 에너지 생산이라는 세 가지 곡선이 급상승하는 모습을 보았고, 인간과 기계가 둘 다 석유를 먹는다는 것을 확신할 수 있었다. 곡선들은 서로 잘 들어맞는다.

저렴한 에너지의 활용은 테크늄의 주요 돌파구가 되었다. 하지만 압축 에너지의 발견이 핵심적인 통찰력이라면, 중국에서 가장 먼저 산업화가 이루어졌을 것이다. 중국인은 유럽보다 적어도 500년 앞서 자국에 풍부한 석탄을 태울 수 있다는 것을 알았으니까. 값싼 에너지는 엄청난 횡재였지만 에너지 비축량은 충분하지 않았다. 중국은 그 에너지를 해방시킬 열쇠인 과학을 갖고 있지 않았다.

화석 연료가 없는 행성에서 인류가 탄생했다고 상상해 보라. 어떤 일이 벌어졌을까? 나무만 태우면서 문명이 그렇게 멀리까지 진보할 수 있었을까? 가능하다. 아마 우리가 현재 지닌 것보다 훨씬 더 효율적인 나무와 숯 기술이 과학을 창안할 수 있을 만큼 인구를 충분히 부양했을 것이고, 그 과학은 나무를 이용한 동력만으로 태양전지판, 원자력 발전소 같은 것들을 창안할 수 있었을 것이다. 반면에 과학 없이 석유 바다 위를 떠도는 문명은 어느 방향으로도 발전하지 못할 것이다.

진보는 마음의 증가를 따라가며, 마음은 그에 화답하여 에너지를 증가시키는 원인이다. 지구 전역에서 쉽게 발견되는 풍부하고 값싼 연료는 산업

혁명과 현재의 기술 진보 가속을 가능하게 했지만, 테크늄은 먼저 석탄과 석유의 변화를 일으키는 힘을 해방할 과학이 필요했다. 공진화라는 춤을 추면서 인간 마음은 값싼 에너지의 사용법을 터득했고, 값싼 에너지는 점점 늘어나는 인간 마음을 위한 식량을 늘렸고, 인간 마음은 더 많은 기술 창안을 부추겼으며, 새로 창안된 기술은 더 많은 값싼 에너지를 소비했다. 이 자기 증폭 회로는 테크늄의 세 가닥, 곧 인구, 에너지 사용, 기술 진보라는 세 상승 곡선을 낳는다.

기술 진보가 상승 곡선을 그린다는 것을 뒷받침하는 증거는 아주 많다. 무수한 자료가 나와 있다. 수백 편의 학술 논문이 우리가 다루는 문제 전체가 상당히 개선되었다고 말한다. 이런 측정값들의 궤적은 일반적으로 같은 방향 즉 위쪽을 가리킨다. 이 축적된 연구 결과들에 힘입어 10년 전 줄리언 사이먼은 유명한 예측을 내놓았다.

이것들이 세계 전쟁이나 정치 격변이 없다는 조건으로 내가 내놓는 가장 중요한 장기 예측들이다. (1) 인간은 지금보다 더 오래 살 것이다. 젊어서 죽는 사람은 더 줄어들 것이다. (2) 전 세계 가정은 지금보다 소득과 생활수준이 더 높아질 것이다. (3) 천연자원의 가격은 지금보다 더 떨어질 것이다. (4) 농경지는 다른 모든 경제적 자산의 총 가치에 비추어 볼 때 경제적 자산으로서의 중요성이 계속 줄어들 것이다. 역사상 더 이전의 모든 시대에 똑같은 예측들이 옳다는 것이 드러나곤 했으므로 이 네 가지 예측은 아주 확실하다.[36]

그의 추론은 되풀이할 가치가 있다. 즉 그는 여러 세기 동안 같은 궤적을 그려 온 역사적 힘 쪽에 내기를 건다.

그럼에도 전문가들은 진보 개념에 맞서 세 가지 논리를 휘두른다. 첫 번째는 우리가 측정하고 있다고 생각하는 것이 전적으로 환상이라는 것이다.

이 말에 따르면 우리는 엉뚱한 것을 측정하고 있는 셈이다. 회의론자들은 인간의 건강이 대규모로 악화되고 인간은 영혼을 상실했으며, 모든 것이 타락했다고 판단한다. 하지만 진보가 현실임을 부정하는 입장은 한 가지 단순한 사실과 맞서야 한다. 바로 미국에서 출생자의 기대 수명이 1900년 47.3년에서 1994년 75.7년으로 증가했다는 사실이다.[37] 이것이 진보의 사례가 아니면 뭐란 말인가? 적어도 한 가지 차원에서 진보는 환상이 아니다.

두 번째 반대는 진보가 오직 현실의 반쪽에 불과하다는 주장이다. 즉 물질적인 발전은 일어나지만, 그것이 아주 중요하지는 않다는 뜻이다. 진정한 행복 같은 무형의 것들만이 중요하다는 것이다. 하지만 진정성은 측정하기가 무척 어려우며, 따라서 최대화하기도 무척 어렵다. 지금까지 우리가 정량화할 수 있는 것들은 장기적으로 더 나아져 왔다.

세 번째 반대는 오늘날 가장 흔히 들린다. 실제로 물질적 진보가 일어나지만 빚어내는 데 너무 비용이 많이 든다는 것이다. 호시절일 때 진보 개념을 비판하는 사람들은 사실상 상황이 인류에게 좋은 쪽으로 나아지고 있다는 데 동의하겠지만, 지속 불가능한 비율로 천연자원을 파괴하거나 소비함으로써 그렇게 한다고 말한다.

우리는 이 주장을 진지하게 받아들여야 한다. 진보는 현실이지만, 그것이 낳는 결과도 현실이다. 기술이 야기하는 심각한 환경 손상도 현실이다. 하지만 이 손상은 기술 자체에 내재한 것이 아니다. 현대 기술은 그런 손상을 일으킬 필요가 없다. 기존 기술이 손상을 일으킨다면 더 나은 기술을 만들면 된다.

과학 저술가 매트 리들리(Matt Ridley)는 말한다. "지금 하는 대로 계속한다면 유지하기가 몹시 어려워질 것이다. 하지만 우리는 지금 하는 대로 계속하지 않을 것이다. 우리는 결코 그렇게 하지 않을 것이다. 우리는 늘 하는 일에 변화를 가하며, 에너지, 자원 등등 사물 이용의 효율성을 점점 더 높여 왔다. 세상을 먹여 살리는 데 드는 땅의 면적을 생각해 보라. 우리가 예전에 했던 것처럼, 즉 수렵채집인처럼 계속해 왔다면, 지구가 약 85개는 있어야 60억 명을 먹여 살릴 수 있을 것이다. 우리가 초기의 화전 농부들처럼 해 왔다면, 바다 전체를 포함하여 지구 전체의 면적이 필요했을 것이다. 많은 비료를 쓰지 않고 1950년의 유기농 농부들처럼 해 왔다면, 지금처럼 38퍼센트가 아니라 세계 육지 면적의 82퍼센트를 경작에 써야 했을 것이다."[38]

우리는 지금 하는 대로 계속하지 않는다. 오늘의 도구가 아니라 내일의 도구를 써서 내일의 문제에 대처한다. 그것이 바로 우리가 진보라고 부르는 것이다.

그리고 진보는 유토피아가 아니기에 내일도 문제는 생길 것이다. 진보주의는 유토피아주의로 오해하기 쉽다. 개선이 꾸준히 점점 더 이루어지면서 향하는 곳이 유토피아가 아니면 어디겠는가? 안타깝게도 그런 오해는 방향과 목적지를 혼동한다. 오점이 없는 기술적 완벽함으로서의 미래는 도달할 수 없다. 반면에 계속 확대되는 가능성의 영역으로서의 미래는 도달할 수 있을 뿐 아니라 바로 우리가 지금 나아가고 있는 길이기도 하다.

나는 생물학자 사이먼 콘웨이 모리스(Simon Conway Morris)의 표현을 더 좋아한다. "진보는 말기적 낙관주의의 유해한 부산물이 아니라 그저 우리 현실의 일부다."[39] 진보는 현실이다. 그것은 에너지가 흐르고 무형의 마음이 확장되어 가능해진 물질 세계의 재질서화다. 진보는 지금 인간의 손에 이끌려 나아가고 있지만, 이 재편은 사실 오래전, 생물학적 진화에서 시작되었다.

6
정해진 생성

생명의 일곱 번째 계로서 테크늄은 생물학적 진화가 장구한 세월에 걸쳐 주진해 온 자기 조직화 과정을 지금 증폭하고 확대하고 가속시키고 있다. 테크늄을 '가속된 진화'라고 생각할 수도 있다. 따라서 테크늄이 어디로 나아가는지 알아보려면, 진화 자체가 어디로 향하고 있으며 무엇이 그것을 그 방향으로 미는지 파악할 필요가 있다.

현재 교과서에는 우주에서 무작위적으로 표류하는 것이 생물학적 진화의 경로라는 설명이 정설로 실리고 있지만, 나는 이 장에서 그렇지 않다는 것을 증명하려 한다. 오히려 진화, 그리고 그것의 외연인 테크늄은 물질과 에너지의 특성이 빚어내는 고유의 방향을 지닌다. 이 방향은 생명의 형태에 불가피성을 도입한다. 이 비신비적인 경향은 기술이라는 천 속에도 짜 넣어져 있으며, 이는 테크늄에도 불가피한 측면들이 있다는 것을 의미한다.

이 궤적을 따라가려면 출발점, 바로 생명의 기원에서 시작해야 한다. 자기 자신을 만드는 로봇처럼, 우리가 생명이라고 부르는 메커니즘은 수십억 년에 걸쳐 서서히 자기 조립되었다. 그 있을 법하지 않은 자기 발명 이래로, 생명은 있을 법하지 않은 수억 종류의 생물로 진화해 왔다. 그런데 과연 그들은 얼마나 있을 법하지 않은 것일까?

찰스 다윈은 자연선택 이론을 발전시키고 있을 때, 눈 문제로 고심했다. 그는 눈이 어떻게 조금씩 진화할 수 있었는지 설명하기가 무척 어렵다는 것을 알았다. 눈의 망막, 수정체, 눈동자는 너무나 완벽한 하나의 전체를 이루고 있고 전체에 못 미치면 전혀 쓸모없는 듯했기 때문이다. 당시 다윈의 진화론을 비판한 사람들은 눈을 기적이라고 여겼다. 하지만 기적이란 대개 정의상 오직 한 번 일어나는 것이다. 다윈도 그의 비판자들도 카메라 같은 눈이 지구 생명의 진화 과정에서 단 한 차례 진화한 것이 아니라, 비록 기적처럼 보일지라도 여섯 번이나 진화했다는 사실을 알지 못했다. '생물학적 카메라'라는 그 놀라운 광학 구조는 일부 문어, 달팽이, 해양 환형동물, 해파리, 거미에게서도 발견된다. 서로 관련이 없는 이 여섯 계통의 생물들은 그저 눈이 없는 아주 먼 공통 조상을 공유할 뿐이므로, 각 계통은 이 경이를 자체적으로 진화시켰다는 영예를 얻는다. 이 여섯 가지 발현 형태 각각은 경이로운 성취다. 무엇보다도 인간이 이리저리 모으고 땜질하여 작동하는 최초의 인공 카메라 눈을 내놓기까지 수천 년이 걸렸으니까.

하지만 여섯 번에 걸쳐 일어난 카메라 눈의 이 독자적인 자기 조립은 동전을 600만 번 던져서 앞면이 줄줄이 나오는 것 같은 극도의 있을 법하지 않음을 의미하는 것이 아닐까? 혹은 이 중복 발명이 눈이 곧 계곡 바닥의 우묵한 곳에 고인 물처럼 진화를 끌어당기는 자연의 깔때기라는 뜻은 아닐까? 그리고 여덟 가지 유형의 눈이 더 있으며, 각각은 한 번 이상 진화했다. 생물학자 리처드 도킨스는 "동물계에서 눈은 40~60번 독자적으로 진화했다."라고 추정하면서 이렇게 주장한다. "적어도 이 행성에서 우리가 아는 생명은 거의 꼴사나울 정도로 눈을 진화시키는 일에 열중한다. 우리는 [진화적] 재실행의 통계 표본이 눈으로 귀결되리라고 확신을 갖고 예측할 수 있다. 그리고 단순한 눈이 아니라, 곤충, 참새우, 삼엽충의 눈 같은 겹눈과 우리나 오징어의 눈 같은 카메라 눈으로. (……) 눈을 만드는 방법은 너무나 많으며, 우리가 아는 생명은 그 모두를 발견했을지 모른다."[1]

진화가 이끌려가는 경향을 보이는 어떤 형태, 다시 말해 자연적인 상태가 있을까? 이 질문은 테크늄에 엄청난 의미를 띤다. 진화가 보편적인 해결책에 끌리는 경향을 보인다면 그것의 가속된 외연인 기술도 그럴 것이기 때문이다. 최근 수십 년 사이에 과학은 (다른 모든 요인이 같을 때) 복잡적응계(진화는 그것의 한 예다.)가 소수의 반복되는 패턴으로 정착하는 경향을 보인다는 것을 발견했다. 이런 패턴은 계의 구성 부분들에서는 발견되지 않으므로, 출현하는 구조는 '창발적인' 것이자 복잡적응계가 하나의 전체로서 규정하는 것이라고 여겨진다. 물 빠지는 욕조에서 물 분자들 사이에 소용돌이가 즉시 출현하는 것과 마찬가지로 같은 구조가 무에서 생기는 듯 반복하여 출현하므로, 이런 구조는 불가피하다고도 볼 수 있다.

생물학자들은 지구 생물에게 계속 다시 나타나는 똑같은 현상이 점점 늘어나는 상황에 당혹스러워하면서 이 목록을 책상의 맨 아래 서랍에 보관하고 있다. 그들은 이런 신기한 사례들로 무엇을 할 수 있을지 막막해한다. 하지만 극소수의 과학자는 이 반복되는 발명이 생물학적 '소용돌이', 즉 진화에서 복잡한 상호작용으로부터 도출되는 친숙한 패턴이라고 믿는다. 3000만 종으로 추정되는 지구 공존 생물들[2]은 매시간 수백만 가지의 실험을 하고 있다. 그들은 계속 번식하고 싸우고 죽이고 서로를 변화시킨다. 이 철저한 재조합을 거치면서도 진화는 생명 나무의 가장 멀리 뻗어 나간 가지들에서까지 비슷한 형질들로 계속 수렴한다. 이 반복되어 나타나는 형태로의 끌림을 수렴 진화라고 한다. 계통들이 분류학적으로 더 멀수록 수렴은 더욱 인상적이다.

구세계 영장류는 먼 사촌인 신세계 원숭이에 비해 총천연색 시각과 열등한 후각을 지닌다. 신세계의 거미원숭이, 여우원숭이, 마모셋은 모두 후각이 아주 예민한 반면 3색 시각은 지니지 못했다. 모두 그렇지만, 고함원숭이는 예외다. 고함원숭이는 구세계 영장류와 유사하게 3색 시각과 약한 코를 지닌다. 고함원숭이와 구세계 영장류의 공통 조상은 아주 멀리 거슬러 올라가므로, 고함원숭이는 3색 시각을 독자적으로 진화시켰다. 총천연색 시각의 유전자를 조사한 생화학자들은 고함원숭이와 구세계 영장류가 둘 다 같은 파장에 맞추어진 수용체를 사용하며, 세 핵심 위치에 똑같은 아미노산이 들어 있다는 사실을 발견했다. 그뿐 아니라 고함원숭이와 유인원의 후각 약화는 같은 순서로 세세한 부분까지 똑같이 활동을 멈춘 똑같은 후각 유전자들의 억제가 원인이었다. 유전학자 숀 캐럴(Sean Carroll)은 말한다. "비슷한 힘들이 수렴할 때 비슷한 결과가 나온다. 진화는 놀라울 정도로 재현성을 띤다."[3]

진화에서 재현성(reproducibility)이라는 개념은 심한 논란거리다. 하지만 수렴이 생물학에서 큰 뉴스일 뿐 아니라 테크늄에서의 수렴을 강하게 시사하므로, 자연에서 그것의 증거를 더 살펴볼 만한 가치가 있다. '독자적(independent)'이라는 개념을 어떻게 측정하느냐에 따라, 독자적이고 수렴하는 진화의 가시적인 사례들은 목록에서 수백 개로 늘어날 수 있다.[4] 어떤 목록에서든 간에 새, 박쥐, 익룡(공룡 시대의 파충류)의 펄럭이는 날개는 확실히 포함될 것이다. 이 세 계통의 마지막 공통 조상은 날개가 없었으며, 그것은 각 계통이 독자적으로 날개를 진화시켰다는 의미다. 분류학적으로 엄청나게 거리가 먼데도 이 세 계통의 날개들은 놀라울 정도로 형태가 비슷하다. 즉 뼈대 위로 피부가 펼쳐진 형태다. 반향 위치 측정을 이용한 항법도 네 차례 발견되었다. 박쥐, 돌고래, 동굴에 사는 새 두 종(남아메리카의 기름새와 아시아의 쇠칼새)에서였다. 두발 보행은 사람과 새에게서 반복하여 나타난다. 동결 방지 화합물은 북극해에서 한 차례, 남극해에서 한 차례, 뱅어류에서 두 차례 진화했다. 벌새와 박각시나방은 가느다란 관으로 꿀을 빨면서 꽃 위에서 정지 비행을 할 수 있도록 진화했다. 온혈성은 두 차례 이상 진화했다. 양안시는 서로 먼 분류군들에서 여러 차례 진화했다. 산호의 친척인 태형동물은 4억 년 동안 각기 다른 시대에 여섯 차례에 걸쳐 독특한 나선형 군체를 진화시켰다. 개미, 벌, 설치류, 포유류에서는 사회적 협력이 진화했다. 식물계의 서로 먼 일곱 개 가지에서는 식충 종이 진화했다. 즉 곤충을 먹어 질소를 섭취하는 종들이다. 다육식물은 분류학적으로 거리가 먼 분류군들에서 여러 차례 진화했고, 제트 추진력은 두 차례 진화했다. 부레 같은 부유 주머니는 어류, 연체동물, 해파리의 여러 부류에서 독자적으로 진화했다. 뼈대 위에 팽팽한 막이 덮인 펄럭이는 날개는 곤충 왕국에서 두 번 이상 출현했다. 인간은 고정 날개가 달린 항공기와 회전 날개가 달린 항공기를 기술적으로 진화시켰지만, 펄럭이는 날개를 단 실용적인 항공기는 아직 만들지 못했다. 반면에 고정 날개 활공자(날다람쥐, 날치)와 회전 날개 활공자(많은 씨앗)는 여러 차례 진화했다. 사실 설치류처럼 생긴 세 활공자 종도 수렴을 보여 준다. 날다람쥐 외에 오스트레일리아에 사는 스쿼럴글라이더(squirrel glider)와 주머니하늘다람쥐가 그렇다.

지질 시대에 외롭게 방황하던 지각판이었기에, 오스트레일리아 대륙은 평행 진화의 실험실이다. 오스트레일리아에는 구세계의 태반류 포유동물(멸종한 것도 포함하여)과 평행 진화한 유대류^{캥거루나 코알라처럼 육아낭에 새끼를 넣어 가지고 다니는 동물}가 많다. 칼이빨은 멸종한 유대류인 틸라코스밀루스(thylacosmilus)와 멸종한 검치호랑이 양쪽에서 발견된다. 유대류 사자는 고양이류처럼 움츠릴 수 있는 발톱을 지녔다.

우리의 상징적인 먼 사촌인 공룡은 우리의 척추동물 공통 조상들에 평행하는 수많은 혁신들을 독자적으로 진화시켰다. 날아다니는 익룡과 박쥐 사이의 평행 사례 외에, 돌고래의 거울상인 유선형 어룡과 고래의 평행 사례인 모사사우루스도 있었다. 트리케라톱스는 앵무새와 문어, 오징어에게 있는 것과 비슷한 부리를 진화시켰다. 뱀처럼 생긴 넓적발도마뱀과는 훗날의 파충류인 뱀처럼 다리가 없었다.

계통 사이의 분류학적 거리가 줄어들수록 수렴은 덜 중요하지만 더 흔해진다. 개구리와 카멜레온은 빠르게 발사해 멀리 있는 먹이를 와락 낚아채는 '작살 혀'를 독자적으로 진화시켰다. 버섯의 세 주요 문은 각자 모두 알버섯 같은 검고 단단한 땅속 열매를 만드는 종들을 진화시켰다. 그리고 '알버섯'을 포함하는 버섯은 북아메리카에만 75속이 넘으며, 그중 많은 종류는 독자적으로 진화했다.[5]

일부 생물학자에게 수렴의 출현은 마치 자신과 이름 그리고 생일이 똑같은 누군가를 만나는 것처럼, 단지 통계적 호기심에 불과하다. 기이하긴 한데, 그래서 어떻다고? 충분한 종과 충분한 시간이 주어지면 형태학적으로 서로 경로가 교차하는 두 종이 나타나게 마련이지 않나? 하지만 상동 관계를 보이는 형질은 생물학에서 사실상 법칙이라고 할 만큼 흔하다. 대다수 상동성은 드러나지 않으며 유연관계가 있는 종 사이에 나타난다. 친척들은 본래 같은 특징을 지니는 반면, 유연관계가 없는 종들은 특징을 덜 공유하므로 유연관계가 없는 상동성이 더 의미 있고 더 눈에 띈다. 어느 쪽이든 간에 생명이 쓰는 방법들은 대부분 한 생물 종이나 한 문보다 더 많은 생물이 사용한다. 희귀한 것은 자연의 다른 곳에서 재사용되지 않은 형질이다. 리처드 도킨스는 자연사학자 조지 매개빈(George McGavin)에게 단 한 차례만 진화한 생물학적 '혁신'을 열거해 보라고 도전장을 던졌고, 매개빈은 필요할 때 두 화합물을 섞어서 적에게 유독한 물질을 분사하는 폭탄먼지벌레나 공기방울을 이용하여 호흡을 하는 물거미 같은 몇 가지 사례만 모을 수 있었다.[6] 동시에, 독자적인 발명도 자연의 법칙인 듯하다. 다음 장에서 주장하겠지만 동시적이고 독자적인 발명은 테크늄의 법칙인 듯도 하다. 자연의 진화와 기술의 진화 양쪽 세계에서 수렴은 불가피성을 빚어낸다. 불가피성은 재현성보다 더욱 논란거리이며, 따라서 더 많은 증거가 요구된다.

생명의 진화에서 반복하여 발생하는 눈으로 돌아가 보자. 망막에는 빛을 감지하는 까다로운 일을 하는 아주 특수한 단백질이 한 층 덮여 있다. 로돕신이라는 이 단백질은 빛에서 오는 광자 에너지를 전기 신호로 바꾸어 시신경으로 보낸다. 로돕신은 카메라 눈의 망막뿐 아니라 수정체가 없는 보잘 것 없는 벌레의 원시적인 안점(eye spot)에도 존재하는 오래된 분자다. 로돕신은 동물계 전체에서 발견되며, 너무나 잘 작동하기 때문에 어디에 있든 똑같은 구조를 유지하고 있다. 이 분자는 아마 수십억 년 동안 변하지 않았을 것이다. 크립토크롬처럼 빛을 감지하는 경쟁 분자들이 몇 종류 있긴 하지만 로돕신에 비해 효율이나 내구성이 떨어지며, 이것은 로돕신이 앞으로 20억 년이 지난 뒤에도 최고의 시각 분자로 남아 있으리라는 것을 시사한다. 하지만 놀랍게도 로돕신은 수렴 진화의 또 다른 사례다. 먼 옛날 서로 다른 두 생물계에서 두 차례에 걸쳐 진화했기 때문이다. 고세균계와 진정세균계에서다.

이 사실은 충격적이다. 존재할 수 있는 단백질의 수는 천문학적이다. 단백질이라는 '단어'를 만드는 단위 기호, 즉 알파벳인 아미노산은 20가지다. 각 단어가 이를테면 100개의 기호나 단위로 이루어진다고 하자.(사실 많은 단백질은 훨씬 더 길지만, 이 계산에서는 100개면 충분하다.) 진화가 만들어낼(혹은 발견할) 수 있는 가능한 단백질의 총수는 100^{20}, 즉 10^{40}개다. 이것은 우주에 있는 별보다 단백질이 더 많을 수 있다는 의미다. 여기서 문제를 더 단순화하자. 아미노산으로 이루어진 '단어' 100만 개당 1개만 어떤 기능을 갖춘 단백질이 된다고 보고 규모를 크게 줄여서 쓸 만한 단백질의 수가 대략 우주에 있는 별의 수와 같다고 하자. 그러면 특정한 단백질을 발견하는 것은 광활한 우주 공간에서 특정한 별을 무작위로 발견하는 것과 같아질 것이다. 이 유추를 따라 설명하면 진화는 일련의 뜀뛰기를 통해 새 단백질(새 별)을 찾는다. 진화는 한 단백질에서 관련 있는 '이웃' 단백질로 건너뛴 뒤에 다음의 새 형태로 계속 도약하다가 이윽고 출발한 곳에서 동떨어진 어떤 독특한 단백질에 도달한다. 별 사이로 건너뛰면서 멀리 있는 어느 태양까지 여행하듯이. 하지만 우리가 속한 곳 같은 드넓은 우주에서는 무작위로 100번 도약한 끝에 먼 별에 도착했다면, 똑같은 무작위 도약 과정을 거쳐도 똑같은 별에 결코 도착하지 못할 것이다. 그것은 통계적으로 불가능하다. 하지만 진화는 로돕신을 갖고 바로 그런 일을 했다. 우주의 모든 단백질 별 중에서 진화는 수십억 년 동안 개선되지 않은 이 별을 두 번이나 찾아냈다.

그리고 생명에서는 '두 번 맞히기(twice-struck)'라는 불가능한 일이 계속 일어나고 있다. 진화론자 조지 맥기(George McGhee)는 「수렴 진화」라는 논문에 이렇게 썼다. "어룡이나 돌고래의 형태 진화는 사소한 것이 아니다. 그것은 네 다리와 꼬리를 다 갖춘 육상 사지류 무리가 자신의 부속지와 꼬리를 물고기의 것과 비슷한 지느러미로 되돌릴 수 있음을 보여 주는 경이롭기 그지없는 일로 봐야 옳다. 설령 불가능하지는 않더라도 정말 있을 것 같지 않은 일이 아닌가? 하지만 그 일은 유연관계가 서로 가깝지 않은 두 동물 집단인 파충류와 포유류에서 두 차례 수렴되면서 일어났다. 그들의 공통 조상을 찾으려면 멀리 석탄기까지 거슬러 올라가야 한다. 그러니 그들의 유전적 유산은 서로 너무나 다르다. 그럼에도 어룡과 돌고래는 독자적으로 지느러미를 재진화시켰다."[7]

그렇다면 이 있을 법하지 않은 것으로 돌아가게끔 인도하는 것이 무엇일까? 똑같은 단백질, 즉 '우발적인' 형태가 두 번 진화한다면, 그 길의 모든 단계는 명백히 무작위일 수 없다. 이 평행 여행의 주된 안내자는 그들의 공통 환경이다. 고세균의 로돕신과 진정세균의 로돕신, 어룡과 돌고래는 둘 다 적응을 통해 획득한 똑같은 이점들을 지니고 똑같은 바다를 떠다닌다. 로돕신 사례에서는 전구물질 분자들을 둘러싸고 있는 분자 수프가 기본적으로 같기 때문에, 매번 뜀뛰기를 할 때마다 선택압이 똑같은 방향을 선호하는 경향을 보일 것이다. 사실 환경 지위가 일치한다는 것이 대개 수렴 진화를 낳는 이유이다. 서로 다른 대륙의 건조한 모래사막은 뜀뛰기를 하는 큰 귀와 긴 꼬리를 지닌 설치류를 빚어내는 경향이 있다. 기후와 지형 때문에 비슷한 선택압과 이점의 집합이 생겨나기 때문이다.

그렇다면 왜 전 세계의 모든 비슷한 사막에서 캥거루쥐나 날쥐가 생기지 않으며, 왜 사막의 설치류가 모두 캥거루쥐 같은 모습을 하고 있지 않을까? 진화는 무작위로 사건이 일어나고 전적으로 운에 따라 경로가 바뀌는 고도로 우연적인 과정이므로 유사한 환경에서도 똑같은 형태학적 해결책에 도달하는 일이 매우 드물다는 대답이 정설이다. 우연성과 우연 진화에서 너무나 강력하기에 수렴이 일어난다는 것 자체가 경이다. 생명 분자들로부터 조립할 수 있는 형태의 수와 그런 형태를 빚어내는 데 무작위 돌연변이와 결실이 중추적인 역할을 한다는 점을 토대로 할 때, 독자적으로 기원하여 중요한 수렴이 일어나는 일은 기적처럼 드물어야 한다.

하지만 독자적인 중요 수렴 진화의 사례가 100가지, 아니 1000가지 있다면, 이는 다른 무언가가 작용하고 있음을 시사한다. 반복하여 나타나는 해결책 쪽으로 진화의 자기 조직화를 밀어대는 다른 어떤 힘이 있다. 자연선택이라는 복권 뽑기 외의 다른 어떤 힘이 믿기 어려울 만큼 먼 목적지에 두 번 이상 도달할 수 있도록 진화 경로를 조종한다. 그것은 초자연적인 힘이 아니라 진화 자체의 핵심에 놓인 단순하고 근본적인 원동력이다. 그것은 기술과 문화에서 수렴을 이끌어 내는 것과 같은 힘이다.

진화는 반복하여 나타나는 불가피한 형태로 향하도록 두 가지 압력으로 떠밀린다.

1. 기하학과 물리학의 법칙들이 가하는 부정적인 제약들. 이는 생명 가능성의 범위를 한정 짓는다.
2. 상호 연관된 유전자와 대사 경로의 자기 조직화하는 복잡성이 빚어내는 긍정적인 제약들. 이는 몇 가지 반복되는 새로운 가능성을 낳는다.

이 두 원동력은 진화를 압박하여 방향성을 부여한다. 둘 다 테크늄에서도 계속 작용하면서 테크늄의 경로를 따라 불가피한 형태들을 빚어낸다. 화학과 물리학이 생명을 빚어내고 더 나아가 테크늄 속에서 우리 마음을 창안하는 방식에서 출발하여, 각 원동력이 미치는 영향을 규명하기로 하자.

식물과 동물은 당혹스러울 정도로 규모가 다양하다. 머릿니처럼 아주 작은 곤충도 있는 반면, 신발만 한 하늘소도 있다. 삼나무는 100미터나 높이 치솟는 반면, 골무에 들어갈 만큼 작은 고산 식물도 있다. 흰긴수염고래는 배처럼 거대한 반면, 피그미카멜레온은 엄지손가락보다 짧다. 하지만 각 종의 크기는 임의적이지 않다. 식물과 동물 모두 놀라울 정도로 일정한 크기 비례를 따른다. 이 비례는 물의 물리학이 규정한다. 세포벽의 강도는 물의 표면장력에 따라 정해진다. 그 일정한 비례는 몸, 가능한 모든 몸의 폭에 따른 최대 키를 규정한다. 이 물리적 힘들은 지구에서만이 아니라 우주의 모든 곳에서 작용하므로, 언제 어디에서 진화하든 물을 토대로 한 생물은 이와 똑같은 우주적 크기 비례(국소 중력에 따라 조정을 거쳐)에 수렴되리라고 예상할 수 있다.

생명의 대사도 마찬가지로 제약되어 있다. 작은 동물은 빨리 살아가고 일찍 죽는다. 큰 동물은 느릿느릿 살아간다. 동물에게 생명의 속도, 즉 세포가 에너지를 태우는 속도, 근육이 씰룩거리는 속도, 잉태하거나 성숙하는

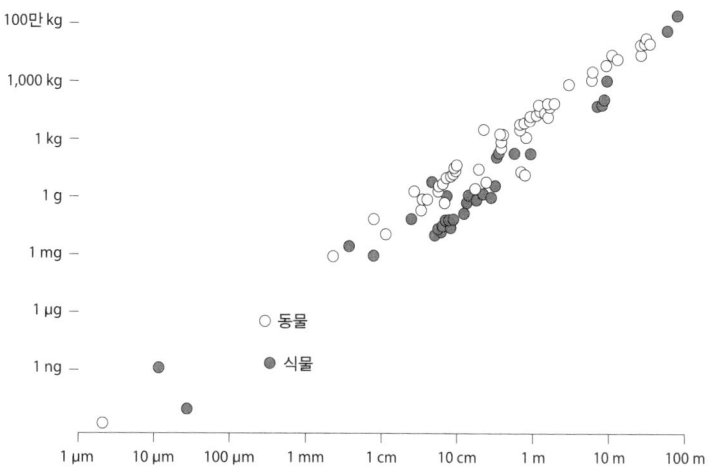

생물의 크기 비례.[8] 체중과 길이의 비는 식물과 동물 양쪽 다 일정하다.

데 걸리는 시간은 그들의 수명과 몸집에 놀라운 정도로 비례한다. 대사율과 심장 박동률은 둘 다 동물의 체중에 비례한다. 이런 제약들은 물리학과 기하학의 기본 법칙들과 에너지 표면(폐 표면, 세포 표면, 순환 능력 등)을 최소화함으로써 얻는 자연적인 이점에서 유래한다. 생쥐의 심장과 폐가 코끼리의 것에 비해 빨리 움직이긴 해도, 생쥐와 코끼리의 평생에 걸친 심장 박동과 호흡 횟수는 같다. 마치 포유동물에게 15억 회의 심장 박동을 할당하고서 원하는 대로 쓰라고 말하는 것과 같다. 작은 생쥐는 코끼리의 삶을 빨리 감는 것처럼 빠르게 살아간다.

생물학에서 대사의 이 일정한 비율은 포유동물 사이의 일로 가장 잘 알려져 있지만, 연구자들은 모든 식물, 세균, 심지어 생태계도 비슷한 법칙에 지배된다는 점을 최근에 깨달았다. 냉수성 조류들이 서식하는 희멀건 웅덩이는 온혈 심장의 느린 판본이라고 생각할 수 있다. 한 식물이나 생태계를 관통하는 킬로그램당 에너지의 양(즉 에너지 밀도)은 대사에 상응한다. 동물에게 필요한 수면 시간에서 알이 부화하는 데 걸리는 시간, 숲이 입목량을 축적하는 데 걸리는 속도, DNA의 돌연변이율에 이르기까지 많은 생명 과정들은 모두 보편적인 대사 축척 법칙에 따르는 듯하다. 이 법칙을 발견한 제임스 질룰리(James Gillooly)와 제프리 웨스트(Geoffrey West)는 말한다. "우리는 토마토에서 아메바와 연어에 이르기까지 생물이 놀라울 만큼 다양하긴 해도 일단 크기와 체온을 보정하면 이런 [대사] 속도와 시간의 상당수는 놀라울 정도로 비슷하다는 것을 알았다."[9] 그들은 "대사율은 근본적인 생물학적 속도다."라고 주장하며, 에너지 측면에서 말하면 대사율은 모든 유형의 생물이 일을 해나가는 속도, 즉 '보편적인 시계'라고 본다. 이 시계는 모든 생물에 불가피한 것이다.

다른 물리 상수들도 생물 세계를 관통한다. 좌우대칭(왼쪽과 오른쪽이 거울상인)은 생명의 거의 모든 과에서 반복하여 나타난다. 이 근본적인 대칭성은 움직일 때의 탁월한 균형에서 신중한 여분(모든 것이 둘씩 있다!)과 유전암호의 효율적인 압축(단지 한쪽을 복제하면 된다.)에 이르기까지, 여러 수준에서 적응적 이점을 안겨 주는 듯하다. 식물이나 동물(창자)에서 양분을 운반하는 관이나 다리처럼 다른 기하학적 형태들도 마찬가지로 평이한 물리학 법칙을 따른다. 나무와 산호 특유의 가지가 뻗어 나가는 모양이나 꽃잎의 나선형 배열 같은 몇몇 반복되어 나타나는 디자인들도 성장의 수학에 토대를 둔다. 그것들은 수학이 영원한 것이기에 반복된다. 지구의 모든 생명은 단백질에 토대를 두며, 그런 단백질이 세포 안에서 접히고 펼쳐지는 방식은 그 생물 특유의 형질과 행동을 결정한다. 생화학자 마이클 덴튼(Michael Denton)과 크레이그 마셜(Craig Marshall)은 말한다. "단백질 화학 분야에서 최근에 이루어진 연구들은 적어도 한 가지 생물학적 형태 집합(단백질이 접히는 기본 형태)이 결정과 원자를 빚어내는 것과 비슷한 물리법칙에 따라 결정된다고 말한다. 그 법칙들은 모든 면에서 단백질을 플라톤이 말하는 불변의 형상처럼 보이게 한다."[10] 생명 다양성의 핵심 분자인 단백질도 궁극적으로는 반복하여 나타나는 법칙 집합의 지배를 받는다.

지구에 사는 모든 생물의 모든 신체 특징을 담은 대규모 스프레드시트를 작성한다면, 논리적으로 '있을 수' 있지만 실제로는 없는 생물들이 놓일 빈칸이 많이 있음을 알아차릴 것이다. 이 빈칸을 채울 생물들은 생물학과 물리학의 법칙들에 복종하겠지만, 아직 탄생한 적이 없다. 포유류 뱀(없으란 법이 어디 있나?), 날아다니는 거미, 육상 오징어가 그런 '있을 수' 있는 생명 형태에 포함될 것이다. 사실 우리가 현재의 동물상과 식물상을 충분히 오래 놔두면 이런 생물들 중 일부는 지구에서 진화할 수 있을 것이다. 이런 이론상의 생물들은 지극히 설득력이 있다. 생물권 전체에서 반복적으로 수렴하면서 재순환하는(하지만 뒤섞이면서) 형태들이기 때문이다.

예술가와 과학소설 작가는 지구의 제약이라는 '틀을 벗어난 생각'을 하려고 애쓰면서 생물로 가득한 대안 행성들을 환상적으로 그려 내는데, 그들이 상상한 생물 중 상당수는 지구에서 발견되는 형태들을 많이 간직하고 있다. 그것이 상상력 부족 탓이라고 보는 사람도 있을 것이다. 우리는 고향 행성인 지구의 대양 가장 깊숙한 곳에서 발견되는 기기묘묘한 형태들을 접할 때마다 놀라곤 한다. 그러니 다른 행성의 생명은 놀라운 것으로 가득하지 않겠는가. 하지만 나를 포함하여 많은 이들은 우리가 다른 행성에서 놀라운 것들을 보긴 하겠지만 '있을 수' 있는 것들(원자들을 생물로 배열할 수 있는 가능한 모든 방법이라는 드넓은 상상의 공간)에 비추어 볼 때 우리가 다른 행성에서 보게 될 것은 그 있을 수 있는 것들의 한 귀퉁이에 불과하리라고 여긴다. 다른 행성의 생명은 이미 우리에게 친숙한 형태를 띠고 있다는 점에서 우리를 놀라게 할 것이다. 눈의 망막 색소 연구로 노벨상을 받은 생물학자 조지 월드(George Wald)는 미 항공우주국에서 이렇게 말했다. "나는 학생들에게 말하곤 합니다. 여기서 생화학을 배우면 아르크투루스 별의

시험도 통과할 수 있을 것이라고요."¹¹⁾

그 무한한 물리적 제약이 DNA의 구조보다 뚜렷이 드러나는 곳은 없다. DNA 분자는 너무나 놀랍기에 따로 분류된다. 모든 학생이 알다시피, DNA는 쉽게 열고 닫을 수 있고 물론 자신을 복제할 수 있는 독특한 이중나선 사슬이다. 하지만 DNA는 스스로 납작한 판 모양을 취하거나 상호 연결된 고리나 심지어 정팔면체 구조를 취할 수도 있다. 이 별난 곡예를 부리는 분자는 조직과 살의 신체 특징을 담당하는 엄청나게 많은 단백질 집합을 찍어내는 역동적인 주형 역할을 하며, 그 단백질들은 상호작용을 통해 복잡성의 드넓은 생태계를 빚어낸다. 이 하나의 전능한 준결정으로부터 온갖 예상 외의 모습을 한 경이로운 생명 다양성이 출현한다. 그 작은 고대의 나선을 미묘하게 재배열함으로써 높이 20미터에 달하는 용각류의 장엄함과 현란하게 반짝이는 초록빛 잠자리라는 섬세한 보석, 난초 흰 꽃잎의 시릴 듯한 순결함, 그리고 물론 인간 마음의 복잡다단함이 나올 것이다. 이 모든 것이 그 작은 준결정에서 나온다.

진화 너머에서 작용하는 초자연적 힘이 전혀 없다는 것을 인정한다면 이 모든 구조, 그리고 그 이상은 어떤 의미에서 DNA 구조에 담겨 있는 것이 틀림없다. 달리 어디에서 나올 수 있겠는가? 모든 참나무 계통과 미래의 참나무 종의 세세한 사항들은 어떤 식으로든 DNA라는 근원적인 도토리에 들어 있다. 그리고 진화 바깥에서 작용하는 초자연적 힘이 없다고 인정한다면, 모두 똑같은 최초의 세포에서 유래한 우리의 마음들도 암묵적으로 DNA에 암호로 들어 있었던 것이 틀림없다. 우리 마음이 그렇다면 테크늄은 어떨까? 그것의 우주 정거장, 테플론, 인터넷도 유전체에 녹아 있다가, 수십억 년이 흐른 뒤 참나무가 마침내 발현되는 것처럼 지속적인 진화 작업을 통해 나중에야 침전되는 것일까?

물론 이 분자를 단순히 조사한다고 해서 결코 이런 풍성함이 드러나지는 않는다. DNA의 나선 사다리에서 기린을 찾으려는 것은 헛수고다. 하지만 우리는 DNA 외의 다른 무언가가 비슷한 다양성, 신뢰성, 진화가능성을 생성할 수 있는지 알아보기 위해 이를 다시 펼치는 방법으로 대안 '도토리' 분자를 찾아볼 수 있다. 많은 과학자들은 유전공학적으로 '인공' DNA를 생산하거나 유사 DNA 분자를 만들거나 완전히 독창적인 생화학을 창조함으로써 실험실에서 DNA의 대안을 추구해 왔다. DNA 대체물을 창안할 현실적인 이유는 많이 있지만(이를테면 우주 공간에서 작동할 수 있는 세포를 창안하는 것처럼), 아직까지 DNA만큼의 융통성과 우수함을 갖춘 대체물질은 나오지 않았다.

대체 DNA 분자를 탐구하는 첫 번째 접근법은 약간 변형한 염기쌍을 나선에 삽입하여 바꿔치기하는 방법이다.(DNA 나선 계단통에 다른 층계를 끼워 넣었다고 생각하기를.) K. D. 제임스와 A. D. 엘링턴은 『생명의 기원과 생물권의 진화(Origins of Life and Evolution of the Biospheres)』에 이렇게 쓰고 있다. "대안 염기쌍 실험은 현재의 퓨린과 피리미딘 집합[염기쌍의 전형적인 형태]이 여러 면에서 최적임을 시사한다. (……) 자연적이지 않은 핵산 유사물질들은 대체로 자기 복제를 할 수 없다는 점이 실험을 통해 입증되어 왔다."[12]

물론 과학은 처음에 가망이 없다거나 믿기 어렵다거나 불가능하게 여겨졌던 발견들로 가득하다. 자기 조직화하는 생명의 사례에서는 대체물에 관한 논의를 일반화하기가 망설여질지도 모른다. 우리가 그것에 관해 말할 수 있는 것은 모두 (지금까지는) 정확히 여기 지구에 있는 표본 하나를 토대로 한 것이니까.

하지만 화학은 화학일 뿐이며, 우주 어디에서나 통용된다. 탄소는 모여 있기 좋아하고 다른 많은 원소들을 결합시킬 갈고리를 많이 지니고 있기에 생명의 중심에 자리한다. 특히 산소와 친밀한 관계에 있다. 탄소는 쉽게 산화되어 동물의 연료가 되며, 식물의 엽록소를 통해 쉽게 탈산화(환원)된다. 그리고 물론 긴 사슬을 이루어 믿을 수 없을 만큼 다양한 거대분자의 뼈대를 형성한다. 탄소의 자매 원소인 규소는 비탄소 기반 생명체를 만드는 대안 후보가 될 가능성이 가장 높다. 규소도 매우 왕성하게 다양한 원소와 결합하며 지구에 탄소보다 더 많다. 과학소설 작가들은 대안 생명체를 꾸며낼 때, 종종 규소 기반의 생명체를 창조한다. 하지만 현실 세계에서 규소는 몇 가지 중요한 결함을 안고 있다. 규소는 수소를 지닌 사슬을 형성하지 않기에 유도체의 크기가 제한된다. 규소-규소 결합은 물에서 안정하지 않다. 그리고 규소가 산화될 때, 그것의 호흡 산물은 기체인 이산화탄소가 아니라 광물 침전물이다. 그러니 분산시키기가 어렵다. 규소 생물은 모래 알갱이 같은 것을 내쉴 것이다.

기본적으로 규소는 건조한 생명을 낳는다. 액체 간질이 없다면 어떻게 복잡한 분자가 운반되어 상호작용을 할지 상상하기 어렵다. 아마 규소 기반 생명체는 규산염이 녹아 있는 뜨거운 세계에 살 것이다. 아니면 간질이 아주 차가운 액체 암모니아일 것이다. 그러나 위에 떠서 얼지 않은 액체를 단열시키는 얼음과 달리, 얼어붙은 암모니아는 가라앉기 때문에 바다 전체가 얼어붙을 것이다. 이런 우려는 가설이 아니라 탄소 기반 생명의 대체물을 만들고자 한 실험을 토대로 한 것이다. 여태까지의 모든 증거는 DNA가 '완벽한' 분자라고 말한다.

비록 우리 같은 영리한 마음이 새로운 생명 단위를 창안할 수 있다고 할지라도, 스스로를 창조할 수 있는 생명 단위를 찾아내라는 것은 전적으로 더 고차원적인 주문이다. 실험실에서 만든 합성 생명 단위는 야생에서 스스로 살아남을 정도로 튼튼해도 스스로 조직되어 생명체를 탄생시키지는 못할 수도 있다. 자력 탄생의 필요성을 건너뛸 수 있다면, 스스로 진화하지 못하는 온갖 복잡계로 도약할 수는 있다.(사실 마음이 하는 '일'이 바로 그것이다. 진화적 자기 창조를 할 수 없는 온갖 복잡한 것들을 만드니까.) 로봇과 인공 지능은 금속이 섞인 암석으로부터 자신을 조직할 필요가 없다. 태어나기보다는 만들어지기 때문이다. 하지만 DNA는 자기를 조직해야 한다. 생명의 이 강력한 핵이 가장 놀라운 점은 그것이 스스로 조립된다는 것이다. 메탄이나 폼알데하이드 같은 가장 기본적인 탄소 기반 성분들은 우주에서, 심지어 행성의 웅덩이에서도 쉽게 구할 수 있다. 하지만 온갖 무생물 조건에서(번개, 열, 따뜻한 웅덩이, 충격, 동결·해동) 이 레고 같은 기본 구성 단위에 자극을 주어 RNA와 DNA를 만드는 여덟 가지 성분인 당들을 조직하도록 시도해 보았지만, 그런 물질들은 DNA나 RNA의 양을 지속 가능한 수준으로 만들어 내지 못했다. 이 당 중 하나인 리보오스(RNA의 R에 해당하는)를 만드는 알려진 모든 경로들은 너무나 복잡하기에 실험실에서 재현하기가 어렵고 (따라서) 야생에 존재한다고 상상할 수가 없다. 그리고 그것은 여덟 가지 핵심 전구물질 분자 중 하나에 불과하다. 다른 불안정한 수십 가지 화합물을 자기 생성하는 쪽으로 부양하는(그리고 서로 충돌할 가능성이 높은) 필요 조건들은 발견되지 않았다.

하지만 우리는 여기에 있다. 따라서 이런 특수한 경로들이 발견될 수 있다는 것을 안다. 적어도 한 번은 발견되었다. 하지만 동시에 있을 법하지 않은 경로들이 병행하여 작동하기가 대단히 어렵다는 점은 이 미로를 헤쳐 나가서 수십 가지 부품들을 자기 조립하고, 일단 탄생한 것을 자기 복제하고, 그 씨앗으로부터 우리가 지구 생명에서 보는 아연실색케 하고 눈이 튀어나올 만한 압도적인 수준의 다양성과 풍성함을 낳을 수 있는 분자는 단 하나뿐임을 시사한다. 자기를 복제하고 점점 더 복잡해지는 것을 더욱 많이 생성할 수 있는 분자를 찾는 것으로는 충분치 않다. 사실 그 일을 할 수 있는 화학물질 핵은 놀라울 정도로 많을 수 있다. 그 모든 것을 하면서 스스로를 만들 수도 있는 분자를 찾아야 한다. 지금까지 그런 종류의 마법을 부릴 정도로 근접한 수준의 후보자조차 발견되지 않았다. 이것이 바로 사이먼 콘웨이 모리스가 DNA를 '우주에서 가장 기이한 분자'라고 말하는 이유다.[13] 생화학자 노먼 페이스(Norman Pace)는 모든 분자 중에서 가장 놀라운 이 분자를 토대로 한 '보편적인 생화학'이 있을지 모른다고 말한다. "다른 어디에 있든 간에 생명의 기본 구성단위는 세세한 부분까지는 아니더라도 일반적인 측면에서는 우리 자신의 것과 비슷할 가능성이 높은 듯하다. 따라서 20가지 흔한 아미노산은 생명에 쓰이는 기능기를 전달할 수 있는, 상상할 수 있는 가장 단순한 탄소 구조다."[14] 조지 월드의 말을 바꿔 쓰자면, 당신이 ET를 연구하고 싶다면 DNA를 연구하도록.

DNA의 독특한(아마도 보편적으로 독특한) 힘을 시사하는 단서가 또 있다. 분자생물학자 스티븐 프리랜드(Stephen Freeland)와 로렌스 허스트(Laurence Hurst)는 모사한 화학 세계에서 컴퓨터로 무작위 유전암호 체계(DNA에 상응하지만 DNA가 없는)를 생성했다. 가능한 모든 유전암호를 조합한 개수를 계산하려면 우주의 나이보다 더 오래 걸릴 것이므로, 연구자들은 화학적으로 생존 가능하다고 분류한 체계들에 초점을 맞출 수 있도록 그중 한 부분집합을 골랐다. 그들은 2억 7000만 가지 생존 가능한 대안의 집합이라고 추정한 것에서 100만 가지의 변이를 조사하여 모사된 세계에서 오류를 얼마나 최소화하는지에 따라(좋은 유전암호는 오류 없이 정확히 번식할 것이다.) 체계들의 등급을 매겼다. 컴퓨터를 100만 번 실행하자 유전암호들의 효율을 측정한 값들은 전형적인 종형 곡선 분포를 보였다. 분포의 한쪽 끝에는 지구의 DNA가 있었다. 그들은 100만 가지의 대안 유전암호들 중에서 현재의 우리 DNA 체계가 '가능한 모든 암호 중 최고'이며, 설령 그것이 완벽하지 않더라도 적어도 '100만 가지 중에 으뜸이'라고 결론지었다.[15]

녹색 엽록소도 기이한 분자다. 그것은 이 행성의 어디에나 있지만 최적인 분자는 아니다. 태양의 스펙트럼은 노랑 파장에서 최대인 반면, 엽록소는 빨강, 파랑에 최적화해 있다. 조지 월드의 말처럼, 엽록소는 "능력의 삼중 조합(높은 빛 감수성, 에너지를 포획하여 저장하고 다른 분자에 전달하는 능력, 이산화탄소를 환원시키도록 수소를 전달하는 능력)" 덕분에 "불리한 흡수 스펙트럼에도 불구하고" 햇빛을 모으는 식물의 진화에서 핵심이 되었다. 월드는 더 나아가 이 비최적화가 빛을 당으로 전환하는 더 나은 탄소 기반 분자가 없다는 증거라고 추정한다. 그런 것이 있다면, 수십억 년에 걸쳐 진화하면서 그것이 만들어지지 않았을까?[16]

수렴이 로돕신의 최대 최적화 때문이라고 해 놓고 이제는 엽록소의 비최적화를 이야기하다니 모순처럼 여겨질지 모르겠다. 나는 효율의 수준이 핵심이라고는 보지 않는다. 양쪽 사례에서 불가피성의 가장 강력한 증거는 대안의 희소성이다. 엽록소 사례에서는 그것이 불완전한데도 수십억 년이 지날 때까지 어떠한 대안 형태도 나타나지 않았으며, 로돕신 사례에서는 극소수 경쟁자가 있는데도 드넓은 텅 빈 벌판에서 똑같은 분자가 두 번 발견되었다. 진화는 작동하는 극소수의 해결책으로 계속해서 되돌아간다.

언젠가는 아주 영리한 연구자들이 실험실에서 새로운 생명의 강을 터뜨릴 수 있는 유기 DNA의 대안 구성단위를 고안하리라는 것은 의심의 여지가 없다. 이 합성 생명 구성단위는 엄청나게 가속되면서, 인지 능력이 있는 존재를 비롯하여 온갖 새로운 생물을 진화시킬지 모른다. 하지만 규소든, 탄소 나노튜브든, 검은 성운의 핵 가스에 토대를 두든 간에 이 대안 생명 체계는 그것의 원래 씨앗에 내재된 제약들이 정한 나름의 불가피한 점들을 지닐 것이다. 그것은 모든 것으로 진화할 수 없겠지만, 우리 생명이 할 수 없는 많은 종류의 생명을 빚어낼 수 있을 것이다. 일부 과학소설 작가들은 DNA 자체가 그런 유전공학의 산물일지 모른다는 추측을 펼치기도 한다. 무엇보다도 그것은 교묘하게 최적화되어 있지만, 기원은 지극히 수수께끼이니까. DNA는 하얀 실험복을 입은 뛰어난 지능의 소유자들이 솜씨 좋게 만들어서 수십억 년에 걸쳐 빈 행성들에서 자연적으로 씨앗이 되도록 우주로 쏘아 보낸 것이 아닐까? 우리는 이 범용 씨앗 혼합물에서 싹튼 많은 묘목 중 하나에 불과할지도 모른다. 이런 유형의 가공된 원예는 많은 것을 설명할지 모르지만, 그렇다고 DNA가 독특하다는 사실이 없어지지는 않는다. 하물며 DNA가 지구에서 진화를 위해 깔아 놓은 통로들도 없어지지 않는다.

물리학, 화학, 기하학의 제약들은 생명이 기원했을 때부터 통제해 왔다. 심지어 테크늄까지. 생화학자 마이클 덴튼과 크레이그 마셜은 "모든 생명 다양성의 밑바탕에는 탄소 기반 생명이 있는 우주의 어느 곳에서든 되풀이하여 발생하는 유한한 자연적인 형태 집합이 있다."라고 주장한다.[17] 진화는 가능한 모든 단백질, 가능한 모든 빛 모으는 분자, 가능한 모든 부속지, 가능한 모든 이동 수단, 가능한 모든 형태를 만들 수는 없다. 생명은 모든 방향에서 무한하고 제한이 없는 것이 아니라 물질 자체의 특성에 따라 여러 방향에서 얽매여 있고 한정되어 있다.

나는 기술도 똑같은 제약들에 얽매인다고 주장할 것이다. 기술은 생명과 똑같은 물리학과 화학에 토대를 두며, 더 중요한 점은 가속된 일곱 번째 생명계로서 테크늄이 생명의 진화를 인도하는 제약 가운데 상당수에 똑같이 얽매인다는 것이다. 테크늄은 상상할 수 있는 모든 발명품이나 가능한 모든 착상을 만들 수 없다. 오히려 테크늄은 여러 방향에서 물질과 에너지의 제약들에 둘러싸여 있다. 하지만 진화의 부정적인 제약들은 이야기의 절반에 불과하다.

엄청난 여행을 하도록 진화를 밀어 대는 두 번째 거대한 힘은 특정 방향에서 진화적 혁신을 인도하는 긍정적인 제약들이다. 자기 조직화의 엑소트로피는 위에 개괄한 물리 법칙들의 제약과 힘을 합쳐 진화를 한 궤적으로 나아가게 한다. 이런 내부 관성은 생물학적 진화에 엄청나게 중요하지만, 기술 진화에 더욱 큰 결과를 낳는다. 사실 테크늄에서 자기 생성된 긍정적인 제약들은 이야기의 절반 이상이다. 그것들은 주된 사건이다.

하지만 생물학적 진화를 인도하는 내부 관성이 있다는 주장은 오늘날 생물학의 정설과 거리가 멀다. 지향성 진화라는 개념은 생명의 초자연적 본질에 대한 믿음과 연관됨으로써 오염된 파란만장한 역사를 지닌다. 지금은 더 이상 초자연적인 것과 관련이 없지만, 지향성 진화라는 개념은 오늘날 '불가피한(inevitable)'이라는 개념, 많은 현대 과학자들이 어떤 형태로든 용납할 수 없다고 보는 개념과 관련을 맺고 있다.

나는 지금까지의 증거가 허용하는 한에서 생물학적 진화 내에 방향이 있음을 보여 주는 가장 좋은 사례를 제시하고 싶다. 그것은 생물학의 이해뿐 아니라 기술의 미래를 파악하는 데에도 핵심이 되는 복잡한 이야기다. 자연 진화에 내부적으로 생성된 방향이 있음을 보여 줄 수 있다면, 테크늄이 이 방향을 확장한다는 내 주장을 보여 주기가 더 쉽기 때문이다. 따라서 내가 생명의 진화를 추진하는 힘들을 깊이 파고들 때, 이 긴 설명은 사실상 기술 안에서 같은 종류의 진화가 일어난다는 평행 논증이다.

이 새롭게 인식된 진화의 엑소트로피적 추진력이 유일한 엔진이 아님을 상기시키면서 그 이야기의 후반부를 시작하기로 하자. 진화는 내가 앞서 기술한 물리적 제약들을 비롯하여 여러 운전자를 지닌다. 하지만 진화에 대한 현재의 정통 과학적 이해에 따르면, 변화는 주로 한 가지 원천에서 기인한다. 바로 무작위 변이다. 야생의 자연에서 번식하는 생존자들은 유전될 수 있는 무작위 변이로부터 자연적으로 선택된다. 따라서 진화에서는 방향 없는 무작위 전진만이 있을 수 있다. 복잡적응계에 관한 지난 30년 동안의 연구가 낳은 핵심 통찰력은 반대 견해를 제공한다. 즉 자연선택에 제공되는 변이가 반드시 무작위적이지 않다는 것이다. 실험에 따르면 '무작위' 돌연변이는 불편(unbiased)이 아닐 때가 종종 있다. 대신에 변이는 기하학과 물리학에 지배된다. 그리고 가장 중요한 점은 반복하여 발생하는 자기 조직화 패턴(욕조의 소용돌이처럼)에 내재된 가능성이 변이를 빚어내는 사례가 종종 있다는 것이다.

비무작위 변이라는 개념은 한때 이단설이었지만, 점점 더 많은 생물학자들이 컴퓨터 모형을 실행함에 따라 특정 이론가들 사이에서 과학적 합의를 이루었다. 유전자의 자기 조절망(모든 염색체에서 발견되는)은 특정한 유형의 복잡성을 선호한다. 생물학자 L. H. 캐퍼레일(Caporale)은 말한다. "잠재적으로 유용한 일부 돌연변이는 개연성이 아주 커서 유전체에 암암리에 암호화해 있다고 볼 수 있다."[18] 세포의 대사 경로는 자가촉매를 통해 스스로를 망으로 만들고 자가 선호하는 고리로 옮겨 갈 수 있다. 이것은 전통적인 견해를 뒤엎는다. 기존 견해는 내부(돌연변이의 원천)가 변화를 만들고, 외부(적응의 환경적 원천)가 그것을 선택하거나 방향을 이끈다고 보았다. 새 견해는 외부(물리적 및 환경적 제약)가 형태를 창조하고 내부(자기 조직화)가 그것을 선택하거나 방향을 이끈다고 본다. 그리고 내부가 방향을 이끌 때, 그것은 반복하여 발생하는 형태 쪽으로 이끈다. 초창기 고생물학자인 W. B. 스콧(Scott)이 말한 것처럼, 진화의 복잡성은 '선호되는 변화가 대물림되는 통로'를 만든다.

교과서에서 진화는 거의 수학적인 단일한 메커니즘을 통해 추진되는 장엄한 힘이다. 즉 자연선택이라고 알려진 적응적 생존을 통해 선택된 유전 가능한 무작위 돌연변이다. 지금 등장하고 있는 수정된 견해는 추가되는 힘들을 인정한다. 그것은 진화라는 창조 엔진이 적응적인 것(고전적인 행위자)과 우연적인 것, 그리고 불가피한 것, 이 세 다리로 선다고 주장한다.(이 세 힘은 테크늄에서도 다시 나타난다.) 우리는 이것들을 진화의 세 벡터(vector)라고 기술할 수 있다.

적응적 벡터는 교과서 이론이 가르치는 정통적인 힘이다. 다윈이 추측한 것처럼, 자신의 환경에 가장 잘 적응한 생물은 살아남아 자손을 남긴다. 따라서 변화하는 환경에서 새로운 생존 전략들은 어디에서 나오든 간에 시간이 흐르면서 선택되고 그 종에 아주 잘 들어맞게 된다. 적응적 힘은 진화의 모든 수준에서 근본적이다.

진화의 삼각형에서 두 번째 벡터는 운, 즉 우연성이다. 진화에서 일어나는 많은 것은 우수한 자의 적응이 아니라 복권 뽑기로 귀결된다. 종 분화의 세부 사항 중 상당 부분은 종을 우연한 경로로 나아가도록 이끄는 우발적인, 있을 법하지 않은 어떤 방아쇠의 결과다. 제왕나비의 날개에 있는 반점 하나하나는 엄밀하게 적응한 결과가 아니라 단지 평범한 우연이다. 이런 무작위적 출발은 이윽고 나중에 전혀 뜻밖의 설계로 이어질 수 있다. 그리고 그 뒤의 설계들은 앞선 설계들보다 덜 복잡하고 덜 우아할 수도 있다. 다시 말해 우리가 오늘 진화에서 보는 형태들 중 상당수는 과거의 무작위석 우연 때문에 생기며 점진적인 순서를 따르지 않는다. 우리가 생명 역사의 테이프를 되감아서 다시 시작하도록 한다면, 다르게 전개될 것이다.(젊은 독자를 위해 '테이프를 되감다'가 '전화 번호판을 돌리다', '영화 필름을 찍다', '엔진을 돌리다'처럼 더 이상 쓰이지 않는 기술이 남긴 표현인 잔존어(skeuonym)임을 언급해야겠다. 여기서 '테이프를 되감다'는 같은 출발점에서 순서대로 재생하는 것을 의미한다.)[19]

선구적인 책 『경이로운 생명』에서 '테이프를 되감다'라는 수사 어구를 도입한 스티븐 제이 굴드는 진화에서 우연성이 어디에나 있다는 탁월한 사례를 든다. 그는 캐나다 버제스 셰일(Burgess Shale)에서 발견된 선캄브리아대 생명의 불가해한 화석 집합에 관한 증거를 토대로 논증을 편다. 사이먼 콘웨이 모리스라는 젊은 대학원생이 다년간 현미경으로 이 미세한 화석들을 끈기 있게 해부했다. 10년 동안 집중 연구한 끝에 모리스는 버제스 셰일이 지금의 생명보다 훨씬 더 다양한 형태의 알려진 적 없는 생물상의 보고라고 선언했다. 하지만 이 고대의 대단히 다양한 원형들은 5억 3000만 년 전 불운한 재앙으로 몰살당하고, 비교적 적은 수의 기본적인 생물 유형들만 남아서 그 뒤의 진화를 이어 갔다. 그리하여 우리가 지금 보는 비교적 덜 다양한 세계가 만들어졌다. 우수한 설계들은 무작위로 제거되었다. 굴드는 더 오래되고 더 큰 다양성의 이 우연한 전멸이 진화에서의 지향성이라는 개념을 반박하는 논거이자 우연성의 법칙을 뒷받침하는 강력한 논거라고 해석했다. 특히 그는 버제스 셰일의 증거가 인간 마음이 불가피한 것이 아님을 보여 준다고 믿었다. 이것이 진화에서 불가피한 것이란 없다고 말하고 있기 때문이다. 책을 끝맺으면서 굴드는 이렇게 결론짓는다. "인간 본성, 지위, 잠재력에 관한 생물학의 가장 심오한 통찰력은 우연성의 구현이라는 단순한 어구에 들어 있다.[20] 호모 사피엔스는 실체이지 경향이 아니다."

'경향이 아니라 실체(entity not tendency)'라는 이 말은 오늘날 진화론의 정설이다. 즉 진화에서 본연의 우연성과 지배적인 역할을 하는 무작위성은 어떤 방향으로든 경향을 배제한다. 그러나 더 나중에 이루어진 연구는 버제스 셰일이 처음 믿었던 것처럼 엄청난 다양성을 지닌다는 개념을 반증함으로써 굴드의 결론을 김빠지게 했다. 사이먼 콘웨이 모리스는 자신이 앞서 내놓은 급진적인 분류 체계에 대한 생각을 바꾸었다. 버제스 셰일 생물 중 상당수는 기이하고 새로운 형태가 아니었고, 따라서 우연성은 거시진화에서 우세한 것이 아니었으며 진보가 있을 가능성이 더 높아졌다. 흥미롭게도 굴드의 영향력 있는 책이 나온 뒤로 세월이 흐르면서, 모리스는 진화에서 수렴, 지향성, 불가피성 개념을 옹호하는 주요 고생물학자가 되었다. 돌이켜 보면 버제스 셰일은 진화에서 우연성은 중요한 힘이지만 유일한 힘은 아니라는 것을 증명한다.

진화 삼각형의 세 번째 다리는 구조적 불가피성, 즉 현재 생물학의 교리가 부정하는 바로 그 힘이다. 우연성은 '역사적' 힘, 즉 역사가 중요한 역할을 하는 현상이라고 생각할 수 있는 반면, 진화 엔진의 구조적 성분은 역사와 무관한 독자적인 변화를 일으킨다는 점에서 '비역사적'이라고 볼 수 있다. 즉 그것은 재실행하면 똑같은 이야기를 내 놓는다. 진화의 이런 측면은 불가피성을 촉진한다. 예를 들어 방어용 독침은 적어도 12번 진화했다. 거미, 노랑가오리, 쐐기풀, 지네, 쑥치, 꿀벌, 말미잘, 오리너구리 수컷, 해파리, 전갈, 고둥, 뱀에서였다. 그것의 반복 출현은 공통의 역사 때문이 아니라 공통의 생명 기반 때문이며, 바깥 환경에서가 아니라 자기 조직화한 복잡성이라는 내부 추진력에서 공통의 구조가 나오기 때문이다. 이 벡터는 엑소트로피적 힘, 다시 말해 진화한 생명처럼 복잡한 계에서 출현하는 창발적 자기 조직화다. 이전 장들에서 서술했듯이, 복잡계는 계가 빠져드는 경향을 보이는 반복 발생하는 패턴을 빚어내면서 자체 관성을 획득한다. 이 창발적 자기 질서는 계가 자체의 이기적인 관심사에 따라 나아가도록 하며, 이

진화의 삼각형.[21] 생명의 세 가지 진화적 힘. 큰 글씨는 그것이 작용하는 영역을, 작은 글씨는 그것의 결과를 뜻한다.

런 식으로 진행되는 과정에 방향을 부여한다. 이 벡터는 혼란스러운 진화를 특정한 불가피성 쪽으로 밀어붙인다.

그림으로 표현하면 진화의 삼각형은 이렇게 보일 것이다.

이 세 추진력은 서로 균형을 맞추고 상쇄시키고, 결합하여 각 생물의 역사를 빚어내면서, 자연의 여러 수준에서 다양한 비율로 존재한다. 비유를 들어 설명하면 이 세 힘을 이해하는 데 도움이 될 듯하다. 한 종의 진화는 땅을 깎아 내면서 구불구불 흐르는 강과 같다. 강의 세부 '특성(particularness)', 즉 연안과 바닥의 상세한 윤곽을 보여 주는 단면도는 적응적 돌연변이와 우연성(결코 반복되지 않는)이라는 벡터들에서 나오지만, 강이 계곡에 물길을 만들면서 생기는 강의 보편적인 형태인 '강다움(riverness, 모든 강에서 반복하여 나타나는)'은 수렴과 창발적 질서라는 내부 중력에서 나온다.

불가피한 거시 원형을 꾸미는 우연한 미시적 세부 특성의 사례를 하나 더 들어 보자. 진화하면서 똑같은 형태학적 경로를 나아간 별개의 여섯 공룡 계통을 생각해 보자. 시간이 흐르면서 여섯 공룡 계통에는 발가락 수가 줄어들고 발의 길쭉한 뼈들이 길어지고, '손가락'이 짧아지는 비슷한(불가피한) 변화가 나타났다. 우리는 이 패턴이 '공룡다움'의 일부라고 말할 수도 있을 것이다.

그것이 여섯 계통에서 재연되었으므로, 이 원형 구조는 단순히 무작위한 것이 아니다. 영화 「주라기 공원」에서 공룡 전문가로 나온 인물의 모델이자 실제 공룡 전문가인 밥 배커(Bob Bakker)는 이렇게 주장한다. "반복 평행 진화와 수렴[여섯 공룡 계통에서]의 이 놀라운 사례는 (……) 화석 기록에서 관찰된 장기적인 변화가 유전적 표류를 통한 무작위 걸음이 아니라 지향적 자연선택의 결과라는 강력한 논거다."[22]

공룡과 포유동물의 전문가였던 고생물학자 헨리 오즈번(Henry Osborn)

은 일찍이 1897년에 이렇게 썼다. "과거의 많은 포유동물 계통의 이빨을 연구한 끝에 나는 특정 방향으로 다양해지는 근본적인 경향이 있음을 확신하게 되었다. 이빨의 진화는 수십만 년 전부터 이어지는 유전적 영향을 통해 미리 뚜렷이 나타난다."[23]

여기서 "미리 뚜렷이 나타난다.(marked out beforehand)"가 무슨 뜻인지 정의하는 것이 중요하다. 대부분의 사례에서 생명의 세부 사항들은 우연적이다. 진화의 강은 가장 폭넓은 개괄적인 윤곽만 결정한다. 이를테면 사지류의 사지(즉 네 발을 갖춤), 뱀의 형태, 눈알(둥근 사진기), 구불구불한 창자, 알주머니, 펄럭이는 날개, 몸마디가 반복되는 몸, 나무, 말불버섯, 손가락 같은 대체적인 원형이라고 생각할 수도 있다. 즉 개별적인 것이 아니라 일반적인 윤곽을 말한다. 생물학자 브라이언 굿윈(Brian Goodwin)은 "생물의 모든 주요 형태학적 특징, 눈에 띄는 것만 몇 가지 나열하자면 심장, 뇌, 창자, 팔다리, 눈, 잎, 꽃, 부리, 줄기, 가지 등은 형태 형성 원리의 창발적 결과"이며 생명의 테이프를 되감아 틀면 다시 나타날 것이라고 주장했다.[24] 반복 발생하는 다른 원형들처럼, 그것들도 알아차리지 못하는 사이에 당신의 뇌가 인식하는 패턴이다. 당신의 마음은 "흠, 저건 조개야."라고 스스로에게 말하고서, 당신이 색깔, 질감 등 개별 종의 세세한 특징을 알아서 채우도록 놔둔다. 관절로 다물리는 두 개의 볼록한 반구라는 '조개' 형태는 반복 발생하는 원형, 정해진 형태다.

수십억 년의 거리를 두고 멀리서 보면, 마치 진화는 리처드 도킨스가 생명이 눈알을 만들고 싶어 한다고 말한 식으로 특정한 설계를 창안하고 싶어 한 듯하다. 생명은 그 발명을 계속 되풀이하고 있기 때문이다. 진화는 혼란스럽게 휘젓는 듯하지만, 거기에는 같은 형태를 재발견하고 계속 같은 해결책에 도달하려는 경향이 있다. 마치 생명이 거의 어떤 명령을 지닌 듯하다. 생명은 특정 패턴을 구현하기를 '원한다.' 자연계조차도 그 방향으로 치우쳐 있는 듯하다.

우주에서 우리 지역이 생명의 출현 쪽으로 치우쳐 있음을 시사하는 단서들이 많다. 우리 행성은 따뜻해질 만큼 태양에 가까이 있는 한편으로 불붙지 않을 만큼 태양에서 멀리 떨어져 있다. 지구는 자전을 늦추어서 낮의 길이를 늘리고 장기간에 걸쳐 안정시키는 커다란 달을 끼고 있다. 지구는 태양과 목성을 공유하며, 목성은 혜성을 끌어당기는 자석 역할을 한다. 지구에 포획된 혜성의 얼음은 지구에 바다를 주었을지도 모른다. 지구는 자성을 띤 중심핵을 지니며, 그 중심핵은 우주선을 막는 방패를 만들어 낸다. 지구의 중력은 물과 산소를 간직하기에 적절한 수준이다. 또 지각판들이 휘저을 수 있을 만큼 지각이 얇다. 이 변수 하나하나는 너무 모자라지도 너무 넘치지도 않는 골디락스 영역(Goldilocks zone)^{생명체 거주 가능 영역}에 자리한 듯하다. 최근 연구는 은하에도 마찬가지로 골디락스 영역이 있음을 시사한다. 은하의 중심에 너무 가까이 있으면 행성은 치명적인 우주 복사선에 끊임없이 폭격당한다. 은하의 중심에서 너무 멀면 별 먼지로부터 행성체가 응축할 때 생명에 필요한 무거운 원소들이 부족해질 것이다. 우리 태양계는 이 딱 맞는 영역의 한가운데에 있다. 목록을 계속 적어 나가면 곧 지구에 있는 생명의 모든 측면이 포함되면서 감당할 수 없을 정도로 길어질 것이다. 즉 모든 것이 너무나 완벽하다! 그 목록은 곧 미리 내정한 사람에게 딱 맞게 몰래 조작한 가짜 '구인' 광고와 비슷해진다.

이 골디락스 인자들 중에는 단순히 우연의 일치로 드러나는 것들도 있겠지만, 그 엄청난 개수와 심오함은 폴 데이비스의 말이 옳음을 시사한다. "자연의 법칙들은 생명을 선호하도록 갖추어져 있다."[25] 이 견해에 따르면, "생명은 결정이 원자 사이의 힘들을 통해 최종 결정 형태가 미리 확정된 상태에서 포화 용액에서 출현하는 것과 똑같이 신뢰할 수 있는 방식으로 수프에서 출현한다."[26] 생물 발생 연구(생명의 기원을 연구하는 분야)의 개척자

중 한 명인 시릴 포남페루마(Cyril Ponnamperuma)는 생명의 "합성을 지향하는 듯한 본질적인 특성이 원자와 분자에 있다."고 믿었다.[27] 이론생물학자 스튜어트 카우프먼(Stuart Kauffman)은 생명 발생 이전의 망을 모사하는 자신의 방대한 컴퓨터 시뮬레이션이 조건들이 알맞을 때 생명의 출현이 불가피하다는 것을 보여 준다고 믿는다. 그는 여기에 우리가 존재한다는 것이 "우리가 우연의 산물이 아니라 예상된 산물"임을 보여 주는 사례라고 말한다.[28] 물리화학자 만프레트 아이겐(Manfred Eigen)은 1971년 이렇게 썼다. "생명의 진화가 추론 가능한 어떤 물리적 원리에 토대를 둔다면, 그것은 불가피한 과정이라고 봐야 한다."[29]

생화학 연구로 노벨상을 받은 크리스티앙 드뒤브(Christian de Duve)는 더 멀리 나아간다. 그는 생명이 우주적 명령이라고 믿는다. 『생명의 먼지 (Vital Dust)』라는 저서에서 그는 이렇게 썼다. "생명은 결정론적 힘들의 산물이다. 생명은 우세한 조건들하에서 출현하게 되어 있었으며, 언제 어디서든 같은 조건이 형성될 때마다 마찬가지로 생겨날 것이다. (……) 생명과 마음은 변덕스러운 사건의 결과가 아니라 우주라는 천에 적힌 그대로 물질의 자연스러운 발현 형태로서 출현한다."[30]

생명이 불가피한 것이라면, 물고기도 그렇지 않겠는가? 물고기가 불가피한 것이라면, 마음이 그렇지 말란 법은 어디 있나? 마음이 그렇다면 인터넷도 마찬가지 아니겠는가? 사이먼 콘웨이 모리스는 "수십억 년 전에 불가능했던 것이 점점 불가피한 것이 되고 있다."라고 추측한다.[31]

우주적 명령을 검사하는 한 가지 방법은 그저 생명의 테이프를 다시 트는 것이다. 굴드는 생명의 테이프를 되감아 트는 것이 전혀 '실행 불가능한' 실험이라고 했지만 틀렸다. 생명은 되감을 수 있다는 사실이 드러나고 있다.

염기 서열 분석과 유전적 클로닝이라는 새 도구들은 진화의 재상연을 가능하게 한다. 당신은 단순한 세균(대장균)을 택해서 한 개체를 골라 똑같은 클론을 수십 마리 만들 수 있다. 그중 한 마리의 유전형 서열을 분석해 보자. 남은 클론들을 하나씩 똑같은 양분을 주면서 조건이 똑같이 설정된 똑같은 배양기에 넣자. 복제된 세균들이 각 배지에서 자유롭게 증식하도록 놔두자. 4만 세대 동안 증식하도록 하자. 1000세대마다 몇 마리를 꺼내어 얼려서 일종의 스냅사진으로 삼고 그때까지 진화한 유전체의 서열을 분석하자. 모든 배지에서 평행 진화하는 유전형들을 비교하자. 당신은 언제든 얼린 스냅사진 표본을 녹여서 그것을 똑같은 다른 배양기에 넣어 진화의 테이프를 다시 틀 수 있다.

미시건 주립대학교의 리처드 렌스키(Richard Lenski)가 바로 이 실험을 해 왔다. 그는 일반적으로 진화를 여러 번 실행할 때 그 세균의 겉으로 드러난 모습인 표현형에서 비슷한 형질들이 나온다는 점을 발견했다. 유전형의 변화들도 거의 같은 자리에서 일어났다. 비록 염기가 바뀐 정확한 지점은 다를 때가 많았지만. 이것은 세세한 부분은 우연에 맡겨지지만 대략적인 형태는 수렴됨을 시사한다.[32] 이런 실험을 하는 과학자가 렌스키만은 아니다. 평행 진화를 살펴본 다른 실험들에서도 비슷한 결과가 나온다. 즉 매번 새로운 것이 나오는 대신, 한 과학 논문에 적힌 말대로 "다수의 진화하는 계통들에서 비슷한 표현형들로 수렴"되는 결과가 나온다.[33] 유전학자 숀 캐럴이 내린 결론처럼. "진화는 구조와 패턴 수준뿐 아니라, 개별 유전자 수준에서도 스스로를 반복할 수 있고 그렇게 한다. (……) 이 반복은 생명의 역사를 되감아서 재실행하면 그때마다 다른 결과가 나올 것이라는 결론을 뒤집는다."[34] 우리는 생명의 테이프를 되감을 수 있으며, 일정한 환경에서 그렇게 할 때 대강 같은 결과가 나올 때가 종종 있다.

이런 실험들은 진화라는 궤도로 발사되어 오래 나아가면 있을 법하지 않은 어떤 형태도 불가피한 것이 됨을 시사한다. 있을 법하지 않은 불가피함이라는 역설은 설명이 더 필요하다.

우리는 생명의 엄청난 복잡성에 혹해서 그것이 유일무이하다는 점을 알아차리지 못할 수도 있다. 생명은 오직 한 가지뿐이다. 지금의 모든 생명은 살아서 활동한 한 원시 세포 안에서 제 기능을 했던 한 고대 분자에서 시작된 끊기지 않고 이어진 복제 사슬의 후손이다. 생명이 장엄할 정도로 다양하긴 해도, 주로 그것은 앞서 먹혔던 해결책들을 수십억 번의 수십억 번 반복하고 있다. 우주에 있는 물질과 에너지의 가능한 모든 배열에 비교하면 생명이 내놓은 해결책은 극히 미미하다. 야외생물학자들이 매일같이 지구에서 새로운 생물을 발견하므로, 우리가 자연의 창의성과 풍성함에 경이를 느끼는 것은 당연하다. 하지만 우리 뇌가 상상할 수 있는 것에 비하면, 지구의 생명 다양성은 작은 한 귀퉁이를 차지할 뿐이다. 우리가 상상하는 대안 우주들은 이곳에 있는 생명보다 훨씬 더 다양하고 창의적이며 '저 너머'에 있는 생물들로 가득하다. 하지만 우리가 상상한 생물의 대부분은 물리적 모순들로 가득할 터이므로 결코 움직이지 않을 것이다. 실제로 가능한 것들의 세계는 처음에 생각했던 것보다 훨씬 더 작다.

로돕신이나 엽록소, DNA 같은 창의적인 분자나 인간 마음을 만드는 물질, 에너지, 정보의 독특한 물리적 배열은 '있을 수' 있는 모든 가능한 것들의 공간에서 너무나 희귀하기에, 거의 불가능하다고 할 정도까지 통계적으로 있을 법하지 않다. 모든 생물(그리고 인공물)은 구성 원자들의 지극히 있을 법하지 않은 배열이다. 하지만 재생산하는 자기 조직화와 쉼 없는 진화의 긴 사슬 속에서, 이런 형태들은 고도로 있을 법한, 심지어 불가피한 것이 된다. 그런 열린 창의성이 현실 세계에서 실제로 작동할 수 있는 방법은 극소수에 불과하기 때문이다. 따라서 진화는 그것들을 통해 작동해야 한다. 이런 면에서 생명은 불가피한 있을 법하지 않은 것이다. 그리고 생명의 원형적인 형태와 단계도 대부분 불가피한 있을 법하지 않은 것들이다. 혹은 있을 법하지 않은 불가피한 것들이라고 말할 수도 있다.

이는 인간 마음도 진화의 있을 법하지 않은 불가피한 것이라는 의미다. 생명의 테이프를 되감아도(다른 행성이나 평행 시간에서도) 마음은 다시 출현할 것이다. 스티븐 제이 굴드가 "호모 사피엔스는 실체이지 경향이 아니다."라고 주장했을 때, 그는 정확히, 하지만 우아하게 본말을 전도했다.[35] 뒤에서 앞으로 뒤집어 그의 문장을 재실행하면 진화의 메시지를 요약한 더 간결한 어구가 나올 것이며, 나는 이보다 더 나은 말은 없다고 생각한다.

호모 사피엔스는 경향이지 실체가 아니다.

인류는 하나의 과정이다. 늘 그랬고 앞으로도 그럴 것이다. 살아 있는 모든 생물은 되어 가는 도중에 있다. 그리고 인간이라는 생물은 더욱더 그렇다. 살아 있는 모든 생물(우리가 아는) 중에서 우리가 가장 열려 있기 때문이다. 호모 사피엔스로서의 우리는 이제 막 진화를 시작했다. 테크늄(가속된 진화)의 부모이자 아이로서의 우리는 진화적으로 정해진 생성(ordained becoming)보다 더하지도 덜하지도 않다. 발명가이자 철학자인 버크민스터 풀러(Buckminster Fuller)는 이렇게 말한 바 있다. "나는 동사(verb)가 된 듯 하다."[36]

우리도 똑같이 말할 수 있다. 테크늄은 경향이지 실체가 아니라고. 테크늄과 그것의 구성 기술들은 장엄한 인공물보다는 장엄한 과정에 더 가깝다. 완전한 것은 없으며, 모든 것은 흐름 속에 있고, 운동의 방향만이 중요하다. 테크늄이 방향을 지닌다면, 그것은 어디로 향하고 있을까? 기술의 더 큰 형태들이 불가피하다면 다음에는 뭐가 나올까?

다음 장들에서는 테크늄에서 타고난 경향들이 생물학적 진화에서와 마찬가지로 반복하여 발생하는 형태들로 어떻게 수렴되는지를 보여 줄 것이다. 이것은 불가피한 발명으로 이어진다. 게다가 이 자생적인 치우침은 생물이 획득한 자율성과 흡사하게, 어느 정도의 자율성도 만들어 낸다. 그리고 마지막으로 기술계에서 이 자연스럽게 나온 창발적 자율성은 '원하는 것'의 집합도 만들어 낸다. 진화의 장기 추세를 따라가 봄으로써, 우리는 기술이 원하는 것이 무엇인지를 알 수 있다.

7
수렴

2009년 세계는 찰스 다윈 탄생 200주년을 축하하고 그의 이론이 과학과 문화에 미친 영향에 경의를 표했다. 그 축하연에 앨프리드 러셀 월리스(Alfred Russel Wallace)는 빠져 있었다. 150년 전 거의 동시에 똑같은 진화론을 제시한 인물 말이다. 기이하게도 월리스와 다윈 둘 다 인구 증가를 다룬 토머스 맬서스(Thomas Malthus)의 같은 책을 읽고서 자연선택 이론을 떠올렸다. 다윈은 월리스의 평행 발견에 자극을 받을 때까지 자신의 계시를 발표하지 않았다. 다윈이 그의 유명한 항해 때 바다에서 사망했거나(당시에는 드문 일이 아니었다.) 런던에서 연구에 몰두하던 시절에 그토록 수없이 자신을 찾아왔던 질병 중 하나에 걸려 죽었다면, 우리는 자연선택 이론을 제시한 유일한 천재라고 월리스의 생일을 축하하고 있을 것이다. 월리스는 동남아시아에서 생활하던 자연사학자였고, 그 역시 여러 심각한 질병을 견뎌 냈다. 사실 맬서스를 읽을 때 그는 기력을 앗아 가는 정글 열병에 시달리고 있었다. 월리스가 인도네시아에서 감염에 굴복하고 다윈도 사망했다 해도,

다른 자연사학자들의 공책을 통해 판단할 때 분명 다른 누군가가 자연선택 진화론에 도달했을 것이다. 설령 맬서스의 책을 읽지 않았더라도 말이다. 일부 사람들은 맬서스 자신이 그 개념에 거의 다가가 있었다고 본다. 그들 중 어느 누구도 같은 방식으로, 혹은 같은 논증을 써서, 아니면 같은 증거를 인용하여 그 이론을 적지 않았기에, 우리는 이런저런 식으로 오늘날 자연 진화의 역학 탄생 150주년을 축하하고 있는 것이다.

기이한 우연의 일치처럼 보이는 일이 과학적 발견뿐 아니라 기술 발명에서도 많이 반복되고 있다. 알렉산더 벨(Alexander Bell)과 엘리샤 그레이(Elisha Gray)는 같은 날에 전화 특허를 신청했다. 1876년 2월 14일이었다. 이 있을 법하지 않은 동시성(그레이가 벨보다 3시간 앞서 신청했다.)은 정탐, 표절, 매수, 사기라는 상호 비방으로 이어졌다. 그레이는 전화를 "진지하게 고려할 가치가 없다."는 변리사의 잘못된 조언을 받아들여 우선권 주장을 포기했다. 그러나 승리한 발명가의 왕조가 벨이 되었든 그레이가 되었든 상관없이 전국에는 전화선이 깔렸을 것이다.[1] 벨이 특허를 받긴 했지만, 그레이 외에 적어도 세 명의 만물박사가 그보다 여러 해 앞서 작동하는 전화 모형을 만들었기 때문이다. 사실 안토니오 메우치(Antonio Meucci)는 그보다 10여 년 전인 1860년에 벨 및 그레이와 같은 원리를 이용하는 '텔레트로포노(teletrofono)'로 특허를 받았다. 하지만 영어를 잘 못하고 가난하고 사업가 기질이 없었기에, 그는 1874년 특허를 갱신하지 못했다. 그리고 얼마 지나지 않아 타의 추종을 불허하는 탁월한 인물인 토머스 에디슨은 어쩐 일인지 전화기 경주에서는 이기지 못했지만 다음 해 전화기용 송화기를 발명했다.

『전기의 시대(*The Age of Electricity*)』의 저자인 파크 벤저민(Park Benjamin)은 1901년에 "중요한 전기 발명품 가운데 두 사람 이상이 발명자의 영예를 주장하지 않은 것은 단 하나도 없다."라고 간파했다.[2] 어느 분야든 종류를 가리지 않고 발견의 역사를 충분히 깊이 파헤친다면, 최초의 발견이라는 우선권을 주장하는 사람이 둘 이상임을 알게 될 것이다. 사실 새로 고안된 것 각각의 부모가 여럿 있다는 점을 알아차릴 가능성이 높다. 태양 흑점은 1611년이라는 같은 해에 갈릴레오를 포함하여 둘도 아니라 네 명의 관찰자가 따로따로 처음으로 발견했다. 우리는 온도계의 발명자를 여섯 명이나 알며, 피하 주사 바늘의 발명자도 세 명이나 안다. 각자 따로 발명한 사람들이다. 에드워드 제너(Edward Jenner)보다 앞서 백신의 효능을 발견한 과학자도 네 명이나 있으며, 모두 각자 발견했다.[3] 아드레날린은 네 번이나 '최초로' 분리되었다. 소수(小數)는 세 명의 천재가 각자 발견(혹은 발명)했다. 전신은 조지프 헨리, 새뮤얼 모스, 윌리엄 쿡, 찰스 휘트스톤, 카를 슈타인하일이 각자 재발명했다. 프랑스 인 루이 다게르는 사진술을 발명한 사람으로 유명하지만, 그 외에도 니세포르 니엡스, 어퀼 플로랑스, 윌리엄 헨리 폭스 탤벗 세 명이 독자적으로 같은 과정을 창안했다.[4] 로그 발명의 영예는 대개 존 네이피어와 헨리 브리그스 두 수학자에게 돌아가지만, 사실은 제3의 인물인 요스트 뷔르기가 그들보다 3년 앞서 그것을 발명했다. 타자기는 영국과 미국 양쪽에서 서너 명의 발명자가 동시에 발명했다. 여덟 번째 행성인 해왕성의 존재는 같은 해인 1846년 두 과학자가 독자적으로 예측했다. 산소의 액화, 알루미늄의 전기분해, 탄소의 입체화학은 둘 이상이 독자적으로 발견한 화학적 발견 가운데 몇 가지 사례에 불과하며, 이 세 사례에서는 겨우 한 달 정도 사이를 두고 동시 발견이 이루어졌다.[5]

컬럼비아 대학교 사회학자 윌리엄 오그번(William Ogburn)과 도로시 토머스(Dorothy Thomas)는 과학자들의 전기, 서신, 공책을 훑어서 1420년에서 1901년 사이에 평행 발견과 발명이 일어난 사례들을 수집했다. "증기선은 풀턴, 조프로이, 럼지, 스티븐스, 시밍턴이 각자 '독점적으로' 발견했다고 주장한다. 전기를 철도에 응용했다고 주장한 사람은 적어도 데이빗슨,

제이코비, 릴리, 데번포트, 페이지, 홀 여섯 명은 된다. 철도와 전기 모터를 생각할 때, 전차가 등장하는 것은 불가피한 일이 아닐까?"[6]

불가피하다! 그 단어가 다시 나온다. 동등한 발명이 동시에 독자적으로 발견되는 사례가 흔하다는 것은 기술의 진화가 생물학적 진화와 같은 방식으로 수렴됨을 시사한다. 만일 그렇다면, 만일 역사의 테이프를 되감아 다시 틀 수 있다면, 다시 틀 때마다 똑같은 서열의 발명들이 몹시 비슷한 순서로 펼쳐져야 한다. 기술은 불가피한 것이 될 것이다. 형태학적 원형의 출현은 더 나아가 이 기술적 발명이 어떤 방향, 즉 어떤 기울기를 지닌다는 것을 시사할 것이다. 어느 정도는 인간 발명자에게서 독립적인 기울기이다.

사실 우리는 모든 기술 분야에서 동등한 발명이 독자적으로 동시에 이루어지는 일을 흔히 본다. 이 수렴이 발견은 불가피한 것임을 나타낸다면, 발명가는 분명 그냥 일어나고 말 발명으로 채워진 도관처럼 보일 것이다. 우리는 그것을 만드는 사람들이 거의 무작위적이지는 않을지라도 교체 가능하다고는 예상할 것이다.

심리학자 딘 사이먼튼(Dean Simonton)이 바로 그것을 발견했다. 그는 오그번과 토머스의 1900년 이전의 동시 발명 목록을 다른 몇몇 비슷한 목록과 합쳐서 1,546건의 발명 사례에서 평행 발견의 패턴을 지도로 작성했다. 사이먼튼은 두 명이 동시에 발견한 횟수를 세 명, 네 명, 또는 다섯 명이나 여섯 명이 동시에 발견한 횟수와 대비해 그래프에 표시했다. 여섯 명이 동시에 발견한 횟수는 당연히 더 적었지만, 이 중복 발견들 사이의 정확한 비율은 통계에서 푸아송 분포라고 말하는 패턴을 이루었다.[7] 이것은 DNA 염색체에 나타난 돌연변이와 가능한 행위자들의 큰 집합에서 우연히 일어난 드문 사건에서 볼 수 있는 패턴이기도 하다. 푸아송 곡선은 '누가 무엇을 발견했다'라는 체계가 본질적으로 무작위적이라는 사실을 보여 준다.

확실히 재능은 불균등하게 분포한다. 일부 혁신가(에디슨, 아이작 뉴턴,

윌리엄 톰슨 켈빈 같은)는 남들보다 명백히 더 낫다. 하지만 천재가 불가피한 것의 앞으로 멀리 도약할 수 없다면, 더 나은 발명가들은 어떻게 위대해지는 것일까? 사이먼튼은 과학자가 더 걸출할수록(백과사전에 실린 전기의 쪽수로 판단할 때), 그가 참여한 동시 발견의 수도 더 커진다는 점을 알아차렸다. 켈빈은 30가지의 동시 발견에 관여했다. 위대한 발견자들은 평균 이상으로 '다음' 단계들의 수에 기여할 뿐 아니라, 가장 큰 영향을 끼치는 단계들에도 참여한다. 그런 단계들은 자연히 다른 많은 참가자를 끌어들이는 연구 영역이며 따라서 중복 발견이 일어난다. 발견이 일종의 복권 뽑기라면, 가장 위대한 발견자는 수많은 복권을 산 셈이다.[8]

사이먼튼의 역사적 사례 집합은 중복 혁신의 수가 시간이 흐르면서 증가해 왔음을, 즉 동시 발견이 더 자주 일어나고 있음을 보여 준다. 수세에 걸쳐 생각의 속도는 공동 발견 또한 촉진하면서 가속되어 왔다. 동시성의 정도도 높아지고 있다. 동시 다발적인 발견에서 첫 발견과 마지막 발견 사이의 시간 간격도 세월이 흐르면서 줄어들어 왔다. 한 발명이나 발견이 공표되고 마지막 발견자가 그 소식을 듣는 데 10년이 걸리기도 했던 시절은 오래 전에 사라졌다.

동시성은 통신시설이 미비했던 과거의 현상만이 아니라 오늘날의 현상이기도 하다. AT&T 벨 연구소의 과학자들은 트랜지스터 발명으로 1948년 노벨상을 받았지만, 파리의 웨스팅하우스 연구소에서도 두 달 뒤에 두 독일 물리학자가 독자적으로 트랜지스터를 발명했다.[9] 대중은 요한 폰 노이만(John von Neumann)이 제2차 세계대전 막바지에 프로그램이 가능한 이진 컴퓨터를 창안했다고 알고 있지만, 그 개념과 천공 테이프를 이용하여 실제로 작동하는 시제품은 그보다 몇 년 앞서 1941년 독일에서 콘라트 주제(Konrad Zuse)가 독자적으로 개발했다. 현대 평행 발견을 입증하는 사례인 주제의 선구적인 이진 컴퓨터는 미국과 영국에서 거의 무시되다가 수십 년 뒤에야 인정을 받았다. 잉크제트 프린터는 두 번 발명되었다. 일본의 캐논 연구소에서 한 번, 미국의 휴렛팩커드에서 한 번. 그리고 두 회사는 1977년 서로 몇 개월 차이를 두고 핵심 특허를 출원했다.[10] 인류학자 앨프리드 크로버(Alfred Kroeber)는 "발명의 역사 전체는 끝없이 이어지는 평행 사례들의 역사다."라고 쓰고 있다. "이런 돌출 사건들이 변덕스러운 우연의 무의미한 전개일 뿐이라고 볼 사람들도 있을 것이다. 하지만 거기에서 개성을 띤 사건들 위로 높이 치솟는 거대하고 고무적인 불가피성을 언뜻 엿보는 사람들도 있을 것이다."[11]

제2차 세계대전 때 원자로를 둘러싼 엄격한 전시 기밀주의는 돌이켜 보면 기술의 불가피성을 드러내는 모형 연구실을 낳았다. 서로 독립된 전 세계의 핵과학 연구진들은 원자력을 다스리기 위해 경쟁을 벌였다. 이 힘이 전략적으로 확실한 군사 우위를 제공했기에, 연구진들을 적과 격리하고 눈에 불을 켜고 있는 동맹국이 모르게 하고 자국 내에서도 '알 필요가 있는' 자만 알도록 기밀 유지 조치를 취했다. 다시 말해 그 발견의 역사는 7개 연구진 사이에서 평행하게 흘러갔다. 고립된 각 연구진 내 고도의 협동 작업은 상세히 기록되었고 기술 개발의 여러 단계들을 거쳐 발전했다. 그 역사를 돌이켜 보면 똑같은 발견이 이루어진 평행 경로를 추적할 수 있다. 특히 물리학자 스펜서 위어트(Spencer Weart)는 그중 6개 연구진이 각각 어떻게 핵폭탄을 만드는 핵심 공식을 독자적으로 발견했는지 조사했다. 공학자들은 네 인자 공식(four-factor formula)이라는 방정식을 이용해, 연쇄 반응을 일으키는 데 필요한 임계 질량을 계산할 수 있었다. 나란히, 하지만 격리된 채 일하는 프랑스, 독일, 소련의 각 연구진과 미국의 세 연구진은 그 공식을 동시에 발견했다. 일본도 거의 발견할 단계까지 이르렀지만 끝까지 해내지 못했다.[12] 이 높은 수준의 동시성(6개의 동시 발명)은 그 공식이 이 시기에 불가피한 것이었음을 강하게 시사한다.

하지만 위어트가 각 연구진의 최종 공식을 조사해 보니, 방정식이 다양하다는 점이 드러났다. 나라마다 공식을 표현하는 데 쓴 수학 개념이 달랐고, 강조한 인자도 달랐으며, 가정과 결과의 해석도 제각각이고 전반적인 식견이 엿보이는 부분도 달랐다. 사실 네 연구진은 그 방정식이 그저 이론에 불과하다고 대체로 무시했다. 두 연구진만 방정식을 실험 연구에 통합시켰다. 그리고 그중 한 연구진이 폭탄을 만드는 데 성공했다.

추상적인 형태의 그 공식은 불가피했다. 한 연구진이 발견하지 않았더라면, 다른 5개 연구진이 틀림없이 발견했을 것이다. 그 공식의 구체적인 표현은 전혀 불가피하지 않았으며, 선택한 표현은 상당히 큰 차이를 만들 수 있다.(공식을 작동하게 한 나라, 즉 미국의 정치적 운명은 그 발견을 이용하는 데 실패한 나라의 운명과 크게 다르다.)

뉴턴과 고트프리트 라이프니츠는 둘 다 미적분을 발명(혹은 발견)했다는 영예를 얻었지만, 사실 그들의 계산법은 달랐고 두 방법은 시간이 흐른 뒤에야 조화를 이루었다. 조지프 프리스틀리(Joseph Priestley)의 산소 발생법은 칼 셸레(Carl Scheele)의 방법과 달랐다. 그들은 서로 다른 논리를 써서 동일하고 불가피한 다음 단계를 밝혀냈다. 해왕성의 존재를 올바로 예측한 두 천문학자 존 쿠치 애덤스(John Couch Adams)와 위르뱅 르베리에(Urbain Le Verrier)는 실제로 그 행성의 궤도를 서로 다르게 계산했다. 두 궤도는 1846년에 우연히 일치했고, 그 결과 그들은 서로 다른 수단으로 같은 행성을 발견했다.[13]

하지만 이런 종류의 일화들은 단순히 통계적인 우연의 일치가 아닐까? 발견의 연보에 수백만 가지 발명이 적혀 있다는 점을 생각하면, 동시에 일어나는 것은 극소수라고 생각해야 하지 않을까? 문제는 대다수 중복이 기록되지 않는다는 점이다. 사회학자 로버트 머튼(Robert Merton)은 "모든 단독 발견은 임박한 중복 발견이다."라고 말한다.[14] 첫 발견 소식이 들리면 많은 잠재적인 중복 발견자들이 포기한다는 의미다.

수학자 자크 아다마르(Jacques Hadamard)의 1949년 기록을 보면 그럴 때 대개 어떤 식으로 공책에 적는지를 짐작할 수 있다. "특정한 질문 집합에서 시작했다가 몇몇 저자들이 이미 같은 줄기를 따라가기 시작했다는 사실을 알고서, 나는 그것을 덮고 다른 것을 연구하고 있다."[15] 혹은 과학자는 자신의 발견과 발명을 기록하지만 바쁘거나 결과가 만족스럽지 않다고 여겨서 그 연구를 발표하지 않을 수도 있다. 위인들의 공책만이 꼼꼼한 조사 대상이 되므로, 당신이 캐번디시나 가우스가 아니라면(두 사람의 공책에는 몇 가지 미발표 중복 발견이 있었다.) 당신의 미발표 개념은 결코 고려되지 않을 것이다. 기밀로 분류되거나 기업이나 국가의 비밀 연구로 숨겨진 동시 발견 연구도 있다. 경쟁자들이 두려워서 알리지 않는 사례도 많으며, 아주 최근까지도 많은 중복 발견과 발명이 눈에 띄지 않는 언어로 발표되었기에 눈에 띄지 않은 채 남아 있었다. 이해할 수 없는 전문 용어로 기술되는 바람에 공존하는 발명이 인정을 못 받은 사례도 소수 있다. 그리고 때로는 너무나 반대되거나 정치적으로 맞지 않아서 무시되는 발견도 있다.

게다가 일단 발견이 알려지고 일반적으로 알려진 것의 목록에 들어가면, 같은 결과에 도달하는 그 뒤의 연구들은 실제 어떤 과정을 거쳐 도달하는지에 상관없이 모두 원 발견을 단순히 확인하는 것으로 간주된다. 한 세기 전에는 통신망이 미비해 전파 속도가 느렸다. 모스크바나 일본의 연구자는 수십 년 동안 한 영국인의 발명에 대해 듣지 못할 수도 있었다. 지금은 부피 때문에 알아차리지 못한다. 너무나 많은 지역에서 너무나 빨리 너무나 많은 것이 발표되므로, 무언가가 이미 이루어졌다는 것을 놓치기가 아주 쉽다. 재발명은 언제든 독자적으로 이루어지며, 때로는 전혀 모른 채 수세기가 흐른 뒤에 일어나기도 한다. 하지만 독자성은 증명할 수 없으므로 이 뒷북치기는 불가피성의 증거가 아니라 확인으로 간주된다.

발명의 동시성이 흔하다는 가장 강력한 증거는 과학자 자신이 받는 인상이다. 대다수 과학자는 같은 착상을 연구하는 다른 사람에게 밀리면 불행해하고 고통스러워하지만 으레 그러려니 한다. 1974년 사회학자 워런 해그스트롬(Warren Hagstrom)은 미국 학계 과학자 1718명을 설문 조사했다. 그는 그들에게 연구를 하다가 남에게 선수를 빼앗긴 적, 즉 밀려난 적이 있는지 물었다. 46퍼센트는 자신의 연구가 '한두 번' 앞지름을 당한 적이 있다고 믿었고, 16퍼센트는 세 번 이상 선취권을 빼앗겼다고 주장했다. 또 한 사회학자 제리 개스턴(Jerry Gaston)은 영국에서 고에너지 물리학자 203명에게 설문 조사를 했는데 비슷한 결과가 나왔다. 38퍼센트는 한 번 선수를 빼앗겼고 26퍼센트는 두 번 이상 빼앗겼다고 했다.[16]

앞선 연구를 대단히 중시하고 적절한 영예를 부여하는 과학계와 달리, 발명가들은 과거를 체계적으로 연구하지 않은 채 무작정 뛰어드는 경향이 있다. 특허청의 관점에서는 재발명이 으레 있는 일이라는 의미다. 발명가는 특허를 출원할 때, 관련 있는 선행 발명들을 인용할 필요가 있다. 설문 조사에 응답한 발명가의 3분의 1은 자신이 발명을 할 때 그 착상의 선행 권리를 주장한 사람들이 있다는 것을 알지 못했다고 주장했다. 그들은 '선행 기술'을 적도록 한 특허 신청서를 작성할 때까지 경합하는 특허권이 있는지 알지 못했다. 더 놀라운 점은 3분의 1은 설문 조사자가 알려 줄 때까지도 자신이 특허에 인용된 선행 발명들이 있는지조차 몰랐다고 주장했다.(얼마든지 가능한 일이다. 특허 인용은 발명자의 변리사나 심지어 특허청 심사관이 추가할 수 있으니까.)[17] 특허법학자 마크 렘리(Mark Lemley)는 특허법에서는 "우선권 논란의 상당 비율이 거의 동시적인 발명과 관련이 있다."라고 말한다.[18] 이 거의 동시적인 우선권 논란을 연구한 브랜다이스 대학교의 애덤 제프(Adam Jaffe)는 양쪽 진영이 서로 6개월 이내에 그 발명의 '작업 모형'을 지니고 있었음을 입증할 수 있었던 사례가 45퍼센트이고, 서로 1년 이내인 사례는 70퍼센트임을 보여 주었다. "이런 결과는 동시적인 혹은 거의 동시적인 발명이 혁신의 통상적인 특징이라는 생각을 뒷받침한다."[19]

이런 동시 발견은 불가피성이라는 분위기를 풍긴다. 기술을 지원하는 데 필요한 망이 구성되면, 기술의 다음 단계는 마치 때를 맞춘 양 곧 출현할 듯하다. 발명자 X가 그것을 내놓지 않으면 Y가 내놓을 것이다. 하지만 그 단계는 적절한 순서에 맞추어 나올 것이다.

이 말이 곧 완벽한 우윳빛 아이팟이 불가피한 것이었다는 의미는 아니다. 우리는 송화기, 레이저, 트랜지스터, 증기기관, 수차의 발명 그리고 산소, DNA, 논리 대수의 발견이 모두 대체로 그것이 출현한 시대에 불가피했다고 말할 수 있다. 하지만 송화기의 특정한 형태, 그것의 정확한 회로, 레이저의 구체적인 공학 기술, 트랜지스터의 구체적인 재료, 증기터빈의 규모, 화학 공식의 구체적인 표기, 어떤 발명의 세부사항 등은 불가피하지 않다. 오히려 그런 것들은 발견자의 개성, 수중에 쥔 자원, 발견자가 속한 문화나 사회, 경제가 그 발견을 지원하는 정도, 운과 우연의 영향에 따라 크게 달라질 것이다. 타원형 진공 공 안에 든 텅스텐 코일을 토대로 한 빛은 불가피하지 않지만, 전기로 빛을 내는 백열전구는 불가피한 것이다.

전기로 빛을 내는 백열전구라는 일반 개념은, 달라지도록 허용되어 있으면서도 여전히 전기를 이용한 발광이라는 같은 결과를 내놓는 온갖 세부사항들(전압, 높이, 공의 종류)로부터 추상화할 수 있다. 이 일반 개념은 생물학의 원형과 비슷하지만, 그 개념이 구체적으로 물질화한 것은 종에 더 가깝다. 원형은 테크늄의 궤적을 통해 정해지는 반면 종은 우연한 것이다.

전기로 빛을 내는 백열전구는 수십 차례에 걸쳐 발명되고, 재발명되고, 공동 발명되고, "최초로 발명되었다." 로버트 프리델(Robert Friedel), 폴 이스라엘(Paul Israel), 버나드 핀(Bernard Finn)은 저서 『에디슨의 전구(*Edison's Electric Light: Biography of an Invention*)』에서 에디슨보다 앞서 백열전구를 발명한 발명자 23명을 열거한다.[20] 에디슨이 전구의 '최초' 발명자 중 마지막 인물이라고 말하는 편이 더 공평할지 모른다. 이 23가지 전구(각 발명자의 눈에는 각각 독창적인)는 '전구'라는 추상에 살을 붙이는 방식이 저마다 크게 달랐다. 발명자마다 필라멘트의 모양, 전선의 재료, 전기의 세기, 기본 배선 계획이 달랐다. 하지만 모두 독자적으로, 똑같은 원형 디자인을 목표로 한 듯했다. 그 시제품들을 불가피한 일반적인 전구를 기술하려는 23가지 각기 다른 시도라고 생각할 수 있다.

아주 많은 과학자와 발명자 그리고 과학 외부의 많은 인사들은 기술 진보가 불가피하다는 개념에 반발한다. 그것은 그들을 짜증나게 한다. 인간의 선택이 인간성의 중심에 놓여 있으며 지속 가능한 문명의 본질이라는 널리 퍼진 깊은 믿음과 모순되기 때문이다. 무언가가 '불가피하다'고 인정하는 것은 우리의 손이 미치지 못하는 보이지 않는 비인간적인 힘에 굴복하는 일이자 비겁한 책임 회피처럼 느껴진다. 그들은 그런 잘못된 개념이 자신

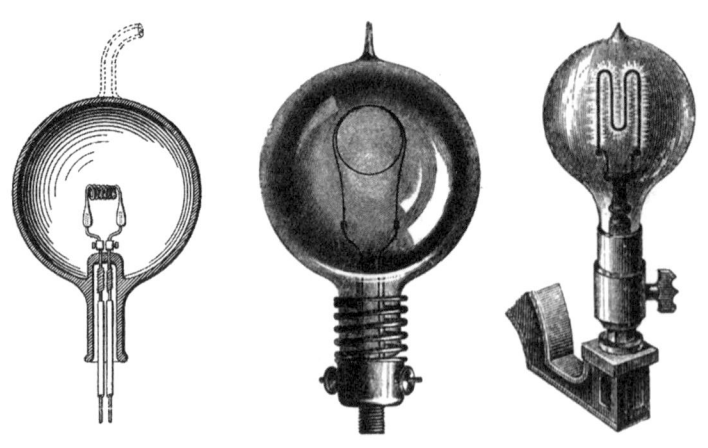

다양한 전구.[21] 에디슨, 스완, 맥심이 서로 독자적으로 발명한 전구들.

의 운명을 스스로 만들어 낼 책임을 회피하도록 유혹할 수 있다고 본다.

한편으로 기술이 정말로 불가피하다면, 우리는 선택한다는 환상만을 지녔을 뿐이며, 이 주문에서 풀려나도록 모든 기술을 타파해야 한다. 이 중요한 핵심 사항들은 뒤에서 다루겠지만, 여기서 이 마지막 믿음에 대한 흥미로운 사실을 하나 언급하고 싶다. 많은 이들은 기술 결정론이라는 개념을 믿는 것이 잘못되었다거나 올바르지 못하다고 주장하면서도, 실제로는 그런 식으로 행동하지 않는다. 내 경험상 모든 발명자와 창작자는 불가피성을 이성적으로 어떻게 생각하든 간에, 자신의 발명과 발견이 마치 남의 것과 곧 동시에 일어날 듯이 행동한다. 내가 아는 모든 창작자, 발명자, 발견자는 누군가가 하기 전에 자신의 생각을 퍼뜨리려고 허겁지겁 애쓰고, 경쟁자들이 하기 전에 미친 듯이 서둘러 특허를 내고, 누군가가 비슷한 것을 내놓기 전에 걸작을 완성하려고 달려든다. 자신의 생각을 따라올 사람이 아무도 없으리라고 느낀(그리고 그 느낌이 옳았던) 발명자가 지난 200년 동안 과연 단 한 명이라도 있었을까?

네이선 미어볼드(Nathan Myhrvold)는 마이크로소프트에서 빠른 속도로 진행되는 연구를 이끄는 데 익숙한 박식가이자 꾸준한 발명가인데, 디지털 세계 바깥의 외과, 야금학, 고고학처럼 혁신이 종종 뒤늦게 이루어지곤 하는 분야들에서도 혁신의 속도를 높이고 싶어 했다. 미어볼드는 인털렉추얼 벤처스(Intellectual Ventures)라는 아이디어 공장을 차렸다. 그는 여러 분야의 아주 명석한 혁신가들을 한 자리에 모아 놓고 특허를 받을 만한 착상을 짜내도록 한다. 하루나 이틀 모여서 분야를 넘나들며 토의를 하는 이런 모임에서 연간 1000건의 특허가 나온다. 2009년 4월, 작가인 맬컴 글래드웰(Malcolm Gladwell)은 《뉴요커》에 미어볼드의 회사를 다루면서 천재들의 집단이 다음에 나올 위대한 것을 발명하는 것은 아니라고 지적한다. 일단 어떤 생각이 '허공에 떠돌면', 그것의 구현 형태가 여럿 나타나는 것은 불가피하다. 그저 그것을 붙잡는 일을 시작할 만한 영리하고 생산성이 높은 사람들을 충분히 모으기만 하면 된다. 그리고 물론 당신이 한 무더기씩 내놓는 것을 특허 출원할 변리사도 많이. 글래드웰은 간파한다. "천재는 통찰력의 유일한 원천이 아니다. 단지 통찰력의 효율적인 원천일 뿐이다."[22]

글래드웰은 미어볼드에게 그 연구실에서 나온 발명 가운데 남들이 내놓은 착상임이 밝혀지는 것이 얼마나 많냐는 질문까지는 하지 않았기에, 내가 미어볼드에게 물어보았다. 그가 대답했다. "음, 20퍼센트쯤. 우리 생각에는요. 우리는 나오는 착상 중 3분의 1만 특허 출원을 해요."[23]

평행 발명이 표준이라면, 특허 공장을 차린다는 미어볼드의 탁월한 착상도 동시에 다른 사람들의 머릿속에 떠올랐어야 한다. 그리고 물론 그랬다. 인털렉추얼 벤처스가 탄생하기 몇 년 전, 인터넷 기업가 제이 워커(Jay Walker)가 워커 디지털 연구소(Walker Digital Labs)를 세웠다. 워커는 고객이 가격을 스스로 정해서 호텔과 비행편을 예약하는 시스템인 프라이스라인(Priceline)을 창안한 사람으로 유명하다. 자신의 발명 연구소에서 워커는 머리 좋은 여러 분야의 전문가들을 모아 놓고 앞으로 약 20년(특허 존속 기간)동안 유용할 착상을 짜내도록 하는 집단 과정을 만들었다. 그들은 수천 가지 착상을 내놓은 뒤 궁극적으로 특허를 받을 만한 것을 골라낸다. '신규성이 없다.'(남에게 '선수를 빼앗겼다.'라는 말의 법률 용어)는 것을 자신들 혹은 특허청이 발견하여 포기한 착상이 얼마나 될까? 워커는 말한다. "분야에 따라 달라요. 전자상거래처럼 많은 혁신이 일어나고 있고 혁신이 하나의 '도구'인 아주 혼잡한 분야라면, 아마 100퍼센트 누군가 먼저 생각했을 겁니다. 그런 분야에서는 우리가 출원한 것의 약 3분의 2를 특허청이 '신규성이 없다.'고 거절해요. 게임 발명 같은 분야에서는 약 3분의 1이 선행 기술이나 다른 발명자라는 장벽을 만나죠. 하지만 발명이 특수한 영역에 속한 복잡한 시스템이라면, 경쟁자는 많지 않을 겁니다. 발명은 대부분 시간의 문제입니다. 하느냐 마느냐가 아니라 언제 하느냐지요."[24]

 마찬가지로 만물박사에다 꾸준한 발명가인 대니 힐리스(Danny Hillis)도 착상 공장인 어플라이드 마인즈(Applied Minds)라는 혁신적인 시제품 상점의 공동 설립자다. 명칭에서 추측할 수 있듯이, 그들은 명석한 사람들에게 무언가를 발명하도록 한다. 그 회사의 표어는 '작지만 원대한 착상 기업'이다. 미어볼드의 인털렉추얼 벤처스처럼, 그 회사도 분야를 가리지 않고 엄청난 양의 착상을 생산한다. 생명공학, 장난감, 컴퓨터 시각, 놀이 시설, 작전 통제실 장비, 암 진단, 지도 작성 도구 등. 그들은 일부 착상은 있는 그대로 특허로 판다. 물질인 기계나 작동하는 소프트웨어로 완성하여 파는 것도 있다. 나는 힐리스에게 물었다. "착상 중에 누군가 먼저 발표했거나 동시에 발표한 것, 아니면 당신이 발견한 직후에 누군가 발견했다는 사실이 나중에 밝혀지는 것이 몇 퍼센트나 됩니까?" 힐리스는 비유 형식으로 답했다. 그는 동시성을 향한 치우침이 일종의 깔때기라고 본다. "같은 발명의 가능성을 동시에 생각하고 있는 사람은 수십만 명쯤 될 겁니다. 하지만 그것을 어떻게 구현할 수 있을지 상상하는 사람은 열 명에 한 명도 안 됩니다. 그것을 어떻게 구현할지 알아차린 사람 중에 실제로 세부 사항과 구체적인 해결책까지 생각하는 사람은 다시 열에 하나밖에 안 됩니다. 그리고 실제로 아주 오랫동안 작동하도록 설계할 사람은 그중에 열에 하나에 불과할 것이고요. 마지막으로 대개 발명을 사회에 내놓을 사람은 그 착상을 떠올린 수많은 사람 중에 단 한 명에 불과합니다. 우리 연구실에서는 이 모든 수준의 발견이 예상한 그대로의 비율로 이루어집니다."

 다시 말해 개념 단계에서는 동시성이 만연하며 불가피하다. 즉 당신이 멋진 착상을 품었을 때 같은 생각을 품은 부모는 많을 것이다. 하지만 단계가 지날수록 그 착상을 키우는 부모는 적어진다. 당신이 그 착상을 시장에 내놓으려 할 때쯤이면 당신 혼자 남았을지도 모른다. 하지만 그럴 때 당신

은 똑같은 착상을 품은 수많은 사람들로 이루어진 거대 피라미드의 꼭대기에 놓인 돌에 불과하다.[25]

합리적인 사람이라면 그 피라미드를 보고서 누군가가 전구를 세상에 내놓을 확률이 100퍼센트라고 말할 것이다. 비록 에디슨이 발명자가 될 확률은 1만 분의 1이겠지만. 힐리스는 또 하나의 결과도 지적한다. 구체화의 각 단계에서 새로운 인물들이 충원될 수 있다는 것이다. 더 나중 단계들에서 애쓰는 사람들은 그 착상을 처음 떠올린 선구자들이 아닐 수도 있다. 줄어드는 규모를 고려하면, 어떤 발명을 세상에 처음 내놓는 사람이 그 착상을 처음 떠올린 사람일 것 같지가 않다.

이 표를 읽는 또 한 방법은 착상이 추상적인 것에서 시작하여 시간이 흐르면서 점점 구체적인 것으로 변한다고 보는 것이다. 보편적인 개념은 덜 불가피하고 더 조건적이고 인간의 의지에 더 응하는 것이 되면서 더 구체적이 된다. 어떤 발명이나 발견의 개념적 본질만이 불가피하다. 이 핵심(의자의 '의자다움')의 구체적인 내용이 현실에서 어떻게 표현되는지(합판으로 혹은 둥근 등으로)는 발명자의 수중에 든 자원에 따라 크게 달라지기 쉽다.

발명자	단계	과제	사례
10,000~1,000	가능성을 생각한다	해결책을 내놓을 기회임을 인식한다	전기를 써서 불빛을 얻자
1,000	어떻게 실현할지 생각한다	해결책의 핵심 요소를 상상한다	밀봉한 공에 빛나는 전선을 넣자!
100	세부 사항을 생각한다	구체적인 해결책을 선택한다	용접한 텅스텐, 진공펌프, 흡입구 납땜
10	기기를 작동한다	해결책이 믿어도 될 만큼 작동함을 증명한다	스완, 래티머, 에디슨, 데이비 등의 시제품
1	채택한다	해결책을 채택하도록 세상을 설득한다	에디슨의 전구(그리고 전력계통)

발명의 역피라미드.[26] 시간이 흐를수록 각 단계에 참여하는 사람은 줄어든다.

새 착상이 더 추상적인 채로 남아 있을수록, 그것은 더 보편적이고 더 동시적일 것이다.(수십만 명이 공유하는.) 단계를 거치면서 아주 특정한 물질 형태의 제약에 담겨 꾸준히 구현되어 갈수록, 그것을 공유하는 사람은 점점 줄어들며 그것은 점점 더 예측할 수 없게 된다. 시판 가능한 첫 전구나 트랜지스터 칩의 최종 설계는 어느 누구도 예견할 수 없었다. 설령 그 개념이 불가피했을지라도 그렇다.

아인슈타인 같은 위대한 천재는 어떨까? 그는 불가피성을 반증하는 사례가 아닐까? 우주의 본성에 관한 아인슈타인의 창의적인 개념은 1905년 처음 세상에 발표되었을 때 너무나 상식에 벗어나고 너무나 시대를 앞서 갔고 너무나 독특했기에, 만일 그가 태어나지 않았더라면 우리는 한 세기 뒤인 오늘날까지도 그의 상대성 이론을 지니지 못했으리라는 말이 상식처럼 통용된다. 아인슈타인은 분명 유일무이한 천재였다. 하지만 늘 그렇듯이, 남들도 같은 문제를 연구하고 있었다. 빛의 파동을 연구하는 이론물리학자 헨드릭 로런츠(Hendrik Lorentz)는 아인슈타인과 같은 해인 1905년 7월 시공간의 수학적 구조를 발표했다. 1904년 프랑스 수학자 앙리 푸앵카레(Henri Poincare)는 서로 다른 기준틀에 있는 관찰자들에게는 "국소 시간이라고 부를 수 있는 것을 나타내는" 시계가 있을 것이며, "상대성 원리가 요구하는 바에 따라 관찰자는 멈춰 있는지 절대 운동을 하는지를 알 수 없다."라고 지적했다. 그리고 1911년 노벨물리학상 수상자인 빌헬름 빈(Wilhelm Wien)은 스웨덴 노벨위원회가 로런츠와 아인슈타인을 특수 상대성 연구에 기여한 공로를 인정하여 1912년 노벨상을 공동 수상하도록 해야 한다고 주장했다. 그는 위원회에 말했다. "로런츠가 상대성 원리의 수학적 내용을 처음 발견한 사람이라고 봐야겠지만, 아인슈타인은 그것을 단순한 원리로 환원하는 데 성공했다. 따라서 두 연구자가 동등하게 기여했다고 평가해야 한다."(그해에 둘 다 수상하지 못했다.)[27] 하지만 아인슈타인의 사상을 다룬 탁월한 전기 『아인슈타인 — 그의 삶과 우주(*Einstein: His Life and Universe*)』를 쓴 월터 아이잭슨(Walter Isaacson)에 따르면, "로런츠와 푸앵카레는 아인슈타인의 논문을 읽은 뒤에도 그처럼 도약을 할 수 없었다."라고 한다.[28] 상대성에 대한 있을 법하지 않은 통찰력을 보여 준 아인슈타인의 특별한 재능을 예찬하면서도 아이잭슨은 "다른 누군가가 내놓았겠지만, 적어도 10년쯤 안에는 아니다."라고 인정한다.[29] 따라서 인류의 가장 위대한 상징적인 천재는 불가피함을 아마 10년쯤 도약할 수 있는 듯하다. 나머지 인류에게는 불가피함이 예정대로 일어난다.

테크늄의 궤적이 다른 분야보다 특히 더 고정된 분야들이 있다. 사이먼 튼은 자료를 토대로 "수학이 자연과학보다 더 뚜렷한 불가피성을 지니며, 기술 분야가 가장 결정된 듯이 보인다."라고 말한다.[30] 노래, 글쓰기, 매체 등의 기술이 낳은 예술적 발명의 세계는 불가피함의 정반대처럼 보이는 저마다 독특한 창의성의 본거지이지만, 그 역시 운명의 흐름을 완전히 벗어날 수는 없다.

할리우드 영화는 쌍으로 등장하는 당혹스러운 습성을 갖고 있다. 종말론적인 소행성 충돌(「딥 임팩트」와 「아마겟돈」), 개미 영웅(「벅스 라이프」와 「앤츠」), 비정한 경찰과 그의 우유부단한 짝(「K-9」와 「터너와 후치」)[31]을 다룬 두 영화가 동시에 극장에 걸린다. 이 동시성이 동시적인 재능의 결과일까 또는 탐욕스러운 절도 때문일까? 영화 촬영소와 출판업에서 가장 믿을 만한 법칙 중 하나는 성공한 영화나 소설의 창작자는 즉시 자신의 착상을 훔쳤다고 주장하는 누군가로부터 고소를 당한다는 것이다. 훔친 사례도 이따금 있었지만, 두 작가, 두 가수, 두 감독이 동시에 비슷한 작품을 내놓는 사례도 그만큼 자주 있었다. 도서관 직원인 마크 듄(Mark Dunn)은 『프랭크의 삶(*Frank's Life*)』이라는 희곡을 썼는데, 그것은 1992년 뉴욕 시의 한 소극장에서 공연되었다. 『프랭크의 삶』은 자신의 삶이 리얼리티 텔레비전 프로그램임을 알지 못하는 한 남성의 이야기다. 듄은 1998년 영화 「트루먼 쇼」의 제작자들을 고소하면서 자신의 희곡과 그 영화 사이에 149군데 유사성이 있다고 나열했다. 그 영화는 자신의 삶이 리얼리티 텔레비전 프로그램임을 알지 못하는 남자의 이야기다. 하지만 「트루먼 쇼」의 제작진은 『프랭크의 삶』이 무대에 오르기 1년 전인 1991년에 영화 대본을 썼으며 저작권 등록도 되어 있다고 주장한다. 자신도 모르게 리얼리티 텔레비전 프로그램의 주인공이 된 사람을 다룬 영화를 찍자는 착상이 불가피한 것이었다고 믿기는 그다지 어렵지 않다.

태드 프렌드(Tad Friend)는 《뉴요커》에 "저작권 소송의 가장 혼란스러운 측면은 영화사가 자신의 이야기가 지극히 파생적이어서 어느 한 원천에서 그것을 훔치는 일이 불가능함을 입증하려 애쓸 때가 너무나 많다는 것이다."라는 말로 같은 내용이 동시에 영화로 만들어지는 문제를 다루었다. 영화사가 말하는 핵심은 이렇다. 이 영화의 모든 부분은 떠돌아다니는 줄거리, 이야기, 주제, 농담에서 훔친 상투적인 표현이다. 프렌드는 이렇게 설명한다.

당신은 인류의 집단 상상이 토네이도를 추적하는 허구적인 방식을 수십 가지 자아낼 수 있다고 생각할지 모르지만, 방법은 하나밖에 없는 듯하다. 스티븐 케슬러가 '트위스터'를 이유로 마이클 크라이튼을 고소했을 때, 그는 토네이도 추적자들을 다룬 자신의 대본 "바람을 잡아라"에 나오는 '트위스터'의 자료 수집 장치 도로시와 똑같이 소용돌이가 지나가는 길에 토토 II라는 자료 수집 장치를 놓았던 터라 화가 나 있었다. 피고측은 그보다 더한 우연의 일치가 있다고 지적하고 나섰다. 몇 해 전 다른 두 작가가 토토라는 장치가 등장하는 '트위스터'라는 대본을 쓴 적이 있다는 것이다.[32]

줄거리, 주제, 결말은 일단 그 문화적 분위기에 있으면 불가피한 것일지 모르지만, 우리는 전혀 뜻밖의 창작물과 마주치기를 갈망한다. 때로 우리는 예술 작품이 정해진 것이 아니라 진정으로 독창적인 것이 틀림없다고 믿는다. 그것의 패턴, 전제, 내용은 독특한 하나의 인간 마음에서 기원하며 그렇기에 유일무이하게 빛난다. 풍부한 상상력이 돋보이는 해리 포터 시리즈의 저자 J. K. 롤링처럼 독창적인 이야기를 자아내는 독창적인 마음의 소유자는 어떨까? 1997년 발표한 해리 포터 소설이 대성공을 거둔 뒤 그녀는 13년 전에 안경을 쓰고 머글에 둘러싸인 고아 소년 마법사 래리 포터가 나오는 아동책 시리즈를 낸 한 미국 작가에게 소송을 당했다. 또 1990년 닐 게이먼(Neil Gaiman)은 12번째 생일에 찾아온 한 마법사에게 올빼미를 선물받고 자신이 마법사임을 알아차리는 검은 머리 영국 소년의 이야기를 다룬 만화책을 썼다. 1991년 제인 욜런(Jane Yolen)이 쓴 헨리 이야기도 있다. 헨리는 어린 마법사들이 다니는 마법 학교에 다니는데 사악한 마법사를 무찔러야 한다. 1994년에 나온 『13번 플랫폼의 비밀(The Secret of Platform 13)』도 있다. 이 책에서 기차역 플랫폼은 마법의 지하세계로 가는 출입구다. J. K. 롤링이 그 책들을 한 권도 읽은 적이 없다고 볼 타당한 이유는 많으며(이를테면 그 머글 책들은 인쇄된 것이 거의 없었으며 팔린 부수도 거의 전무했다. 그리고 게이먼의 십 대 소년 만화는 대체로 롤링 같은 독신 엄마의 관심 대상이 아니다.), 이런 착상들이 동시에 자연히 출현했다는 사실을 받아들일 이유는 훨씬 더 많다.[33] 중복 창안은 기술뿐 아니라 예술에서도 늘 일어나고 있지만, 많은 돈이나 큰 명성이 걸리기 전까지는 유사점 목록을 작성하는 귀찮은 짓을 할 사람은 아무도 없다. 해리 포터를 중심으로 많은 돈이 돌고 있기 때문에, 기이하게 들리겠지만 우리는 기차역 플랫폼을 통해 다른 세계로 들어가고, 마법 학교에 다니면서 애완용 올빼미를 키우는 마법사 소년들의 이야기가 이 시점에 서구 문화에서는 불가피하다는 사실을 알아차린다.

기술과 마찬가지로 예술 형식의 추상적인 핵심도 용매가 마련될 때 문화 속에 결정을 형성할 것이다. 그런 일이 두 번 이상 일어날 수도 있다. 하지만 모든 창작 종에는 대체할 수 없는 짜임새와 개성이 가득 담길 것이다. 롤링이 해리 포터를 쓰지 않았더라면, 다른 누군가가 대체로 개요가 비슷한 이야기를 썼을 것이다. 부분별로 평행하게 너무나 많은 이야기가 이미 나와 있었으니까. 하지만 세세한 사항들로 절묘하게 채워진 해리 포터 책은 롤링 외의 어느 누구도 쓸 수 없었을 것이다. 불가피한 것은 롤링 같은 개인의 구체적인 재능이 아니라 전체적으로 펼쳐지는 테크늄의 재능이다.

그리고 생물학적 진화에서처럼, 불가피성에 관한 주장은 어떤 것이든 입증하기가 어렵다. 설득력 있게 증명하려면 진행 과정을 두 번 이상 재실행하여 매번 같은 결과가 나와야 한다. 당신은 회의론자에게 계를 어떻게 교란시키든 똑같은 결과가 나온다는 것을 보여 주어야 한다. 테크늄의 대규모 궤적이 불가피한 것이라고 주장하려면 역사를 재실행해도 똑같은 추상적인 발명이 거의 같은 순서로 다시 출현하리라는 것을 보여 줘야 한다. 믿을 만한 타임머신이 없는 한 논란의 여지가 없는 증명도 없겠지만, 기술의 경로가 불가피한 것임을 시사하는 세 종류의 증거가 있다.

1. 대부분의 발명과 발견을 두 사람 이상이 서로 독자적으로 해 왔다는 것을 늘 알게 된다.
2. 고대에 서로 다른 대륙의 독자적인 기술 연표들이 일정한 순서로 수렴되었다는 것을 안다.
3. 현대에 순서대로 이루어지는 개선을 중단하거나 벗어나게 하거나 변경하기가 어렵다는 것을 발견한다.

첫 번째 증거로 말하자면, 동시 발견은 과학과 기술에서 표준이며 예술에서도 드물지 않음을 아주 뚜렷이 보여 주는 현대 기록들이 있다. 두 번째 가닥인 고대 세계의 증거는 문자가 없던 시기의 착상을 추적해야 하므로 내놓기가 더 어렵다. 우리는 고고학 기록상의 매장된 유물에서 얻은 단서에 의존해야 한다. 그중에는 독자적인 발견들이 평행하게 동일한 발명 순서로 수렴됨을 시사하는 것들이 있다.

빠른 통신망이 지구 전체를 경이로운 즉시성으로 감쌀 때까지, 문명은 주로 서로 다른 대륙에서 독자적인 흐름으로 진보했다. 지구의 미끄러지는 대륙들은 지각판 위에 떠 있는 거대한 섬이다. 이 지리적 특징의 영향으로 평행주의를 시험하는 연구소가 세워진다. 사피엔스가 탄생한 5만 년 전부터 해양 여행과 육지 통신망이 발달하기 시작한 서기 1000년까지, 주요 4개 대륙, 유럽, 아프리카, 아시아, 아메리카에서 이루어진 발명과 발견의 순서는 독자적으로 진행되는 행군이었다.

선사시대에 혁신은 연간 몇 킬로미터씩 확산되었을 것이며, 산맥을 넘는 데 몇 세대, 한 나라만 한 지역을 가로지르는 데 수세기가 걸렸다. 중국에서 탄생한 발명품이 유럽에 도달하는 데는 천 년이 걸릴 수도 있으며, 아메리카에는 결코 도달하지 않았을 것이다. 수천 년 동안 아프리카에서 이루어진 발견들은 아시아와 유럽으로 찔끔찔끔 아주 느릿느릿 흘러 나갔다.

아메리카 대륙과 오스트레일리아는 범선의 시대가 오기 전까지 건널 수 없는 대양으로 다른 대륙들과 격리되어 있었다. 아메리카로 수입된 기술은 기원전 2만~1만 년이라는 비교적 짧은 기간에 육지 다리를 통해 건너온 것들이고, 그 뒤로는 거의 유입되지 않았다. 오스트레일리아로의 이주도 일시적으로 연결된 지리적인 육지 다리를 통해 이루어졌고, 그 다리가 3만 년 전에 끊긴 뒤로 유입은 미미했다. 착상은 주로 한 대륙 안에서만 순환했다. 2000년 전 사회적 발견의 거대한 요람이었던 이집트, 그리스, 레반트는 그 교차점의 공통 경계를 무의미하게 만들면서 대륙 사이에 자리했다. 하지만 인접 지역 사이의 소통이 점점 빨라지고 있었음에도, 발명은 여전히 한 대륙 내에서 서서히 순환했고 거의 바다를 건너지 않았다.

당시의 강요된 격리는 기술의 테이프를 되감을 방법을 우리에게 제공한다. 고고학 증거에 따르면, 부는 화살은 아메리카에서 한 번, 동남아시아 제도에서 한 번, 두 차례 발명되었다. 이 두 먼 지역 외에 다른 곳에서는 알려지지 않았다. 이 극적인 격리를 생각할 때, 부는 화살의 탄생이 독자적으로 기원한 두 발명의 수렴을 보여 주는 주된 사례다. 멀리 떨어진 두 문화가 고안한 부는 활은 예상대로 비슷하다. 그것은 속이 빈 관이며, 반쪽씩 깎아서 하나로 합쳐 만들기도 한다. 본질적으로 그것은 대나무나 마디 있는 줄기로 된 관이므로, 그보다 더 단순해질 수는 없다. 놀랍게도 그 공기 관에 적용되는 발명 집합은 거의 똑같다. 아메리카와 아시아 양쪽의 부족은 섬유질 피스톤을 덧댄 비슷한 종류의 화살을 쓰며, 화살 끝에 동물에게 치명적이지만 고기를 오염시키지는 않는 독을 바르며, 자칫 독이 발린 촉에 피부가 찔리지 않도록 화살을 대롱에 넣어 다니며, 쏠 때의 자세도 비슷하다. 관이 길수록 화살의 궤적은 더 정확해지지만, 관이 길수록 겨냥할 때 더 크게 흔들린다. 그래서 아메리카와 아시아 양쪽에서 사냥꾼들은 팔꿈치를 내밀고 양손을 입 가까이 댄 채 관을 쥐고서 관 끝을 작게 원을 그리면서 빙빙 돌린다. 원을 그릴 때마다 관 끝은 순간적으로 표적을 스쳐 지나간다. 얼마나 정확히 쏘느냐는 부는 시점을 절묘하게 맞추는 데 달려 있다.[34] 이 모든 발명은 두 세계에서 똑같은 결정이 발견되는 것처럼, 두 번 일어났다.

선사시대에 평행 경로들은 되풀이하여 펼쳐졌다. 고고학 기록을 통해 우리는 서아프리카의 기술자들이 중국인보다 수세기 앞서 철을 개발했다는 사실을 안다. 사실 청동과 철은 네 대륙에서 독자적으로 발견되었다. 아메리카 원주민들과 아시아인들은 독자적으로 라마와 소 같은 반추동물을 길들였다. 고고학자 존 로(John Rowe)는 1만 2000킬로미터 떨어진 고대 지

부는 화살 문화의 평행 사례.[35] 아마존(왼쪽)과 보르네오 섬(오른쪽)의 화살을 불어 쏘는 자세를 비교해 보라.

중해 문화와 안데스 고지대 문화에 공통으로 나타나는 문화 혁신 60가지를 나열했다. 그의 평행 발명 목록에는 새총, 갈대를 묶어 만든 배, 손잡이가 달린 원형 청동 거울, 끝이 뾰족한 측량 추, 주판이라고 하는 조약돌로 셈을 하는 판도 들어 있다.[36] 서로 다른 사회에서 같은 발명이 이루어지는 것은 으레 있는 일이다. 인류학자 로리 고드프리(Laurie Godfrey)와 존 콜(John Cole)은 "문화 진화는 세계 여러 지역에서 비슷한 궤적을 따랐다."라고 결론짓는다.[37]

하지만 고대 세계의 문명들 사이에는 세련된 현대인이 생각하는 것보다 훨씬 더 교류가 있었을 것이다. 선사시대에 교역은 확고히 자리를 잡았지만, 대륙 사이의 교역은 아직 거의 없었다. 그렇지만 증거가 거의 없는데도

상-올멕 가설(Shang-Olmec hypothesis)을 비롯한 몇몇 소수파 이론들은 중앙아메리카 문명들이 중국과 상당한 수준의 대양 횡단 교역을 유지했다고 주장한다. 마야와 서아프리카 사이, 아스테카와 이집트 사이(정글의 피라미드를 보라!), 심지어 마야와 바이킹족 사이에 폭넓게 문화 교류가 있었다는 주장들도 있다. 대다수 역사학자는 이런 가능성들과 1400년 이전에 오스트레일리아와 남아메리카 사이 또는 아프리카와 중국 사이에 지속적이고 깊은 수준의 관계가 유지되었다는 비슷한 이론들을 무시한다. 몇몇 예술 형식 사이에 엿보이는 피상적인 유사점들 이외에는 고대 세계에 지속적인 대양 횡단 접촉이 이루어졌다는 고고학적 또는 기록된 경험 증거는 전혀 없다. 설령 콜럼버스 이전의 신세계 해안에 중국이나 아프리카에서 온 배가 어쩌다 흘러든 일이 몇 차례 있었을지라도, 어쩌다 일어나는 상륙이 우리가 보는 많은 평행한 발명들에 불을 지필 정도는 아니었을 것이다. 오스트레일리아 북부 원주민이 나무껍질을 톱으로 베어 수지를 발라 만든 카누가 아메리카 알고퀸 족이 톱질하여 수지를 발라 만든 나무껍질 카누와 같은 원천에서 나왔을 가능성은 아주 적다. 그보다는 평행 경로에서 독자적으로 생긴 수렴 발명의 사례일 가능성이 훨씬 높다.

대륙별 경로들을 따라가 보면, 발명들은 친숙한 순서로 펼쳐진다. 전 세계에서 각각의 기술 발전은 놀라울 정도로 대강 비슷한 순서로 진행된다. 뗀석기 다음에 불의 통제가 일어났고, 그다음 주먹자르개와 곤봉이 나왔다. 이어서 오커 물감, 매장, 낚시도구, 가벼운 투척 무기, 돌에 구멍 뚫기, 바느질, 조각상이 나왔다. 그 순서는 꽤 동일하다. 불 다음에는 언제나 날카로운 칼이 나오고, 날카로운 칼 다음에는 매장 풍습이 나오고, 아치 다음에 용접이 나온다. 많은 순서들이 '자연스러운' 역학을 따른다. 도끼를 만들려면 먼저 날을 잘 벼릴 수 있어야 한다. 그리고 직물은 언제나 바느질 다음에 나온다. 어떤 천이든 간에 실이 필요하니까. 하지만 다른 많은 순서들은 단순한 인과 논리를 따르지 않는다. 왜 최초의 석기 기술이 언제나 최초의 바느질 기술보다 앞서 나오는지 뚜렷한 이유 따위는 없지만, 매번 그런 순서로 나타난다. 금속 가공이 점토 가공(도기)보다 먼저 나올 필요는 없지만 늘 그렇게 진행된다.

지리학자 닐 로버츠(Neil Roberts)는 네 대륙에서 작물과 동물을 길들인 평행 경로들을 살펴보았다. 각 대륙의 잠재적인 생물학적 원료가 크게 다르기 때문에(이 주제는 제레드 다이아몬드가 『총, 균, 쇠』에서 철저히 탐구했다.), 처음에 둘 이상의 대륙에서 길들인 토착 작물이나 동물 종은 단 몇 가지에 불과하다. 예전의 가정들과 반대로, 농경과 축산은 한 차례 발명되어 전 세계로 퍼진 것이 아니었다. 로버츠는 말한다. "생물학적 및 고고학적 증거를 종합할 때, 작물과 가축의 세계적인 확산은 최근 500년 이전에는 드물었다. 밀, 벼, 옥수수라는 세 주요 곡물에 토대를 둔 각 농경 체제는 서로 독자적인 발원지를 지닌다." 현재는 농경이 여섯 차례 (재)발명되었다는 데 의견이 일치한다. 그리고 이 '발명'은 길들임과 도구가 줄줄이 이어지는 연속적인 발명이다. 이런 발명과 길들이기의 순서는 지역을 가리지 않고 비슷하다. 예를 들어 인류는 둘 이상의 대륙에서 낙타보다 개를 먼저 길들였고 뿌리 작물보다 곡류를 먼저 길들였다.[38]

고고학자 존 트렝(John Troeng)은 선사시대에 아프리카, 유라시아 서부, 동아시아·오스트레일리아라는 서로 떨어진 세 지역에서 두 번이 아니라 세 번에 걸쳐 농경 외에 독자적인 기원한 혁신들을 53가지 열거했다. 이 혁신 중 22가지는 아메리카 주민들도 발견했다. 그것은 이런 혁신이 네 대륙에서 자연발생적으로 출현했다는 의미다. 트렝은 네 지역이 충분히 떨어져 있으므로 각지에서 일어난 발명은 모두 독립된 평행 발견이라고 합리적으로 받아들인다.[39] 기술이 언제나 그렇듯이 한 발명은 다음 발명의 토대를 마련하며, 테크늄은 구석구석까지 다 미리 정해진 듯한 순서로 진화한다.

나는 통계학자의 도움을 받아[40] 이 53가지 발명들의 네 계통이 서로 얼마나 평행한지 분석했다. 세 지역을 비교할 때는 상관계수가 0.93이고 네 지역을 다 비교하면 0.85로서 서로 동일한 서열에 가까웠다. 알기 쉽게 말하자면, 상관계수가 0.50을 넘으면 무작위적이지 않고 상관관계가 있다는 뜻이며, 100은 완벽하게 일치한다는 의미다. 상관계수 0.93은 발견의 서열들이 거의 똑같고, 0.85는 그보다 약간 덜하다는 뜻이다. 선사시대의 기록이 불완전하고 연대 추정도 느슨하다는 점을 고려하면, 놀라운 수준으로 서열이 겹친다. 본질적으로 기술 발전의 방향은 그 발전이 언제 일어나든 간에 똑같다.

이 방향을 확인하기 위해, 연구 사서인 미셸 맥기니스와 나도 베틀, 해시계, 둥근 천장, 자석 등 산업 시대 이전의 발명품들이 아프리카, 아메리카, 유럽, 아시아, 오스트레일리아 다섯 대륙 각각에서 언제 처음 출현했는지를 목록으로 작성했다. 이 발견 중 일부는 선사시대보다 교류와 왕래가 더 빈번한 시대에 일어났으므로, 각 발명의 독립성은 덜 확실하다. 우리는 두 대륙 이상에서 발명된 83가지 혁신의 역사적 증거를 모았다. 여기서도 서로 맞추어 보니, 아시아에서 기술이 펼쳐진 순서는 아메리카와 유럽에서 일어난 순서와 상당한 수준까지 비슷하다. 우리는 선사시대뿐 아니라 역사시대에 전 세계에서 따로따로 기원한 기술들이 같은 발달 경로로 수렴된다고 결론내릴 수 있다. 그것이 깃든 문화의 차이나 그것을 규율하는 정치 체제의 차이, 그것을 부양하는 천연자원의 차이와 무관하게, 테크늄은 보편적인 경로를 따라 발전한다. 큰 규모에서 본 기술 경로의 윤곽은 미리 정해져 있다.

인류학자 크로버는 경고한다. "발명은 문화적으로 결정된다. 그런 말에 신비주의적인 숨은 의미를 부여하지는 말자. 이를테면 그것은 활자 인쇄술이 1450년 독일에서 발견되리라거나 전화기가 1876년 미국에서 발견되리라는 것이 태초부터 미리 정해졌다는 의미는 아니다."[41] 그것은 그저 예전 기술들이 빚어낸 요구 조건들이 모두 제자리에 놓일 때, 다음 기술이 출현할 수 있다는 의미일 뿐이다. 역사에서의 동시 발명을 연구한 사회학자 로버트 머튼(Robert Merton)은 "선결조건이라 할 지식과 도구가 쌓이면 발견은 거의 불가피해진다."라고 말한다.[42] 한 사회에 존재하는 기술들에 점점 진화가 뒤섞이면서 요동치는 잠재력으로 충만한 과포화 매질이 만들어진다. 거기에 딱 맞는 착상이 씨앗처럼 뿌려지면, 물에서 얼음 결정이 쫙 퍼지듯이, 불가피한 발명이 사실상 폭발하듯이 출현한다. 하지만 과학이 보여주듯 설령 물이 충분히 차가워지면 얼음 결정이 될 운명일지라도, 어떤 눈송이도 서로 똑같지는 않다. 어느 물의 경로는 미리 정해져 있지만, 그 예정된 상태의 개별 표현 형태에는 커다란 활동의 여지, 자유, 아름다움이 있다. 눈송이의 원형인 6각형 형태가 비록 정해져 있다고 할지라도 각 눈송이의 실제 패턴은 예측 불가능하다. 그런 단순한 분자에서도 예상된 주제를 토대로 무수한 변주가 이루어진다. 그 말은 오늘날의 극도로 복잡한 발명에는 더욱 들어맞는다. 백열전구나 전화기, 증기기관의 결정 형태는 정해져 있는 반면, 그것의 예측 불가능한 표현 형태는 그것이 진화한 조건에 따라 백만 가지 양상을 띨 것이다.

그것은 자연 세계와 그리 다르지 않다. 어떤 종의 탄생은 뒷받침하고 방향을 돌리고 형태형성을 부추기는 다른 종들이 있는 생태계에 의존한다. 종들이 상호 영향을 미치기 때문에 우리는 그것을 공진화라고 한다. 테크늄에서는 많은 발견이 다른 기술 종의 발명을 기다린다. 즉 적절한 도구나 토대를 말이다. 목성의 달은 망원경이 발명된 지 겨우 1년 뒤 많은 사람이 발견했다. 하지만 그 기구들만의 힘으로 발견한 것은 아니다. 그 천체들은 천문학자들이 예상한 것들이었다. 세균은 아무도 예상하지 않았기에, 현미경이 발명된 뒤 안톤 판 레이우엔훅(Antonie van Leeuwenhoek)이 미생물을 엿보기까지 200년이 걸렸다. 무언가를 발견하려면 기구와 도구 외에 적절한 믿음, 기대, 어휘, 설명, 노하우, 자원, 자금, 일어난다는 직감이 필요하다. 하지만 이런 것들 또한 새로운 기술이 부추긴다.[43]

시대를 너무 앞선 발명이나 발견은 가치가 없다. 아무도 따라올 수 없기 때문이다. 이상적으로 혁신은 알려진 것의 바로 다음 단계만을 열어젖히고 문화가 앞으로 한 단계 도약하도록 손짓한다. 지나치게 미래주의적이거나 비관습적이거나 환상적인 발명은 처음에 실패했다가(아직 발명되지 않은 핵심 재료나 중요한 시장이나 적절한 이해가 없을지도 모른다.) 나중에 뒷받침하는 생각들의 생태계가 따라잡으면 성공할 수 있다. 그레고어 멘델(Gregor Mendel)이 1865년에 내놓은 유전 이론은 옳았지만 35년 동안 무시되었다. 그의 예리한 통찰력은 당시 생물학자들이 품은 문제들을 설명하지 않아서 받아들여지지 않았고, 알려진 메커니즘을 통해 설명되지도 않았기에 그의 발견은 초기에 받아들인 사람들조차 이해하기 어려웠다. 수십 년 뒤 과학은 멘델의 발견이 답할 수 있는 시급한 질문들과 맞닥뜨렸다. 이제 그의 통찰력은 한 단계만 떨어져 있었다. 휘호 더프리스(Hugo de Vries), 카를 에리히 코렌스(Karl Erich Correns), 에리히 체르마크(Erich Tschermak) 세 과학자는 몇 년 사이에 잊힌 멘델의 연구를 독자적으로 재발견했다. 그 연구는 물론 늘 거기에 있었다. 크로버는 만일 그 세 명의 재발견을 막았더라도 1년만 더 기다리면 세 명이 아니라 여섯 명이 그때쯤 명백해진 다음 단계를 이루었으리라고 주장한다.[44]

테크늄 고유의 순서는 앞으로 뛰어넘기를 아주 어렵게 만든다. 기술 하부구조가 없는 모든 사회가 무겁고 지저분한 산업 단계를 그냥 건너뛰어 100퍼센트 깨끗하고 가벼운 디지털 기술로 진입할 수 있다면 놀라울 것이다. 수십억 명에 달하는 개발도상국의 가난한 사람들이 산업시대의 일반 통신선을 이용한 유선전화라는 오랜 대기 시간을 뛰어넘어 값싼 휴대전화를 구입한다는 사실은 다른 기술도 미래로 건너뛸 수 있다는 희망을 제공해 왔다. 하지만 내가 중국, 인도, 브라질, 아프리카의 휴대전화 채택 양상을 자세히 조사해 보니, 전 세계의 휴대전화 급증은 구리 전화선의 급증과 나란히 일어나고 있음이 드러났다. 휴대전화는 일반 전화를 없애지 않는다. 대신에 휴대전화가 가는 곳에는 구리선도 간다. 휴대전화를 통해 새롭게 경험과 지식을 습득한 소비자는 더 높은 대역의 인터넷 연결과 더 고품질의 음성 연결을 원하게 되며, 그 욕구를 충족시키려면 구리선이 필요하다. 휴대전화와 태양전지판을 비롯한 건너뛰어 도달할 수 있을 듯한 기술들은 산업시대를 뛰어넘는 것이 아니라 뒤처져 있는 산업의 도래를 촉진하기 위해 앞서 달리고 있다.

우리는 잘 알아차리지 못하지만, 신기술은 기존 기술이라는 토대 위에 놓인다. 전자(electron)가 현대 경제의 핵심 층을 이루고 있긴 하지만, 매일 벌어지는 일의 엄청나게 많은 부분은 상당히 산업적인 영역에 속한다. 즉 원자를 움직이고 재배치하고 캐내고 태우고 정제하고 쌓고 하는 일이다. 휴대전화, 웹페이지, 태양전지판은 모두 중공업에 의지하며, 중공업은 농업에 의지한다.

우리 뇌도 결코 다르지 않다. 우리 뇌 활동의 대부분은 걷기처럼 우리가 아예 의식할 수조차 없는 원시적인 과정들에 쓰인다. 우리는 더 오래된 과정들의 신뢰할 만한 작동에 의지하고 그 위에 새로 진화한 얇은 인지 층만을 의식할 뿐이다. 당신은 셈을 하지 않고서는 미적분을 할 수 없다. 마찬가지로 전화선이 없이는 휴대전화도 없다. 산업 시대가 없이는 디지털 하부구조도 없다. 예를 들어 에티오피아는 최근 모든 병원을 전산화한다는 야심찬 계획을 세웠다가 병원에 공급되는 전기가 자주 끊기는 바람에 포기했다. 세계은행의 조사에 따르면, 개발도상국에 도입된 첨단 기술은 대개 5퍼센트쯤 보급되다가 멈춘다고 한다. 그것은 더 오래된 기반 기술이 따라잡기 전까지는 더 확산되지 못한다. 현명하게도 저소득 국가들은 지금 빠르게 산업 기술을 받아들이고 있다. 첨단 기술이 작동하려면 대규모 예산이 드는 도로, 상수도, 공항, 기계 제작 공장, 전력망, 발전소 같은 하부구조가 필요하다. 《이코노미스트》는 기술 건너뛰기를 다룬 기사에서 이렇게 결론 지었다. "기존 기술을 제대로 받아들이지 못한 나라들은 신기술이 등장할 때 불리한 입장에 선다."[45]

이것이 만일 우리가 지구형 행성을 개척하려고 시도한다면 역사를 되풀이하여 뾰족한 막대기, 봉화 신호, 흙벽돌 집에서 시작하여 각 시대를 죽 거칠 필요가 있다는 의미일까? 우리가 지닌 가장 고도의 기술을 이용하여 무에서 사회를 창조하려고 시도하면 안 될까? 나는 우리가 시도는 하겠지만 제대로 작동하지는 않을 것이라고 생각한다. 우리가 화성을 문명화하겠다면, 라디오만큼 불도저도 유용할 것이다. 우리 뇌에서 하등한 기능들이 우세한 것처럼, 테크늄에서도 산업 과정들이 우세하다. 설령 테크늄이 정보로 화려하게 치장하고 있을지라도. 첨단 기술의 탈대량화(demassification)는 환상일 때가 종종 있다. 비록 테크늄이 실제로 더 적은 원자를 갖고 더 많은 일을 함으로써 발전한다고 할지라도, 정보 기술은 추상적인 가상 세계가 아니다. 원자는 여전히 중요하다. 정보와 질서가 DNA 분자의 원자들 속에 담기는 것과 똑같은 식으로, 테크늄도 진보함에 따라 정보를 물질에 담는다. 고도의 첨단 기술은 비트와 원자의 솔기 없는 융합이다. 그것은 산업을 제거하고 정보만 남기기보다는 산업에 지능을 추가한다.

기술은 특정 단계에 도달하려면 순서대로 발달을 거쳐야 하는 생물과 같다. 발명은 인간의 재능과 무관하게 모든 문명과 사회에서 이 동일한 발달 순서를 따른다. 당신은 사실상 원하는 미래로 도약할 수 없다. 하지만 뒷받침하는 기술 종들의 망이 자리를 잡을 때, 발명은 많은 이에게 즉시 떠오를 정도로 긴박하게 분출할 것이다. 발명의 진행은 여러 면에서 복잡성의 규칙들에 따라 결정된 순서로 물리학과 화학이 규정하는 형태들을 향해 가는 행군이다. 우리는 이것을 기술의 명령이라고 할 수도 있을 것이다.

8
기술의 말을 들어라

1950년대 초, 많은 이들에게 동시에 똑같은 생각이 떠올랐다. 세상이 그토록 빠른 속도로 일정하게 발전하고 있다면 발전에 어떤 패턴이 있지 않을까? 기술 발전을 시간별로 그래프에 표시할 수 있다면, 아마 그 곡선을 확대 추정하여 미래가 어떠할지 알 수 있을 것이다. 미국 공군은 이 일을 처음으로 체계적으로 한 기관 중 하나였다. 공군은 어떤 종류의 비행기에 예산을 지원해야 할지 정리한 장기 계획표가 필요했다. 하지만 항공산업은 가장 빨리 발전하는 기술의 최전방에 속했다. 분명 가능한 한 가장 빠른 항공기를 만들어야 했지만, 새로운 유형의 항공기를 설계하고 승인하고 인도받는 데 수십 년이 걸리기에 장군들은 예산을 지원해야 할 미래 기술이 무엇인지 어렴풋하게라도 살펴보는 것이 신중한 태도라고 여겼다.

그래서 1953년 공군 과학 연구국은 가장 빠른 비행 수단의 역사를 그래프에 표시했다. 1903년 라이트 형제가 처음 비행했을 때의 속도는 시속 6.8킬로미터였고, 그들은 2년 뒤 시속 60킬로미터로 속도를 끌어올렸다. 항속 기록은 해마다 조금씩 증가했고, 1947년 앨버트 보이드 대령이 몬 록히드 슛스타는 최고 속도가 시속 1,000킬로미터를 넘었다. 그 기록은 1953년 네 차례 깨졌는데, F-100 슈퍼세이버가 시속 1,215킬로미터로 마무리를 지었다.[1] 세상은 더욱 빠르게 변하고 있었다. 그리고 모든 것은 우주를 향했다. 『스파이크(The Spike)』의 저자 데이미언 브로더릭(Damien Broderick)의 말을 들어 보자.

> 공군은 속도의 곡선과 메타곡선을 그렸다. 그러자 터무니없는 결과가 나왔다. 그들은 눈을 믿을 수 없었다. 곡선은 그들이 4년 안에 (……) 궤도 속도를 달성하는 기계를 지닐 수 있다고 말했다. 그리고 좀 더 뒤에는 지구의 중력을 극복할 수 있다고 했다. 곡선이 시사하는 바에 따르면, 그들은 거의 즉시 인공위성을 지닐 수 있으며, 돈을 투자하고 연구와 공학을 하기를 원한다면 그 직후에 달에 갈 수 있을 것이다.[2]

1953년에는 이 미래 여행을 위한 기술 중 어느 것도 없었다는 점을 기억하는 것이 중요하다. 어떻게 그렇게 빠르면서도 무사할 수 있을지 아무도 알지 못했다. 가장 낙관적인 불굴의 몽상가들조차도 으레 말하는 '2000년'보다 더 이전에 달에 착륙하리라는 기대는 하지 않았다. 그들이 그것을 더 일찍 할 수 있다고 말하는 목소리는 오직 종이 한 장에 그린 곡선뿐이었다. 하지만 그 곡선은 옳았음이 드러났다. 정치적으로 옳지 않았다는 것만 빼고. 1957년 소련(미국이 아니라!)은 스푸트니크를 발사했다. 그러자 12년 뒤 미국은 달에 우주선을 쏘아보냈다. 브로더릭의 말에 따르면, 인류는 "아서 C. 클라크처럼 제정신이 아닌 우주 여행 열광자들이 예상한 것보다 한 세기의 3분의 1을 줄여서" 달에 도착했다.[3]

그 곡선은 아서 C. 클라크가 몰랐던 무엇을 알고 있었을까? 그것은 전 세

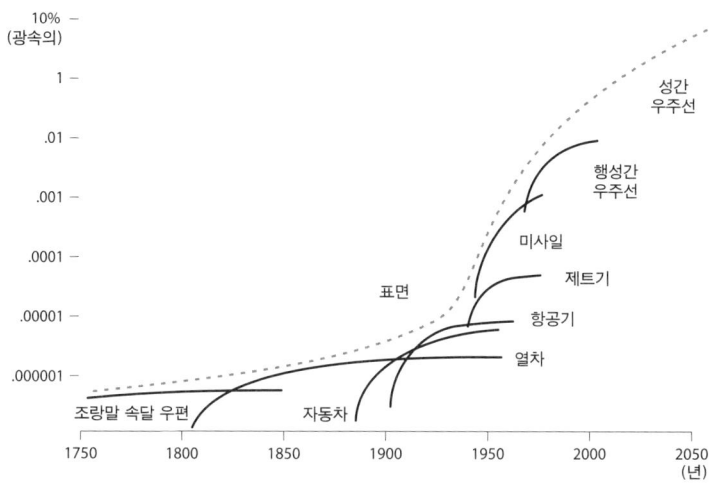

속도 추세 곡선.[4] 미 공군이 그린 1950년대까지의 역사적인 속도 기록 변화와 가까운 미래의 가장 빠른 예상 속도값.

계 수십 곳의 연구진뿐 아니라 러시아인들의 비밀 노력을 어떻게 설명했을까? 그 곡선이 자기 충족적인 예언이었을까 아니면 테크늄의 본성에 깊이 뿌리를 둔 불가피한 추세의 폭로였을까? 답은 그 뒤에 그려진 다른 많은 추세들에 놓여 있을지 모른다. 그중 가장 유명한 것은 무어의 법칙이라는 추세다. 무어의 법칙은 간단히 말하면 컴퓨터 칩의 크기와 가격이 18~24개월마다 절반씩 줄어든다고 예측한다. 지난 50년 동안 그 법칙은 경이로울 정도로 들어맞았다.

무어의 법칙은 꾸준히 참이었지만, 그것이 테크늄의 명령을 드러내는 것일까? 다시 말해 무어의 법칙은 어떤 면에서 불가피한 것일까? 그 답은 몇 가지 이유로 문명에 중요하다. 첫째, 무어의 법칙은 컴퓨터 기술에서의 가속을 나타내며, 컴퓨터 기술은 다른 모든 것을 가속시키고 있다. 더 빠른 제트 엔진은 더 많은 옥수수 수확량으로 이어지지 않고, 더 나은 레이저는 더 빠른 약물 발견으로 이어지지 않지만, 더 빠른 컴퓨터 칩은 이 모든 것으로 이어진다. 요즘의 모든 기술은 컴퓨터 기술을 따른다. 둘째, 기술의 한 가지 핵심 영역에서 불가피성을 발견하는 것은 테크늄의 나머지 부분에서 불변성과 방향성이 발견될 수도 있음을 시사한다.

이 꾸준히 증가하는 연산력의 선구적인 추세는 1960년 캘리포니아 팔로알토에 있는 스탠퍼드 연구소(지금의 SRI 인터내셔널)의 연구자 더그 엥겔바트(Doug Engelbart)가 처음 알아차렸다. 그는 나중에 오늘날 어디에나 있는 '윈도즈와 마우스'라는 컴퓨터 인터페이스를 발명한다. 엥겔바트는 공학자로서 첫 발을 내딛었을 때, 항공우주산업 분야에서 풍동에 몸담아 항공기 모형을 시험하는 일을 했다. 그러면서 그는 체계적으로 규모를 줄이면 온갖 혜택과 예기치 않은 결과가 나온다는 것을 알아차렸다. 모형이 작을수록 그것은 더 잘 날았다. 엥겔바트는 규모 줄이기, 그의 표현에 따르면 '닮음(similitude)'의 혜택을 SRI가 추적하고 있는 새로운 발명에 어떻게 적용할 수 있을지 상상했다. 바로 여러 트랜지스터를 하나의 실리콘 칩에 집적시키는 것이었다. 아마 더 적게 만들었을 때, 회로는 비슷한 유형의 마법 같은 닮음을 전달할 수 있을지 몰랐다. 즉 칩은 작을수록 더 나을 수 있었다. 엥겔바트는 1960년 반도체학술회의에 참석해 공학자들 앞에서 닮음에 관한 생각을 발표했다. 그 자리에 집적 칩을 만드는 신설 회사인 페어차일드 세미컨덕터의 연구자 고든 무어(Gordon Moore)도 있었다.[5]

그 뒤 몇 해에 걸쳐 무어는 초창기 시제품 칩들의 실제 통계 자료를 추적하기 시작했다. 1964년 그는 곡선의 기울기를 아주 멀리까지 확대 추정할 수 있을 만큼 자료를 확보했다. 무어는 반도체 산업이 성장함에 따라 자료를 계속 추가했다. 그는 제조되는 트랜지스터의 수, 트랜지스터 하나의 가격, 핀의 수, 논리 속도, 웨이퍼당 칩 수 등 온갖 매개변수들을 추적하고 있었다. 그런데 하나하나가 멋진 곡선을 그리면서 일관적인 양상을 드러냈다. 추세들은 아무도 말하지 않은 것을 말하고 있었다. 칩이 예측 가능한 속도로 점점 작아지고 있다는 사실을 말이다. 하지만 이 추세가 실제로 얼마나 멀리까지 이어질까?

무어는 칼텍 동료인 카버 미드(Carver Mead)를 끌어들였다. 미드는 전기 공학자이자 초창기 트랜지스터의 전문가였다. 1967년 무어는 미드에게 마이크로 전자 공학으로 축소시키고자 할 때 이론적으로 어떠한 한계가 있는지 물었다. 미드는 생각해 본 적이 없었다. 계산을 한 그는 깜짝 놀랐다. 칩의 효율이 규모 감소의 세제곱에 반비례하여 증가하고 있었다. 줄어듦으로써 얻는 혜택은 기하급수적으로 늘어났다. 마이크로 전자 공학은 더 값싸질 뿐 아니라 더 나아지고 있었다.[6] 무어가 말한 것처럼. "점점 더 작게 만들수록 모든 것은 동시에 더 나아진다. 상쇄시킬 필요는 거의 없다. 우리 생산물의 속도가 빨라질수록 전력 소비량은 줄어들고, 시스템의 신뢰성은 극적으로 향상되는 반면, 일을 하는 비용은 그 기술의 결과로 급감한다."[7]

오늘날 무어 법칙 그래프를 살펴보면, 그 50년 동안 이어진 추세에서 몇 가지 놀라운 특징을 알아차릴 수 있다. 첫째, 이것은 가속을 보여 주는 그림

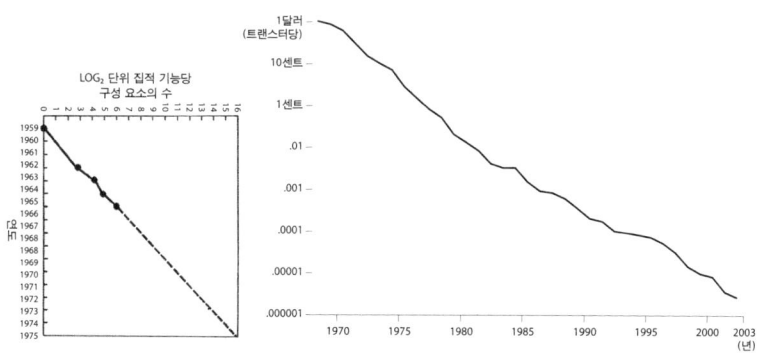

무어의 법칙 그래프.[8] 무어 법칙의 원래 그래프에는 자료 점이 다섯 개에 불과하며 그것을 토대로 다음 10년을 대담하게 확대 추정했다.(왼쪽) 오른쪽 그래프는 1968년 이후로 계속된 무어 법칙.

이다. 직선은 단지 증가한다는 의미가 아니다. 직선의 각 점은 10배씩 증가한다는 뜻이다.(가로축이 지수 단위이기 때문이다.) 실리콘 연산은 단순히 더 나아지는 것이 아니라, 점점 더 빨리 나아지고 있다. 50년 동안의 쉴 새 없는 가속은 생물학에서 드물게 일어나며 금세기 이전의 테크늄에서도 찾아보기 어렵다. 따라서 이 그래프는 실리콘 칩에 관한 것 못지않게 문화적 가속이라는 현상에 대한 것이기도 하다. 사실 무어 법칙은 테크늄에 대한 기대를 뒷받침하는 가속되는 미래라는 원리를 나타내는 것이 되었다.

둘째, 대강 훑어보기만 해도 무어의 선은 놀라운 규칙성을 드러낸다. 처음 점이 찍힐 때부터 그것은 기이하게 기계적으로 보이는 발전을 거듭해 왔다. 50년 동안 중단 없이 덜하지도 더하지도 않은 같은 가속도로 칩은 기하급수적으로 개선된다. 기술 독재자가 이끌었다 해도 이보다 더 직선일 수는 없다. 이 흔들림 없는 엄격한 궤적이 세계 시장의 혼돈과 조화되지 않은 무자비한 과학적 경쟁을 통해 빚어지는 일이 실제로 가능할까? 무어 법칙은 물질과 연산의 본성을 통해 추진되는 방향일까, 아니면 이 꾸준한 성장이 경제적 야심의 인위적 산물일까?

무어와 미드는 후자라고 믿는다. 무어는 2005년 자신의 법칙 탄생 40주년을 기념하면서 "무어 법칙은 사실 경제학에 관한 것이다."라고 했다.[9] 카버 미드는 그 점을 더 명확히 했다. 그는 무어 법칙이 "사실 물리학 법칙이 아니라 사람들의 신념 체계, 즉 믿음에 관한 것이며, 사람들은 무언가를 믿을 때 그것을 실현하기 위해 거기에 에너지를 쏟을 것이다."라고 말했다.[10] 그 말이 모호하게 들릴 때를 대비하여 그는 보충해 설명한다.

그것이 충분히 오래 일어난 뒤에 사람들은 돌이켜 보면서 그것에 관해 이야기하기 시작하고, 돌이켜 보면 그것은 정말로 어떤 점들을 지나는 곡선이며, 그렇기에 물리 법칙처럼 보인다. 사람들도 그런 식으로 이야기한다. 하지만 실제로 그것과 더불어 살아간다면, 그것은 물리 법칙처럼 느껴지지 않는다. 그것은 사실상 인간 활동, 전망, 당신이 믿도록 허용된 것에 관한 것이다.[11]

마지막으로 또 다른 문헌에서 카버 미드는 덧붙인다. "[그 법칙]이 계속 진행되리라고 믿도록 허용된 점"이 바로 그 법칙을 계속 나아가도록 한다. 고든 무어도 1996년에 동의했다. "무엇보다도 일단 이런 것이 확립되면, 그것은 다소 자기 충족적 예언이 된다. 반도체 산업 협회는 기술 발전 계획을 내놓으며, 그것은 이 [세대 개선]을 3년마다 계속한다. 그 산업의 모든 사람은 본질적으로 그 곡선 위에 머물러 있지 않으면 뒤처지리라고 인식한다. 따라서 그것은 일종의 자체 추진이다."[12]

장래 발전에 대한 기대가 반도체뿐 아니라 기술의 모든 측면에서 현재의 투자를 인도한다는 점은 분명하다. 무어 법칙의 흔들림 없는 곡선은 돈과 지성이 아주 구체적인 목표에 초점을 맞추도록 돕는다. 바로 그 법칙을 계속 유지하는 일에. 자기가 세운 목표를 일정한 진보의 원천으로 받아들일 때 생기는 유일한 문제점은 같은 믿음의 혜택을 볼 수도 있을 다른 기술들은 똑같은 급상승을 보이지 않는다는 것이다. 이것이 그저 자기 충족적 예언을 믿는 문제일 뿐이라면, 왜 제트 엔진이나 강철 합금이나 곡류 잡종 교배에는 무어 법칙 같은 성장이 나타나지 않을까? 믿음을 토대로 한 환상적인 가속은 소비자에게는 이상적이며 투자자에게는 거액의 수익을 안겨 줄 것이 분명하다. 그런 예언을 믿고자 하는 기업가를 찾기는 어렵지 않을 것이다.

그렇다면 무어 법칙의 곡선이 우리에게 말해 주는, 내부의 전문가들이 보지 못하는 것은 무엇일까? 이 꾸준한 가속은 그냥 합치된다는 차원을 넘어선다. 그것은 기술 내에서 기원한다. 무어 법칙에서처럼 진보의 꾸준한 곡선을 보여 주는, 고체상 물질이기도 한 다른 기술들이 있다. 그것들도 놀랍도록 꾸준히 기하급수적으로 개선되며 이 대체적인 법칙에 복종하는 듯하다. 지난 20년 동안 통신 대역폭과 디지털 저장 장치의 가격 대 성능 비율을 생각해 보라. 그것들의 기하급수적 성장 그림은 집적회로의 성장 곡선과 평행하다. 기울기가 다를 뿐 이 그래프들은 너무나 비슷하기에 사실상 이런 곡선들이 그저 무어 법칙의 반영이 아닐까라는 질문이 타당할 정도다. 전화는 심하게 컴퓨터화했으며, 저장 디스크는 컴퓨터의 신체 기관이다. 대역폭과 저장 능력의 속도와 가격 하락 측면의 발전은 가속되는 연산력에 직간접적으로 의존하므로, 대역폭과 저장의 운명을 컴퓨터 칩의 운명과 떼어 내기란 불가능할지 모른다. 아마 대역폭과 저장 능력의 곡선은 그저 한 기본 법칙의 파생물에 불과한 것이 아닐까? 그 아래에서 무어 법칙이 째깍거리지 않는다면 그것들은 그저 용매로 남아 있지 않을까?

해당 업계에서는 자기 저장 장치의 급속한 가격 하락을 크라이더 법칙이라고 부른다. 크라이더 법칙은 컴퓨터 저장 장치판 무어 법칙이며, 하드 디스크 주요 제조사인 시게이트의 전직 기술 최고 책임자 마크 크라이더(Mark Kryder)의 이름을 딴 명칭이다. 이 법칙은 하드 디스크의 성능당 가격이 연간 40퍼센트라는 꾸준한 비율로 기하급수적으로 하락한다고 말한다. 크라이더는 컴퓨터가 해마다 더 나아지고 더 저렴해지는 일이 중단된다고 해도 저장 장치는 계속 개선될 것이라고 말한다. "무어 법칙과 크라이더 법칙은 아무런 직접적인 관련이 없다. 반도체 장치와 자기 저장 장치는 물리학과 제작 과정이 다르다. 따라서 반도체의 크기가 더 이상 축소되지 않고 디스크 드라이브의 크기는 계속 축소되는 일도 가능하다."[13]

인터넷의 최초 형태인 아파넷(ARPANET)의 핵심 설계자 래리 로버츠(Larry Roberts)는 통신 개선에 관한 세세한 통계 자료들을 계속 모으고 있다. 그는 통신 기술 전반에 무어 법칙이 나타난다는 점에 주목했다. 즉 품질의 상승이라는 측면에서. 로버츠 곡선은 통신 가격이 꾸준히 기하급수적으로 하락함을 보여 준다. 회선의 발전도 칩의 발전과 연관되어 있을까? 로버츠는 통신 기술의 성능이 "무어 법칙과 아주 비슷하며 그 법칙에 강하게 영향을 받지만, 예상과 달리 똑같지는 않다."라고 말한다.[14]

가속되는 진보의 구현 사례를 또 하나 살펴 보자. 생물리학자 롭 카슨 (Rob Carlson)은 약 10년 동안 DNA 서열 분석과 합성 분야의 발전을 표로 작성해 왔다. 무어 법칙과 유사한 염기쌍당 비용 대 성능 비율을 보여 주는 이 기술도 로그 축에 표시하면 꾸준히 하락하는 추세를 나타낸다. 컴퓨터가 해마다 더 나아지고 빨라지고 값싸지지 않는다고 해도, DNA 서열 분석과 합성이 계속 가속될까? 카슨은 말한다. "내 생각에 무어 법칙이 멈춘다면, 큰 영향이 끼칠 겁니다. 그것은 가공되지 않는 서열 정보를 인간이 이해할 수 있는 무언가로 처리하는 영역에 영향을 미칠 수 있습니다. DNA 자료를 해독하는 것은 적어도 물질인 DNA의 서열을 알아내는 것만큼 비용이 듭니다."[15]

컴퓨터 칩을 추진하는 것과 같은 유형의 꾸준한 기하급수적 발전이 세 정보 산업도 추진하며, 이 궤적들의 가장 예리한 관찰자들 즉 각 '법칙'의 창시자들은 모두 이 개선의 궤적들이 서로 독자적인 가속 계통이며, 컴퓨터 칩의 포괄적인 진보에서 파생된 것이 아니라고 믿는다.

일관성을 띤, 마치 법칙과도 같은 개선이 자기 충족적 예언을 넘어서는 것이 분명한 이유가 또 하나 있다. 이렇게 곡선에 복종하는 현상은 법칙이 있음을 누군가가 알아차리기 한참 전에, 누군가가 그것에 영향을 끼칠 수 있기 전에 시작되곤 한다. 자기 저장 장치의 기하급수적인 성장은 무어가 자신의 반도체 법칙을 정립하기 꼬박 10년 전, 그리고 크라이더가 그것의 기울기가 존재한다고 확정짓기 50년 전인 1956년에 시작되었다. 롭 카슨은 말한다. "DNA의 기하급수적 곡선을 처음 발표했을 때, 논문 심사자들은 서열 분석 비용이 기하급수적으로 하락한다는 증거를 전혀 본 적이 없다고

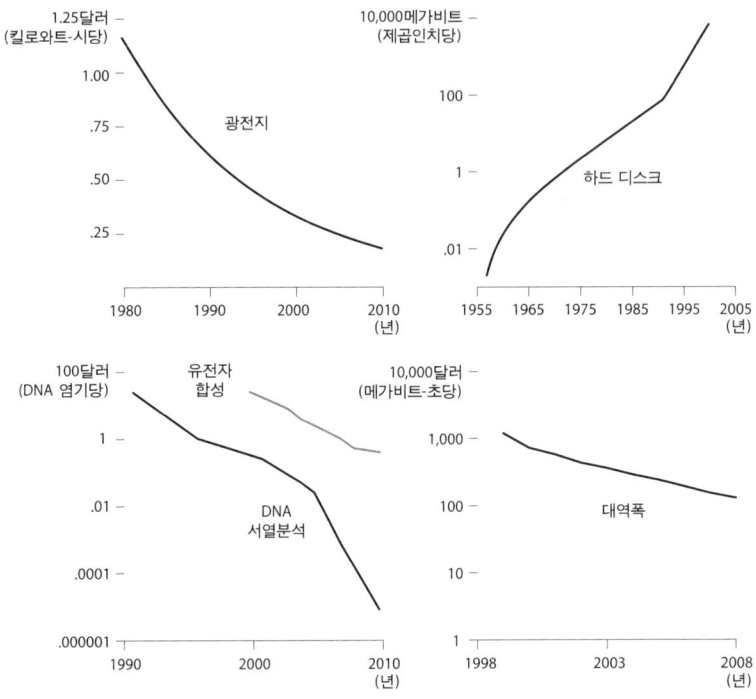

다른 네 법칙.[16) 광전지: 태양광 전기의 가격은 떨어지고 있으며(킬로와트당 달러로) 선형 추세가 계속될 것으로 예상된다. 하드 디스크: 그해에 이용할 수 있는 최대 저장 밀도. DNA 서열 분석: 염기쌍당 DNA 서열 분석 비용(짙은 선)과 합성 비용(연한 선)은 기하급수적으로 떨어진다. 대역폭: 1초 1메가비트당 가격은 기하급수적으로 떨어진다.

주장했다. 그런 식으로 그 추세는 사람들이 믿지 않을 때조차 작동하고 있었다."[17)

발명가이자 저술가인 레이 커즈와일은 문서고를 뒤져서 무어 법칙과 같은 것의 기원을 전자 컴퓨터가 존재하기 한참 전, 그리고 물론 자기 충족을 통해 그 경로가 구축될 수 있기 오래전인 1900년까지 거슬러 오를 수 있음을 보여 준다. 커즈와일은 그 세기가 바뀌는 즈음의 아날로그 기계, 기계적 계산기, 더 나중의 최초의 진공관 컴퓨터, 현대 반도체 칩이 1000달러당 1초

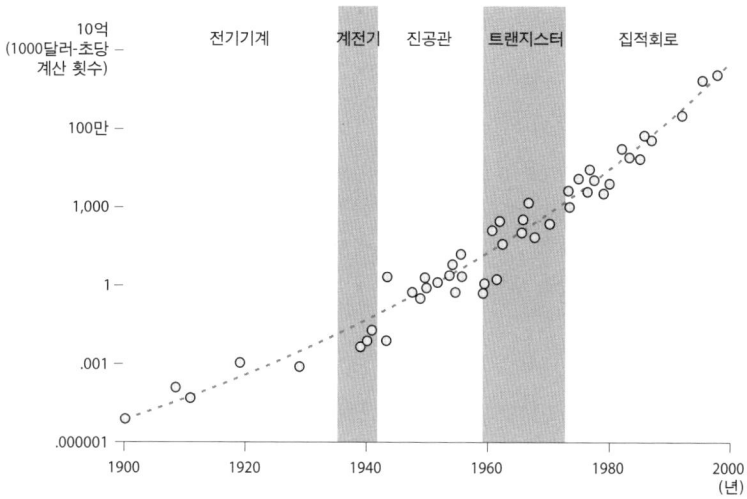

커즈와일 법칙.[18] 레이 커즈와일은 더 앞선 계산법들을 동일한 연산법으로 전환하여 무어 법칙의 전조가 꾸준히 진행되어 왔음을 보여 주었다.

에 하는 계산의 수를 추정했다. 이 비율은 지난 109년 동안 기하급수적으로 증가했다. 그 곡선(그것을 커즈와일 법칙이라고 하자.)이 다섯 가지 기술적인 연산 종(전기기계, 계전기, 진공관, 트랜지스터, 집적 회로)을 가로지른다는 점이 더 중요하다. 한 세기에 걸쳐 다섯 가지 다른 기술 패러다임에서 작동한 아직 관찰되지 않은 상수가 있다면, 산업의 계획도 틀림없이 그 이상일 것이다.[19] 그것은 이 비율의 본성이 테크늄이라는 구조에 깊숙이 박혀 있음을 시사한다.

기술의 명령은 DNA 서열 분석, 자기 저장 장치, 반도체, 대역폭, 화소 밀도 분야의 발전이 흔들림 없이 가속되고 있다는 사실에서 잘 드러난다. 일단 고정된 곡선이 드러나면, 과학자, 투자자, 영업자, 기자 모두 이 궤적을 움켜쥐고 실험, 투자, 일정 수립, 대중화의 지침으로 삼는다. 계획도는 실제 영토가 된다. 그와 동시에 이 곡선들은 우리 인식과 독자적으로 시작해 발전하고 엄청난 경쟁과 투자 압력을 받으면서도 직선에서 그다지 흔들리지 않으므로, 어떤 식으로든 물질과 밀접한 관계가 있음이 분명하다.

이런 유형의 명령이 테크늄 속에 얼마나 멀리까지 뻗어 있는지 알아보기 위해, 현재 기하급수적 발전이 이루어지는 사례들을 가능한 한 다 찾아 모았다. 생산된 총량(와트, 킬로미터, 비트, 염기쌍, 교통량 등)이 기하급수적으로 증가하는 사례들을 찾은 것이 아니다. 그런 양은 인구 증가에 따라 한쪽으로 치우치기 때문이다. 사람이 늘어나면, 설령 개선이 이루어지지 않더라

기술	측정법	개월
광섬유 처리량	광섬유당 파장	9
광섬유 망	비트당 달러	9
무선	초당 비트	10
통신	달러당 비트	12
자기 저장 면적	제곱인치당 기가비트	12
디지털 카메라	달러당 화소	12
마이크로프로세서	주기당 달러	13
슈퍼컴퓨터 성능	플롭스	14
램	달러당 메비바이트	16
트랜지스터	트랜지스터당 달러	18
전력 소비량	제곱센티미터당 와트	18
화소	배열당	19
하드 드라이브 저장 용량	달러당 기가바이트	20
칩	밉스	21
서열 분석	염기쌍당 달러	22
간선 자료 전송 속도	초당 비트	22
마이크로프로세서	칩당 트랜지스터	24
칩 프로세서	달러당 메가헤르츠	27
대역폭	달러-초당 킬로비트	30
마이크로프로세서	헤르츠	36

배가 시간.[20] 성능이 배가되는 데 필요한 개월 수로 측정한 다양한 기술의 성능비.

도 쓰는 양이 늘어난다. 오히려 나는 성능 비율(단위 길이당 무게, 단위 가격당 조명 밝기 같은)이 설령 가속되지는 않더라도 꾸준히 증가함을 보여 주는 사례들을 찾았다. 202쪽의 표는 급히 발견한 사례들의 집합이며, 성능이 두 배로 증가하는 속도를 나타냈다. 기간이 짧을수록 더 빨리 가속된다.

첫 번째로 주목할 점은 이 모든 사례가 규모 축소의 효과, 즉 작은 것을 갖고 일할 때의 효과를 보여 준다는 것이다. 고층 건물이나 우주 정거장을 더 크게 만드는 것처럼 규모가 확대되는 사례에서는 기하급수적 개선 양상이 나타나지 않는다. 항공기는 기하급수적인 속도로 더 커지거나 더 빨리 날거나 더 높은 연료 효율을 갖추지 못한다. 고든 무어는 항공 여행 기술이 인텔 칩과 같은 유형으로 발전한다면, 현대의 여객기는 500달러에 20분 만에 지구를 한 바퀴 돌 것이며, 그 여행에 쓰이는 연료는 고작 20리터에 불과할 것이라고 농담한다. 하지만 그 비행기는 겨우 신발상자만 할 것이다!

우리가 사는 거시 세계와 달리 이 미시 세계에서는 에너지가 그다지 중요하지 않다. 바로 그 때문에 규모가 확대될 때는 무어 법칙 유형의 진보가 일어나기 어렵다. 에너지 요구도 그만큼 빨리 확대되는데, 자유롭게 복제 가능한 정보와 달리 에너지는 주요 제한요인이다. 이것은 태양전지판(선형으로 발전할 뿐이다.)이나 전지의 성능이 기하급수적으로 발전하지 못하는 이유이기도 하다. 그것들은 많은 에너지를 생성하거나 저장하기 때문이다. 따라서 우리의 새 경제 전체는 에너지를 덜 쓰고 규모도 축소된 기술, 즉 광자, 전자, 비트, 화소, 진동수, 유전자를 중심으로 구축된다. 이런 발명들이 축소될 때, 그것들은 날 원자, 날 비트, 비물질의 본질에 더 가까이 다가간다. 따라서 진보의 고정되고 불가피한 경로는 이 원초적인 본질에서 유래한다.

이 사례 집합에서 두 번째로 주목할 만한 점은 기울기, 즉 배가 시간(개월)의 범위가 좁다는 것이다. 이 기술들에서 최대로 활용되고 있는 힘은

8~30개월 사이에 두 배로 늘어난다.(무어 법칙은 18개월마다 두 배로 늘어날 것을 요구한다.) 이 매개변수 하나하나는 1~2년마다 두 배로 더 나아지고 있다. 어찌된 일까? 공학자 마크 크라이더는 "2년마다 두 배로 나아지는" 현상은 이런 발명의 대부분이 일어나는 기업 구조의 인위적 산물이라고 설명한다. 제품을 개선해 착상하고 설계하고 시제품을 만들고 검사하고 제조하고 시장에 내놓는 데 걸리는 시간이 그저 1~2년이며, 다섯~열 배 증가시키기는 아주 어렵지만 거의 모든 공학자가 두 배는 달성할 수 있다는 것이다. 봐! 2년마다 두 배씩 나아진다고. 이 말이 옳다면, 진보의 꾸준한 궤적은 테크늄에서 직접 유래하지만 실제 기울기는 초자연적인 수(18개월마다 두 배)가 아니라 단순히 사람의 작업 주기에 의존함을 시사한다.

　지금으로서는 이 곡선들 가운데 어느 것도 끝이 보이지 않지만, 미래의 어느 시점에 각 곡선은 안정 상태에 이를 것이다. 무어 법칙은 영원히 계속되지 않을 것이다. 그것은 그저 삶이다. 모든 기하급수적 성장은 불가피하게 전형적인 S자 곡선으로 매끄럽게 펼쳐질 것이다. 이는 성장의 원형 패턴이다. 서서히 상승한 뒤 이륙하여 로켓처럼 곧장 위로 솟구친 다음, 이윽고 서서히 수평을 향한다. 1830년대에 미국에 깔린 철도는 37킬로미터에 불과했다. 그 길이는 다음 10년이 되자 두 배가 되었고, 그로부터 다시 10년 뒤에도 두 배로 늘었고, 60년 동안 10년마다 계속 두 배로 늘었다. 1890년에 분별력 있는 철도 애호가라면 100년 뒤에 미국에 수억 킬로미터의 철도가 깔려 있으리라고 예측했을 것이다. 모든 이의 집 앞까지 철도가 놓일 것이라고. 실제로는 40만 킬로미터보다 적었다. 하지만 미국인들은 이동하기를 멈추지 않았다. 그저 이동과 운송 수단을 다른 발명 종으로 옮겼을 뿐이다. 우리는 자동차 고속도로와 공항을 건설했다. 우리가 여행하는 거리는 계속 늘어났지만, 그 특정한 기술의 기하급수적 성장은 정점에 이르렀다가 안정기에 접어들었다.

테크늄에서 일어나는 요동의 상당수는 관심을 가진 것에 쏠리는 우리의 경향에서 비롯한다. 한 기술에 숙달되면 새 기술에 대한 갈망이 생긴다. 최근의 사례를 들어 보자. 최초의 디지털 카메라는 해상도가 아주 엉성했다. 그 뒤로 과학자들은 한 감지기에 점점 더 많은 화소를 욱여넣어서 사진의 품질을 높이기 시작했다. 그들이 알아차리기 전에, 한 배열에 가능한 화소의 수는 메가화소와 그 이상으로 증가하면서 기하급수적 곡선을 그렸다. 증가하는 메가화소 수는 새 카메라를 판매하기 위한 주요 특징이 되었다. 하지만 10년 동안 가속이 이루어진 뒤, 소비자들은 현재의 해상도면 충분하므로 화소 수 증가에 시큰둥해졌다. 대신에 그들의 관심은 화소 감지기의 속도나 약한 빛에 대한 반응으로 옮겨 갔다. 그 전까지는 아무도 관심을 갖지 않던 것으로. 그렇게 새로운 계량법이 탄생하고, 새 곡선이 시작되었고, 배열당 화소가 점점 더 많아지는 기하급수적 곡선은 서서히 누그러질 것이다.

무어 법칙도 비슷한 운명으로 향하고 있다. 언제인지는 아무도 모른다. 수십 년 전 고든 무어는 자신의 법칙이 250나노미터 제조 공정에 이르면 끝날 것이라고 예측했다. 그런데 그 단계는 1997년에 이미 넘었다.[21] 현재 그 산업은 20나노미터를 향하고 있다. 트랜지스터 밀도로 나타낸 무어 법칙이 우리 경제를 앞으로 10년, 20년, 혹은 30년을 추진하든 간에, 과거의 다른 추세들이 떠오르는 또 다른 추세로 승화해 사라져 갔듯이, 그것도 그럴 것이라고 확신할 수 있다. 기존 무어의 법칙이 약해질 때, 우리는 트랜지스터를 백만 배 더 만드는 대체 해결책을 찾아낼 것이다. 사실 우리는 이미 우리가 원하는 일을 할 만큼 칩당 충분한 트랜지스터를 지니고 있을지도 모른다. 어떻게 하는지 알기만 하면 된다.

무어는 제곱인치당 '구성 요소'의 수를 측정하는 것으로 시작했다가, 트랜지스터로 전환했다. 지금 우리는 달러당 트랜지스터 수로 측정한다. 화소

수에서 그랬듯이, 컴퓨터 칩에서 일단 한 기하급수적 추세(이를테면 트랜지스터 밀도)가 느려지면 우리는 새 매개변수(이를테면 작동 속도나 연결 수)를 고심하기 시작하며, 그럼으로써 새 계량법으로 측정하고 점을 찍으면서 새 그래프를 그리기 시작한다. 갑자기 또 다른 '법칙'이 드러난다. 이 새 기술의 특징이 연구되고 활용되고 최적화될 때 그것의 본연의 속도가 드러나며, 이 궤적을 추적할 수 있을 때 그것은 창조자들의 목표가 된다. 연산 사례에서는 이 새로 실현된 마이크로프로세서의 속성이 시간이 흐르면서 새로운 무어 법칙이 될 것이다.

공군의 1953년 최고 속도 그래프처럼, 그 곡선도 테크늄이 우리에게 말을 건네는 방식이다. 무어 법칙을 알리면서 전국을 돌아다녔던 카버 미드는 우리가 "기술의 말을 들어야" 할 필요가 있다고 믿는다.[22] 곡선들은 합창한다. 한 곡선이 불가피하게 편평해질 때, 그것의 추진력은 다른 S 곡

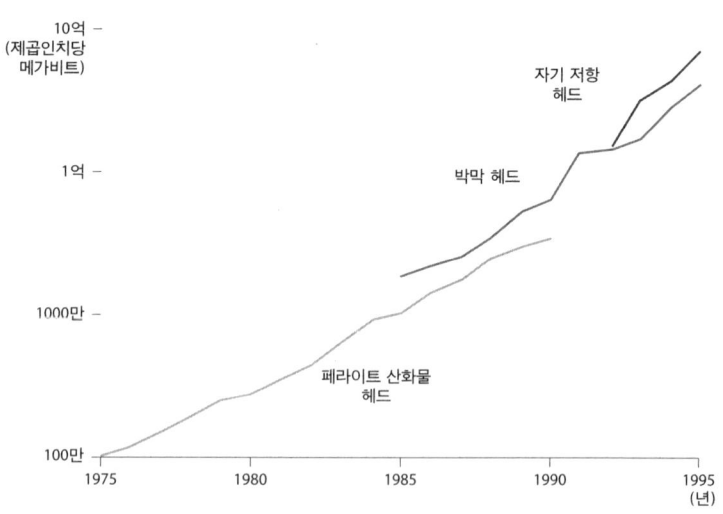

크라이더 법칙의 연속체.[23] 자기 기술의 기록 밀도 향상은 서로 다른 기술 플랫폼 사이에 중단 없이 이어진다.

선이 이어받는다. 지속되는 곡선을 자세히 조사한다면, 우리는 정의와 계량법이 새로 대체한 기술에 적응하기 위해 시간이 흐르면서 어떻게 옮겨 가는지를 알 수 있다.

예를 들어 하드 디스크 밀도에 관한 크라이더 법칙은 자세히 살펴보면 순서대로 조금씩 겹치는 더 작은 추세 곡선들로 이루어져 있다. 최초의 하드 디스크 기술은 페라이트 산화물인데 1975년부터 1990년까지 쓰였다. 두 번째 기술은 박막 필름으로, 약간 더 나은 성능과 약간 더 빠른 가속도로 증가하면서 페라이트 산화물과 겹치며 1985~1995년에 쓰였다. 세 번째 기술 혁신인 자기 저항은 1993년에 등장하여 더욱 빠른 속도로 향상되었다. 좀 불균등한 이 기울기들을 결합하면 흔들림 없는 궤적이 나온다.

다음 그래프는 한 일반 기술에 어떤 일이 일어나고 있는지를 속속들이 보여 준다.

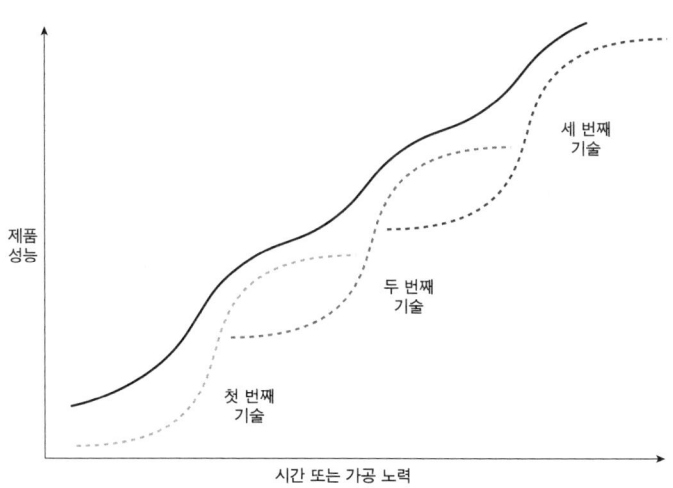

복합 S 곡선들.[24] 기술 성능은 세로축, 시간 또는 가공 노력은 가로축에 나타낸 이상화한 그래프다. 일련의 하위 S 곡선들이 더 큰 규모의 창발적이고 한결같은 기울기를 낳는다.

기하급수적 성장이 나름의 한계에 도달하는 S 곡선들은 서로 겹치면서 장기적으로 창발적이고 기하급수적인 성장 곡선을 낳는다. 둘 이상의 기술이 이어지면서 초월적인 힘을 지닌 메가트렌드가 도출된다. 한 기하급수적 증가가 다음 증가로 포섭됨에 따라, 확립된 기술은 자신의 추진력을 다음 패러다임에 전달하고 가차없이 성장시킨다. 측정 대상의 정확한 단위도 한 하위 곡선에서 다음 하위 곡선으로 넘어갈 때 변형될 수 있다. 우리는 화소 크기를 세는 것에서 시작하여 화소 밀도로 옮겨 갔다가 화소 속도로 넘어갈 수도 있다. 최종 성능이라는 형질은 최초 기술에서는 뚜렷하지 않다가 오랜 시간이 흐른 뒤에야, 아마도 무한정 계속되는 거시 추세로서 자신을 드러낼지도 모른다. 컴퓨터 사례에서는 칩의 성능 계량법이 한 기술 단계에서 다음 단계로 넘어감에 따라 계속 재보정되기에, 재정의된 무어 법칙은 결코 끝나지 않을 것이다.

칩당 더 많은 트랜지스터라는 추세가 서서히 종식을 고하는 것은 불가피하다. 하지만 평균적으로 디지털 기술은 우리가 내다볼 수 있는 미래까지 2년마다 대강 두 배로 성능이 향상될 것이다. 그것은 문화적으로 가장 중요한 장치와 시스템이 해마다 50퍼센트씩 더 빨라지고 더 값싸지고 더 나아질 것이라는 의미다. 당신이 해마다 절반씩 더 영리해진다고, 이를테면 작년보다 올해 50퍼센트 더 많이 기억할 수 있다고 상상해 보라. (우리가 지금 알고 있는 대로의) 테크늄에는 연간 절반씩 향상되는 놀라운 능력이 깊숙이 박혀 있다. 우리 시대의 낙관주의는 무어의 약속이 신뢰할 수 있게 진척된다는 점에 의존한다. 즉 내일은 상당히, 진정으로, 바람직하게 더 나아지고 더 값싸질 것이다. 우리가 만드는 것들이 다음번에는 더 나아진다면, 황금시대는 과거가 아니라 우리 앞에 놓여 있을 것이다. 무어 법칙이 멈춘다면 우리의 낙관주의도 끝장나지 않을까?

설령 무어 법칙이 유지되기를 원한다고 해도, 장기적으로는 무어 법칙을 탈선시킬 만한 것이 있지 않을까? 우리가 무어 법칙을 멈추려는 거대한 음모 세력에 속해 있다고 하자. 아마 우리는 그것이 부당하게 낙관론을 고양하고 우리에게 불멸을 안겨 줄 초인공 지능이라는 잘못된 기대감을 부추긴다고 믿을지 모른다. 우리는 무엇을 해야 할까? 어떻게 해야 그것을 멈출까? 그것의 힘이 주로 자기 강화적인 기대에 의존한다고 믿는 이들은 말할 것이다. 그냥 무어 법칙이 종말을 맞을 것이라고 선언하기만 하면 된다고. 무어 법칙을 굳게 믿는 명석한 이들이 그 법칙이 끝났다고 선언하면, 그것은 끝날 것이다. 자기 충족적 예언의 고리는 깨질 것이다. 하지만 그 법칙이 오로지 일을 추진하여 더 개선시키는 독불장군만을 필요로 하는 것이라면, 그 선언의 효과는 사라질 것이다. 규모 축소의 물리학이 물러설 때까지 경주는 재개될 것이다.

더 명석한 부류는 경제 체제 전체가 무어 법칙의 배가 시간을 결정하므로, 경제의 질을 꾸준히 낮추면 그것이 결국 멈출 것이라고 추론할 수도 있다. 부장 혁명을 통해 권위적인 명령을 토대로 한 정책(예전의 공산주의 국가처럼)을 수립할 수 있다면, 그 활기 없는 경제 성장이 아마 컴퓨터 성능의 기하급수적 성장을 위한 하부구조를 말살할 것이다. 나는 그 가능성이 흥미롭다고 생각하지만, 의구심이 든다. 역사와 반대로 공산주의가 냉전에서 이기고 마이크로전자공학이 세계 소비에트 사회에서 발명되었다면, 그 대안 정책 기구도 무어 법칙을 질식시킬 수 없었으리라고 나는 추측한다. 진보는 완만한 비탈에서는 더 느리게 굴러서 아마 배가 시간이 5년이 될지도 모르지만, 나는 스탈린주의 과학자들이 그 미시세계의 법칙을 내놓고 곧 우리처럼 똑같은 기술적 경이에, 즉 끊임없는 선형 노력이 적용됨에 따라 칩이 기하급수적으로 향상되는 것에 놀라게 될 것을 의심치 않는다.

배가 시간을 제외하고 우리는 무어 법칙에 별 영향을 미치지 못하는 것이 아닐까 나는 추측한다. 무어 법칙은 우리 시대의 모이라이(운명의 여신)

다. 그리스 신화에서 모이라이는 세 명의 여신이며, 대개 심술궂은 실 잣는 여인으로 묘사된다. 한 여신은 신생아의 수명이라는 실을 자아낸다. 또 한 모이라는 실의 길이를 정한다. 세 번째 모이라는 그 실을 잘라서 죽는 시기를 정한다. 한 사람의 시작과 끝은 미리 결정되어 있다. 하지만 그 사이에 벌어지는 일은 불가피하지 않았다. 인간과 신은 자신의 궁극적 운명이라는 한계 내에서 활동할 수 있다.

무어, 크라이더, 로버츠 카슨, 커즈와일이 밝혀 낸 요지부동의 궤적들은 테크늄을 통해 긴 실을 자아낸다. 그 실의 방향은 물질의 본성과 발견에 따라 정해지는 불가피한 것이다. 하지만 그것이 나아가는 경로는 열려 있으며, 끝내는 일은 우리에게 맡겨져 있다. 카버 미드는 말한다. 기술의 말을 들으라고. 그 곡선들은 무엇을 말하고 있을까? 지금이 1965년이라고 상상하자. 당신은 고든 무어가 발견한 곡선을 보았다. 그것들이 우리에게 말하려고 하는 이야기를 당신이 믿었다면? 겨울 다음에 여름이 오고 낮에 이어 밤이 오는 것만큼 확실하게 컴퓨터의 성능이 해마다 절반씩 향상되고 절반씩 작아지고 절반씩 값싸질 것이고, 50년 뒤에는 3000만 배 더 강력해질 것이라는 말을 말이다.(실제로 그렇게 되었다.) 당신이 1965년에 그렇게 확신했다면, 아니 그럭저럭 설득당하기라도 했다면, 얼마나 큰 재산을 모을 수 있었겠는가! 장래 이익을 최대화하기 위해 다른 예언이나 예측이나 세부 내용 따위는 전혀 필요 없었을 것이다. 우리 사회가 다른 것은 제쳐두고 오로지 무어 법칙의 단일 궤적을 그냥 믿었다면, 우리는 다르게 교육하고 다르게 투자하고 그것이 발휘할 놀라운 힘을 이해하기 위해 더 슬기롭게 준비했을 것이다.

트랜지스터, 대역폭, 저장 장치, 화소, DNA 서열 분석에서 발견되는 불변의 성장률은 우리가 가속된 테크늄의 짧은 역사에서 자아낸 모이라 실의 처음 몇 가닥에 속한다. 아직 발명되지 않은 도구들을 통해 드러날 실들이 분명 또 있을 것이다. 이 '법칙들'은 사회 분위기에 상관없이 발맞추는 테크늄의 반영들이다. 또 그것들은 질서 있는 순서로 펼쳐짐에 따라 진보를 낳고 새로운 힘과 새로운 욕망을 불어넣을 것이다. 아마 이 자치적 동역학은 유전학이나 제약학이나 인지 분야에서도 나타날 것이다. 일단 성장 동력학이 출범하고 눈에 띄기만 하면, 금융, 경쟁, 시장이라는 연료가 그 법칙을 한계까지 밀어붙이고, 그것이 잠재력을 다 소모할 때까지 그 곡선을 타고 계속 나아가도록 추진할 것이다.

우리의 선택은 그 선물에, 그리고 그것이 가져올 문제들에도 대비를 하는 것이며, 이는 중요한 문제이다. 우리는 이런 불가피한 쇄도를 더 잘 예견해 내는 쪽을 선택할 수 있다. 우리는 자기 자신과 아이들이 자기 분야에서 지적으로 교양을 갖추고 현명해지도록 교육하는 쪽을 택할 수 있다. 그리고 우리는 미리 정해진 궤적들에 맞추기 위해 법적, 정치적, 경제적 가정들을 수정하는 쪽을 택할 수 있다. 하지만 그것들에서 벗어날 수는 없다.

우리의 기술적 운명을 멀리서 엿볼 때, 그것의 불가피성을 두려워하여 물러나서는 안 된다. 오히려 우리는 준비하는 쪽으로 나아가야 한다.

9
불가피함을 선택하기

　예전에 나는 미래 기술의 운명을 직접 본 적이 있다. 1964년 아이인 나는 뉴욕 세계 박람회에 가서 눈을 동그랗게 뜨고 입을 쩍 벌린 채 돌아다녔다. 불가피한 미래가 전시되어 있었고 나는 그것을 꿀꺽꿀꺽 집어삼켰다. AT&T 전시관에는 작동하는 화상 전화가 있었다. 화상 전화 개념은 100년 동안 과학소설에 꾸준히 등장했기에, 실물은 예언적인 예시의 확실한 사례였다. 지금 여기 있는 것은 실제로 작동했다. 비록 나는 그것을 볼 수 없었고 써 보지도 못했지만, 그것이 교외지역에 사는 우리 삶에 어떤 식으로 활기를 불어넣을지 보여 주는 사진들은 《파퓰러 사이언스》 같은 잡지의 지면을 차지하고 있었다. 우리 모두는 그것이 언제든 우리 삶에 나타나리라고 기대했다. 그리고 45년 뒤의 어느 날 나는 1964년에 예측했던 바로 그 화상 전화를 쓰고 있었다. 캘리포니아의 집에서 아내와 내가 상하이에 있는 딸의 동영상이 나오는 굽은 하얀 화면을 향해 몸을 굽히고 있을 때, 우리는 화상 전화 앞에 온 가족이 모여 있는 옛 잡지에 실린 삽화의 판박이였다. 딸아

최초로 언뜻 선보인 화상 전화.[1] 1964년 뉴욕 세계 박람회의 벨 선화 회사 전시관에서.

이가 중국에서 화면으로 우리를 지켜보는 와중에, 우리는 사소한 가정사를 한가롭게 주고받았다. 우리 화상 전화는 모든 이가 상상했던 그대로였다. 세 가지 중요한 방식에서 차이가 있다는 점을 빼고. 그 장치는 정확히는 전화가 아니다. 그것은 우리의 아이맥과 딸의 노트북이었다. 통화는 무료였다.(AT&T가 아니라 스카이프를 통해.) 그리고 얼마든지 구할 수 있긴 하지만, 무료 화상 전화 통화는 흔해지지 않았다. 우리에게도 그랬다. 따라서 예전의 미래 전망과 달리, 불가피한 화상 전화는 현대의 표준 통신 방법이 되지 않고 있다.

그렇다면 화상 전화는 불가피했을까? '불가피한'은 기술과 관련지어 쓰일 때 두 가지 의미로 사용된다. 첫 번째는 어떤 발명이 그저 언제든 한 번은 존재해야 한다는 것이다. 이 의미로 보면, 실현 가능한 모든 기술은 조만간 어떤 미친 만물박사가 이것저것 쓸 만한 것을 다 모아 땜질하여 만들어낼 터이므로 불가피한 것이 된다. 제트팩(jetpack), 물 속 집, 어둠 속에서 빛나는 고양이, 기억을 잊는 알약 등, 시간의 미덕에 힘입어 모든 발명은 불가피하게 시제품이나 시연용으로 고안될 것이다. 그리고 동시 발명이 예외가 아니라 법칙이므로, 발명될 수 있는 모든 발명은 두 차례 이상 발명될 것이다. 그러나 널리 채택되는 발명은 거의 없을 것이다. 대부분은 제대로 작동하지 않을 것이다. 아니 작동하지만 불필요한 경우가 더 흔할 것이다. 따라서 이 사소한 의미에서 보면 모든 기술은 불가피하다. 시간의 테이프를 되감아 틀면 모든 기술은 재발명될 것이다.

두 번째, 더 실질적인 의미의 '불가피한'은 일정한 수준의 일반적인 수용과 생존력을 요구한다. 한 기술의 이용이 테크늄을 지배하거나 적어도 기술권(technosphere)의 한구석을 차지해야 한다. 하지만 어디에나 흔하다는 차원을 넘어서, 불가피한 것은 대규모 추진력을 지니고 수십억 인류의 자유 선택을 넘어서서 자체 결정에 따라 일을 처리해야 한다. 단순한 사회적 변덕에 흔들려서는 안 된다.

화상 전화는 여러 시대와 여러 경제 체제에서 여러 번 충분히 구체적인 수준까지 상상이 이루어지곤 했다. 그것은 정말로 이루어지기를 원한 것이었다. 한 화가는 1878년 그것의 상상화를 그렸고, 그로부터 겨우 2년 뒤 전화가 특허를 받았다. 1938년 독일 우체국에서 일련의 작동하는 시제품들이 전시되었다. 1964년 세계 박람회가 끝난 뒤 뉴욕 시의 거리 공중전화 부스에 픽처폰이라는 상업용 화상 전화가 설치되었지만, AT&T는 관심이 저조하자 10년 뒤 그 제품을 철거했다. 픽처폰은 정점에 이르렀을 때에도 유료 사용자가 500명 정도에 불과했다. 거의 모든 사람이 그 전화를 알고 있었음에도.[2] 이것은 불가피한 진보라기보다는 자신의 불가피한 우회 회선과 경쟁하는 발명품이라고 주장할 수도 있다.

하지만 지금은 상황이 바뀌었다. 50년이 지난 지금은 그것이 더 불가피한 듯하다. 그때는 시기가 너무 일렀고, 필요한 지원 기술이 없었고 사회 동역학이 성숙하지 않았을지 모른다. 이런 면에서 되풀이된 이전의 시도들은 그것이 불가피하다는, 태어나려는 거침없는 충동을 지닌다는 증거로 받아들일 수 있다. 그리고 아마 그것은 여전히 태어나는 중일 것이다. 화상 전화를 더 흔하게 만들 수 있는, 아직 발명되지 않은 혁신들이 더 있을 수도 있다. 화자의 시선을 한쪽에 놓인 카메라가 아니라 당신의 눈으로 향하게 하는 방법이나 대화하는 다수의 상대방을 번갈아 보여 주는 화면 전환 방법 같은 혁신이 필요하다.

화상 전화가 미적거리며 출현했다는 것은 (a) 그것이 분명히 생겨나야 했다, (b) 그것은 생겨날 필요가 없는 것이 확실하다라는 양쪽 논리의 증거다. 그것은 이런 질문을 제기한다. 기술 비평가 랭던 위너(Langdon Winner)의 말마따나 기술은 "자기 추진적이고 자급자족적이며 불가항력적인 흐름"이라는 기술 자체의 관성에 따라 나아가는 것일까,[3] 아니면 우리가 기술 변화의 순서를 명확한 자유 의지로 선택할 수 있을까, 즉 각 단계의 책임을 우리가(개인적 혹은 집단적으로) 질 수 있는 입장일까?

여기서 유추를 하나 하고 싶다.

당신이 누구인가는 어느 정도 자기 유전자에 따라 결정된다. 매일같이 과학자들은 인간의 특정 형질 암호를 지닌 새로운 유전자를 찾아내서, 물려받은 '소프트웨어'가 당신의 몸과 뇌를 추진하는 방식을 드러낸다. 지금 우리는 중독, 야심, 위험 부담, 부끄러움 등 많은 행동이 강한 유전적 요소를 지닌다는 사실을 안다. 동시에 '당신이 누구인가'가 자신의 환경과 양육에 따라 결정된다는 점도 분명하다. 매일 과학은 우리 가족, 동료, 문화적 배경이 우리 존재를 형성하는 방법을 보여 주는 증거들을 더 많이 밝혀낸다. 우리에 대한 타인의 믿음은 엄청난 힘을 발휘한다. 그리고 더 최근에 환경 요인이 유전자에 영향을 미칠 수 있다는 증거가 늘어나고 있으며, 따라서 이 두 요인은 그 단어의 가장 강력한 의미에서 공통 인자다. 즉 그것들은 서로를 결정한다. 당신의 환경(무엇을 먹느냐 같은)은 당신의 유전암호에 영향을 미칠 수 있으며, 당신의 유전암호는 당신을 특정한 환경으로 나아가게 할 것이다. 그리하여 뒤엉킨 두 영향은 풀기가 어려워진다.

마지막으로 당신이 누구인가는 그 단어의 가장 풍부한 의미에서(당신의 성격, 당신의 정신, 당신이 어떤 삶을 사는가) 당신이 무엇을 선택하는가에 따라 결정된다. 당신 삶의 모습 중 아주 많은 것이 당신에게 주어지며 당신의 통제 범위를 넘어서지만, 당신이 그 주어진 것들 사이에서 선택할 자유는 매우 크며 큰 의미를 지닌다. 유전자와 환경이라는 제약 내에서 당신의 인생 행로는 당신에게 달려 있다. 당신은 어느 재판정에서든 진실을 말할지 여부를 결정할 수 있다. 설령 당신이 유전적으로 혹은 집안 내력상 거짓말을 하는 성향이 있다고 할지라도 그렇다. 유전적 혹은 문화적으로 수줍어하는 성향인지 아닌지와 상관없이 당신은 낯선 사람과 친분을 맺을 위험을 감수할지 말지 스스로 판단한다. 타고난 성향이나 형성된 조건을 넘어서 스스로 판단한다. 당신의 자유는 완벽한 것과 거리가 멀다. 세계에서 가장 빠른 달리기 선수가 될지 여부는 당신의 선택에만 달려 있지는 않지만(유전적 특징과 양육도 큰 역할을 한다.) 전보다 더 빨리 달릴지는 스스로 선택할 수 있다. 유전 및 집과 학교에서의 교육은 당신이 얼마나 영리하거나 관대하거나 비열해질 수 있는지 바깥 한계를 설정하지만, 당신은 어제보다 오늘 더 영리하거나 더 관대하거나 더 비열해질지를 스스로 선택할 수 있다. 당신은 게을러지거나 너저분해지거나 상상하고 싶은 몸과 뇌에 깃들어 있을지 모르지만, 그런 자질이 어느 정도 발전할지를 스스로 선택한다.(설령 본래 단호한 성격이 아니라 할지라도.)

신기하게도 남들이 우리를 기억하는 부분은 자기 자신이 자유롭게 선택하는 바로 이 부분이다. 출생과 배경이라는 더 큰 틀 내에 살아가면서 연쇄적으로 이루어지는 실제 선택들을 어떻게 다루느냐에 따라 바로 우리가 누구인지가 결정된다. 우리가 죽었을 때 사람들이 우리에 대해 이야기하는 것도 바로 그것이다. 주어진 것이 아니라, 우리가 선택한 것들이 우리를 만든다.

기술도 마찬가지다. 테크늄은 타고난 본성에 따라 일부 미리 정해진다. 그것은 이 책에서 더 큰 비중을 차지하는 주제이기도 하다. 유전자가 수정란에서 시작하여 배아를 거쳐, 태아로, 신생아로, 걸음마를 떼는 아기로, 아이로, 십 대로 인간 발달의 불가피한 단계들을 펼치는 것과 마찬가지로, 기술의 가장 큰 추세는 발달 단계들을 거치면서 전개된다.

우리 인생에서 우리가 십 대가 되는 일에는 선택의 여지가 없다 기이한 호르몬들이 흐를 것이고, 우리 몸과 마음은 변형되어야 한다. 문명도 비슷한 경로를 따른다. 비록 우리가 덜 주시하기에 윤곽이 더 모호하긴 할지라도. 그래도 우리는 필연적인 순서를 식별할 수 있다. 사회는 먼저 불을 다스려야 하며, 금속 가공 뒤에야 전기가 등장하고, 전기가 나온 뒤에야 지구 통신망이 등장한다. 정확한 순서를 놓고 견해 차이가 있을 수 있지만, 순서가 있다는 것은 분명하다.

그와 동시에 역사도 중요하다. 기술 체제들은 자체 추진력을 획득하고 점점 더 복잡해지고 자체적으로 모여들어서 다른 기술들을 위한 호혜적 환경을 형성한다. 휘발유 자동차를 뒷받침하기 위해 구축된 하부구조는 대단히 광범위하기에, 한 세기에 걸쳐 팽창한 지금은 교통 너머에 있는 기술들에도 영향을 미친다. 예를 들어 에어컨의 발명은 도로망과 협력하여 아열대 교외지역의 성장을 부추겼다. 값싼 시원한 공기의 발명은 미국 남부와 남서부의 경관을 바꾸어 놓았다. 에어컨이 자동차 없는 사회에서 구현되었더라면, 비록 공기 냉각 시스템이 나름의 기술적 추진력과 타고난 특성을 지녔다고 해도 그것이 빚어낸 결과들의 양상은 달라졌을 것이다. 따라서 테크늄에서의 모든 새로운 발전은 앞선 기술들이라는 역사적 조상에 의존한다. 생물학에서는 이 효과를 공진화라고 하며, 그것은 한 종의 '환경'이 그것과 상호 작용하는 다른 모든 종들의 생태계이고 그들 모두가 함께 변한다는 의미다. 예를 들어 먹이와 포식자는 결코 끝나지 않는 군비 경쟁을 벌이며 함께 진화하고 서로 진화한다. 숙주와 기생생물은 서로를 능가하려고 애쓰면서 한 쌍이 되며, 생태계는 그 생태계에 적응하는 신종이라는 움직이는 표적에 적응할 것이다.

불가피한 힘들이 설정한 경계 내에서 우리 선택은 결과들을 낳고, 그 결과들은 시간이 흐르면서 점점 더 추진력을 획득하다가 이윽고 이런 우연성은 기술적 필연성으로 굳어지고 미래 세대에게는 거의 바꿀 수 없는 것이 된다. 기본적으로 옳은 초기 선택이 장기적으로 어떤 결과를 빚어내는지를 보여 주는 오래된 이야기가 하나 있다. 로마의 평범한 이륜 마차는 로마제국의 전차 폭에 맞게 제작되었다. 도로에 전차가 남긴 바퀴 자국을 그대로 따라가는 편이 더 쉬웠기 때문이다. 전차는 큰 전마 두 마리의 폭에 맞게 만들어졌는데, 그것은 현재 단위로 옮기면 141.59센티미터다. 드넓은 로마제국 전역의 도로는 이 기준에 맞게 건설되었다. 로마군단이 영국으로 진출했을 때, 그들은 마찬가지로 폭이 141.59센티미터인 장거리 제국 도로를 건설했다. 훗날 영국이 광차 선로를 깔기 시작했을 때도 마차에 썼던 것과 똑같은 폭을 사용했다. 그리고 말이 끌지 않는 열차가 다닐 철도를 깔기 시작했을 때, 철도의 폭도 자연히 141.59센티미터가 되었다. 아메리카 대륙으로 온 영국 제도의 노동자들은 아메리카에 처음 철도가 놓일 때 자신들이 써 왔던 바로 그 도구와 기구를 썼다. 세월이 흐르자 미국은 우주 왕복선을 제작한다. 부품들은 미국 전역에서 제작되고 플로리다에서 조립된다. 발사될 왕복선의 양쪽에 달린 두 개의 커다란 고체 연료 로켓 엔진은 유타 주에서 철도를 통해 운반되었다. 도중에 표준 철도 폭보다 그다지 넓지 않은 터널을 지나야 했기에 로켓 자체의 지름도 141.59센티미터보다 아주 크게 만들 수가 없었다. 한 익살꾼은 이렇게 결론지었다. "그러니 세계에서 가장 발전된 수송 체계라고 할 수 있는 것의 주요 설계 특징은 2000년 전 말 두 마리의 엉덩이 폭에 따라 결정되었다." 이것은 기술이 시간에 어떻게 제약되는지를 다소 보여 준다.

　기술의 지난 1만 년은 각각의 새로운 시대에 미리 정해진 기술의 행군에 영향을 미쳐 왔다. 예를 들어 초창기 전력 체계의 초기 조건은 몇 가지 방식으로 그것의 최종 망의 특징으로 인도할 수 있다. 공학자들은 교류와 중앙 집중화를 택할 수도 있고, 직류와 분산화를 택할 수도 있다. 전력 체계를 12볼트(아마추어들의 주장대로)로 구축할 수도 있었고 250볼트(전문가들의 주장내로)로 세울 수도 있었다. 법 제도는 특허를 보호할 수도 그렇지 않을 수도 있었으며, 사업 모형은 이익을 중심으로 혹은 비영리 자선 행위를 중심으로 구축할 수도 있었다. 이런 초기 명세서는 전력망을 토대로 인터넷이 발달하는 방식에도 영향을 미쳤다. 이 모든 변수들은 뻗어 나가는 시스템을 각기 다른 문화적 방향으로 구부린다. 하지만 전기화의 일부 형태는 테크늄의 필연적이며 불가피한 단계였다. 그 뒤를 따른 인터넷도 불가피했지만, 구현된 특징은 앞선 기술들의 행로에 따라 달라진다. 전화는 불가피하지만, 아이폰은 그렇지 않았다. 우리는 생물학적 유사성을 받아들인다. 즉 인간의 청춘기는 불가피하지만, 비행은 그렇지 않다. 어느 개인이 표출하는 불가피한 청춘기의 정확한 양상은 부분적으로 그나 그녀의 생물학에 의존할 것이며, 그 생물학은 그나 그녀의 과거 건강과 환경에 어느 정도 의지하지만 자유 의지에 따른 선택에도 의지한다.

개성과 마찬가지로 기술도 세 가지 힘을 통해 빚어진다. 첫 번째 운전자는 미리 정해진 발달이다. 즉 기술이 원하는 것이다. 두 번째 운전자는 말 멍에의 크기가 우주 로켓의 크기를 결정하는 식으로, 과거의 중력, 즉 기술 역사의 영향이다. 테크늄을 빚어내는 세 번째 힘은 사회의 집단적인 자유 의지, 즉 우리의 선택이다. 불가피성이라는 첫 번째 힘 아래에서 기술 진화의 경로는 물리 법칙과 크고 복잡한 적응계 내에서의 자기 조직화 경향 양쪽에 이끌린다. 테크늄은 설령 시간의 테이프를 되감아 튼다고 해도 특정한 거시 형태를 향하는 경향을 보일 것이다. 다음에 일어날 일은 두 번째 힘, 즉 이미 일어난 일에 달려 있으며, 따라서 역사라는 추진력이 장래의 우리 선택을 제약한다. 이 두 힘은 테크늄을 한정된 경로로 나아가게 하며 우리의 선택을 심하게 제한한다. 우리는 "다음에는 어떤 것이든 가능하다."라고 생각하고 싶어 하지만, 사실 기술에서 무엇이든 다 가능한 것은 아니다.

이 두 힘과 대조되는 세 번째 힘은 개인의 선택을 활용하는 우리의 자유의지와 집단 정책 결정이다. 우리가 상상할 수 있는 모든 가능성들과 비교하면 우리의 선택 범위는 아주 좁다. 하지만 1만 년 전이나 1000년 전, 아니 심지어 작년과 비교할 때, 우리의 가능성은 확대되고 있다. 비록 아주 넓은 의미에서 보면 제한되어 있을지라도, 우리는 하고자 하는 것에 우리가 아는 것보다 더 많은 선택의 여지를 갖고 있다. 그리고 테크늄의 엔진을 통해 이런 실제 선택은 계속 확대될 것이다.(설령 더 큰 경로는 미리 결정되어 있다고 할지라도.)

이 역설은 기술사학자들뿐 아니라 일반 역사학자들도 인정한다. 문화사학자 데이비드 앱터(David Apter)는 이렇게 말한다. "인간의 자유는 사실상 역사적 과정이 설정한 한계 내에서 존재한다. 모든 것이 가능하지는 않을지라도, 그래도 선택할 수 있는 여지는 많다."[4] 기술사학자인 랭던 위너는 자유 의지와 정해진 것의 이런 수렴을 다음과 같이 요약한다. "기술은 마치 원인과 결과에 이끌리는 양 꾸준히 앞으로 나아간다. 그렇다고 이 말이 인간의 창의성, 지능, 특이성, 기회, 저 방향이 아니라 이 방향으로 나아가려는 의지가 깃든 욕망을 부정하지는 않는다. 이 모든 것은 그 과정에 흡수되어 진보의 구성 요소가 된다."[5]

테크늄의 삼원성이 생물학적 진화의 삼원성과 같다는 것은 우연의 일치가 아니다. 테크늄이 정말로 생물 진화가 확장되고 가속된 형태라면, 그것은 똑같은 세 힘에 지배되어야 한다.

한 힘은 불가피성이다. 물리 법칙과 창발적 자기 조직화는 진화를 특정한 형태로 나아가도록 추진한다. 특정한 종(생물 종이든 기술 종이든 간에)은 미시적 세부사항 측면에서는 예측 불가능하지만, 거시적 패턴(전기 모터, 이진 연산)은 물질의 물리학과 자기 조직화를 통해 정해진다. 이 벗어날 수 없는 힘은 생물학적 및 기술적 진화의 구조적 불가피성이라고 생각할 수 있다.(그림의 왼쪽 아래 꼭짓점)

이 삼각형의 두 번째 꼭짓점은 진화적 변화의 역사적, 우연적 측면이

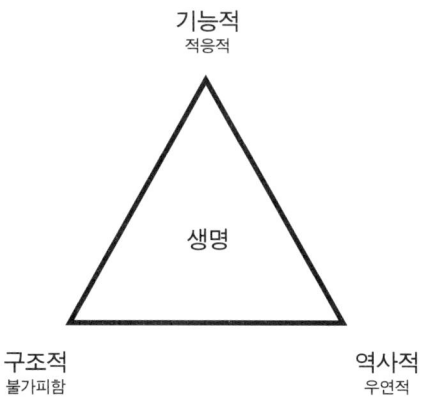

생물학적 진화의 삼각형.[6] 생명의 세 진화적 힘.

다.(오른쪽 아래) 사건과 상황에 따른 기회는 진화 경로를 이쪽저쪽으로 구부리며, 그런 우연성은 시간이 흐르면서 쌓여 자체 내부 추진력을 지닌 생태계를 만든다. 그러니 과거는 중요하다.

진화 내에서 작동하는 세 번째 힘은 적응적 기능이다. 즉 생존의 문제들을 계속하여 해결하는 최적화와 창의적 혁신의 가차 없는 엔진을 말한다. 생물학에서 이는 의식 없는 맹목적인 자연선택이라는 엄청난 힘이다.(위쪽 꼭짓점)

하지만 테크늄에서 적응적 기능은 자연선택에서와 달리 의식이 없지 않다. 그것은 인간의 자유 의지와 선택에 열려 있다. 이 지향적 영역은 불가피한 발명이라는 정치적 표현들 속에서 우리가 내리는 많은 결정과 개인들이 특정 발명을 이용할지 피할지(그리고 어떻게 이용할지)에 관해 내리는 무수한 사적 결정들로 이루어진다. 생물학적 진화에는 설계자가 없지만, 테크늄에는 지적 설계자가 있다. 바로 사피엔스다. 그리고 물론 이 의식적인 열린 설계(삼각형의 위쪽 꼭짓점)가 바로 테크늄이 세상에서 가장 강력한 힘이

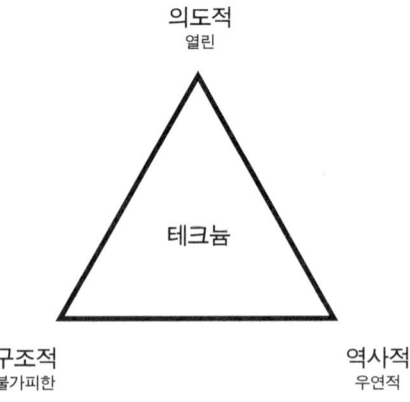

기술 진화의 삼각형.[7) 테크늄에서는 기능적 힘을 동등한 다른 힘이 대신한다. 의도적인 힘이다.

된 이유다.

기술 진화의 나머지 두 다리는 생물학적 진화의 나머지 두 다리와 동일하다. 물리학의 기본 법칙과 창발적 자기 조직화는 불가피한 일련의 구조적 형태(네 바퀴 운송 수단, 반구 모양의 배, 페이지로 이루어진 책 등)를 통해 기술 진화를 추진한다. 동시에 과거 발명이라는 역사적 우연성은 불가피한 발달의 한계 내에서 진화를 이쪽저쪽으로 구부리는 관성을 형성한다. 테크늄에 특징을 부여하는 힘은 세 번째 다리인, 자유 의지를 지닌 개인들의 집단 선택이다. 그리고 개인의 삶에서 자유 의지에 따른 선택이 지금의 우리라는 사람(이루 형언할 수 없는 '사람')을 빚어내듯, 우리의 선택도 테크늄을 빚어낸다.

우리는 조립 라인 공장, 화력 발전소, 대중 교육, 시간 엄수라는 산업 자동화 시스템의 거시적 윤곽을 선택할 수는 없을지 몰라도 구성 부분들의 특징을 선택할 수는 있다. 대중 교육의 기본값들을 선택할 자유가 있으므로, 우리는 평등을 최대화하거나 우수함을 선호하거나 혁신을 부추기는 쪽으로 그 체계를 몰고 갈 수 있다. 또한 산업 조립 라인의 발명을 생산량을 최대화하거나 작업 기술을 최대화하는 쪽으로 추진할 수 있다. 그 두 경로는 서로 다른 문화를 낳는다.

모든 기술 체계는 그 기술의 특징과 개성을 바꿀 택일 가능한 설정값들을 갖고 시작할 수 있다. 선택의 결과는 우주에서도 쉽게 볼 수 있다. 하늘을 훑는 인공위성은 밤에 도시의 불빛을 기록한다. 궤도에서 보면 지상에서 환하게 빛나는 소도시 하나하나는 테크늄의 야간 초상화 속 화소 같은 역할을 한다. 골고루 분포한 빛의 덮개는 기술 발전을 나타낸다. 아시아에서 빛은 골고루 흩어지다가 불빛이 없는 커다란 검은 얼룩에 가로막힌다. 그 검은 윤곽은 북한이라는 배교 국가의 윤곽과 정확히 일치한다.

스탠퍼드 대학교의 경제학자 폴 로머(Paul Romer)는 이 눈에 띄는 부정

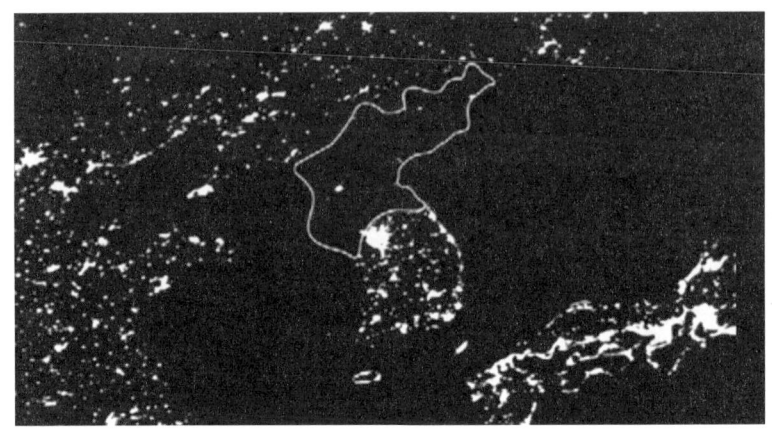

밤의 북한.[8] 동아시아 상공의 야간 위성 사진에 나타난 현대 기술의 부재. 북한의 윤곽이 흰색으로 표시되어 있다.

적 공간이 정책의 결과임을 지적한다. 주변 지역의 밝은 불빛에서 뚜렷이 드러나듯 북한에도 야간 조명의 기술적 구성 요소는 모두 존재하지만, 나라로서의 북한은 최소한의 매우 희박한 양의 전력 송출 시스템을 채택했다.[9] 그 결과가 바로 아연실색할 기술 선택 지도로 나타난다.

저술가 로버트 라이트(Robert Wright)는 『넌제로(Nonzero)』에서 기술에 적용된 불가피성의 역할을 이해하는 데 도움이 될 놀라운 유추를 제공한다. 여기서 약간 고쳐서 소개하기로 하자. 라이트는 작은 씨, 이를테면 양귀비 씨의 운명은 식물로 자라는 것이라는 주장이 적절하다고 말한다. 10억 년에 걸쳐 꽃에 새겨진 영원히 고정된 경로에 따라, 꽃은 씨를 낳고, 씨는 식물을 피운다. 씨가 하는 일은 싹틔우기다. 그 근본적인 의미에서 양귀비 씨가 식물이 되는 것은 불가피하다. 비록 아주 많은 양귀비 씨가 베이글로 끝을 맺지만 말이다. 굳이 씨의 100퍼센트가 다음 단계에 이르러야만 양귀비의 성장이 그 방향으로 가차 없이 일어난다고 받아들일 수 있는 것은 아니다. 양귀비 씨 안에 DNA 프로그램이 있다는 것을 알기 때문이다. 씨는 식물이 되기를 '원한다.' 더 정확히 말하면 양귀비 씨는 정확히 같은 유형의 줄기, 잎, 꽃을 자라게 하도록 설계되어 있다. 우리는 씨의 운명을 얼마나 많은 씨가 그 여행을 끝내는가라는 통계적 확률보다 그것이 무엇을 위해 설계되는가의 문제로 본다.[10]

테크늄이 자신을 불가피한 특정 기술 형태로 밀어붙인다는 주장이 곧 모든 기술이 수학적 확실성을 지닌다는 의미는 아니다. 오히려 그것은 운명보다는 어떤 방향을 시사한다. 더 정확히 말해서 테크늄의 장기 추세는 테크늄의 설계를 보여 준다. 이 설계는 테크늄이 무엇을 하도록 설계되어 있는지를 시사한다.

불가피성은 결함이 아니다. 불가피성은 예측을 더 쉽게 해 준다. 더 잘 예측할수록 다음에 올 것에 더 잘 대비할 수 있다. 지속적인 힘들의 커다란 윤곽을 식별할 수 있다면, 그 세계에서 번성하기에 알맞은 기술과 교양을 아이들에게 더 잘 가르칠 수 있다. 우리는 그 다가올 현실에 맞추어 우리의 법과 공공 제도의 기본값들을 변경할 수 있다. 예를 들어 모든 이의 DNA 서열 전체가 태어날 때 혹은 그 이전에 분석될 것임을 우리가 깨닫는다면(그것은 불가피하다.), 모든 이에게 유전적 지식을 가르치는 일은 필수적이다. 각각은 이 유전암호로부터 무엇을 알아낼 수 있고 없는지, 관계된 사람들 사이에서 그것이 달라지는지 그렇지 않은지, 그것의 온전함에 무엇이 영향을 미치는지, 그것에 관해 어떤 정보를 공유할 수 있을지, 이 맥락에서 '인종'과 '민족' 같은 개념이 무슨 의미인지, 이 지식을 어떻게 하면 맞춤 치료에 쓸 수 있는지 그 한계를 알아야 한다. 하나의 온전한 세계가 열릴 것이며, 그러기까지 시간이 걸리겠지만 엑소트로피 원리에 따라 그것은 불가피하게 도래할 것이기 때문에 지금 이런 선택들을 정리하기 시작해야 한다.

테크늄이 진보함에 따라, 더 나은 예보와 예측 도구들이 우리가 그 불가피함을 포착하도록 도와줄 것이다. 사춘기 비유로 돌아가면, 우리는 인간 사춘기의 불가피한 시작을 예견할 수 있어서 그 시기에 더 잘 성장할 수 있다. 십 대들은 생물학적으로 독립성을 확보하는 수단으로서 위험을 무릅쓰게 되어 있다. 진화는 모험적인 십 대를 '원한다.' 사춘기에 모험적인 행동이 예상된다는 점을 알면, 십 대도 안심이 되고(너는 별난 존재가 아니라 정상이다.) 사회도 안심이 되며(극복하고 자랄 것이다.), 정상적인 모험심을 향상과 증진을 위해 활용할 수 있다. 끊임없이 연결되는 지구적인 망이 성장하는 문명의 불가피한 단계임을 확신한다면, 우리는 이 불가피성에 안도감을 얻고 동시에 그것을 우리가 할 수 있는 최상의 전 지구적 망을 만들라는 유혹으로 받아들일 수 있다.

기술이 발전함에 따라 더 많은 가능성을 얻을 뿐더러, 우리가 영리하고 현명하다면 이런 예정된 추세들을 예견할 더 나은 방법도 얻는다. 기술에서는 우리의 실제 선택이 중요하다. 비록 미리 정해진 발달 형태에 제약을 받을지라도, 한 기술 단계의 세부 사항들은 우리에게 대단히 중요하다.

발명과 발견은 테크늄에 본래 들어 있는, 드러나기를 기다리는 수정(crystal)이다. 이런 양상에 마법 따위는 전혀 없으며, 기술이 방향을 지닌다는 데에 신비적인 요소는 전혀 없다. 은하에서 불가사리, 그리고 인간 마음에 이르기까지 안정적으로 자기 조직화를 유지하는 모든 복잡적응계는 고유의 방향으로 창발적인 형태들을 드러낼 것이다. 우리는 이런 형태들을 불가피하다고 말한다. 빠져나가는 물에서 생기는 소용돌이나 겨울 눈발의 눈송이처럼, 그것들은 조건이 맞을 때마다 스스로를 드러낼 것이기 때문이다. 하지만 그것들은 물론 세세한 수준까지 정확히 똑같이 표현되는 법은 결코 없다.

테크늄이라는 소용돌이는 자체 의제, 자체 명령, 자체 방향을 키워 왔다. 그것은 더 이상 부모이자 창조자인 인간의 완전한 통제와 지배하에 있지 않다. 모든 부모가 그렇듯이 우리는 테크늄의 힘과 독립성이 커질수록 더 걱정한다.

하지만 테크늄의 자율성은 우리에게 큰 혜택도 안겨 준다. 실제로 진보가 장기적으로 부흥할 수 있는 까닭은 그것이 생명과 유사한 계로서 성장하기 때문이다. 그리고 기술의 가장 매혹적인 측면들도 이처럼 자가 증진하는 장기 추세에 있다.

자기 보존, 자기 연장, 자기 성장의 충동은 살아 있는 모든 것의 자연스러운 상태다. 우리는 사자, 메뚜기, 혹은 우리 자신의 이기적인 본성을 못마땅하게 여기지 않는다. 하지만 우리의 생물학적 자손의 유년기에 그들의 아이다운 이기적 본성이 우리와 충돌하는 순간이 나타나며, 그럴 때 우리는 그들이 나름의 의제를 지니고 있음을 인정해야 한다. 그들의 삶이 우리 삶과 연속적이라는 사실이 명백할지라도(그들의 모든 세포는 우리 세포에서 끊이지 않고 이어져 나온 것이다.), 우리 아이들은 자신의 삶을 지닌다. 아기를 아무리 많이 보았을지라도, 우리는 이런 독립심이 출현할 때마다 동요한다.

전반적으로 볼 때 우리와 테크늄의 관계도 바로 그런 시점에 와 있다. 우리는 생물학에서 이런 자연스러운 생활사를 매일 접하지만, 기술에서 그것을 마주치기란 이번이 처음이며, 그렇기에 허둥거린다. 기술에서 이기성을 접할 때 충격을 받는 이유는 정의상 우리가 테크늄 자체의 일부이며, 앞으로도 늘 그럴 것이라는 사실과 관련이 있다. 심리학자 셰리 터클(Sherry Turkle)의 말에 따르면, 기술은 우리의 '제2의 자아(second self)'다.[11] 그것은 '남'이자 '우리'다. 자라서 우리와 완전히 분리된 마음을 갖게 되는 생물학적 아이들과 달리, 테크늄의 자율성은 우리와 우리의 집단 마음을 포함한다. 우리는 테크늄의 이기적 본성의 일부다.

따라서 현재 진행 중인 기술의 딜레마는 결코 우리를 떠나지 않을 것이다. 그것은 우리가 우리 세계를 개선하기 위해 휘두르고 계속 갱신하는 끊임없이 정교해지는 도구다. 그리고 우리 자신이 만드는 차원을 넘어서 한 방향을 따라 계속 성숙해 가는 초생물이며, 우리는 그것의 일부에 불과하다. 인간은 테크늄의 주인이자 노예이며, 이 불편한 이중 역할을 계속해야 하는 운명에 처해 있다. 따라서 우리는 늘 기술에 대해 갈등을 일으키며 선택을 하는 데 어려움을 느낄 것이다.

그러나 그것을 껴안을지 말지를 놓고 걱정할 필요는 없다. 우리는 껴안는 차원을 넘어서 있다. 즉 이미 그것과 공생하고 있다. 거시적 수준에서 테크늄은 자신의 불가피한 진행 경로를 따라간다. 하지만 미시 수준에서는 의지가 지배한다. 우리의 선택은 자신을 이 방향에 맞추고, 모든 이와 모든 것을 위해 선택과 가능성을 확대하고, 우아하고 아름답게 세부 사항을 펼치는 것이다. 아니면 제2의 자아에 저항하는 쪽을 택할 수도 있다.(내가 보기에는 어리석은 일이지만.)

테크늄이 우리 마음에 갈등을 일으키는 까닭은 우리가 자신의 본성을 받아들이기를 거부하기 때문이다. 즉 우리가 자신이 창조하는 기계와 하나로 이어져 있다는 사실을 말이다. 우리는 스스로를 만든 인간이며, 인간은 우리의 최고 발명품이다.

기술을 통째로 거부할 때, 그것은 자기 증오가 된다. 브라이언 아서는 말한다. "우리는 자연을 믿지만 기술에서 희망을 본다."[12] 그 희망은 우리 자신의 본성을 껴안는 데 달려 있다. 자신을 테크늄의 명령에 맞춤으로써 우리가 어디로 향하고 있는지 더 잘 알 수 있는 곳으로 그것이 나아가도록 더 잘 준비할 수 있다. 기술이 원하는 것을 따름으로써, 우리는 그것의 온전한 재능을 손에 넣을 준비를 더 잘할 수 있다.

3부

선택

10
유나바머는 옳았다

1917년 오빌 라이트(Orville Wright)는 이렇게 예측했다. "항공기는 여러 면에서 평화에 도움을 줄 것이다. 특히 나는 그것이 전쟁을 불가능하게 하는 경향을 지니리라고 본다."[1] 그의 말은 더 앞서 미국 언론인 존 워커(John Walker)가 감상적으로 한 말을 떠올리게 한다. 워커는 1904년, "평화의 기계로서, [항공기는] 세상에 이루 헤아릴 수 없는 가치를 지닐 것이다."[2]라고 선언했다. 이것이 기술에 원대한 희망을 품은 첫 번째 사례는 아니다. 그해에 쥘 베른은 선언했다. "잠수함은 전투를 전면 중단시킬 수 있을지 모른다. 함대가 무용지물이 될 테니까. 그리고 다른 전쟁 물자들이 계속 개량됨에 따라 전쟁은 불가능해질 것이다."[3]

다이너마이트의 발명자이자 노벨상 설립자인 스웨덴 인 알프레드 노벨은 자신의 폭발물이 전쟁 억제책이 될 것이라고 진정으로 믿었다. "내 다이너마이트는 곧 1000가지 세계 조약보다 더 평화를 가져올 것이다."[4]

기관총의 발명가인 하이럼 맥심(Hiram Maxim)도 1893년 "이 총이 전쟁을 더 끔찍하게 만들지 않을까요?"라는 질문을 받자, 같은 맥락의 답을 내놓았다. "아니오, 전쟁을 불가능하게 만들 겁니다."[5] 무선 전신의 발명자 굴리엘모 마르코니(Guglielmo Marconi)도 1912년에 공언했다. "무선 시대가 도래하면 전쟁은 불가능해질 것이다. 전쟁이 우스꽝스러워질 테니까."[6] 1925년 RCA 이사회 의장인 제임스 하보드(James Harbord)는 "무선 전신은 '땅에는 평화가 모든 이에게 행복이'라는 개념을 현실로 만드는 데 봉사할 것이다."[7]라고 믿었다.

1890년대에 전화가 상업화한 지 오래지 않아 AT&T의 수석 공학자인 존 카티(John J. Carty)는 이렇게 예언했다. "우리는 언젠가 세계 전화망을 구축함으로써, 모든 사람이 공통 언어를 쓰거나 언어들을 공통으로 이해할 필요가 있게 할 것이며, 그러면 지구의 모든 사람이 한 형제가 될 것이다. 지구 전역의 라디오에서 커다란 목소리가 들릴 것이다. '땅에는 평화가, 모든 이에게 행복이.'"[8]

니콜라 테슬라(Nikola Tesla)는 자신의 발명이 "전선 없이 전력을 경제적으로 전달함으로써(……) 지구에 평화와 조화를 가져올 것이다."[9]라고 주장했다. 때는 1905년이었다. 우리는 전선 없이 전력을 경제적으로 전달하지 못하고 있으므로 세계 평화가 올 희망은 아직 있다.

기술사학자인 데이비드 나이(David Nye)는 전쟁을 영구히 없애고 보편적인 평화를 불러올 것이라고 여긴 발명의 목록에 어뢰, 열기구, 독가스, 지뢰, 미사일, 레이저총을 추가한다. 나이는 말한다. "전신과 전화에서 라디오, 영화, 텔레비전, 인터넷에 이르기까지 각각의 새로운 통신 형태는 언론의 자유와 생각의 제한 없는 이동을 담보하는 전령으로 등장했다."[10]

1971년 《뉴욕 타임스》에 대화형 유선방송에 대해 쓴 기사에서 조지 겐트(George Gent)는 말했다. "지지자들은 그 프로그램을 참여 민주주의라는 정치철학자의 꿈을 향해 나아가는 큰 걸음(……)으로서 환영했다."[11] 오늘날에는 인터넷이 민주화와 평화를 가져올 것이라며, 예전에 텔레비전을 두고 했던 주장들을 무색케 할 정도의 희망 섞인 주장이 펼쳐진다. 미래학자 조엘 가로(Joel Garreau)는 놀란다. "텔레비전이 등장한 뒤로 어떤 일이 벌어졌는지 우리가 안다는 점을 고려할 때, 컴퓨터 기술이 지금 신성한 것으로 여겨진다는 점에 놀라지 않을 수 없다."[12]

이 모든 발명이 혜택을 주지 않는다는 말은 아니다. 그것들은 민주주의 쪽으로도 혜택을 준다. 그보다는 각각의 새로운 기술이 그것이 해결하는 것보다 더 많은 문제를 낳는다는 뜻이다. 브라이언 아서는 말한다. "문제는 해결책의 답이다."[13]

세계에 새로 나타난 문제들은 대부분 이전 기술이 만든다. 기술이 생성하는 이런 문제들은 우리 눈에 거의 보이지 않는다. 해마다 120만 명이 자동차 사고로 죽는다.[14] 주류 기술 교통 시스템은 암보다 더 많은 사람을 살해한다.[15] 지구 온난화, 환경 독소, 비만, 핵 테러, 선전 활동, 종 상실, 물질 남용은 테크늄을 괴롭히는 수많은 진지한 기술 생성적 문제들 중 몇 가지에 불과하다. 기술비평가 시어도어 로잭(Theodore Roszak)이 말하듯이. "도시-산업 사회에서 우리가 무심코 '진보'라고 말하는 것 중에 사실상 지난번 기술 혁신에서 나온 해악의 원상 복구인 것이 얼마나 많겠는가?"[16]

기술을 껴안는다면 우리는 그것의 비용을 직시할 필요가 있다. 수천 가지의 전통 생계수단이 진보 앞에 옆으로 밀려났고, 그런 직업들을 중심으로 한 생활양식도 사라졌다. 오늘날 수억 명의 사람은 전혀 좋아하지 않는 것을 생산하면서 자신이 증오하는 일을 하느라 애쓴다. 때로 이런 일은 몸의 통증, 불구, 만성 질환을 일으킨다. 기술은 (석탄 채굴 같은) 위험하기 그지없는 새 직업을 많이 만든다. 동시에 대중 교육과 매체는 수준 낮은 수작업을 피하고 디지털 테크늄을 위해 일하는 직업을 추구하도록 가르친다. 손과 머리의 이혼은 인간 정신에 긴장을 낳는다. 사실 최고의 봉급을 받는 직업은 앉아 일하는 유형이 많으며, 몸과 마음이 건강에 해롭다.

기술은 우리 사이의 모든 구멍과 공간을 채울 때까지 팽창한다. 우리는 이웃들뿐 아니라 엿보고자 하는 모든 이의 갖가지 일상사를 주시한다. 우리의 목록에는 5000명의 '친구'가 있지만, 마음에는 50명분의 공간만 있다. 우리의 능력은 남을 배려하는 쪽보다는 남에게 안 좋은 영향을 끼치는 쪽으로 더 확대되어 왔다. 기술적 중재를 통해 우리 삶을 뒤집음으로써, 우리는 군중, 영리한 광고업자, 정부, 시스템의 우발적인 치우침의 조작에 열려 있다.

기계에 쓴 시간은 다른 어딘가에서 와야 한다. 새로 발명되어 쏟아지는 자질구레한 소비 제품들은 다른 장치들을 사용하거나 다른 활동을 할 시간을 빨아들인다. 10만 년 전, 사피엔스는 식량을 구하러 다닐 때 주로 기술 없이 지냈다. 1만 년 전 경작하는 인류는 한 손에 도구를 들고 하루에 몇 시간을 보냈을 것이다. 겨우 1000년 전 중세 기술은 인간 관계의 주변부에 흔했지만 중심은 아니었다. 오늘날 기술은 우리가 하고, 보고, 듣고, 만드는 모든 것의 한가운데에 자리한다. 기술은 식사, 연애, 섹스, 육아, 교육, 죽음에 침투해 왔다. 우리 삶은 시계처럼 돌아간다.

세상에서 가장 강력한 힘으로서, 기술은 우리 생각을 지배하는 경향이 있다. 그것은 어디에나 있기에 모든 활동을 독점하며 비기술적인 해결책을 신뢰할 수 없거나 무능하다고 의문시한다. 그것의 힘은 우리를 증진시키기에, 우리는 태어난 것보다 만들어진 것을 더 중시한다. 우리는 야생 약초와 제조된 약물 중 어느 쪽이 더 효과가 있다고 기대할까? 우리 문화가 우수하다고 칭찬할 때 쓰는 용어조차도 점점 더 기계에 비유하는 쪽으로 흘러 왔다. "유리처럼 매끄럽게 처리하는", "눈부시게 광택이 흐르는", "순도 높은", "치밀한", "시계처럼 정확한" 등등. 이런 비유에는 인간이 만든 것이 우수하다는 의미가 담겨 있다. 우리는 시인 윌리엄 블레이크(William

Blake)가 '마음이 만든 굴레(the mind-forg'd manacles)'[17]라고 부른 것의 기술적 틀에 갇혀 버렸다.

단순히 기계가 어떤 일을 할 수 있다는 사실이 기계에 그것을 하도록 맡길 충분한 이유가 될 때가 종종 있다. 설령 처음에는 그것이 제대로 못 해낼지라도. 의류, 그릇, 필기 용지, 바구니, 즉석 수프 같은 것은 처음으로 기계로 생산했을 때, 질이 그리 좋지 않았다. 그저 값이 아주 쌌을 뿐이다. 때로 용도가 구체적이고 제한된 기계를 발명했는데, 그 발명품은 닐 포스트먼(Neil Postman)의 표현을 빌리자면 프랑켄슈타인 증후군을 통해 자체 의제를 펼치기도 할 것이다. 포스트먼은 이렇게 썼다. "일단 기계가 만들어지면, 우리는 그것이 나름의 생각을 지닌다는 것을 알고 늘 놀라곤 한다. 기계가 우리의 습성을 바꿀 뿐 아니라 (……) 우리 마음의 습성도 바꿀 수 있다는 것을."[18] 이렇게 인간은 기계의 종속물, 마르크스의 표현을 빌리자면 기계의 부속물이 되어 왔다.

테크늄은 대체 불가능한 자원, 유서 깊은 서식지, 수많은 야생생물을 소비하며 성장하면서도 생물권에는 오로지 오염, 포장 도로, 온갖 쓰레기만 돌려준다는 믿음이 널리 퍼져 있다. 그 기술이 세계의 극빈국, 곧 천연자원은 가장 풍부하지만 경제력은 최소인 나라들로부터 빼앗아 최강국을 부유하게 한다는 점이 더욱 나쁘다. 따라서 진보는 운 좋은 소수의 삶을 살찌우면서 불운한 빈자를 굶긴다. 많은 이는 테크늄의 진보를 인정하면서도 기술적 명령을 전면적으로 받아들이는 데에는 주저한다. 그것이 자연환경에 부정적인 영향을 미친다는 이유에서다.

이 침해는 현실이다. 기술은 때로 생태 서식지를 대가로 삼아 진보해 왔다. 테크늄의 강철은 땅에서 채굴되며, 목재는 숲을 잘라서 얻으며, 플라스틱과 에너지는 석유를 빨아들여 공기 속에서 태워 얻는다. 테크늄의 공장은 습지와 초지를 대체한다. 지표면의 3분의 1은 이미 농경지와 주거지로 바뀌어 있다. 산이 깎이고, 호수가 오염되고, 강줄기가 댐으로 막히고, 정글이 판판해지고, 공기가 더러워지고, 생물 다양성이 줄어든 사례를 적으면 아주 긴 목록이 나올 것이다. 더 심각한 문제는 문명이 많은 독특한 생물종을 영구 전멸시키고 있다는 것이다. 지질시대에 정상적인 멸종 속도, 즉 배경 종 상실률은 4년에 1종 꼴이었다. 지금은 적어도 그보다 네 배는 많다. 아마 우리는 지금 그 비율보다 수천 배는 더 빨리 종을 없애고 있을 것이다.

(나는 우연한 기회로 이 절멸에 관해 조금 알게 되었다. 지구 모든 생물의 목록을 집대성하는 계획의 의장을 10년 동안 맡았기 때문이다. 우리는 지난 2000년 동안 약 2000종, 즉 연간 4종이 멸종했다는 역사적 증거를 갖고 있다. 자연 멸종률보다 네 배 더 높다. 하지만 대부분은 지난 200년 사이에 멸종되었으므로, 현재의 연간 평균 멸종률은 상당히 더 높다. 우리는 지구에 있는 모든 종의 겨우 5퍼센트만 파악하고 있으며, 아직 알려지지 않은 종의 상당수는 서식지가 사라질 때 멸종하므로, 총 몇 종이 멸종하는지 확대 추정할 수 있다. 이 추정값은 높이 잡으면 연간 5만 종에 달한다.[19] 사실 지구에 정말로 얼마나 많은 종이 사는지, 우리가 파악한 것이 몇 퍼센트인지 좀 근접하게라도 아는 사람은 아무도 없으므로, 확실히 말할 수 있는 것은 오로지 우리가 전보다 더 빨리, 범죄라고 할 수준으로 종을 없애고 있다는 것뿐이다.)

그러나 테크늄에 종 상실을 강요하는 본질적인 무언가가 있는 것은 아니다. 우리가 현재 쓰고 있는, 서식지 상실을 일으키는 각각의 모든 기술적 방법에 대해, 우리는 존재하지 않는 대안책을 상상할 수 있다. 사실 우리가 창안할 수 있는 모든 기술 X에 상응하는, 잠재적으로 더 환경 친화적인 기술 Y가 있거나 있을 수 있다. 에너지와 물질의 효율을 증가시키거나, 생물학적 과정을 더 잘 모방하거나, 생태계에 가하는 압력을 덜 방법들이 늘 있을 것이다. 환경적으로 건강한 기술의 옹호자로 유명한 폴 호켄(Paul Hawken)은 말한다. "지금보다 수십 배 더 환경 친화적인 기술도 얼마든지 만들어 낼 수 있다. 내가 보기에 우리는 아직 녹색 기술의 세계로 발조차 들이지 못한 상태다." 더 환경 친화적으로 개선된다 하더라도 그것이 미처 몰랐던 새로운 방식으로 환경에 악영향을 미칠 수 있다는 말은 맞지만, 그것은 그 결함을 치유할 또 다른 혁신이 필요하다는 의미일 뿐이다. 이런 식으로 녹색 기술의 잠재력은 결코 소진되지 않을 것이다. 우리는 생명 친화적 기술이 도달할 한계를 결코 알지 못하므로, 이 열린 지평선은 기술의 본성이 본질적으로 생명 옹호적임을 시사한다. 테크늄은 가장 근본적인 수준에서 생명과 화합할 잠재력을 지닌다. 그저 그 잠재력을 실현하기만 하면 된다.

미래학자 폴 사포(Paul Saffo)의 쉽게 와 닿는 말에 따르면, 미래상을 명확히 그릴수록 우리는 그 미래가 더 가깝다고 착각하곤 한다.[20] 하지만 사실 기술은 우리가 상상할 수 있는 것과 우리가 할 수 있는 것 사이에 걱정스러운 부조화를 빚어낸다. 나는 영화제작자 조지 루카스가 기술의 영원한 딜레마를 해석한 말이 이 점을 가장 잘 설명한다고 본다. 1997년 나는 그가 「스타워즈」 전편을 위해 고안한 새로운 첨단 기술을 이용한 영화 제작 기법에 대해 그와 인터뷰를 했다. 그것은 컴퓨터, 카메라, 애니메이션, 진짜 행동을 짜깁기하여 거의 필름에 그림을 그리듯 영상들을 층층이 겹쳐서 솔기 하나 없는 영화 속 세계를 만드는 기법이었다. 그 기법은 그 뒤로 「아바타」의 제임스 카메론을 비롯하여 액션 영화의 선구적인 감독들이 채택해 왔다. 당시 루카스의 근본적으로 새로운 과정은 첨단 기술의 정점이었다. 하지만 그의 혁신 기술이 미래주의적이긴 했어도, 많은 관객들은 그것 때문에 그의 새 영화가 더 나아진 것은 아니라고 주장했다. 나는 그에게 물었다. "기술이 세상을 더 낫게 혹은 더 나쁘게 만든다고 생각합니까?" 그의 답은 이러했다.

과학과 우리가 아는 모든 것의 경로를 지켜보면, 로켓처럼 치솟는다는 것을 알게 됩니다. 우리는 이 로켓을 타고 완벽하게 수직으로 별을 향해 날아가고 있습니다. 하지만 인류의 정서 지능도 설령 지적 지능보다 더 중요하다고까지는 말할 수 없어도 똑같이 중요합니다. 우리는 5000년 전과 마찬가지로 정서적으로 문맹이며, 정서적인 발달 곡선은 완전히 수평선입니다. 문제는 수평선과 수직선이 점점 더 멀어지고 있다는 겁니다. 그리고 이렇게 계속 멀어지면서 어떤 결과를 향해 나아가고 있습니다.[21]

나는 우리가 그 격차의 긴장을 과소평가한다고 본다. 장기적으로 볼 때, 전통적인 자아의 침식은 테크늄의 비용 가운데 생물권 침식보다 더 큰 부분을 차지한다는 점이 드러날지도 모른다. 랭던 위너는 일종의 생명력 보존 법칙이 있다고 주장한다. "인류가 자신의 생명을 장치에 쏟아붓는 바로 그만큼, 그들 자신의 생명력은 줄어든다. 인간의 에너지와 특성이 이전됨으로써 인간은 공허해진다. 비록 그 공허를 결코 인정하지 않을지도 모르지만."[22]

그 이전은 불가피하지는 않지만, 일어나고 있다. 인류가 했던 일을 기계가 점점 더 떠맡을수록, 우리는 익숙한 일을 점점 덜 하는 경향이 있다. 우리는 걷는 일을 자동차가 하도록 맡김으로써 그만큼 덜 걷는다. 우리는 더 이상 땅을 파지 않는다. 굴착기를 쓸 때를 제외하고는. 우리는 식량을 사냥하지도 채집하지도 않는다. 망치도 톱도 쥐지 않는다. 할 필요가 없으면 읽지도 않는다. 계산하지도 않는다. 우리는 기억을 구글에 떠맡기는 과정에 있으며, 청소 로봇의 가격이 충분히 싸지자마자 청소를 그만두려고 열심이다. 2년 동안 아미시파처럼 생활했던 공학도 에릭 브렌드(Eric Brende)는 말한다. "인간의 핵심 능력을 복제하는 일은 두 가지 결과 중 하나를 낳을 수 있다. 그 능력을 위축시키거나 호모 사피엔스와 기계 사이의 경쟁을 야기하거나. 어느 쪽도 호모 사피엔스의 자존심 있는 구성원들에게는 달갑지 않다."[23)] 기술은 세계에서의 우리 역할과 우리 자신의 본성에 의문을 제기하면서 인간의 존엄성을 깎아 낸다.

이 점은 우리를 미치게 만들 수 있다. 테크늄은 한계 따위란 없어 보이는 인간의 통제력을 초월하는 지구적인 힘이다. 상식적으로 행성의 이용할 수 있는 모든 표면을 기술이 빼앗아 아이작 아시모프의 과학소설에 나오는 허구적인 행성인 트랜터나 루카스의 「스타워즈」에 나오는 코러스컨트 행성처럼 극단적인 에쿠메노폴리스(ecumenopolis, 행성 크기의 도시)를 만드는 것을 저지할 다른 힘은 없어 보인다. 현실적인 생태학자들은 에쿠메노폴리스가 형성 가능해지기 훨씬 전에 테크늄이 지구 자연 계들의 능력을 초월하여 정체되거나 붕괴할 것이라고 주장할 것이다. 테크늄의 무한 대체 능력을 믿는 풍요론자들은 문명의 끝없는 성장을 막을 장애물 같은 것은 없다고 보며 에쿠메노폴리스를 환영한다. 양쪽 견해 다 불편하기는 마찬가지다.

약 1만 년 전, 인류가 생물권을 변형시키는 능력이 지구가 우리를 변화시키는 능력을 넘어서는 전환점이 지나갔다. 그 문턱이 바로 테크늄의 출발점이었다. 우리는 테크늄이 우리를 변화시키는 능력이 테크늄을 변화시키는 우리 능력을 초월하는 두 번째 전환점에 이르러 있다. 이것을 특이점(Singularity)이라고 부르는 사람들도 있지만, 나는 아직 그것에 적절한 명칭이 없다고 생각한다. 랭던 위너는 주장한다. "집적 현상으로서의 기술적 고안물[즉 내가 테크늄이라고 부르는 것]은 인간의 의식을 왜소하게 하며 사람들이 조작하고 통제한다고 여기는 시스템을 이해할 수 없게 만든다. 인간의 이해 범위를 넘어서면서도 자신의 내부 조성에 따라 성공적으로 작동하는 이런 경향이 있기에, 기술은 개별 구성 요소의 욕망이나 기대를 훨씬 초월하는 '제2의 본성'을 이루는 총체적인 현상이다."

수십 명의 기술 애호 전문가들에게 폭탄을 터뜨려서 그중 세 명을 죽음으로 내몬 폭파범 시어도어 카진스키(Theodore Kaczynski)는 한 가지 측면에서는 옳았다. 기술이 자체 의제를 지닌다고 한 점에서 말이다. 기술은 이기적이다. 대다수가 생각하는 것과 달리, 테크늄은 팔기 위해 만드는 개별 인공물과 장치의 집합이 아니다. 오히려 유나바머(Unabomber)로서 카진스키가 하는 말은 위너의 논리와 내가 이 책에서 짚고 있는 요점 중 많은 것과 일맥상통한다. 기술이 역동적이고 전체적인 시스템이라는 주장이다. 기술은 단지 하드웨어가 아니다. 오히려 그것은 생물에 더 가깝다. 기술은 불활성이지도, 수동적이지도 않다. 오히려 테크늄은 자신의 팽창을 위해 자원을 추구하고 움켜쥔다. 그것은 단순히 인간 행동의 총합이 아니라, 사실 인간 행동과 욕망을 초월한다. 나는 이런 주장들에서 카진스키가 옳았다고 본다. 유나바머는 3만 5000단어로 장황한 유명 선언문에 이렇게 썼다.

그 시스템은 인간의 욕구를 충족시키기 위해 존재하는 것이 아니며 그럴 수도 없다. 오히려 인간의 행동은 시스템의 필요에 맞게 수정되어야 한다. 이것은 기술 시스템을 인도하는 척하기도 하는 정치적 또는 사회적 이데올로기와 아무 관계도 없다. 그것은 기술의 잘못이다. 그 시스템은 이데올로기가 아니라 기술적 필요에 따라 인도되기 때문이다.[24]

나도 테크늄이 '기술적 필요'에 인도된다고 주장한다. 즉 이 대단히 복잡한 기술 시스템의 본성이 된 것은 자기 봉사적 측면들(더 많은 기술을 가능하게 하는 기술들과 스스로를 보존하는 시스템)과 테크늄을 인간의 욕망을 넘어서 특정한 방향으로 이끄는 본질적인 편향이다. 카진스키는 이렇게 쓰고 있다. "현대 기술은 모든 구성 부분들이 서로에게 의존하는 통합 시스템이다. 기술의 '나쁜' 부분만을 제거하고 '좋은' 부분만을 남겨 둘 수는 없다."

카진스키가 간파한 것들이 옳다고 해서 그의 살인이 용서되거나 그의 미친 증오가 정당화되지는 않는다. 카진스키는 폭력을 휘두르도록 자신을 재촉하는 무언가를 기술에서 보았다. 하지만 정신적으로 균형을 잃고 도덕적 범죄를 저질렀음에도, 그는 그 견해를 놀라울 정도로 명확히 표현할 수 있었다. 카진스키는 자신의 선언문을 싣게 하기 위해 폭탄 16개를 터뜨리고 세 명을 살해했다.(그리고 스물세 명이 더 다쳤다.) 그의 필사적이고 비열한 범죄 때문에 러다이트주의자들 사이에서 소수의 추종자들을 획득한 그의 비판가로서의 모습은 가려져 있다. 여기서 세심하고 학자처럼 정밀하게 카진스키는 "자유와 기술 진보는 화합할 수 없"으며 따라서 기술 진보를 되돌려야 한다는 논지를 편다. 그가 편 논리의 핵심 부분은 그가 폭언 대상인 좌파들에게 개인적으로 불만이 많았다는 점을 감안하고 볼 때, 놀랍도록 명쾌하다.

나는 기술의 철학과 이론을 다룬 거의 모든 책을 읽고 이 힘의 본성을 심사숙고하는 가장 현명한 사람들 가운데 많은 이를 면담했다. 그래서 테크늄의 가장 빈틈없는 분석 중 하나를 정신적으로 병든 대량 학살범이자 테러범이 썼다는 사실을 알고 몹시 당혹스러웠다. 어떻게 해야 할까? 몇몇 친구와 동료는 이 책에 유나바머를 언급조차 하지 말라고 조언했다. 내가 막상 책에 싣자 그들 중 일부는 몹시 심란해한다.

나는 세 가지 이유로 유나바머의 선언문을 길게 인용한다. 첫째, 그것은 테크늄의 자율성을 보여 주는 사례를 간결하게, 때로 나보다 더 잘 말하고 있다. 둘째, 세상의 가장 큰 문제들이 개별 발명 때문이 아니라 자급하는 기술 시스템 전체 때문이라는 많은 기술 회의론자들이 간직한 견해(많은 일반 시민들도 덜 강한 형태로이긴 하지만 지닌 견해)를 이보다 잘 표현한 사례를 찾을 수 없었다. 셋째, 나는 나 같은 기술 옹호자뿐 아니라 기술을 경멸하는 사람들도 테크늄의 창발적 자율성을 인식하고 있다는 사실을 전달하는 것이 중요하다고 생각한다.

유나바머는 테크늄의 자기 증대 본성에 대해서는 옳았다. 하지만 나는 카진스키의 다른 많은 요점들, 특히 그의 결론들에는 동의하지 않는다. 카진스키는 윤리학과 이혼한 논리를 따랐기에 잘못된 방향으로 나아갔지만, 수학자답게 그의 논리는 통찰력이 있었다.

내가 이해하는 바에 따르면 유나바머의 논리는 이렇다.

- 어느 문명에서든 질서를 위해 제약을 가해야 하기 때문에, 개인의 자유는 사회에 제약된다.
- 기술이 사회를 더 강하게 만들수록 그 사회에 있는 개인의 자유는 더 적어진다.
- 기술은 자신을 더욱 강화하면서 자연을 파괴한다.
- 하지만 그것은 자연을 파괴하므로, 테크늄은 궁극적으로 붕괴할 것이다.
- 한편 기술의 자기 증폭이라는 깔쭉톱니바퀴는 정치보다 더 강하다.
- 기술을 써서 시스템을 길들이려는 시도는 테크늄을 강화할 뿐이다.
- 길들일 수 없으므로, 기술 문명은 개혁하기보다는 파괴해야 한다.
- 기술 문명은 기술이나 정치를 통해 파괴할 수 없으므로, 인간은 테크늄을 불가피한 자기 붕괴로 떠밀 것이 분명하다.
- 따라서 우리는 그것이 고개를 숙일 때 달려들어 움켜쥐어 그것이 다시 고개를 치켜들기 전에 죽여야 한다.

요컨대 카진스키는 문명이 우리 문제의 근원이지, 문제의 치료법이 아니라고 주장한다. 이런 주장을 한 사람이 그가 처음은 아니다. 문명이라는 기계에 맞선 분노는 프로이트와 그 이전까지 거슬러 올라간다. 하지만 산업 사회에 대한 공격은 산업이 가속됨에 따라 가속되었다. 전설적인 환경운동가인 에드워드 애비(Edward Abbey)는 산업문명이 지구와 인간을 다 파멸시키는 '파괴의 화신'이라고 보았다. 애비는 벌목 장비를 파괴하는 등의 멍키 렌치 작전으로 그 파괴력을 중단시키기 위해 개인적으로 할 수 있는 일은 다 했다. 그는 환경 지킴이 전사의 상징적인 인물로서 물불 안 가리는 많은 추종자에게 영감을 주었다. 애비와 달리 맨해튼의 고급 저택에 살면서 기계에 악담을 퍼붓는 러다이트 이론가인 커크패트릭 세일(Kirkpatrick Sale)은 '질병으로서의 문명'이라는 개념을 내놓았다.(1995년에 내 선동에 자극을 받아 세일은 《와이어드》 지면에 문명이 2020년까지 붕괴할 것이라고 나와 1000달러 내기를 걸었다.)²⁵⁾ 문명을 해체하고 더 순수하고 더 인간적인 원시 상태로 돌아가자는 요구는 급속하게 촘촘해지는 세계 연결망과 상시 접속 기술에 발맞추어 최근 가속되어 왔다. 탁상공론식 혁명 주장이 종말의 도래를 선언하면서 책과 웹사이트를 통해 퍼지고 있다. 1999년 존 저잔(John Zerzan)은 『문명에 반대한다(*Against Civilization*)』라는 제목으로 그 주제를 다룬 당대의 글을 모아 책으로 출간했다.²⁶⁾ 2006년 데릭 젠슨(Derrick Jensen)은 기술 문명을 어떻게, 왜 무너뜨려야 하는지를 다룬 1500쪽에 달하는 논문을 썼다. 책에서 그는 전력선과 가스 공급관, 정보 하부구조처럼 그 일을 직접 실행하기 좋은 이상적인 출발점까지 제시했다.²⁷⁾

카진스키는 더 앞서 나온 산업사회에 맞서 하소연하는 글들을 읽고서, 다른 많은 자연 애호가, 산악인, 땅으로 돌아가자는 사람들과 똑같은 방식으로 문명을 증오하기에 이르렀다. 그는 우리 같은 사람들에게서 떨어져 은거하기로 했다. 카진스키는 포부가 있는 수학 교수인 자신에게 사회가 부과하는 많은 규칙들과 기대에 옥죄어 있었다. 그는 말했다. "규칙과 규제는 본래 억압적이다. '좋은' 규칙조차도 자유를 축소시킨다."²⁸⁾ 그는 스스로 그리고 사회가 아무리 애를 써도 자신이 교수 사회에 융합할 수 없다는 점에 몹시 좌절했다.(결국 그는 조교수 자리에서 물러났다.) 선언문에는 그의 좌절감이 이렇게 표현되어 있다.

현대인은 규칙과 규제의 망에 얽매여 있다. (……) 이 규제는 대부분 폐기할 수 없다. 산업사회가 제 기능을 하려면 필요하기 때문이다. 누군가가 충분한 기회를 지니지 못할 때 (……) 권태, 타락, 자기 비하, 열등감, 패배주의, 우울증, 불안, 죄책감, 좌절, 적대감, 배우자나 아동 학대, 물리지 않는 쾌락 추구, 변태적인 성적 행동, 수면 장애, 섭식 장애 같은 결과가 빚어진다. [산업사회의 규칙은] 삶을 실현하지 못하게 하고, 인간을 경멸의 대상으로 만들며, 널리 심리적 고통을 안겨 주었다. '열등감'이란 가장 엄밀한 의미에서의 열등한 감정만이 아니라 관련된 특징들의 스펙트럼 전체를 의미한다. 자기 비하, 무력감, 침울해지는 경향, 패배주의, 죄책감, 자기 증오 등등.[29]

카진스키는 이런 경멸을 겪었고, 그는 그것이 사회 탓이라고 했으며, 언덕지대로 도피했다. 그곳에서 더 많은 자유를 누릴 수 있음을 깨달았다. 그는 몬태나에 통나무집을 짓고서 수돗물과 전기도 없이 살았다. 그의 삶은 꽤 자급자족적이었다. 기술 문명의 규칙과 손길이 미치지 않는 곳이었으니까. (월든에서 소로가 그랬듯이, 그도 이따금 읍내로 와서 부족해진 생필품을 구입하긴 했다.) 하지만 기술로부터의 도피는 1983년경 방해를 받았다. 그의 통나무집에서 걸어서 이틀 걸리는 곳에 그가 "제3기로 거슬러 올라가는 고원"이라고 묘사한, 즐겨 들르곤 했던 야생이라는 오아시스 한 곳이 있다. 그곳은 그에게 일종의 비밀 은거지였다. 그가 훗날 《어스 퍼스트! 회지 (Earth First! Journal)》의 기자에게 말한 바에 따르면, "평탄하기보다는 일종의 구릉지대였는데, 그 가장자리에 이르면 낭떠러지처럼 아주 가파르게 깎여 나간 협곡들이 나온다."[30] 도보 여행자와 사냥꾼이 많아지면서 자신의 통나무집 주변이 점점 혼잡해지자, 1983년 여름 그는 고원의 비밀 은거지로 옮겼다. 훗날 감옥에서 그는 다른 기자에게 이렇게 말했다.

그곳에 도착한 나는 한가운데로 길이 뻥 뚫려 있는 것을 보았습니다. [그의 목소리가 잦아들었다. 그는 잠시 말을 멈추었다가 계속한다.] 내가 얼마나 당황했는지 상상도 못할 겁니다. 내가 야생에서 살아가는 기술을 더 습득하려 애쓰기보다는 그 시스템으로 돌아가서 일하자고 마음먹은 것은 바로 그때였습니다. 복수를 하자고요. 멍키렌치를 들고 맞선 것이 그때가 처음은 아니었지만, 그 시점에 그것은 내게 일종의 최우선 과제가 되었지요.[31]

반대자로서 카진스키가 겪은 고통에 공감하기란 어렵지 않다. 당신은 더욱 멀리, 비교적 기술이 없는 생활을 할 수 있는 곳으로 물러남으로써 당신을 옥죄는 기술 문명에서 품위 있게 벗어나려고 시도하는데, 문명, 발달, 산업 기술이라는 짐승이 당신을 몰래 뒤따라와서 당신의 낙원을 파괴한다. 탈출할 곳은 정녕 없단 말인가? 기계는 어디에나 있다! 무자비하다! 기계를 멈춰야 한다!

물론 문명의 침입에 고통받는 야생 애호가가 시어도어 카진스키만은 아니다. 미국 원주민 부족 전체가 진군해 온 유럽 문화 앞에 오지로 밀려났다. 그들이 기술 자체에서 달아나고 있던 것은 아니지만(그들은 기회가 닿을 때마다 기꺼이 최신 총을 구했다.), 결과는 같았다. 산업사회로부터 멀어져 갔다는 점에서.

카진스키는 점점 옥죄 오는 산업 기술의 손아귀에서 빠져나가기가 몇 가지 이유에서 불가능하다고 주장한다. 첫째, 당신이 테크늄의 어떤 부분이든 사용한다면 그 시스템은 복종을 요구하기 때문이다. 둘째, 기술은 스스로 '역행하지' 않으므로 자신이 움켜쥔 것을 결코 풀어 주지 않기 때문이다. 셋째, 우리는 기술이 장기적으로 무엇을 이용할지를 선택하지 못하기 때문이다. 선언문에 적힌 말을 들어 보자.

시스템은 제 기능을 하기 위해서 인간 행동을 세밀하게 규제해야 한다. 직장에서 사람들은 시키는 대로 일을 해야 하며, 그러지 않았다가는 혼란스러운 결과가 빚어질 것이다. 관료 체제는 엄격한 규칙에 따라 움직여야 한다. 하위 관료에게 상당한 개인 재량을 허용하면 체제가 혼란에 빠지고 개별 관료가 재량을 발휘하는 방식의 차이 때문에 불공정하다는 비난이 이어질 것이다. 우리의 자유를 제한하는 것 중에 일부는 없앨 수 있다는 것이 사실이지만, 일반적으로 말해서 산업-기술사회가 제 기능을 하려면 대규모 조직체가 우리 삶을 규제할 필요가 있다. 그 결과 보통 사람은 무력감에 빠진다.

기술이 그런 강력한 사회적 힘인 또 한 가지 이유는 한 사회의 맥락 안에서 기술 발전이 오직 한 방향으로 나아가기 때문이다. 그것은 결코 역행하지 못한다. 어떤 기술 혁신이 일단 도입되면, 사람들은 대개 그것에 의지하게 된다. 더 발전한 혁신이 그것을 대체할 때까지. 개인으로서의 사람들이 기술의 새로운 물품에 의존하게 되는 차원을 넘어서 시스템 전체가 그것에 의존하게 된다.

개인이 받아들일지 말지를 선택할 수 있는 대안으로 새로운 기술 물품이 등장할 때, 그것이 반드시 대안으로 남지는 않는다. 많은 사례에서 그 새 기술은 사람들이 이윽고 그것을 사용하도록 강요된다는 것을 알아차릴 정도로 사회를 바꾼다.[32]

카진스키는 마지막 요점을 아주 깊이 느꼈기에, 선언문의 다른 절에서 그 점을 한 번 더 되풀이했다. 그것은 중요한 비판이다. 개인이 자유와 존엄성을 '기계'에 복종시키고 그렇게 하는 것 외에는 점점 더 선택의 여지가 없어진다는 사실을 일단 받아들이면, 카진스키의 나머지 주장들도 꽤 논리적으로 들린다.

하지만 우리는 인류가 자발적으로 기계에 권력을 넘겨준다거나 기계가 의지로 권력을 빼앗는다고 주장하는 것이 아니다. 우리가 주장하는 바는 인류가 실질적으로 선택의 여지 없이 기계의 모든 결정을 받아들일 수밖에 없을 정도로 기계에 의존하는 위치로 흘러가도록 쉽게 허용한다는 것이다. 사회와 그것이 직면한 문제가 점점 더 복잡해지고 기계가 점점 더 지능을 지님에 따라, 사람들은 기계가 자신들을 위해 더 많은 결정을 내리도록 허용할 것이다. 그저 기계가 내리는 결정이 인간이 내리는 결정보다 더 나은 결과를 가져올 것이기 때문이다.

이윽고 시스템을 계속 움직이는 데 필요한 결정들이 너무나 복잡해져서 인류가 지적으로 그런 결정을 내릴 수 없는 상황에 이를지도 모른다. 그런 상황에서 기계는 효과적으로 통제할 것이다. 인류는 기계를 그냥 끌 수 없을 것이다. 그것에 너무나 의존하게 되어 그것을 끄는 것은 자살과 같을 것이기 때문이다. (……) 기술은 궁극적으로 인간 행동의 완전한 통제권에 가까운 것을 획득할 것이다.

기술에 인간 행동의 통제권을 부여하는 일을 대중의 저항이 막을 수 있을까? 어떤 시도를 통해 그런 통제권이 한순간에 부여된다면 분명히 막을 수 있다. 하지만 기술의 통제권은 작은 발전들이 오래 꾸준히 이어짐으로써 부여될 것이므로, 합리적이고 효과적인 대중 저항은 없을 것이다.[33]

나는 이 마지막 문단에는 반론을 펴기가 어렵다. 우리가 건설한 세계의 복잡성이 증가함에 따라, 이 복잡성을 관리하려면 반드시 기계적(컴퓨터화한) 수단에 의지할 필요가 있을 것이라는 말은 옳다. 우리는 이미 그렇게 하고 있다. 오토파일럿(Autopilot)은 우리의 아주 복잡한 비행 기계를 몬다. 알고리즘은 우리의 아주 복잡한 통신망과 전력망을 통제한다. 그리고 좋든 나쁘든 간에 컴퓨터는 우리의 아주 복잡한 경제를 통제한다. 우리가 더 복잡한 하부구조(위치 기반 이동 통신, 유전공학, 핵융합 발전기, 자동 항법 차량)를 구축할수록, 우리는 그것을 움직이고 결정을 내리는 데 더욱 기계에 의존하게 될 것이 분명하다. 이런 서비스들 때문에, 스위치를 끄는 것은 대안이 아니다. 사실 지금 당장 인터넷을 끄고 싶을지라도 그렇게 하기는 쉽지 않을 것이다. 특히 남들이 그것을 계속 켜기를 원한다면. 여러 면에서 인터넷은 결코 꺼지지 않도록 설계되어 있다. 영원히.

마지막으로 기술이 통제권 탈취에 승리한 것이 카진스키가 개괄한 대로 영혼으로부터 자유, 주도권, 제정신을 빼앗고 환경으로부터 지속가능성을 빼앗는 재앙이며, 이 감옥이 피할 수 없는 것이라면, 시스템은 파괴되어야 한다. 개혁은 단지 그것을 연장할 뿐 제거하지 않으므로 개혁으로는 안 된다. 그의 선언문을 보자.

> 산업 시스템이 철저히 파괴될 때까지, 그 시스템의 파괴가 혁명가들의 유일한 목표가 되어야 한다. 다른 목표들은 주된 목표에 집중할 주의와 에너지를 흐트러뜨릴 것이다. 혁명가들이 기술의 파괴가 아닌 다른 목표를 지닌다면, 기술을 그 다른 목표에 도달하는 도구로 쓰려는 유혹에 빠지리라는 점이 더 중요하다. 그 유혹에 넘어간다면 그들은 기술의 함정에 곧바로 빠질 것이다. 현대 기술은 치밀하게 짜인 통일된 시스템이므로 어떤 기술을 간직하려면 대다수 기술을 간직할 수밖에 없다는 것을 알아차려서 결국 체면치레할 정도의 기술만을 희생시킬 것이기 때문이다.
>
> 성공은 오로지 기술 시스템 전체와 싸워야만 기대할 수 있다. 하지만 그것은 혁신이지 개혁이 아니다. (······) 산업 시스템이 앓을 때 우리는 그것을 파괴해야 한다. 그것과 타협하여 그것이 병에서 회복되도록 놔둔다면, 그것은 결국 우리의 자유를 모조리 없앨 것이다.[34]

이런 이유로 시어도어 카진스키는 문명의 손아귀에서 벗어나기 위해 그리고 나중에는 문명을 파괴할 계획을 짜기 위해 산으로 갔다. 그의 계획은 기술을 피하면서(기술을 제작 시스템으로 간주하면서) 자신의 도구(자신이 손으로 빚어낼 수 있는 모든 것)를 만든다는 것이었다. 그의 자그마한 단칸 작업장은 어찌나 잘 지었던지, 나중에 연방 수사관들은 그것을 압류하여 플라스틱 물건처럼 온전한 그대로 창고로 옮겼다.(지금은 수도 워싱턴의 언론 박물관에 놓여 있다.) 그의 주거지는 길에서 멀리 떨어져 있었다. 그는 읍내에 갈 때는 산악자전거를 탔다. 사냥한 고기를 작은 다락방에서 말렸고, 저녁에는 등유 램프의 노란 불빛 아래에서 복잡한 폭탄을 만들면서 보냈다. 폭탄은 그가 증오하는 문명을 운영하는 전문가들 앞에서 터졌다. 그의 폭탄은 치명적이었지만, 그의 목표를 달성하는 데는 비효과적이었다. 그 폭탄의 목적이 무엇인지 아무도 몰랐으니까. 그에게는 문명이 왜 파괴되어야 하는지를 선언할 게시판이 필요했다. 그는 세계의 주요 신문과 잡지에 자신의 선언문을 발표할 필요가 있었다. 선언문을 읽으면 자신이 얼마나 갇혀 있는지를 깨닫고 그의 대의에 동참할 특별한 소수가 나타날 터였다. 아마 남들도 문명의 요충지에 폭탄을 터뜨리기 시작할 것이다. 그리고 그가 상상한 자유 클럽(Freedom Club, 그는 선언문에 복수인 '우리'와 함께 'FC'라고 서명했다.)은 그 외의 다른 사람들도 속한 모임이 될 터였다.

그의 선언문은 일단 발표되었지만, 문명에 대한 대량 공격은 실현되지 않았다.(당국이 그를 체포하는 데는 도움을 주었지만.) 이따금 어스 퍼스트 회원이 야금야금 개발하면서 지어지는 건물에 불을 지르거나 불도저의 연료통에 설탕을 퍼붓곤 하지만, G7 회의에 맞서 남들이 평화로운 항의 집회를 벌이는 동안, 일부 반문명 무정부주의자들(그들은 자신을 무정부원시주의자라고 한다.)은 패스트푸드점 정면 유리창을 깨고 기물을 파괴했다. 하지만 문명에 대한 대량 공격은 결코 일어나지 않았다.

문제는 카진스키의 가장 기본적인 전제, 그의 논증의 첫 번째 공리가 참이 아니라는 것이다. 유나바머는 기술이 사람들에게서 자유를 빼앗는다고 주장한다. 하지만 세계 대다수 사람들은 정반대임을 안다.

그들은 기술의 힘을 얻으면 더 많은 자유를 지닌다는 것을 인식하기에 기술에 끌린다. 그들(즉 우리)은 신기술을 채택할 때 일부 대안이 닫힌다는 점은 분명하지만 다른 많은 대안이 열리므로, 자유, 선택의 여지, 가능성의 증가라는 순익이 있다는 사실에 현실적으로 중점을 둔다.

카진스키 자신을 생각해 보자. 그는 25년 동안 전기, 수도, 화장실도 없는 더럽고 연기에 그을린 오두막에서 스스로 강제한 일종의 고독한 유폐 상태에서 살았다. 그는 바닥에 야간에 소변을 볼 구멍을 뚫어 놓았다. 물질적 기준으로 볼 때, 콜로라도의 최고 보안 수준 교도소에서 그가 현재 차지한 감방은 별 네 개짜리 호텔이다. 그의 새 주거지는 더 넓고 더 깨끗하고 더 따뜻하며, 예전에 그에게 없던 수도, 전기, 화장실에다가, 공짜 음식과 훨씬 더 나은 서가까지 딸려 있다. 몬태나의 자기 은거지에서 그는 눈과 날씨가 허용하는 한 자유롭게 돌아다녔다. 그는 저녁에 무엇을 할지를 한정된 선택 집합 가운데 자유롭게 고를 수 있었다. 그는 개인적으로는 자신의 한정된 세계에 만족했을지 모르지만, 전반적으로 그의 선택은 아주 한정되어 있었다. 비록 그 한정된 선택의 여지 내에서는 구속되지 않은 자유를 누렸지만. 마치 "당신은 언제든 원하는 시간에 감자를 캘 자유가 있다."라고 말하는 것과 같다. 카진스키는 자유와 활동 범위를 혼동했다. 그는 한정된 선택의 여지 내에서 큰 자유를 누렸지만, 이 편협한 자유가 각 선택의 여지 내에서 훨씬 더 적은 활동 범위를 제공할 수도 있을 엄청나게 더 많은 수의 선택의 여지들보다 우월하다고 믿었다. 폭발적으로 늘어나는 선택의 여지들의 원은 제한된 선택의 여지 내에서 단순히 활동 범위를 늘리는 것보다 훨씬 더 많은 실제 자유를 포함한다.

유나바머의 오두막 안.[35] 시어도어 카진스키의 서가와 그가 폭탄을 만든 작업대.

나는 그의 오두막에서 그가 받은 제약들을 내가 받은 제약, 혹은 아마도 지금 이 책을 읽는 독자가 받는 제약과 비교할 수만 있을 뿐이다. 나는 기계의 배에 플러그가 꼽혀 있다. 하지만 나는 기술 덕분에 집에서 일할 수 있으므로, 대개 오후에는 쿠거와 코요테가 돌아다니는 산에 오른다. 하루는 수학자의 최신 수론 강연을 듣고 다음 날은 가능한 한 생존 장비를 거의 갖추지 않은 채 황량한 데스밸리를 돌아다닐 수 있다. 내가 하루를 어떻게 보낼지 선택의 여지는 아주 넓다. 무한하지는 않으며 일부 대안은 이용할 수 없지만, 시어도어 카진스키가 오두막에서 이용할 수 있는 선택과 자유의 정도에 비하면 내 자유는 압도적으로 더 크다.

이것이 바로 수십억 명의 사람들이 전 세계에서 카진스키의 것과 흡사한

산의 오두막을 벗어나 도시로 이주하는 주된 이유다. 라오스나 카메룬이나 볼리비아의 언덕에 있는 그을린 단칸 오두막에 사는 영리한 아이는 모든 역경을 헤치고 도시로 가기 위해 할 수 있는 모든 일을 다할 것이다. 도시에는 엄청나게 더 많은 자유와 선택이 있으며, 그 점은 이주자에게 아주 명백하다. 그는 자신이 지루함을 못 견뎌서 막 탈출한 갑갑한 감옥에 더 많은 자유가 있다는 카진스키의 주장이 어처구니 없음을 알아차릴 것이다.

그 젊은이는 문명이 더 낫다고 믿도록 마음을 왜곡시키는 일종의 기술적 주문에 사로잡힌 것이 아니다. 산에 앉아 있을 때, 그들은 주문이 아니라 가난에 사로잡혀 있다. 그들은 떠날 때 자신이 무엇을 남겨 놓고 왔는지 명확히 안다. 가족의 위안과 지원, 작은 마을에서 얻는 이루 말할 수 없이 귀중한 공동체의 가치, 맑은 공기라는 축복, 마음을 달래는 자연 세계 전체를 이해한다. 그들은 이런 것들에 직접 접근할 권리를 상실했다고 느끼지만, 결국 총계를 내면 문명이 만든 자유가 더 낫기에 아무튼 오두막을 떠난다. 그들은 다시 원기를 회복하기 위해 산으로 돌아올 수 있다.(그리고 그럴 것이다.)

우리 집에는 텔레비전이 없으며 자동차는 한 대 있지만, 내 도시 친구들 중에는 자동차가 없는 이가 꽤 많다. 특정 기술을 피하는 것은 분명히 가능하다. 아미시파가 잘하는 일이다. 많은 사람들도 잘 해낸다. 하지만 유나바머는 임의적인 것으로 시작한 선택의 여지가 시간이 흐르면서 덜 그렇게 될 수 있다고 한 점에서 옳다. 첫째, 한때는 선택의 문제였지만 지금은 시스템이 명령하고 강제하는 특정한 기술들(이를테면 하수처리, 백신 접종, 교통신호등)이 있다. 그리고 자동차처럼 자기 강화하는 다른 시스템 기술들이 있다. 자동차의 성공과 편리함은 대중교통을 덜 바람직하게 만들고 자가용 구입을 부추김으로써 대중교통으로부터 돈을 옮긴다. 다른 수많은 기술도 같은 동역학을 따른다. 참여하는 사람이 많을수록 그것은 더 핵심적인 것이 된다. 이런 탑재된 기술 없이 산다는 것은 더 많은 노력을, 아니 적어도 더 신중한 대안들을 요구한다. 이 자기 강화 기술들의 그물은 그것들이 야기하는 선택, 가능성, 자유의 총 이득이 손실을 초과하지 않는다면 일종의 올가미가 될 것이다.

반문명론자들은 우리가 시스템 자체에 세뇌되고 더 많은 것에 예라고 말하는 것 외에 선택의 여지가 없으므로 우리가 더 많은 것을 받아들인다고 주장할 것이다. 즉 개별 기술들이 몇 가지를 넘어 그 이상이 되면 저항할 수 없으므로, 이 정교한 인공 거짓말에 갇힌다는 것이다.

그것을 날려 버리고 싶어 하는 극소수의 맑은 눈을 지닌 무정부원시주의자들을 제외하고, 테크늄이 우리 모두를 세뇌하는 것은 가능하다. 문명에 대한 유나바머의 대안이 더 명확했다면 나는 이 주문을 깰 것이라고 믿는 쪽으로 기울었을 것이다. 문명을 파괴한 뒤에는 어찌될까?

나는 그들이 테크늄의 붕괴 이후에 무엇을 염두에 두고 있는지 알아보기 위해 반문명 붕괴론자들의 문헌을 읽었다. 반문명 몽상가들은 문명을 몰락시킬 방법을 고안하느라 많은 시간을 보내지만(해커를 자기 편으로 만들고, 발전소의 나사를 풀고, 댐을 폭파한다는 등) 문명을 무엇으로 대체할지는 그다지 생각하지 않는다. 그들은 문명 이전의 세계가 어떠했을지에 대해서는 나름의 개념을 갖고 있다. 그들에 따르면, 당시 세계는 이런 모습이란다.(『녹색 무정부주의 입문(*Green Anarchy Primer*)』에서)

> 문명 이전에는 일반적으로 충분한 여가 시간, 상당한 성적 자율성과 평등, 자연 세계에 대한 비파괴적인 접근 방식, 조직된 폭력의 부재, 중재 기관이나 공식 제도의 부재, 좋은 건강과 강인함이 있었다.[36]

그러다가 문명과 지구의 모든 병(말 그대로)이 출현했다.

문명은 전쟁, 여성의 복종, 인구 증가, 고역스러운 일, 재산권 개념, 확립된 계급 구조, 알려진 거의 모든 질병을 비롯하여 황폐함을 야기하는 온갖 것들을 낳았다.[37]

녹색 무정부주의자들 중에는 영혼을 회복시키고, 막대기를 비벼서 불을 피우고, 채식주의가 사냥꾼에게 좋은 것인가라는 문제를 다루는 사람들도 있지만, 단순한 생존 수준을 넘어서 사람들이 어떻게 살아갈지, 아니 생존할 수 있을지조차 개괄한 사례는 전혀 찾아볼 수 없다. 우리는 '재야생화(rewilding)'가 목표라고 여기지만, 재야생화론자들은 그런 재야생 상태에서의 삶이 어떠할지 기술하기를 꺼린다. 나와 이야기를 나눈 다작가이자 녹색 무정부주의자인 데릭 젠슨은 문명의 대안이 없다는 말에 코웃음을 치면서 간단히 답했다. "나는 대안을 내놓지 않습니다. 그럴 필요가 없으니까요. 대안은 이미 존재하며, 수천 년 동안, 수십만 년 동안 죽 있어 왔고 작동해 왔어요."[38] 물론 그가 말한 것은 부족 생활이며, 현대 부족의 삶은 아니다. 그의 말은 농경도 항생제도 없고, 나무와 털가죽과 돌 외에는 아무것도 없는 부족 생활을 뜻한다.

반문명론자의 큰 어려움은 문명의 지속가능하고 바람직한 대안을 상상할 수가 없다는 점이다. 우리는 그것을 그려 볼 수 없다. 그것이 어떤 식으로 우리가 가고 싶어 할 곳이 될지 상상할 수 없다. 돌과 털가죽의 원시적인 배치가 각자의 재능을 어떻게 충족시킬지도 상상할 수 없다. 그리고 우리가 상상할 수 없기에 그것은 결코 나타나지 않을 것이다. 먼저 상상하지 않고는 어떤 것도 만들어질 수 없기 때문이다.

바람직한 일관적인 대안을 상상할 수 없어도, 무정부원시주의자들은 열량이 적은 음식을 먹고, 거의 아무것도 소유하지 않고, 직접 만든 것만 쓰는 등 자연과 조화를 이루는 것들의 어떤 조합이 우리가 1만 년 동안 접한 적

없는 수준의 만족, 행복, 의의를 제공하리라는 데에는 의견이 일치한다.

하지만 이 행복한 빈곤 상태가 영혼에 그토록 바람직하고 좋다면, 왜 반문명론자들 중에 그렇게 살아가는 사람이 아무도 없을까? 내가 조사하고 개인적으로 인터뷰한 결과를 토대로 할 때, 자신을 무정부원시주의자라고 여기는 사람들은 모두 현대성 속에서 살아간다. 그들은 유나바머가 말한 함정 속에서 살고 있다. 그들은 아주 빠른 컴퓨터 장치라는 토대 위에서 기계에 맞선 자신의 오두막을 짓는다. 커피를 홀짝이면서. 그들의 일상생활은 나의 일상생활과 그저 조금 다를 뿐이다. 그들은 문명의 이기를 버리고 떠돌이 수렵채집 생활을 하기에 더 적합한 곳을 찾아 나서지 않는다.

아마 한 명의 진정한 순수론자만이 예외가 아닐까. 유나바머말이다. 카진스키는 자신이 믿은 바로 그 이야기대로 살았다는 점에서 다른 비판자들보다 더 나아갔다. 언뜻 볼 때 그의 이야기는 가능성이 있는 듯하지만, 다시 살펴보면 익숙한 결론으로 붕괴한다. 즉 그도 문명의 풍요 속에서 살고 있었다. 유나바머의 오두막은 그가 기계로부터 구입한 물품으로 가득했다. 눈신, 장화, 스웨터, 식량, 폭발물, 매트리스, 플라스틱 물병과 양동이 등등. 직접 만들 수 있었지만 그렇게 하지 않았던 모든 것들로 말이다. 그런 생활을 25년이나 했는데도 왜 그는 시스템과 결별하여 자신의 도구를 만들지 않았을까? 정돈되지 않은 그의 오두막 내부 사진들에 비추어 볼 때, 그는 월마트에서 쇼핑을 한 듯하다. 그가 야생에서 구한 식량은 미미했다. 대신에 그는 정기적으로 자전거를 타고 읍내로 갔고, 그곳에서 낡은 자동차를 빌려 큰 도시로 가서 부족한 식량과 생필품을 슈퍼마켓에서 구입했다. 그는 문명 없이 살아간다는 것이 내키지 않았다.

바람직한 대안이 없다는 것말고도, 문명을 파괴한다는 것이 지닌 궁극적인 문제점은 자칭 '문명 증오자들'이 상상하는 것 같은 대안이 오늘날 살아 있는 사람 가운데 일부만을 먹여 살리리라는 점이다. 다시 말해 문명이 붕괴하면 수십억 명이 죽을 것이다. 역설적이게도 가장 가난한 시골 주민이 가장 잘 살아갈 것이다. 그들은 가장 어려움 없이 사냥과 채집 생활로 돌아갈 수 있겠지만, 수십억의 도시 주민들은 식량이 떨어지고 질병이 덮치면 몇 달 심지어 몇 주 사이에 죽을 테니까. 무정부원시주의자들은 붕괴를 촉진할수록 전체적으로 더 많은 목숨을 구할 수 있을 것이라고 주장하면서 이 격변에 다소 낙관적인 입장이다.

시어도어 카진스키는 이 점에서도 예외인 듯하다. 그는 체포된 뒤에 한 인터뷰에서 이 몰살을 아주 명확한 시선으로 판단한다.

> 기술산업 시스템을 없애야 한다는 것을 깨달은 사람들이 그것을 붕괴시키기 위해 행동한다면 그들은 사실상 많은 사람을 살해하는 것이다. 그것이 붕괴한다면 사회 혼란이 일어나고, 기아가 찾아올 것이며, 농사 장비에 쓸 여유 부품이나 연료도 더 이상 없을 것이며, 현대 농업이 의존하는 살충제나 비료도 더 이상 없을 것이다. 따라서 주위에 식량이 모자라게 될 것이고, 그러면 어떤 일이 벌어지겠는가? 지금껏 내가 읽은 문헌 중에서 나는 이 문제에 정면으로 맞선 급진주의자를 본 적이 없다.[39]

아마 카진스키는 문명 붕괴의 논리적 결론에 개인적으로 '정면으로 맞선' 인물일 것이다. 수십억 명이 몰살당할 것이라고. 그는 그 과정을 앞두고 몇 사람 더 살해하는 것은 중요하지 않다고 판단을 내린 것이 틀림없다. 아무튼 기술산업 복합체는 그에게서 인간성을 앗아갔으므로, 그가 수십억 명을 노예로 만드는 시스템을 없애는 과정에서 수십 명을 없애야 한다면, 그것은 가치 있는 일이 될 테니까. 또 기술에 사로잡힌 수십억 명의 불행한 사람들은 모두 그와 마찬가지로 지금 영혼이 없으므로 그들의 죽음도 정당화될 터였다. 일단 문명이 사라지면 다음 세대는 정말로 자유로워질 것이다.

그들은 모두 그의 자유클럽에 속할 것이다.

궁극적인 문제는 카진스키가 제공하는 낙원, 즉 문명에 대한 해결책, 말하자면 출현하고 있는 자율적인 테크늄의 대안이 다른 어느 누구도 결코 살고 싶어 하지 않을 비좁고 그을리고 더럽고 냄새나는 오두막이라는 점이다. 그것은 수십억 명이 탈출하고 있는 '낙원'이다. 문명도 나름의 문제를 지니지만, 거의 모든 면에서 그것은 유나바머의 오두막보다 더 낫다.

유나바머는 기술이 전체론적이며 자기 영속적인 기계라고 한 점에서는 옳았다. 또 그는 이 시스템의 이기적인 본성이 구체적으로 해를 끼칠 수 있다고 한 점에서도 옳다. 테크늄의 특정한 측면은 인간의 자아에 해롭다. 우리의 정체성을 제거하기 때문이다. 또 테크늄은 그 자체로 해를 끼칠 힘도 지니고 있다. 그것은 더 이상 자연이나 인간의 규제를 받지 않기에, 자신을 소멸하는 일도 그만큼 가속시킬 수 있다. 마지막으로 테크늄의 방향을 돌리지 않는다면 테크늄은 자연에 해를 끼칠 수 있다.

그러나 기술이 결함을 지닌다는 것이 현실이라고 해도, 그것을 없애고자 하는 유나바머는 여러 면에서 잘못되었다. 특히 문명의 기계가 그 대안보다 우리에게 더 많은 현실적인 자유를 준다는 점에서 적잖이 그렇다. 이 기계를 움직이는 데에는 비용이 들며, 우리는 이 비용을 이제야 고려하기 시작했지만, 지금까지 계속 팽창하는 테크늄에서 우리가 얻은 이득은 기계가 완전히 배제된 대안이 주는 이득을 넘어선다.

많은 사람들은 이 점을 믿지 않는다. 전혀. 많은 대화를 통해 판단하건대, 이 책의 독자 중 일정한 비율은 이 결론을 거부하고 카진스키의 편에 설 것이다. 기술의 긍정적인 측면이 부정적인 측면을 초과한다는 내 논리는 그들을 설득하지 못한다.

대신에 그들은 팽창하는 테크늄이 우리에게서 인간성을 앗아가며, 우리 아이들의 미래를 빼앗는다고 믿는다. 그것도 아주 강하게. 따라서 내가 이 책에서 개괄한 이른바 기술의 혜택들은 환상, 즉 우리가 새로운 것에 중독되도록 우리 자신에게 하는 속임수가 된다.

그들은 내가 부정할 수 없는 악덕들을 지적한다. 우리는 '더 많이' 지닐수록 덜 만족하고 덜 현명해지고 덜 행복해지는 듯하다. 그들은 많은 여론 조사가 이 곤혹스러움을 보여 준다고 올바로 지적한다. 가장 냉소적인 측은 진보가 그저 우리가 수십 년 더 오래 불만족한 채로 살아갈 수 있도록 우리 삶을 늘릴 뿐이라고 믿는다. 훗날 언젠가 과학은 우리가 영원히 살 수 있도록 해 줄 것이며, 따라서 우리는 영원히 불행해질 것이라고 본다.

내 의문은 이렇다. 기술이 그토록 나쁘다면, 우리는 왜 그것을 계속 움켜쥐고 있는 것일까? 시어도어 카진스키가 그것의 진정한 본성을 폭로한 뒤에도 말이다. 진정으로 명석하고 헌신적인 생태 전사들은 왜 유나바머가 시도한 대로 그것을 전면적으로 포기하지 않는 것일까?

한 가지 이론은 이렇다. 테크늄의 사나운 유물론이 우리가 사물에 정신을 쏟도록 함으로써 삶에서 더 큰 의미를 앗아간다는 것이다. 삶에서 어떤 의미를 찾으려 맹목적으로 날뛰면서, 우리는 판매되는 유일한 해답인 듯한 것, 즉 더 많은 기술을 구매함으로써 미친 듯이, 열정적으로, 부주의하게, 강박적으로 기술을 소비한다. 결국 우리는 점점 더 많은 기술을 요구하면서도 점점 덜 만족하게 된다. '덜 만족하기 위해 더 많이 요구하는 것'은 중독의 정의 가운데 하나다. 이 논리에 따르면 기술은 중독이다. 텔레비전이나 인터넷이나 메시지 전송에 강박적으로 매달리는 대신에, 우리는 테크늄 전체에 강박적으로 매달린다. 아마 우리는 새로운 것을 접할 때의 도파민 쇄도에 중독되어 있는지도 모른다.

이것이 머릿속으로는 기술을 경멸하는 사람들조차도 여전히 기술의 산물을 사는 이유를 설명해 줄지 모른다. 다시 말해 우리는 그것이 우리에게 얼마나 나쁜지 그리고 그것이 우리를 어떻게 노예화하는지도 잘 알지만(유나바머의 선언문을 살펴보았으니까.), 어쩔 수 없기에 엄청난 양의 갖가지 신제품과 물건을 모으는 일을 계속한다.(아마 죄책감을 갖고서.) 우리는 무력하기에 기술에 저항하지 못한다.

이 주장이 옳다면, 치료법은 좀 불편한 것이 된다. 모든 중독은 범법적인 쾌락을 변화시킴으로써가 아니라 중독된 사람을 변화시킴으로써 치유된다. 12단계 프로그램을 거치든 약물을 투여하든 간에, 문제는 중독된 사람의 머릿속에서 해결된다. 결국 그들은 텔레비전, 인터넷, 도박 기계, 술의 본질을 바꿈으로써가 아니라, 그것과의 관계를 변화시킴으로써 해방된다. 중독을 극복하는 사람은 자신의 무력함을 자신이 통제한다고 가정함으로써 그렇게 한다. 테크늄이 중독이라면, 테크늄을 변화시키려 애쓰는 식으로는 이 중독을 해결할 수 없다.

이 설명의 한 수정판은 우리가 중독되어 있지만 중독을 알아차리지 못한다고 본다. 우리는 홀려 있다. 화려함에 넋이 나갔다. 어떤 흑마술을 통해 기술은 우리의 분별력을 손상시켰다. 이 설명에 따르면, 미디어 기술은 유토피아를 앞세움으로써 테크늄의 진정한 색깔을 속인다. 우리는 그것의 빛나는 새 혜택에 즉각 눈이 멀어서 강력한 새 악덕을 보지 못한다. 우리는 일종의 주문에 걸려 조종당한다.

하지만 이 세계적인 주문은 틀림없이 함께 겪는 환각이다. 우리 모두가 똑같이 새 물건을 원하니까. 최고의 신약, 가장 멋진 자동차, 가장 작은 휴대전화 등. 그것은 분명 가장 강력한 주문이다. 인종, 나이, 지리, 부에 관계없이 우리 종의 모든 구성원에게 영향을 끼치니까. 즉 이 책을 읽는 모든 독자가 이 마법에 홀려 있다는 의미다. 대학 교내에서 유행하는 이 최신 이론은 기술을 파는 기업과 아마도 기업을 운영하는 경영자들이 부리는 이 저주에 걸려 속고 있다고 말한다. 하지만 그것은 그 CEO들이 사기를 인식하고 그것을 좌우한다는 의미일 것이다. 그 이론은 틀렸다. 내 경험상 그들은 나머지 우리와 같은 배를 타고 있다. 나를 믿도록. 그들 중 많은 이에게 자문을 했기에, 나는 그들이 그런 음모를 꾸밀 수 없다는 것을 안다.

반면에 기술이 자발적으로 우리를 속이고 있다는 이론은 별 인기가 없다. 이 이론은 기술 자체가 미디어를 이용하여 기술이 전적으로 호의적이라고 생각하도록 우리를 세뇌한 뒤 기술의 안 좋은 면을 우리 마음에서 삭제한다고 말한다. 테크늄이 자체 의제를 지닌다고 믿는 사람으로서 나는 이 이론이 설득력이 있다고 본다. 나는 기술의 의인화에 전혀 개의치 않는다. 하지만 이 논리에 따르면, 우리는 기술 문화와 가장 동떨어진 사람들이 가장 덜 속으며 뻔히 보이는 위험을 가장 잘 알아본다고 예상해야 한다. 그들은 왕이 옷을 입지 않았음을 알아차리는 어린아이와 같아야 한다. 아니, 늑대가 옷을 걸치고 위장했음을 알아차리는. 그러나 사실 미디어의 주문에 사로잡히지 않은, 미디어를 누리지 못하는 그들이야말로 때로 낡은 것을 새것으로 교환하고자 가장 열심일 때가 종종 있다. 그들은 테크늄의 화신을 똑바로 보면서 말한다. 전부 다 내놔, 당장. 혹은 그들이 자신을 현명하다고 생각한다면, 이렇게 말한다. 네가 지닌 좋은 것만 다 내놔. 중독성을 띤 쓰레기는 놔두고. 반면에 테크늄의 주문이 존재함을 '간파하'거나 믿는 사람들은 기술 매체를 가장 잘 활용하는 사람들, 프리우스를 몰고 블로그와 트위터를 쓰는 전문가들일 때가 많다. 내가 보기에 이 뒤집힌 상황은 설득력이 없다.

그러니 남은 이론은 한 가지다. 우리는 기술, 그리고 그것의 크나큰 결함과 명백한 위험을 의도적으로 선택한다는 것. 무의식적으로 그것의 장점을 계산하기 때문이다. 전적으로 무언의 계산을 통해 우리는 남들의 중독, 환경의 파괴, 우리 삶을 산만하게 하는 것들, 갖가지 기술이 빚어내는 혼란스러운 모습에 주목하며, 그것들을 합쳐서 혜택과 대비한다. 나는 이것이 전적으로 합리적인 과정이라고는 믿지 않는다. 나는 우리가 기술에 관해 서로 이야기를 나누며, 그런 이야기들이 장점과 단점을 저울질할 때 관여한다고도 본다. 하지만 우리는 현실적인 방식으로 위험 편익을 분석한다. 가장 원시적인 샤먼조차도 야생동물의 가죽을 칼과 맞바꿀지 결정하려고 할 때 그런 계산을 할 것이다. 그는 남들이 강철 칼을 구했을 때 어떤 일이 일어나는지 보아 왔다. 우리는 똑같지는 않을지라도 미지의 기술에 같은 계산을 한다. 그리고 대개 경험이라는 저울에 놓고 단점과 장점을 잰 뒤에, 기술이 훨씬 큰 차이는 아니라 해도 더 많은 혜택을 제공한다는 것을 알아차린다. 다시 말해 우리는 그것을 껴안을지, 그리고 가격을 지불할지를 자유롭게 선택한다.

하지만 비합리적인 인간이기에 우리도 몇 가지 이유 때문에 가능한 최선의 선택을 하지 않을 때가 종종 있다. 기술의 비용은 쉽게 간과할 수 없으며, 가치에 대한 기대는 때로 과장되곤 한다. 더 나은 결정을 내릴 기회를 높이려면 (이 말을 하기가 너무 싫지만) 더 많은 기술이 필요하다 기술의 총비용을 밝혀내고 지나친 기댓값을 낮추려면 더 나은 정보 도구와 과정을 갖춰야 한다. 자신의 이용 습관에 대한 실시간 자기 모니터링, 문제의 투명한 공유, 검사 결과의 심도 있는 분석, 가차 없는 재검사, 제조 분야에서 원료 공급망의 정확한 기록, 오염 같은 부정적인 외부 요소들을 정확히 반영한 회계 같은 기술이 필요하다. 기술은 기술의 비용을 밝혀내는 일을 돕고 우리가 그것을 어떻게 채택할지에 대해 더 나은 선택을 하도록 도울 수 있다.

기술의 단점을 드러내는 더 나은 기술 도구는 역설적으로 기술의 평판을 높일 것이다. 그것은 무의식으로부터 계산을 끌어내어 합리화할 것이다. 적절한 도구를 갖추면 그렇게 끌어낸 것을 과학의 영역으로 가져올 수 있을 것이다.

마지막으로 개별 기술의 결점을 진정으로 올바로 파악한다면, 우리는 자신이 테크늄을 껴안는 것이 자발적인 행위이지, 중독이나 주문에 따른 결과가 아님을 올바로 알아차릴 수 있을 것이다.

11

아미시파 기술광이 주는 교훈

기술의 중독적인 지배를 피하는 것이 얼마나 좋은지를 논의할 때며, 으레 아미시파가 존경할 만한 대안으로 제시된다. 아미시파는 러다이트주의자, 즉 유행하는 신기술 사용을 거부하는 사람들이라는 평판을 듣는다. 그들 중에서 가장 엄격한 부류는 전기도 자동차도 쓰지 않으며, 손 도구로 농사를 짓고 말과 마차를 탄다고 잘 알려져 있다. 그들은 직접 만들거나 수리할 수 있는 기술을 선호하며, 전반적으로 검약하고 자급자족한다. 그들은 바깥에서 신선한 공기를 마시며 직접 손을 써서 일하며, 비좁은 칸막이 안에서 컴퓨터 화면을 들여다보며 일하는 딜버트를 컴퓨터 앞에서 일하는 만화 주인공 같은 보통 사람에게는 부러움의 대상이다. 게다가 그들의 최소한의 생활양식은 번성하는 반면(아미시파 인구는 연간 4퍼센트씩 늘어난다.) 중산층 화이트칼라와 공장 노동자는 점점 직장을 잃고 시들어 가고 있다.

유나바머는 아미시파가 아니었고, 아미시파는 붕괴론자가 결코 아니다. 그들은 기술의 축복과 병폐를 어떻게 하면 균형 맞출 수 있는지 가치 있는 교훈을 주는 듯한 유형의 문명을 창조해 왔다.

하지만 아미시파의 삶은 결코 반기술적이지 않다. 사실 내가 몇 번 그들을 찾아가서 본 바에 따르면, 그들은 독창적인 기술광이자 만능 수리공이며, 궁극적인 제작자이자 손수 모든 것을 해결하는 사람들이다. 그들은 때로 놀랍도록 기술 지향적이다.

우선 몇 가지 단서를 달아야 하겠다. 아미시파는 단일 집단이 아니다. 그들의 관습은 교구마다 다르다. 오하이오의 한 집단이 하는 행동을 뉴욕의 다른 교구에서는 하지 않을 수도 있고, 아이오와의 다른 교구에서는 더 심하게 할 수도 있다. 또 그들이 기술과 맺고 있는 관계도 균일하지 않다. 대다수 아미시파는 옛 것과 최신 것을 골고루 사용한다. 나머지 우리와 마찬가지로. 여기서 아미시파의 행동이 궁극적으로 종교 신앙에 이끌린다는 점을 염두에 두는 것이 중요하다. 기술이 빚어내는 결과는 부차적이다. 그들은 자신들의 방침에 논리적 근거를 갖고 있지 않을 때가 종종 있다. 마지막으로 아미시파의 관습은 시간이 흐르면서 변하며, 지금 이 순간에도 나름의 속도로 신기술을 받아들이며 세계에 적응하고 있다. 아미시파가 구식 러다이트주의자라는 생각은 여러 면에서 일종의 도시 전설이다.

모든 전설이 그렇듯이, 아미시 전설도 몇 가지 사실에 토대를 두고 있다. 아미시파, 특히 구아미시파(우편엽서에 실려 있는 전형적인 아미시파)는 실제로 새로운 문물을 채택하기를 꺼린다. 현대 사회의 우리는 기본적으로 새 문물에 "예."라고 말하도록 설정되어 있는 반면, 구아미시파 공동체에서는 "아직 아니야."가 기본 설정값이다. 새 문물이 주위에 출현하면, 구아미시파는 자동으로 그것을 무시하는 반응을 보인다. 따라서 많은 구아미시파는 자동차가 새로 등장했을 당시에 결코 "예."라고 말하지 않았다. 대신에 그들은 늘 그래 왔듯이, 지금도 말이 끄는 마차를 타고 돌아다닌다. 일부 교파는 마차에 덮개를 없애라고 요구한다.(마부, 즉 십 대 청소년이 그 은밀한 장소에 끌려서 어슬렁거리지 않도록.) 반면에 유개마차를 허용하는 교파도 있다. 일부 교파는 농장에 트랙터를 허용한다. 트랙터의 바퀴가 쇠로 되어 있기만 하다면. 혹시라도 트랙터를 자동차처럼 도로로 몰고 나서는 '부정한 짓'을 저지르지 못하도록 말이다. 일부 집단은 농부가 디젤 엔진으로 콤바인이나 탈곡기를 작동시키는 것을 허용한다. 엔진이 오직 탈곡기만 돌릴 수 있고 차량을 움직이지 못하는 것이라면. 이는 말을 이용하여 끄는 매연을 내뿜는 시끄러운 새로운 기계를 통째로 고안하라는 의미다. 일부 종파는 자동차를 허용하지만, 최신 모델로 갈아타려는 유혹에 빠지지 않도록 전체를 검게 칠할(크롬 도금은 절대 안 되고) 것을 전제로 삼는다.

이 모든 다양성의 배후에는 자신의 공동체를 강화하려는 아미시파의 동기가 숨어 있다. 지난 세기 말에 자동차가 처음 등장했을 때, 아미시파는 운전자들이 일요일에 가족이나 아픈 이를 찾거나 토요일에 동네 상점을 들르는 대신에 소풍을 가거나 다른 읍내를 구경하러 공동체 밖으로 나간다는 사실을 알아차렸다. 따라서 고삐가 없는 이동 수단을 금지한 조치는 장거리 여행을 어렵게 하고 에너지가 지역 공동체에 집중되도록 하려는 의도를 담고 있었다. 일부 교파는 이 금지 조치를 남들보다 더 엄격하게 취했다.

구아미시파가 전기 없이 생활하는 풍습의 배후에도 비슷한 공동체 동기가 놓여 있다. 아미시파는 읍내의 발전소에서 전선을 끌어와서 집에 전기를 들이면 읍내의 리듬, 정책, 관심에 더 얽매인다는 것을 알아차렸다. 아미시파의 종교 신앙은 '세상에 있되, 세상의 일부는 아닌 채'로 남아 있어야 한다는, 따라서 가능한 많은 방식으로 동떨어져 있어야 한다는 원칙을 토대로 한다. 전기에 얽매인다는 것은 세상에 얽매인다는 뜻이었으므로, 그들은 세상 바깥에 머물기 위해 전기의 혜택을 버렸다. 심지어 오늘날에도 여러 아미시파 집을 방문하면, 집으로 뻗어 있는 전선을 전혀 찾을 수 없을 것이다. 그들은 전력망 없이 산다. 전기나 자동차 없이 살아간다는 것은 우리가 현대 생활에서 기대하는 물품의 대부분이 없이 지낸다는 뜻이다. 전기가 없다는 것은 인터넷, 텔레비전, 전화도 없다는 의미다. 따라서 아미시파의 삶은 갑자기 우리의 복잡한 현대 생활의 대척점에 선 양 다가온다.

하지만 아미시파 농장을 방문하면 그 단순한 양상은 사라진다. 사실 그 단순한 양상은 농장에 다가가기도 전에 사라진다. 도로를 따라 천천히 가다 보면 밀짚모자를 쓰고 멜빵바지를 입은 채 롤러블레이드를 타고 휙 지나가는 아미시파 아이를 볼 수도 있다. 한 학교 앞에서 나는 킥보드들이 죽 놓여 있는 것을 보았다. 아이들이 어떻게 등교했는지 알 만했다. 하지만 바로 그 길로 더러운 미니밴들이 줄지어서 학교 앞을 스쳐 지나갔다. 미니밴마다 뒷좌석에 수염 가득한 아미시파 사람들이 가득 앉아 있었다. 대체 어찌된 것일까?

아미시파는 무언가를 사용하는 것과 소유하는 것을 구분한다. 구아미시파는 픽업트럭을 소유하려 하지는 않겠지만, 그것을 타고 가기는 할 것이다. 그들은 운전면허를 따거나 자동차를 사거나 보험을 들거나 자동차와 자동차 산업 복합체에 의존하지는 않겠지만, 택시를 부르기는 할 것이다. 아미시파 남성의 수가 농장보다 더 많으므로 많은 남성들은 소규모 공장에서 일하며, 그들은 직장까지 출퇴근을 시켜 줄 외부인이 모는 밴을 세낼 것이다. 따라서 말과 마차를 쓰는 사람들도 자동차를 쓸 것이다. 나름의 방식으로.(또 아주 절약하여.)

또 아미시파는 직장에서 쓰는 기술과 집에서 쓰는 기술을 구분한다. 오래전 펜실베이니아 주 랭커스터 인근에 목공소를 운영하는 한 아미시파 사람을 방문했던 일이 기억난다. 그를 아모스라고 하자. 비록 그의 진짜 이름은 아니지만. 아미시파는 자신에게 관심이 쏠리는 것을 좋아하지 않으므로 지면에 사진이나 이름이 실리는 것을 꺼리니까. 나는 아모스의 안내로 지저분한 콘크리트 건물로 들어갔다. 실내는 대부분 창문을 통해 들어오는 자연 채광을 썼기에 흐릿했지만, 몹시 어수선한 방의 한 나무 탁자 위에 전구 하나가 매달려 있었다. 주인은 내가 전구를 쳐다보는 모습을 보았다. 내가 그를 쳐다보자 그는 어깨를 으쓱하더니 그것이 나 같은 손님을 위한 것이라고 말했다.

큰 작업장에서 그 드러난 전구 외에 다른 곳에는 전기가 없었지만, 동력 기계가 없지는 않았다. 그곳은 동력 샌더, 동력 톱, 동력 대패, 동력 드릴 등이 내는 귀를 찢는 소음으로 진동하고 있었다. 시선을 돌리는 곳마다 수염이 덥수룩한 남자들이 톱밥을 뒤집어쓰고서 시끄러운 기계로 나무를 밀어 넣고 있었다. 이곳은 르네상스시대 장인이 수공구로 걸작을 만드는 곳이 아니었다. 기계 동력으로 나무 가구를 만드는 소규모 공장이었다. 그런데 동력은 어디에서 왔을까? 풍차에서 온 것은 아니다.

아모스는 거대한 SUV만 한 디젤 발전기가 있는 뒤쪽으로 나를 데려갔다. 그것은 거대했다. 가스 엔진도 있고 아주 커다란 가스탱크도 있었다. 그곳에 압축공기가 들어 있다고 했다. 석유 연료를 태우는 디젤 엔진이 압축기를 돌려서 가스탱크를 가압하여 채웠다. 탱크에서 고압 파이프들이 뱀처럼 구불구불 공장 구석구석까지 뻗어 나왔다. 파이프마다 구부러지는 단단한 고무호스를 통해 도구가 하나씩 연결되어 있었다. 목공소 전체가 압축공기로 움직였다. 모든 기계는 압축 공기의 힘으로 가동되었다. 아모스는 심지어 압축 공기 스위치도 보여 주었다. 그는 그것을 전등 스위치처럼 딸깍거려서 공기로 페인트를 말리는 팬을 가동할 수 있었다.

아미시파는 이 압축 공기 시스템을 '아미시 전기'라고 한다. 처음에 공기압은 아미시 작업장을 위해 고안되었지만, 공기 동력이 무척 쓸모가 있었기에 아미시 가정으로도 들어갔다. 사실 아미시 전기로 가동하기 위해 도구와 장비를 고치는 소규모 산업이 갖추어져 있다. 이를테면 개조업자들은 튼튼한 믹서를 사서 전기 모터를 떼어 낸다. 그런 뒤 알맞은 크기의 공기 동력 모터를 대신 달고, 공기압 연결관을 달면 완성. 아미시 엄마는 전기가 없는 부엌에서 이제 믹서를 쓸 수 있다. 공기압 재봉틀과 공기압 세탁기, 탈수기(프로판을 이용한 가열을 겸한)도 구할 수 있다. 순수한 증기광(공기광?) 다운 모습을 드러내면서, 아미시 기술광들은 전기 기구의 공기압 판본을 제작하는 일에서 서로를 능가하려 애쓴다. 그들의 기계 다루는 솜씨는 아주 인상적이다. 특히 8학년 너머까지 학교에 다닌 사람이 아무도 없었기에 더 그렇다. 그들은 가장 열광자다운 실력을 과시하기를 좋아한다. 그리고 내가 만난 모든 만능 수리공은 몇 년 동안 힘들게 일한 뒤 타 버리는 모터보다 공기가 더 강력하고 내구성이 있어 오래가기 때문에, 기력학이 전기 기구보다 우수하다고 주장했다. 이 우월하다는 주장이 참인지 단순한 정당화인지 알지 못하지만, 그 말이 계속 들려왔다.

나는 엄격한 메노파교도가 운영하는 개조 작업장을 방문했다. 말린은 턱수염이 없는(메노파교도는 턱수염을 기르지 않는다.) 키 작은 남자였다. 그는 말과 마차를 쓰고 전화는 없었지만, 전기는 집 뒤의 작업장에서 썼다. 그들은 전기를 써서 기력학 부품을 만들었다. 그의 공동체에 있는 대다수 사람들이 그렇듯이, 그의 아이들도 그와 함께 일했다. 평범한 옷차림의 그의 아들 중 몇 명은 금속 바퀴(도로로 몰고 나갈 수 없도록 고무를 대지 않았다.)가 달린 프로판으로 가동되는 지게차를 써서, 아미시파가 애호하는 등유를 쓰는 조리 기구의 아주 정밀하게 가공된 금속 부품과 압축 공기 모터를 제조할 때 쓰는 무거운 금속을 옮기고 있었다. 가공 오차 범위는 0.02밀리미터였다. 그래서 그들은 몇 년 전에 컴퓨터로 작동하는 절삭 기계를 뒤뜰의 마구간 뒤에 설치했다. 40만 달러짜리였다. 배달 트럭만큼 거대한 장비였다. 그 기계는 말린의 14세 딸이 조작했다. 보닛을 쓰고 긴 치마를 입은 채로. 컴퓨터로 작동하는 이 기구로 그녀는 전력망이 필요 없이 말과 마차로 돌아다니는 데 필요한 부품을 만들었다. 나는 '전기 없이'라는 말보다 '전력망 없이'라는 말을 쓴다. 아미시 가정에서 전기는 계속 보았기 때문이다. 우유(아미시파의 주요 환금 물품)를 저장하는 냉장 시설에 전원을 공급하기 위해 헛간 뒤쪽에서 거대한 디젤 발전기를 가동하고 있다면, 거기에 소형 발전기를 부착하는 것은 사소한 일이다. 이를테면 충전지 같은 것. 아미시 농가에는 전지로 작동하는 계산기, 회중전등, 전기 울타리, 발전기로 가동되는 전기 용접기가 눈에 띈다. 또 아미시파는 전지로 라디오나 전화(헛간이나 가게의 바깥에 설치한)를 작동시키고, 필요한 헤드라이트를 켜고 마차의 깜박이 신호를 켠다. 한 명석한 아미시파 사람은 내게 자신이 발명한, 회전을 하고 나면 마치 자동차처럼 자동으로 마차의 깜박이가 꺼지도록 하는 독창적인 방식에 대해 30분 동안 신나게 설명했다.

지금은 아미시파에 태양 전지판이 널리 쓰이고 있다. 덕분에 그들은 전력망에 얽매이지 않고도 전기를 얻을 수 있다. 전력망에 얽매이는 것이 아미시파의 주된 걱정거리였기 때문이다. 태양 전지판은 주로 물을 퍼 올리거나 하는 자질구레한 용도로 쓰이지만, 서서히 가정으로 침투할 것이다. 대부분의 혁신이 그렇듯이 말이다.

아미시파는 일회용 기저귀(왜 안 쓰겠는가?), 화학 비료와 살충제를 쓰며, 유전자 변형 옥수수의 열광적인 지지자다. 유럽에서는 이런 작물을 프랑켄식품(Frankenfood)프랑켄슈타인 같은 작물이라는 뜻에서이라고 한다. 나는 아미시파의 몇몇 연장자에게 그 점을 어떻게 생각하는지 물었다. 왜 유전자 변형 옥수수를 심나요? 그들은 옥수수가 조명나방에 피해를 잘 입는다고 말한다. 조명나방은 옥수숫대의 밑동을 갉아서 줄기를 쓰러뜨리곤 한다. 현대의 500마력 수확기는 쓰러진 옥수숫대를 감지하지 못한다. 그저 닥치는 대로 빨아들여서 옥수수를 내뱉기만 할 뿐이다. 아미시파는 반수동적으로 옥수수를 수확한다. 베는 기계로 잘라 낸 뒤 탈곡기에 넣는다. 하지만 쓰러진 줄기가 너무 많으면 손으로 일일이 집어넣어야 한다. 아주 힘들고 땀이 많이 나는 일이다. 그래서 그들은 Bt 옥수수를 심는다. 이 유전자 돌연변이 옥수수는 조명나방의 천적인 바실루스 투링기엔시스(Bacillus thuringiensis)의 유전자를 지닌다. 이 세균은 조명나방에게 치명적인 독소를 만든다. 따라서 쓰러지는 줄기가 거의 없고 기계로 수확할 수 있으므로, 수확량이 더 늘어난다. 경작을 아들들에게 맡긴 한 아미시 노인은 자신이 너무 늙어서 부러진 무거운 옥수숫대를 집어 탈곡기에 넣을 수 없으니, Bt 옥수수를 심어야 수확할 때 도울 수 있다고 아들들에게 말했다. 값비싼 현대 수확기를 사는 것도 대안이지만, 그 방법은 아무도 원치 않았다. 유전자 변형 작물 기술은 아미시파가 빚을 지지 않고 오래되고 잘 검증된 장비를 계속 쓸 수 있게 해 주었다. 그럼으로써 집안 농장을 함께 계속 운영한다는 주된 목표를 달성할 수 있었다. 물론 그들은 이런 단어들을 쓰지는 않았지만, 유전자 변형 작물이 집안 농장에 적절한 기술이라고 생각한다는 점을 명확히 드러냈다.

인위적인 종자 파종, 태양 전지, 웹은 아미시파 사이에 아직 논란이 있는 기술들이다. 그들은 도서관에서 웹을 사용한다.(소유하지는 않지만 이용한다.) 사실 공립 도서관의 칸막이 안에서 아미시파 사람들은 종종 사업에 쓸 웹사이트를 만들곤 한다. '아미시 웹사이트'라는 말이 절묘한 농담처럼 들리겠지만, 실제로 그런 웹사이트는 꽤 많다. 신용카드 같은 포스트모던 혁신 물품은 어떨까? 극소수의 아미시파 사람들은 그것을 지녔다. 아마 처음에는 사업 때문이었을 것이다. 하지만 시간이 흐르면서 지역의 아미시파 주교들은 과소비가 뒤따르며 그 결과 이윤이 줄어든다는 문제점을 알아차렸다. 농민들은 빚을 지게 되었고, 그것은 그들뿐 아니라 그들의 공동체에도 타격을 입혔다. 그런 농민들이 재기할 수 있도록 공동체가 도와야 했으니까.(공동체와 식구들이 하는 역할이 바로 그것이다.) 그래서 시험 기간을 거친 뒤 원로들은 신용카드를 금지했다.

한 아미시파 사람은 전화, 무선 호출기, 블랙베리, 아이폰(그렇다, 그는 다

알고 있었다.)의 문제점이 "대화보다는 메시지를 주고 받는다"는 데 있다고 내게 말했다. 우리 시대를 정확히 요약하는 말이었다. 하얀 긴 턱수염과 대조적으로 반짝이는 젊은 눈을 한 헨리가 내게 말했다. "나한테 텔레비전이 있다면, 당연히 보겠죠." 그보다 더 단순하게 말할 수 있을까?

아미시파에는 휴대전화를 받아들여야 하는가만큼 더 심각하게 와 닿는 문제도 없다. 예전에 아미시파는 차도 끝에 오두막을 만들고 그 안에 이웃들이 함께 쓰는 자동 응답기와 전화를 놓곤 했다. 오두막은 전화를 거는 사람이 비와 추위를 피할 수 있게 하고 집에 전화망이 들어오지 못하게 막아주고 밖으로 멀리 걸어가야 하므로 잡담과 수다를 떨기보다는 꼭 필요한 통화만 하도록 전화 이용 횟수를 줄이는 효과가 있었다. 휴대전화는 상황을 뜻밖의 방향으로 변화시키는 새로운 골칫거리다. 전화망 없이, 전화선 없이 전화를 쓸 수 있으니까. 한 아미시 친구는 내게 이렇게 말했다. "내가 무선 전화를 들고 전화부스에 서 있는 것이나 휴대전화를 들고 바깥에 서 있는 것이나 뭐가 다르겠어요? 아무 차이도 없지요." 게다가 휴대전화는 여성들의 환영을 받았다. 그들은 운전을 하지 않으니까, 멀리 떨어진 가족과 만나기 힘들었는데 휴대전화는 그것을 가능하게 한다. 그리고 주교들은 휴대전화가 아주 작아서 숨기기에 좋다는 것을 알아차렸다. 그것은 개인주의를 억제하는 일에 몰두해 온 그들에게 심각한 걱정거리다. 아미시파는 아직 휴대전화에 대해 결정을 내리지 못하고 있다. 아니 '어쩌면.'이라고 결정을 내렸다고 말하는 편이 더 정확할지 모르겠다.

텔레비전, 인터넷, 성서 이외의 책 없이, 전력망이나 전화망 없이 사는 사람들치고, 아미시파는 당혹스러울 정도로 많은 것에 통달해 있다. 내가 찾아보았지만, 그들이 알지 못하고 어떤 견해도 지니지 않은 것은 그리 많지 않았다. 그리고 놀랍게도 그들의 교파에서 적어도 어느 한 사람이 쓰려고 시도하지 않은 새로운 것도 그리 많지 않다. 사실 아미시파는 해롭다는 것이 입증될 때까지는 써 보려고 시도하는 얼리어답터의 열정에 의지한다.

신기술이 채택되는 전형적인 양상은 이런 식이다. 이반은 아미시파의 신기술 예찬론자다. 그는 새로운 장치나 기술이 출현하면 늘 맨 처음 써보려고 한다. 그의 머릿속에 신형 변조기가 정말 유용할 것이라는 생각이 떠오른다. 그는 그것을 어떻게 하면 아미시파가 지향하는 바에 맞출 수 있는지를 생각해 낸다. 그래서 그는 주교에게 가서 제안한다. "이것을 써 보고 싶습니다." 주교는 이반에게 말한다. "알겠네, 이반. 원하는 대로 해도 좋아. 하지만 우리가 그것이 네게 도움이 안 된다거나 남들에게 해를 끼치고 있다는 판단을 내리면 언제든 그것을 포기할 준비를 해야 해." 그래서 이반은 그것을 구입하여 써 보며, 한편 이웃, 가족, 주교는 주의 깊게 지켜본다. 그들은 그것의 장점과 단점을 저울질한다. 그것은 공동체에 어떤 일을 할까? 이반에게는? 아미시파의 휴대전화 이용도 그런 식으로 시작되었다. 일화에 따르면, 휴대전화 이용을 허락해 달라고 요구한 최초의 아미시 신기술 열광자는 계약 담당자이기도 한 두 성직자였다고 한다. 주교들은 허락하기를 꺼렸지만 결국 타협안을 제시했다. 휴대전화를 운전자의 마차에 보관하라고. 그러면 마차는 휴대전화 오두막이 될 터였다. 그런 뒤 공동체는 계약 담당자들을 지켜보았다. 그것은 잘 듣는 듯했고, 그러자 다른 얼리어답터들도 그것을 받아들였다. 하지만 여전히 언제라도, 설령 몇 년이 흐른 뒤에라도 주교들은 안 된다고 말할 수 있다.

나는 아미시파의 유명한 마차를 만드는 공작소를 방문했다. 밖에서 볼 때 마차는 단순하고 구식으로 보였다. 하지만 공작소에서 제작 과정을 살펴보니, 마차는 첨단 기술을 이용한 아주 놀랍도록 복잡한 제작품이었다. 마차는 가벼운 유리섬유로 만들어지며, 주물 손잡이와 스테인리스 강철 뼈대와 최신 LED 전구를 갖추고 있다. 공작소 주인의 아들인 십 대 소년 데이비드도 일을 거들고 있었다. 부모 곁에서 일찍부터 일을 거드는 아미시파의 많은 아이들처럼, 그도 놀라울 정도로 틀이 잡혀 있었다. 나는 아미시파가 휴대전화를 어떻게 대할지 그에게 생각을 물었다. 그는 작업복 안으로 손을 슬쩍 넣더니 휴대전화를 꺼냈다. "아마 받아들일 거예요." 그는 빙긋 웃으며 말했다. 그런 뒤 재빨리 덧붙였다. 자신이 동네 자원 소방대에서 일하며, 휴대전화를 지닌 이유가 그 때문이라고.(맞는 말이다!) 그의 아버지가 맞장구를 쳤다. 휴대전화가 받아들여진다면 "거리에서 집까지 전화선이 놓이지 않겠지요."

망과 거리를 두면서도 현대화한다는 목표를 추구하면서 일부 아미시파는 디젤 발전기에 변환기를 달아서 전지와 연결했다. 전지는 전력망과 단절된 상태에서 110볼트를 제공한다. 그 전지는 전기 커피 주전자 같은 개별 기기에 직접 전기를 공급한다. 나는 어느 집에서 사무실 겸용으로 쓰는 거실 한구석에 놓인 전자 복사기도 보았다. 이렇게 현대의 기기를 서서히 받아들이면 100년이 지난 뒤에 아미시파는 우리가 지금 지닌 것을 지니게 될까(그때에도 여전히 뒤처진 채로)? 자동차는 어떨까? 구아미시파는 나머지 세계가 개인용 제트팩을 쓰고 있을 때 구식 내연기관으로 작동하는 탈탈이를 몰고 다닐까? 아니면 전기 자동차를 받아들일까? 나는 18세인 아미시파 사람 데이비드에게 미래에 뭘 사용할 것이라고 예상하는지 물었다. 놀랍게도 그는 준비된 십 대다운 답을 내놓았다. "주교들이 교파가 마차를 버리는 것을 허용한다면, 나는 뭘 가질지 알아요. 검은색 포드 460 V8이지요."

그것은 500마력짜리 근육질 자동차다. 일부 메노파는 검은색이기만 하다면(크롬 도금이나 세련된 장식이 전혀 없는) 일반 자동차도 허용한다. 따라서 고속 엔진으로 개조한 검은 자동차도 좋다! 마차 제작자인 그의 아버지도 맞장구쳤다. "그런 일이 일어난다고 해도, 마차를 모는 아미시파도 계속 있을 겁니다."

데이비드도 인정했다. "교파에 남아 있을지 말지를 결정할 때, 나는 미래의 내 아이들을 아무 제약 없이 키울 것인지를 생각했어요. 그런 일은 상상도 할 수 없었지요." 아미시파가 흔히 쓰는 말이 있다. "지금 그대로.(holding the line)" 그들은 상황이 계속 변한다는 것을 잘 알고 있지만, 그래도 지금이라는 것은 분명 남을 터였다.

『전기 없이 살아가기(*Living Without Electricit*)』라는 책은 미국의 다른 사람들이 어떤 기술을 채택한 뒤로 아미시파가 그 기술을 채택하는 데 얼마나 오래 걸렸는지를 도표로 작성해 놓았다.[1] 나는 아미시파가 우리보다 약 50년 뒤처져 살아간다는 인상을 받는다. 그들이 현재 사용하는 발명품 중 절반은 지난 100년 사이에 발명된 것이다. 그들은 새로운 것을 다 채택하지 않으며, 채택해도 남들이 받아들인 지 반세기 뒤에야 받아들인다. 그때쯤이면 혜택과 비용이 명확히 드러나고 기술은 안정되고 값싸진다. 아미시파는 꾸준히 기술을 채택하고 있다. 나름의 속도로 말이다. 그들은 느린 기술 애호가들이다. 한 아미시 사람이 말했듯이, "우리는 진보를 멈추고 싶어 하는 것이 아니다. 그저 늦추고 싶을 뿐이다." 하지만 그들의 느린 채택 방식은 교훈을 준다.

1. 그들은 취사선택한다. 그들은 아니라고 말하는 법을 알며, 새로운 것을 거부하기를 두려워하지 않는다. 그들은 채택하기보다는 더 많이 외면한다.
2. 그들은 이론이 아니라 경험을 통해 새로운 것을 평가한다. 그들은 지켜보는 시선들이 있는 가운데, 얼리어답터가 새로운 것을 솔선하여 기쁨을 얻도록 허용한다.
3. 그들은 선택을 내리는 기준을 지닌다. 기술은 가족과 공동체를 강화하고 그들과 바깥 세계의 거리를 확고히 해야 한다는 것이다.
4. 선택은 개인이 아니라 공동체가 한다. 공동체는 기술의 방향을 정하고 강화한다.

이 방법은 아미시파에게 잘 통하지만, 나머지 우리에게도 잘 통할까? 나는 모른다. 아직 다른 곳에서는 실제로 그런 시도가 이루어진 적이 없다. 그리고 아미시파 기술광과 얼리어답터가 우리에게 무언가를 가르친다면, 그것은 우선 시도를 해야 한다는 점이다. 그들의 좌우명은 "필요하다면 먼저 시도하고 나중에 포기하라."다. 우리는 먼저 시도하는 일은 잘하지만 포기하는 일은 잘 못한다. 우리가 아미시 모형을 충족시키려면, 집단으로서 포기하는 일을 더 잘해야 한다. 그것은 다원주의 사회에는 무척 어려운 일이다. 사회적 포기는 상호 지원에 의존한다. 나는 아미시 공동체 너머에서 그런 일이 일어난다는 증거를 전혀 찾지 못했지만, 그런 일이 일어난다면 알려 주는 표지가 있을 것이다.

아미시파는 기술을 아주 잘 관리하게 되었다. 하지만 이런 훈련을 통해 그들은 무엇을 얻었을까? 그들의 삶은 이 노력을 통해 실제로 더 나아질까? 우리는 그들이 포기하는 것이 무엇인지 알 수 있지만, 우리가 원할 만한 무언가를 그들이 얻었을까?

최근에 한 아미시 사람이 안개 낀 태평양 해안을 따라 우리 집까지 자전거를 타고 왔기에, 나는 이 질문을 심도 있게 할 기회를 얻었다. 그는 삼나무 숲 속에 있는 우리 집까지 긴 언덕길을 오르느라 땀에 젖어 헐떡거리며 도착했다. 문에서 조금 떨어진 곳에 그의 독창적인 다혼 접이식 자전거가 서 있었다. 기차역에서부터 타고 온 것이다. 대다수 아미시 사람처럼 그도 비행기를 타지 않으므로, 그는 펜실베이니아에서 출발한 횡단 열차에 자전거를 싣고 3일 동안 왔다. 샌프란시스코 여행이 처음은 아니었다. 그는 전에도 캘리포니아 해안 전체를 자전거로 달린 적이 있으며, 사실 기차, 자전거, 배로 세계 곳곳을 여행했다.

우리의 아미시 손님은 한 주 동안 우리 집 남는 침실에서 뒹굴뒹굴했고 식사 때면 말과 마차, 구아미시파, 플레인포크(Plain Folk) 공동체에서 자라면서 겪은 이야기들로 우리를 즐겁게 했다. 우리의 친구를 레온이라고 하자. 그는 여러 면에서 독특한 아미시파 사람이다. 나는 그를 온라인에서 만났다. 물론 온라인은 아미시 사람을 만날 가능성이 가장 적은 곳이다. 하지만 레온은 내 웹사이트에 내가 올린 글을 읽고서 내게 전자우편을 보냈다. 그는 고등학교에 간 적이 없지만(아미시파의 정식 교육은 8학년까지다.) 대학에 간 극소수의 플레인포크파 일원이며, 현재 그는 아주 나이 든 학생이다.(그의 나이는 삼십 대다.) 그는 의학을 공부할 생각이며, 아마도 최초의 아미시 의사가 될 것이다. 물론 아미시파 중에서 대학에 가거나 의사가 된 사람은 많지만, 구아미시파의 일원으로 남아 있으면서 그렇게 한 사람은 없다. 레온은 플레인포크파 일원이면서도 '바깥' 세계에서 살아가는 능력을 포기하지 않는다는 점에서 특이하다.

그 아미시파는 럼스프링가(rumspringa)라는 독특한 전통을 지닌다. 현대의 편리한 것들을 영구히 포기하고 구아미시파에 들어갈지 결정을 내리기 전에 십 대들에게 몇 년 동안 집에서 만든 제복(소년은 멜빵바지와 모자, 소녀는 긴 드레스와 보닛)을 벗어 던지고 헐렁한 바지와 짧은 셔츠를 입고 자동차를 사고 음악을 듣고 파티를 벌이며 지낼 기회를 주는 것을 말한다. 이렇게 기술 세계에 깊이 적나라하게 노출된다는 것은 그들이 세계가 제공하는 것이 무엇이며 그들이 포기해야 하는 것이 정확히 무엇인지를 제대로 인식한다는 의미다. 레온은 일종의 영구적인 럼스프링가 상태에 있다. 비록 파티를 벌이지 않고 아주 열심히 일하고 있지만. 그의 부친은 기계 공작소를 운영하므로(아미시파의 흔한 직업) 레온은 도구를 다루는 솜씨가 뛰어나다. 레온이 집 앞에 나타난 오후에 나는 욕실의 배관을 고치고 있었는데, 그는 재빨리 그 잡일을 하겠다고 나섰다. 나는 그가 완벽한 솜씨로 공구들을 다루는 모습을 보고 깊은 인상을 받았다. 나는 아미시파가 차를 몰지는 않지만 어떤 모델이든지 갖다 놓으면 고칠 수 있는 자동차 기술을 갖추었다는 말을 들은 적이 있다.

레온이 오로지 말과 마차로 이동하던 유년기가 어땠했고 교실이 하나뿐인 학교에서 여러 학년이 함께 배우는 것이 어땠했는지를 이야기할 때, 그의 열띤 얼굴에는 그리움이 묻어났다. 그는 지금은 멀어진 구아미시파 생활이 주는 위안을 그리워했다. 외부인인 우리는 전기, 중앙난방, 자동차 없는 생활을 심한 처벌처럼 생각한다. 하지만 신기하게도 아미시파 생활은 현대 도시 생활이 제공하는 것보다 더 많은 여가를 준다. 레온의 설명에 따르면, 그들에게는 야구, 독서, 이웃 방문, 취미 생활을 할 시간이 언제나 있었다.

아미시파를 지켜본 많은 관찰자들은 그들이 얼마나 열심히 일하는지를 이야기해 왔다. 따라서 공학 학위를 내팽개치고 구아미시파, 메노파 공동체와 더불어 살아가기 위해 학교를 떠난 MIT 대학원생 에릭 브렌드(Eric Brende) 같은 사람은 그들의 생활 방식이 얼마나 많은 여가를 만들어 내는지를 깨닫고 무척 놀랐다. 아미시파가 아닌 브렌드는 집에서 가능한 한 많은 기구를 내버렸고, 아내와 함께 가능한 한 플레인포크파처럼 살아가려고 애썼다. 그 이야기는 그의 책『더 나은 삶(Better Off)』[2]에 자세히 나와 있다. 2년에 걸쳐 브렌드는 자신이 최소파(minimite) 생활양식이라고 부른 것을 서서히 채택했다. 최소파는 '무언가를 이루는 데 필요한 최소한의 기술'을 사용한다. 구아미시파, 메노파 이웃들처럼, 그도 최소한의 기술을 이용했다. 전동 공구도 전기 제품도 전혀 쓰지 않은 채. 브렌드는 전자 기기가 주는 즐거움, 자동차를 이용한 긴 통근 시간, 존재하는 복잡한 기술을 그저 유지할 목적으로 하는 자질구레한 일이 없는 생활이 진정한 여가를 위한 더 많은 시간을 빚어낸다는 사실을 알았다. 사실 손으로 나무를 베고, 말을 이용하여 거름 더미를 끌고, 램프 불빛에 설거지를 하는 거북한 일들을 통해 그는 처음으로 진정한 여가를 맛보았다. 동시에 그 노력을 요하는 힘든 수작업들은 만족감과 그만큼 보상을 안겨 주었다. 그는 자신이 더 많은 여가뿐 아니라 더 많은 만족감을 얻었다고 내게 말했다.

웬들 베리(Wendell Berry)는 아미시파와 아주 흡사하게 트랙터 대신 말을 써서 옛 방식으로 농장을 운영한 농부이자 사상가다. 에릭 브렌드처럼 베리도 육체 노동과 가시적으로 나타나는 농사의 결과물 속에서 엄청난 만족감을 느낀다. 베리는 명문장가이기도 하며, 최소주의가 전달할 수 있는 '선물'을 그보다 잘 전달할 사람은 없다. 그의 선집인 『좋은 땅의 선물(*The Gift of Good Land*)』에 실린 한 이야기는 최소 기술로 얻는 거의 희열에 찬 성취감을 잘 포착하고 있다.

지난 여름 우리는 너무나 무더운 오후에 두 번째로 자주개자리를 수확하는 일에 나섰다. (……) 바람 한 점 없었다. 짐마차에 실을 때 뜨겁고 화창하고 습한 공기는 우리를 휘감고 우리에게 달라붙는 듯했다. 헛간은 더했다. 양철 지붕이라 더 뜨거웠고 공기는 더욱 농밀하고 갑갑했다. 우리는 평소보다 더 묵묵히 일했다. 쉬면서 이야기를 나누는 일도 없이. 한 마디로 비참했다. 위급할 때 손을 뻗으면 닿는 누름단추 같은 것은 어디에도 없었다.

하지만 우리는 그 자리에서 계속 일을 했고, 일하는 것이 즐겁기까지 했고, 쓰러질지 모른다는 걱정 따위는 전혀 하지 않았다. 일이 끝나자 우리는 커다란 느티나무 그늘에 있는 돌 더미에 앉아서 이런저런 이야기를 하고 깔깔거리며 웃어 대면서 장시간 수다를 떨었다. 정말 즐거운 하루였다.

왜 그렇게 즐거웠을까? '논리적 투영'을 통해서는 아무도 그것을 이해하지 못할 것이다. 논리로 따지기에는 너무나 복잡하고 너무나 심오한 문제니까. 즐거웠던 이유 하나는 우리가 일을 끝냈기 때문이다. 그것은 논리적인 것이 아니라 느낌으로 와 닿는 것이다. 또 한 가지는 건초로 만들 풀의 질이 좋았고, 그것을 꽤 멋지게 쌓아 올렸기 때문이다. 하나를 더 들자면, 우리가 서로 좋아하고 원해서 함께 일을 한다는 점이다.

그렇게 땀을 흘린 지 6개월 뒤인 몹시 추운 1월의 어느 날 저녁 나는 먹이를 주러 마구간으로 간다. 땅거미가 지는 중이고 눈이 심하게 내리고 있다. 북풍에 마구간의 벽 틈새로 눈이 새어 들고 있다. 나는 깔짚을 깔고, 구유에 옥수수를 넣고, 다락으로 올라가서 향긋한 건초를 먹을 만큼 여물통으로 떨어뜨린다. 그리고 뒷문으로 가서 문을 연다. 말들이 들어와서 줄줄이 칸막이 안으로 들어간다. 등에 눈이 하얗게 쌓여 있다. 마구간은 말들이 먹는 소리로 가득하다. 집에 갈 시간이다. 위안을 주는 것들이 기다리고 있다. 이야기, 저녁, 난롯불, 읽을 것들. 하지만 나는 동물들이 배불리 먹고 기분이 좋다는 것도 알며, 그럼으로써 내 마음은 더욱 뿌듯해진다. (……) 그리고 밖으로 나가 문을 닫으면 몹시 흡족하다.[3]

우리의 아미시 친구인 레온도 같은 방정식을 이야기했다. 즉 정신을 산만하게 만드는 것이 줄어들수록 만족감은 더 커진다고 말이다. 그가 자신의 공동체를 언제라도 받아들일 자세가 되어 있다는 것이 한눈에 보였다. 상상해 보라. 이웃들은 필요하다면 당신이 내민 의료 청구서에 지불을 하든지 아니면 그 대신 몇 주만에 당신의 집을 지어 줄 것이며, 더 중요한 점은 당신이 그들에게 같은 식으로 보답하도록 허용하리라는 것이다. 보험이나 신용카드 같은 문화적 혁신이라는 짐을 벗어던진 최소 기술은 이웃과 친구에게 일상적으로 의존할 수밖에 없다. 입원비는 교회 사람들이 지불하고, 그들은 정기적으로 문병도 온다. 화재나 폭풍으로 무너진 헛간은 보험금이 아니라 모금을 통해 다시 짓는다. 금융, 부부 관계, 행동 측면에서 고민거리가 생기면 동료들의 조언을 받는다. 공동체는 스스로 꾸려 나갈 수 있는 한 자족적이며, 공동체인 한에서만 자족적이다. 나는 아미시 생활양식이 자신의 청년들에게 강한 매력을 풍기는 까닭과 오늘날까지도 럼스프링가 이후에 떠나는 사람이 거의 없는 이유를 이해하기 시작했다. 레온은 자기 교파에서 같은 나이의 친구 약 300명 중에서 그 기술을 제약하는 삶을 포기하는 사람이 겨우 두세 명에 불과했고, 그렇게 떠난 이들이 조금 덜 엄격하긴 하지만 그래도 주류는 아닌 교파에 들어가는 것을 지켜보았다.

그러나 이런 친밀함과 의존성에는 한정된 선택의 여지라는 대가가 따른다. 교육은 8학년까지다. 남성에게 직업 선택의 대안은 거의 없으며, 여성은 가정주부가 되는 것 말고는 길이 없다. 아미시파와 최소파는 농부, 소매상인, 가정주부라는 전통적인 한계 내에서 성취감을 얻어야 한다. 하지만 모든 사람이 농부로 타고나는 것은 아니다. 모든 사람이 말과 옥수수와 계절의 리듬과 마을의 규범을 잘 지키는지 늘 세심하게 지켜보는 시선에 완벽하게 들어맞지는 않는다. 아미시파의 규범 틀에 수학 천재나 온종일 새로운 음악을 작곡하면서 지내는 사람이 들어갈 자리가 있을까?

나는 레온에게 이를테면 지금 하는 식으로 8학년이 아니라 모든 아이를 10학년까지 다니게 했을 때에도 아미시 생활의 모든 좋은 점들(든든한 상호부조, 만족감을 주는 수작업, 믿을 만한 공동체 하부 구조)이 여전히 나오지 않겠냐고 물어보았다. 가볍게 말이다. 그는 답했다. "9학년쯤 되면 호르몬이 마구 치솟아서 남자아이들은 그리고 일부 여자아이들까지도 책상에 앉아서 탁상공론이나 하고 싶어 하지 않아요. 그들은 머리만이 아니라 손도 쓸 필요가 있고, 쓸모 있는 사람이 되고 싶어 안달해요. 그 나이에는 실제 일하면서 더 많은 것을 배워요." 꽤 타당한 말이다. 십 대였을 때 나는 갑갑한 고등학교 교실에 틀어박혀 있는 대신에 "진짜로 무언가를 하고" 싶어 했다.

그 아미시파 사람은 이 점에 좀 예민했지만, 현재 그들이 실천하고 있는 자족적인 생활양식은 그들 집단을 에워싼 더 큰 테크늄에 심하게 의존한다. 그들은 그들의 제초기에 쓰이는 금속을 채굴하지 않는다. 자신들이 쓰는 등유를 채굴하거나 정제하지 않는다. 지붕을 덮은 태양 전지판을 제조하지도 않는다. 그들은 옷에 쓰이는 면화를 재배하지도 실을 잣지도 않는다. 자신들의 의사를 교육시키지도 실습시키지도 않는다. 또 그들은 어떠한 군대에도 가지 않는 것으로 유명하다.(하지만 보충하는 차원에서 아미시파는 바깥 세계에서 세계 수준의 자원 봉사자들이다. 아미시파, 메노파보다 더 전문 기술과 열정을 지닌 채 더 자주 자원 봉사를 하는 사람은 거의 없다. 그들은 버스나 배를 타고 먼 지역까지 가서 없는 이들을 위해 집과 학교를 지어 준다.) 아미시파가 자신의 모든 에너지를 생산하고, 모든 옷 섬유를 잣고, 모든 금속을 채굴하고, 모든 목재를 베고 제재해야 한다면, 그들은 결코 아미시파가 아닐 것이다 대형 기계, 위험한 공장, 뒷마당에 놓을(어떤 기술이 자신들에게 적합한지 여부를 판단하는 데 쓰는 기준 중 하나) 수 없는 온갖 산업 시설을 가동할 것이기 때문이다. 하지만 이런 것들을 제조하는 누군가가 없다면, 그들은 자신의 생활양식이나 번영을 유지하지 못한다. 즉 아미시파가 현재 살아가는 방식은 바깥 세계에 의존한다. 최소 기술을 채택한 그들의 선택은 하나의 선택이다. 하지만 그것은 테크늄이 있기에 가능한 선택이다. 그들의 생활양식은 테크늄의 바깥이 아니라 안에 있다.

오랫동안 나는 아미시파 같은 비주류가 왜 주로 북아메리카에만 있는지 의아하게 여겼다.(관련이 깊은 메노파는 남아메리카에 종속된 정착지가 몇 군데 있다.) 나는 오랫동안 일본 '아미시파', 중국 아미시파, 인도 아미시파, 심지어 이슬람 아미시파가 있는지 열심히 찾아다녔지만, 전혀 발견하지 못했다. 이스라엘에서 컴퓨터를 거부하는 몇몇 초정통 유대교도를 보았고, 마찬가지로 텔레비전과 인터넷을 금지하는 소규모 이슬람 종파 한두 곳, 자동차나 기차를 타는 것을 거부하는 인도의 일부 자이나교 승려들을 보긴 했다. 내가 말할 수 있는 한, 북아메리카 바깥에 최소 기술을 중심으로 생활양식을 구축한, 현재 유지되는 대규모 공동체는 없다. 그것은 기술적인 아메리카 바깥에서는 그런 생각이 터무니없는 듯하기 때문이다. 이 자체 운영 대안은 빠져나와 독립할 대상이 있어야만 이치에 맞는다. 원래의 아미시 항의자들(즉 프로테스탄트)은 유럽의 이웃 농민들과 구분이 되지 않았다. 국교회의 심한 박해를 받은 아미시파는 자신의 기술을 갱신하지 않음으로써 '세속적인' 주류로부터 거리를 유지했다. 더 이상 박해를 받지 않지만, 아미시파는 오늘날 미국 사회의 놀랍기 그지없는 기술적 측면에 반대한다. 그들의 대안은 미국의 특징인 개인의 사적인 재발명과 진보의 가차 없는 추진에 맞서면서 번성한다. 아미시파 생활양식은 중국이나 인도의 가난한 농민들에게는 너무나 익숙한 것이기에 그곳에서는 아무런 의미도 지니지 못한다. 그런 우아한 거부는 현대 테크늄 안에서만 그리고 그것 때문에만 존재할 수 있다.

북아메리카에서 테크늄의 과잉은 또 다른 탈락자들을 싹 틔웠다. 1960년대 말과 1970년대 초에 자칭 히피 수만 명이 작은 농가로 몰려들어 아미시파와 그다지 다르지 않게 단순한 삶을 살아가는 임시 자치 공동체를 세웠다. 나도 그 운동에 참여했다. 웬들 베리는 명쾌한 사상을 전파하는 우리의 정신적 스승 중 하나였고 우리는 그의 말에 귀를 기울였다. 우리는 미국 시골에서 현대 세계의 기술을 버리고(그럼으로써 개인주의를 타파하는 듯했다.) 손으로 직접 우물을 파고, 밀을 빻고, 벌을 키우고, 햇볕에 말린 진흙으로 집을 짓고, 심지어 이따금 풍차와 수력 발전기까지 작동시키면서 소규모 실험을 했다. 일부는 종교도 창시했다. 우리가 발견한 것들은 아미시파가 아는 것과 일맥상통했다. 이런 단순함이 공동체에 가장 잘 먹히고, 기술을 전혀 안 쓰는 것이 아니라 조금 쓰는 것이 해법이며, 가장 잘 먹히는 것은 우리가 '적정 기술'이라고 부르는 낮은 수준의 기술을 쓰는 해법이라는 것. 몸에 맞춘 적정 기술을 신중하게 의식적으로 쓰면서 우리는 잠시 깊은 만족감을 얻었다.

하지만 그저 잠시일 뿐이었다. 한때 내가 편찬했던 《전 지구 카탈로그》

는 그 수백만 가지의 단순한 기술 실험의 실무집이었다. 우리는 닭장을 만드는 법, 채소를 기르는 법, 치즈를 엉기게 하는 법, 아이를 직접 가르치는 법, 밀짚을 써서 지은 집에서 가내 사업을 시작하는 법에 대한 정보를 페이지마다 가득 채웠다. 그러면서 나는 제한된 기술을 향한 초기의 열정이 불가피하게 불편함과 불안함에 밀려나는 과정을 가까이에서 목격했다. 히피들은 신중하게 마련한 낮은 기술 세계에서 서서히 멀어져 갔다. 한 명, 두 명 그들은 낮은 오두막을 떠나 차고를 갖춘 전망 좋은 교외 저택으로 향했고, 그들 중 상당수는 자신의 '작은 것이 아름답다.' 기술을 '작은 것이 시작이다.'는 기업가 정신으로 탈바꿈시킴으로써 우리 집단 전체에 큰 놀라움을 안겨 주었다.《와이어드》세대와 장발 컴퓨터 문화(오픈소스 유닉스를 생각해 보라.)는 1970년대의 반문화 탈락자들에게서 기원했다.《전 지구 카탈로그》의 창시자인 히피 스튜어트 브랜드(Stewart Brand)가 기억하고 있듯이. "'자신의 일을 찾아서 하라.'는 '자신의 사업을 시작하라.'는 말로 쉽사리 번역되었다."[4] 내가 개인적으로 아는 사람만 꼽아도 공동체를 떠나서 이윽고 실리콘밸리에 첨단 기술 회사를 세운 이가 수백 명은 된다. 이제는 거의 전형적인 양식이 되었다. 스티브 잡스처럼 맨발로 시작하여 억만장자가 되는 것.

이전 세대의 히피는 아미시파 같은 생활양식을 유지하지 못했다. 그런 공동체에서의 일이 만족스럽고 매혹적이긴 해도, 선택의 여지라는 사이렌 소리가 더 매력적이었기 때문이다. 히피들은 젊은이들이 늘 떠나는 것과 같은 이유로 농장을 떠났다. 기술이 제공하는 가능성들이 밤낮으로 유혹하기 때문이다. 돌이켜 보면, 소로가 자신의 월든을 떠난 것과 같은 이유로 히피들도 떠났다고 말할 수 있을지 모른다. 양쪽 다 인생을 철저히 경험하기 위해 왔다가 떠났다. 자발적인 단순성은 자기 삶의 적어도 일부를 경험하게 하는 가능성이자 대안이자 선택의 여지다. 나는 선택적인 빈곤과 최소

주의를 환상적인 교육의 일환으로 적극 권한다. 특히 그것이 기술의 우선순위를 판별하는 데 도움을 줄 테니까. 하지만 나는 단순성의 완전한 잠재력이 발휘되려면 최소주의를 많은 단계 중 하나(설령 명상이나 안식일 때처럼 반복되어 나타나는 단계라고 해도)로 생각할 필요가 있음을 목격해 왔다. 지난 10년 사이에 신세대 최소파가 등장했다. 그들은 지금 도시 홈스테드_{도시에서 소규모 농사를 짓는 등 자급자족하며 지속 가능한 삶을 살아가려는 행동}를 한다. 마음 맞는 홈스테드 실천가들로 그때그때 이루어지는 공동체의 지원을 받으면서 도시에서 가볍게 살아간다. 그들은 양쪽을 다 지니려고 애쓴다. 강한 상호 부조와 수작업이 주는 아미시파의 만족감과 끊임없이 펼쳐지는 도시의 선택의 여지들을.

개인적으로 낮은 기술로부터 첨단 기술로 선택의 여행을 했기에, 나는 레온과 베리, 브렌드와 구아미시 플레인포크과 공동체에 감탄한다. 아미시파와 최소파가 빠르게 발전하는 도시의 기술 애호가인 우리들보다 더 만족감과 흡족함을 누린다고 확신한다. 의도적으로 제한한 기술 속에서 그들은 불확실한 가능성들의 최적화가 아니라 여가와 위안, 확실성의 유혹적인 조합을 최적화하는 법을 터득해 왔다. 가장 솔직한 진실은 테크늄이 새로운 자력적인 대안들로 폭발할 때, 우리가 충족감을 얻기란 더 힘들어진다는 것이다. 무엇으로 채울지 알지 못하는데 어떻게 충족될 수 있겠는가?

그렇다면 왜 모든 이가 이 방향으로 나아가지 않는가? 왜 우리 모두는 더 많은 선택의 여지를 포기하고 아미시파가 되지 않는가? 어쨌든 웬델 베리와 아미시파는 우리의 무수한 선택의 여지가 환상이자 무의미하다고, 아니 사실상 우리를 가두는 함정이라고 본다.

나는 만족을 최적화하거나 선택의 여지를 최적화하는 기술적 생활양식의 서로 다른 이 두 경로가 앞으로 인류가 어찌될 것인가에 대한 전혀 다른 두 개념으로 이어진다고 본다.

만족을 최적화한다는 것은 인간 본성이 고정되어 있다고 믿을 때에만 가능하다. 욕구가 유동적이라면 그것을 최대로 만족시킬 수 없다. 최소 기술론자들은 인간 본성이 변하지 않는다고 믿는다. 진화를 말할 때면 그들은 사바나에서 생존한 수백만 년이라는 세월이 새로운 기계 장치에 쉽게 만족감을 얻지 못하는 식으로 우리의 사회적 본성을 형성했다고 주장한다. 대신에 영속하는 우리 영혼은 시간을 초월한 물품을 갈망한다는 것이다.

인간의 본성이 정말로 불변이라면, 그것을 부양할 기술적 해결책의 정점에 이르는 일도 가능하다. 예를 들어 웬들 베리는 가로대를 설치하여 두레박으로 물을 긷는 것보다 튼튼한 무쇠 손 펌프가 훨씬 낫다고 믿는다. 그리고 그는 앞서 수많은 옛 농부들이 그랬듯이, 직접 쟁기를 끄는 것보다 말이 끌게 하는 것이 더 낫다고 말한다. 하지만 말에게 농기구를 끌게 하는 베리는 손 펌프와 말의 힘이라는 혁신을 넘어서는 것은 모두 인간 본성과 자연의 체제를 만족시키지 않는 방향으로 작용한다고 본다. 1940년대에 트랙터가 등장했을 때 그는 "일의 속도는 증대할 수 있었지만 질은 아니었다."라고 썼다.

예를 들어 인터내셔널하이기어의 9번 제초기를 생각해 보라. 말이 끄는 이 제초기는 낫부터 인터내셔널 사의 생산 라인에서 나온 이전 기계들에 이르기까지, 앞서 나온 모든 기계보다 확실히 더 개선된 것이다. (……) 나도 이런 제초기를 한 대 갖고 있다. 내가 그 기계로 내 건초용 풀밭에서 풀을 베는 시기에 이웃은 트랙터 제초기로 풀을 벤다. 나는 막 풀을 베고 난 내 밭을 떠나 트랙터로 막 벤 이웃들의 풀밭에 가 보곤 한다. 주저하지 않고 말할 수 있다. 비록 트랙터가 일은 더 빨리 하지만 더 잘하지는 않는다고. 나는 다른 도구들에도 그 말이 실질적으로 들어맞는다고 본다. 쟁기, 경운기, 써레, 줄뿌림 기계, 파종기, 살포기 등등. (……) 트랙터의 등장으로 농부는 일을 더 많이 할 수 있게 되었

지만, 더 잘하게 된 것은 아니다.[5]

베리가 보기에 기술은 1940년에 정점에 이르렀다. 그 무렵에 이 모든 농기구들이 가능한 최상의 수준에 이르렀다. 그의 눈에, 그리고 아미시파의 눈에도 농부가 거름(더 많은 식물을 자라게 할 힘과 양분)을 생산하는 가축에게 먹일 풀을 생산하는 가족 위주의 소규모 혼합 경작 농가라는 순환적인 세심한 해결책이 인간, 인간 사회, 환경의 건강과 만족을 위한 완벽한 패턴이다. 수천 년 동안 땜질하고 뚝딱거린 끝에 인류는 인간의 일과 여가를 최대로 활용하는 방법을 발견한 것이다. 하지만 지금 발견되는 추가 선택의 여지들은 이 정점을 지나쳐서 오로지 상황을 악화시키기만 할 뿐이다.

물론 내 생각이 틀릴 수도 있겠지만, 인류 역사라는 기나긴 경로에서, 다시 말해 지난 1만 년에 덧붙여 앞으로 1만 년까지를 고려할 때, 인류의 발명과 만족의 정점이 1940년이었음이 드러나리라는 주장은 교만과 자기 기만이 정점에 이른 것이 아니라면 지극히 어리석게 보인다. 이 연대가 웬들 베리가 농가에서 말과 함께 자라던 어린 소년일 때라는 것은 결코 우연의 일치가 아니다. 베리는 앨런 케이(Alan Kay)가 내린 기술의 정의를 그대로 따르는 듯하다. 아타리, 제록스, 애플, 디즈니에서 일한 박학다식한 인물인 케이는 내가 들어 본 최고의 정의를 내놓았다. "기술은 당신이 태어난 이후에 발명된 모든 것이다." 1940년은 인간을 충족시키기 위한 기술적 완벽함의 끝이 될 수 없다. 인간 본성이 끝에 이르지 않았으니까.

우리는 말을 길들여 온 것처럼 우리의 인간성을 길들여 왔다. 인간 본성 자체는 5만 년 전 우리가 심었고 오늘날까지도 계속 가꾸고 있는 유연하게 순응하는 작물이다. 우리 본성이라는 밭은 정적인 상태에 있었던 적이 없다. 우리는 유전적으로 지난 100만 년 동안의 어느 때보다도 우리 몸이 지금 더 빨리 변하고 있다는 것을 안다. 우리 마음도 문화를 통해 재배선되고 있다. 우리가 1만 년 전 처음 쟁기질을 시작했던 이들과 똑같은 사람이 아니라는 말은 결코 과장도 비유도 아니다. 말과 마차, 장작불 요리, 퇴비 만들기, 최소 산업이 서로 아늑하게 맞물린 체계는 하나의 인간 본성, 즉 고대 농경 시대의 인간 본성에 완벽하게 들어맞을지도 모른다. 하지만 이런 전통적인 존재 방식에 대한 집착은 우리 본성(우리의 바람, 욕망, 두려움, 원초적 본능, 가장 고고한 열망)이 우리 자신과 우리의 발명들을 통해 개조되고 있는 양상을 외면하는 것이며, 새로운 본성이 필요하다는 사실을 받아들이지 않은 결과다. 우리가 새로운 직업을 필요로 하는 까닭은 어느 정도 우리가 근본적으로 새로운 사람이기 때문이다.

우리의 몸은 조상들의 몸과 다르다. 생각하는 것도 다르다. 교육을 받고 읽고 쓸 수 있는 소양을 지닌 우리 뇌는 다르게 작동한다. 수렵채집인 조상들보다도 더, 우리는 앞서 살았거나 지금 우리 주위에 살고 있는 모든 사람이 쌓아 가는 지혜, 경험, 전통, 문화를 통해 빚어지고 있다. 우리는 어디에서든 오는 메시지, 과학, 만연한 오락물, 여행, 과다 음식, 풍부한 영양, 새로운 가능성으로 매일 우리 삶을 가득 채우고 있다. 동시에 우리 유전자는 문화를 따라잡으려 달리고 있다. 그리고 우리는 유전자 요법 같은 의학적 개입을 포함한 몇 가지 수단을 통해 우리 유전자의 가속도를 높이고 있다. 사실 테크늄의 모든 추세, 특히 진화가능성의 증가는 앞으로 인간 본성에 훨씬 더 급격한 변화가 일어나리라는 점을 시사한다.

신기하게도 우리가 변화하고 있음을 부정하는 바로 그 전통주의자들 중 상당수는 우리가 더 나아진 것이 없다고 주장한다.

나는 고등학생 때 교실에서 멀리 벗어나 직접 무언가를 만드는 아미시파 소년이 되고 싶었다. 내가 어떤 사람이라는 확신이 있었다. 하지만 고등학교에서 독서를 하면서 초등학교 때는 결코 상상하지 못했던 가능성들에 눈뜨게 되었다. 그 시절에 내 세계는 확대되기 시작했고, 결코 멈추지 않았다. 당시 확장되던 가능성 중 주된 것은 인간이 되는 새로운 방법들이었다. 1950년대에 사회학자 데이비드 리스먼(David Riesman)은 이렇게 간파했다. "기술이 발전할수록, 전반적으로 상당히 많은 사람들이 다른 누군가가 된다는 상상을 할 수 있는 가능성이 더 높아진다."[6) 우리는 자신이 누구이며 어떤 존재가 될 수 있는지 알기 위해 기술을 확장한다.

나는 자신을 확장하기 위해 굳이 폭발적으로 늘어나는 기술이 필요하지는 않다고 아미시파와 웬들 베리, 에릭 브렌드, 소수파가 믿는다는 것을 알 만큼은 그들을 안다. 어쨌든 그들은 최소론자들이다. 아미시파는 인간 본성이 고정되었다고 규정함으로써 놀라울 정도로 흡족함을 얻는다. 이 인간적인 깊은 충족감은 현실적이고 본능적이며 재생 가능하며, 아미시파 인구가 한 세대마다 두 배로 늘 정도로 너무나 매혹적이다. 하지만 나는 아미시파와 최소파가 만족감을 계시와 맞바꾸어 왔다고 믿는다. 그들은 자신이 누가 될 수 있는지를 발견하지 않았으며, 발견할 수도 없다.

그것이 그들의 선택이며 그 선택은 어느 정도까지는 좋다. 그리고 그것은 하나의 선택이기에, 우리는 그들이 그것을 발전시키는 것을 축하해야 한다.

나는 트위터도 안 하고 텔레비전도 안 보고 노트북도 안 쓸 수 있지만, 그런 일을 하는 남들이 미치는 효과로부터 확실히 혜택을 본다. 그 점에서 나는 아미시파와 다르지 않다. 그들도 전기, 전화, 자동차를 철저히 활용하는 주위의 외부인들로부터 혜택을 본다. 하지만 개별 기술을 골라 끊는 개인들과 달리, 아미시파 사회는 자신뿐 아니라 남들을 간접적으로 제약한다. 편재성 검사(모든 사람이 하면 어떻게 될까?)를 아미시파 방식에 적용하면, 선택의 최적화는 붕괴한다. 아미시파는 허용하는 직업의 수를 제한하고 교육 기회를 좁힘으로써, 그들의 아이들만이 아니라 간접적으로 모든 사람의 가능성을 줄이고 있다.

당신이 현재 웹디자이너라면, 그것은 오로지 당신 주위에 있는 그리고 당신보다 앞서 산 수많은 사람들이 가능성의 세계를 확장해 왔기에 가능했다. 그들은 농장과 가내 상점을 넘어서 새로운 전문 지식과 새로운 사고방식을 요구하는 전자 기기들의 복잡한 생태계를 창안해 왔다. 당신이 회계사라면, 과거에 무수한 창의적인 사람들이 당신을 위해 회계 논리와 기법을 고안했기 때문이다. 당신이 과학을 한다면, 남들이 당신의 실험 기구와 연구 분야를 창안해 온 덕분이다. 당신이 사진사나 극한 스포츠 선수, 제빵사, 자동차 정비사, 간호사라면, 그것은 남들의 활동을 통해 당신의 잠재력이 발휘될 기회가 주어진 덕분이다. 남들이 스스로를 확장할 때 당신도 덩달아 확장되고 있다.

아미시파나 최소파와 달리, 해마다 도시로 향하는 수천만 명의 이주자들은 다른 누군가를 위해 선택의 여지를 확장할 도구를 발명할 수도 있다. 그들이 안 한다면 그 아이들이 할 것이다. 우리가 인간으로서 지닌 의무는 테크늄 속에서 완전한 자아를 발견하고, 완전한 만족을 발견하는 것만이 아니라, 남들을 위해 가능성을 확장하는 것이다. 더 발전된 기술은 우리 재능을 이기적으로 촉발하겠지만, 비이기적으로 남들의 재능도 촉발할 것이다. 우리 아이들, 그리고 앞으로 나올 모든 아이들의 재능을 말이다.

이는 신기술을 받아들일 때 당신이 간접적으로 아미시파의 미래 세대들 그리고 최소파 임시 체류자들을 위해 일한다는 의미다. 비록 그들은 당신을 위해 그만큼 하지 않을지라도. 당신이 채택하는 것의 대부분을 그들은 외면할 것이다. 하지만 이따금 '아직 잘 작동하지 않는 무언가'(대니 힐리스의 기술 정의)[7]를 당신이 채택함으로써 그들이 쓸 수 있는 적절한 도구가 개발되어 나올 것이다. 태양열 낟알 건조기일 수도 있고 암 치료법일 수도 있다. 가능성을 창안하고 발견하고 확장하는 사람은 누구나 남들을 위해 간접적으로 가능성을 확장할 것이다.

그렇긴 해도 아미시파와 최소파는 무엇을 받아들일지 선택하는 문제에서 우리에게 중요한 교훈을 가르쳐 준다. 그들과 마찬가지로 나도 실질적인 혜택을 주지 않은 채 내 삶에 유지 관리라는 자질구레한 일을 추가하는 잡다한 기기들은 원치 않는다. 숙달하느라 시간을 잡아먹는 것은 까다롭게 가리고 싶다. 또한 제대로 작동하지 않는 것들은 물리치고 싶다. 남들의 대안을 차단하는 것(치명적인 무기 같은)은 원치 않는다. 그리고 나는 시간과 주의력에 한계가 있음을 터득해 왔기에, 최소한을 원한다.

나는 아미시파 기술광들에게 큰 빚을 지고 있다. 그들의 삶을 통해서 이제 테크늄의 딜레마를 아주 명확히 보게 되었으니까. 우리는 자신의 만족을 최대화하기 위해 삶에서 최소한의 기술을 추구한다. 하지만 남들의 만족을 최대화하려면, 세계에 있는 기술의 양을 최대화해야 한다. 사실 우리는 남들이 우리가 선택할 수 있는 대안들의 범위를 충분히 최대화해야만 우리 자신의 최소 도구를 찾을 수 있다. 그 딜레마는 우리가 어떻게 하면 기술을 세계로 확장하려고 애쓰면서 개인적으로 자기 곁에 있는 것은 최소화할 수 있는가라는 문제가 된다.

12
호혜성을 추구하다

"따라서 그 문제 전체는 이렇게 귀결된다. 인간의 마음은 인간의 마음이 만들어 온 것을 다스릴 수 있을까?"[1] 프랑스 시인이자 철학자인 폴 발레리에 따르면, 이것이 바로 테크늄의 딜레마다. 우리 창조물의 광대함과 영리함이 그것을 통제하고 인도하는 우리 능력을 압도해 왔을까? 테크늄이 수천 년에 걸친 추진력을 등에 지고서 우리를 추월하여 앞서 나갈 때, 테크늄을 조종하는 문제에서 우리에겐 어떤 선택의 여지들이 있을까? 테크늄의 명령 안에서 우리에게 자유란 것이 과연 있기나 할까? 그리고 현실적인 차원에서, 당길 수 있는 레버는 어디에 있을까? 우리에게는 많은 선택의 여지가 있다. 하지만 그 선택의 여지들은 더 이상 단순하지도 명쾌하지도 않다. 기술의 복잡성이 증가함에 따라 테크늄은 더 복잡한 반응을 요구한다. 예를 들어 선택할 기술의 수가 우리가 그 모두를 사용할 능력을 훨씬 초월하기에, 요즘 우리는 우리가 쓰는 기술보다는 쓰지 않는 기술을 통해 우리 자신을 정의하곤 한다. 채식주의자가 잡식성인 사람보다 정체성이 더 두드러진 것과 마찬가지로, 운전이나 인터넷을 하지 않기로 택한 사람은 일반 소비자보다 더 강력한 기술적 입장에 서게 된다. 비록 우리는 깨닫지 못하고 있을지라도 세계적인 규모에서 볼 때 우리는 택하는 것보다 더 많은 기술을 선택에서 제외한다.

우리의 사적인 비선택 양상은 대개 비논리적이며 부조리하다. 언뜻 볼 때 아미시파의 기술 거부 양상 중에도 마찬가지로 기이하고 부조리하게 보이는 것이 있다. 그들은 모터를 쓰는 탈것을 거부하기 때문에 말 네 마리가 끄는 시끄러운 디젤 엔진 수확기를 사용할지 모른다. 외부인들은 그 조합이 위선적이라고 지적하지만, 웹은 쓰지만 전자우편은 쓰지 않는 내 지인인 유명한 과학소설 작가와 마찬가지로 사실 그것은 결코 위선적이지 않다. 그에게는 그것이 단순한 선택이었을 뿐이다. 즉 그는 한 기술을 써서 자신이 원하는 것을 얻었지만, 다른 기술은 그렇지 않았다. 나는 친구들에게 어떤 기술을 선택했는지 물어보았다. 한 친구는 전자우편은 쓰지만 팩스는 쓰지 않았다. 다른 친구는 팩스는 쓰면서 전화는 쓰지 않았다. 또 한 친구는 전화기는 있지만 텔레비전은 없었다. 텔레비전을 쓰는 한 친구는 전자레인지는 거부했다. 전자레인지는 쓰지만 빨래 건조기는 절대 안 쓰는 사람도 있었다. 빨래 건조기는 쓰는 반면 에어컨은 거부하는 친구도 있었다. 에어컨은 끼고 살지만 자동차는 사지 않겠다는 사람도 있었다. 자동차 애호가이지만 CD 플레이어는 없는 사람(LP만 듣는다.), CD는 듣지만 길을 찾는 GPS 기기는 거부하는 사람, GPS는 받아들이면서 신용카드는 거부하는 사람도 있었다. 외부인에게는 기술을 삼가는 이런 태도가 유별나게 보이고 위선적이라고 주장할 수도 있겠지만, 그것은 아미시파가 하는 선택과 같은 목적에 기여한다. 즉 기술이라는 풍요의 뿔을 자신의 개인적인 의도에 맞게 조각하는 것이다.

하지만 아미시파는 집단 차원에서 기술을 선택하거나 거부한다. 대조적으로 세속적인 현대 사회, 특히 서구에서 기술의 선택은 사적인 결정으로서, 개인적으로 이루어진다. 당신의 동료들도 모두 똑같이 거부한다면 인기 있는 어떤 기술을 단호하게 거부하는 태도를 유지하기가 훨씬 쉽고, 동료들이 그렇게 하지 않는다면 훨씬 더 어려워진다. 아미시파의 성공은 그들의 비정통적인 기술 생활양식이 (거의 사회적 강제라고 할 만큼) 공동체 수준에서 흔들림 없이 지지를 받는다는 점에 크게 힘입고 있다. 사실 이 통일된 공감이 지극히 핵심적인 역할을 하기에, 아미시파 가족은 다른 가족들이 합류하여 집단의 규모가 어떤 임계 수준을 넘어설 때까지는 아미시파가 없는 지역으로 가서 새 정착지를 개척하려고 하지 않는다. 집단 선택이 더 폭넓게 현대 다원주의 사회에서 작용할 수 있을까? 우리가 국가, 더 나아가 행성 차원에서 협력하여 특정한 기술을 선택하고 특정한 기술은 거부하는 일을 성공적으로 해낼 수 있을까?

여러 세기에 걸쳐 각 사회는 많은 기술들이 위험하다거나 경제 혼란을 일으킨다거나, 부도덕하다거나 슬기롭지 못하다거나, 혹은 그저 유익한지 여부가 너무 알려져 있지 않다고 선언해 왔다. 이렇게 인식된 악에 대처하는 방법은 대개 금지라는 형태를 취한다. 마뜩치 않은 혁신에는 중과세를 하거나, 법적으로 쓰임새를 좁게 한정하거나, 특별한 상황에서만 쓰도록 하거나 전면 금지할 수 있다. 역사적으로 대규모로 금지된 마뜩치 않은 발명의 목록을 보면, 석궁, 총, 광산, 핵폭탄, 전기, 자동차, 대형 범선, 욕조, 수혈, 백신, 복사기, 텔레비전, 컴퓨터, 인터넷 같은 주요 항목들이 포함되어 있다.

하지만 역사는 한 사회 전체가 아주 오랫동안 어떤 기술을 거부하기가 아주 어렵다는 것을 보여 준다. 최근 나는 지난 1000년 사이에 대규모 기술 금지 조치가 이루어진 사례들을 찾을 수 있는 한 다 찾아보았다. 여기서 '대규모 금지'란 한 개인이나 소규모 지역보다는 한 사회, 종교 집단, 국가 수준에서 특정 기술을 공식적으로 금지한 것을 말한다. 무시된 기술은 넣지 않았고, 의도적으로 포기한 사례만 포함했다. 이 기준을 충족하는 사례는 약 40건이다. 1000년 동안이니까 그리 많은 수는 아니다. 사실 1000년 동안 겨우 40번만 일어난 다른 어떤 목록을 내놓기란 쉽지 않다!

기술의 대규모 금지는 드물다. 강제하기가 어렵다. 그리고 내 조사에 따르면, 금지 조치는 대부분 수용된 기술의 정상적인 노후 주기보다 그리 더 오래 지속되지 않는다. 기술이 변하는 데 수백 년이 걸리던 시대에는 수백 년 동안 금지가 지속된 사례가 몇 가지 있었다. 일본 쇼군 시대에는 총이 3세기 동안 금지되었고, 중국 명나라 때에는 탐사선이 3세기 동안 금지되었다. 이탈리아는 명주실을 잣는 행위를 2세기 동안 금지했다. 금지가 그렇게 오래 지속된 사례는 그 외에 거의 없다. 프랑스 필경사 동업 조합은 파리에 인쇄술이 도입되는 시기를 늦추는 데 성공했지만, 그래 보았자 겨우 20년 동안이었다. 그 뒤로 기술의 생명 주기가 가속됨에 따라, 한 발명의

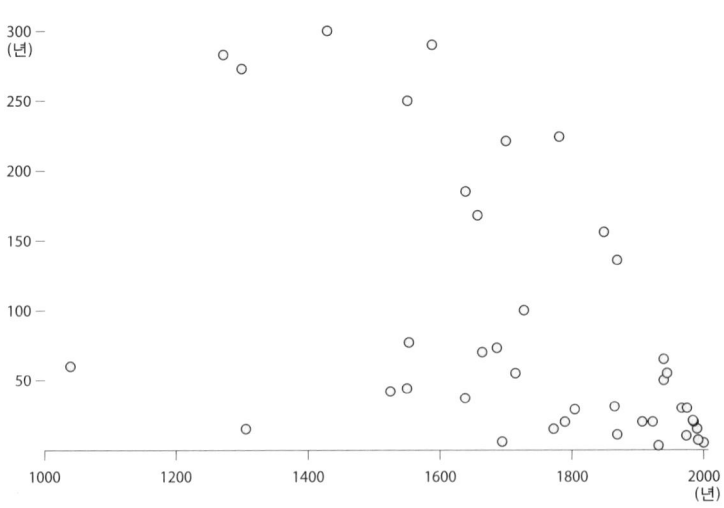

금지 기간.[2] 역사적인 기술 금지 사례들의 금지 시점(가로축)과 금지 기간(세로축). 세월이 흐를수록 금지 기간은 짧아지고 있다.

인기는 몇 년 안 가서 퇴색되기도 했고, 그에 따라 기술의 금지 기간도 자연히 짧아졌다.

294쪽 그림은 금지 조치가 시작된 해와 금지 기간을 나타낸 그림이다. 끝이 난 금지 조치만을 포함하고 있다. 기술이 가속됨에 따라, 금지 기간은 짧아진다.

금지는 오래 지속되지 않을지 모르지만, 금지하는 동안 금지의 효과가 있는가라는 문제는 대답하기가 훨씬 어렵다. 예전의 많은 금지 조치들은 경제적인 고려를 토대로 했다. 프랑스는 영국에서 러다이트 운동이 한창일 때 가내 수공업 직공들이 양말 직조기를 금지한 것과 똑같은 이유로 기계를 이용한 면직물 생산을 금지했다. 농가의 가내 수공업에 피해를 입히기 때문이다. 경제적인 금지 조치는 단기간에는 목표를 달성할 수 있지만, 종종 상황을 악화시켜서 나중에 어쩔 수 없이 수용하게 된다.

안전을 이유로 금지가 이루어지기도 했다. 석궁을 처음 사용한 사람은 고대 그리스 인들이었는데, 그들은 그것을 '배 발사기(belly shooter)'라고 불렀다. 배에 대고 누르면서 힘들게 활을 매겼기 때문이다. 주목 나무로 만든 전통적인 긴 활에 비해, 깔쭉톱니바퀴를 이용하는 석궁은 훨씬 더 강하고 치명적이었다. 석궁은 오늘날의 AK-87 공격 무기에 해당했다. 1139년 교황 인노켄티우스 2세는 2차 라테라노 공의회에서 그것을 금지했다. 오늘날 세계 대다수 국가에서 시민이 바주카포를 소유하는 것을 법으로 금지하는 것과 같은 이유에서였다. 즉 빠르고 강력한 군중 살상 능력은 집을 지키거나 사냥을 하기에는 불필요하게 폭력적이고 광범위하다고 여겨지기 때문이다. 그것은 전쟁에 유용한 도구이지 평화를 위한 도구가 아니다. 하지만 석궁 역사가인 데이비드 바크라치(David Bachrach)는 말한다. "이런 석궁 금지 조치는 전혀 효과가 없었다. 석궁은 고중세 시대 내내 주된 휴대용 발사 무기였으며, 특히 요새와 배를 방어하는 데 쓰였다."[3] 오늘날의 공격용 소총 금지 조치가 암흑가에서 효력을 발휘하지 못하듯이 50년 동안의 석궁 금지 조치도 마찬가지였다.

세계적인 관점에서 기술을 보면 금지 조치가 너무나 덧없어 보인다. 어떤 물품이 한 지역에서는 금지된다고 해도, 다른 지역에서는 잘 나갈 것이다. 1299년 피렌체의 관리들은 은행가들이 회계에 아라비아 숫자를 사용하지 못하게 금지했다.[4] 그러나 이탈리아의 나머지 지역에서는 그것을 앞다투어 채택했다. 세계 시장에서는 아무것도 제거되지 않는다. 어떤 기술이 국지적으로 금지되면, 그것은 빠져나가 지구의 다른 곳에 자리를 잡을 것이다.

유전자 변형 식품은 불법화되고 있다는 평판을 받고 있으며, 실제로 몇몇 국가는 그것을 금지하고 있지만, 세계적으로 보면 유전자 변형 작물을 심는 면적은 해마다 9퍼센트씩 늘어나고 있다.[5] 비록 일부 국가에서는 금지하고 있지만, 원자력 발전소가 만드는 전력의 양도 세계적으로 해마다 2퍼센트씩 늘고 있다.[6] 핵무기 비축량 감소만이 현재 세계적으로 유일하게 포기한 것인 듯하다. 비축량은 1986년에 6만 5000기로 정점에 이르렀다가 지금은 2만 기로 줄었다.[7] 그런 한편으로 핵무기를 만들 수 있는 나라의 수는 증가하고 있다.

깊이 연결된 세계에서, 가속된 기술 천이(이전 판본을 개정판이 끊임없이 대체하는 것)는 가장 선한 의도의 금지조차 유지할 수 없게 만든다. 금지는 사실상 유예다. 아미시파처럼 일부는 그런 유예가 아주 유용하다는 사실을 안다. 한편 유예 기간에 더 바람직한 대체 기술이 발견되지 않을까 희망하는 사람들도 있다. 가능한 일이다. 하지만 전복적이거나 도덕적으로 잘못된 기술을 제거하겠다고 전면 금지를 한들 제대로 먹히지 않는다. 기술을 연기할 수는 있을지라도 멈추지는 못한다. 전면적인 금지가 거의 먹히지 않는 까닭은 어느 정도는 새 발명이 처음 등장할 때 대개 우리가 그것을 제대로 이해하지 못하기 때문이기도 하다. 모든 새 착상은 불확실성의 더미다. 창안자가 자신의 참신한 착상이 세상을 바꾼다거나 전쟁을 종식시킨다거나 가난을 없애거나 대중을 즐겁게 할 것이라고 얼마나 확신하든 간에, 사실 그것이 어찌될지는 아무도 모른다. 한 착상의 단기적인 역할조차 불명료하다. 역사는 어떤 기술의 발명자 자신이 기대했던 것이 빗나간 사례로 가득하다. 토머스 에디슨은 자신의 축음기가 죽어 가는 사람의 마지막 유언을 기록하는 데 주로 쓰일 것이라고 믿었다. 처음에 라디오에 자금을 댄 사람들은 그것이 시골 농민들에게 설교를 전파하는 데 이상적인 장치라고 믿고 그렇게 했다. 비아그라는 원래 심장약으로서 임상 시험을 했다. 인터넷은 원래 재난에 대비한 예비 통신망으로 창안된 것이다. 위대한 착상 가운데 그것이 이윽고 이룬 위대함을 향해 처음부터 나아간 것은 거의 없다. 즉 어떤 기술이 실제로 '있기' 전에 그것이 어떤 해를 미칠지 예측하기란 거의 불가능하다는 의미다.

거의 예외 없이, 기술은 자신이 자라서 무엇이 되고 싶은지를 알지 못한다. 한 발명이 테크늄에서 자신의 역할을 세부적으로 다듬으려면 초기 채택자들과 많이 만나고 다른 발명들과 많이 충돌해야 한다.

사람과 마찬가지로 젊은 기술도 나중에 더 나은 생계 수단을 마련하기에 앞서 첫 직업에서 실패를 경험하곤 한다. 처음부터 원래 역할을 그대로 유지하는 기술은 드물다. 발명자가 기대한(그리고 수지가 맞는!) 용도에 구애받다가 그 예상이 잘못되었음이 금방 드러나고, 일련의 대안(그리고 수지가 덜 맞는) 용도로 쓰인다고 선전되다가, 이윽고 현실이 그 기술을 거의 예상하지 않았던 사소한 용도로 이끄는 새 발명이 훨씬 더 많다. 때로 그 사소한 용도는 아주 파괴적인 사례로 활짝 꽃을 피워서 표준이 되기도 한다. 그런 성공이 이루어지면, 앞서 있던 실패들은 잊힌다.

에디슨은 최초로 축음기를 만든 지 1년 뒤까지도 자신의 발명품이 어디에 쓰일 수 있을지 고심하고 있었다. 그 발명품을 어느 누구보다 잘 알고 있었지만, 온갖 방향으로 별별 생각을 다했다. 그는 자신의 착상이 맹인을 위한 구술 기계나 오디오북, 혹은 말하는 시계, 뮤직박스, 발음 훈련 장치, 유언 기록 장치, 자동 응답 기계를 탄생시킬 수도 있다고 생각했다. 축음기의 가능한 용도를 죽 나열한 목록 맨 끝에 그는 거의 나중에 떠올린 듯이, 녹음된 음악을 연주한다는 착상을 덧붙였다.

레이저 장치는 미사일을 쏘아 떨어뜨릴 정도로 강력한 것까지 개발되었지만, 주로 바코드나 영화 DVD를 읽는 용도로 수십억 개씩 만들어진다. 트랜지스터는 방만 한 컴퓨터의 진공관을 대체하기 위해 만들어졌지만, 오늘날 주로 카메라, 전화기, 통신 장비의 조그마한 두뇌에 집어넣기 위해 제조되고 있다. 휴대전화는(……) 음, 휴대전화로 출발했다. 그리고 처음 수십 년 동안은 그러했다. 하지만 차츰 성숙해져 휴대전화 기술은 태블릿, 전자책, 비디오 플레이어를 위한 이동 컴퓨터 플랫폼이 되고 있다. 기술에서는 직업을 바꾸는 것이 예외가 아니라 표준이다.

이미 세계에 존재하는 착상과 기술의 수가 많을수록, 우리가 새것을 도입할 때 나타날 가능한 조합과 이차 반응의 수도 더 많아질 것이다. 해마다 수백만 가지의 새로운 착상이 도입되는 테크늄에서 결과를 예측해 수학적으로 처리하기란 어려운 일이다.

우리는 새것이 기존 일을 더 잘하게 해 준다고 상상하는 본능적인 성향이 있으며, 그 때문에 예측은 더 어려워진다. 그것이 바로 최초의 자동차가 '말 없는 마차'라고 불린 이유다. 최초의 영화는 그저 연극을 찍은 다큐멘터리 필름이었다. 새로운 것을 성취하고, 새로운 전망을 드러내며, 새로운 일을 할 수 있는 새로운 매체로서의 영화 사진술의 온전한 잠재력을 깨달은 것은 시간이 좀 흐른 뒤였다. 아직도 똑같은 맹점에 사로잡혀 있다. 우리는 오늘날의 전자책을 보편적인 공용 도서관을 자아내는 근원적인 힘을 지닌 강력한 텍스트의 실이 아니라 전자종이에 뜨는 일반 책이라고 여긴다. 우리는 유전자 검사가 혈액 검사와 비슷한 것, 즉 인생에서 변하지 않는 어떤 값을 얻기 위해 한 차례 하는 무언가라고 생각한다. 우리 유전자가 돌연변이를 일으키고 변화하고 환경과 상호작용함에 따라 시시때때로 유전자 서열 분석을 하는 이 시점에 말이다.

가장 참신한 것들은 예측 가능성이 아주 낮다. 화약을 발명한 중국인은 총의 등장을 내다보지 못했을 가능성이 아주 높다. 전자기의 발견자인 윌리엄 스터전(William Sturgeon)은 전기 모터를 예측하지 못했다. 필로 판스워스(Philo Farnsworth)는 자신의 음극관에서 텔레비전 문화가 출현하리라고 상상하지 못했다. 지난 세기가 시작될 때의 광고를 보면, 최신 전화기가 초청장, 주문서, 안전하게 도착했다는 확인 같은 메시지를 보낼 수 있다는 점을 강조함으로써 망설이는 소비자에게 판매하려 애썼음을 알 수 있다. 광고주들은 전화기를 마치 더 편리한 전신인 양 판매했다. 대화를 주고받는 장치라고 주장한 광고주는 아무도 없었다.

넓은 간선도로, 차에 탄 채 주문을 하는 식당, 안전띠, 길 안내 장치, 연비를 향상시키는 디지털 계기판의 집적체인 오늘날의 자동차는 100년 전 포드 T 모델과는 다른 기술이다. 그리고 그 차이의 대부분은 영속하는 내연기관보다는 주로 이차 혁신에서 비롯된다. 마찬가지로 오늘의 아스피린은 작년의 아스피린이 아니다. 몸에 든 다른 약물들, 수명 변화와 알약을 삼키는 습관(하루에 한 알씩!), 싼 값 등의 맥락을 놓고 볼 때, 그것은 버드나무 껍질의 에센스에서 얻은 전통 약물이나 100년 전 바이엘이 내놓은 최초의 합성 약물과 다른 기술이다. 비록 다 똑같은 화학물질인 아세틸살리실산이지만. 기술은 번창함에 따라 변천한다. 사용됨에 따라 개조된다. 보급됨에 따라 이차, 삼차 결과를 낳는다. 그리고 거의 모든 곳에 존재하게 될 때 거의 언제나 전혀 예측하지 않은 효과를 낳는다.

반면에 어떤 기술에 관한 처음의 원대한 생각들은 대부분 흐릿해지면서 잊힌다. 불운한 소수의 기술은 엄청난 골칫거리가 된다. 발명자가 의도했던 것과 전혀 다른 의미에서 엄청난 것이 된다. 탈리도마이드는 임신부를 위한 위대한 착상이었지만, 태아에게 공포가 되었다. 내연기관은 이동에는 아주 좋지만 호흡에는 끔찍하다. 프레온은 저렴한 비용으로 물건을 차갑게 유지시켰지만, 지구를 보호하는 자외선 필터를 제거했다. 일부 사례에서는 이런 효과의 변화가 의도하지 않은 부작용에 불과하다. 하지만 많은 사례에서는 전면적인 직종 바꾸기에 해당한다.

기술을 정직하게 살펴본다면, 각 기술이 미덕뿐 아니라 단점도 지님을 알 수 있다. 악덕이 없는 기술은 없으며 중립적인 기술도 없다. 한 기술의 결과는 그것의 파괴적인 특성과 함께 퍼진다. 강력한 기술은 좋은 쪽과 나쁜 쪽 양 방향으로 강력할 것이다. 반대 방향으로 강력하게 파괴적이지 않으면서 강력하게 건설적인 기술은 존재하지 않는다. 큰 해를 끼치는 쪽으로 크게 왜곡시킬 수 없는 위대한 착상이란 없는 것처럼. 아무튼 가장 아름다운 인간의 마음이라 해도 여전히 살인적인 생각을 품을 수 있다. 사실 어떤 발명이나 착상은 엄청나게 악용될 수 없는 한 진정으로 엄청나지 않다. 그것이 기술 예측의 제1법칙이 되어야 한다. 즉 신기술의 약속이 클수록 그것이 해로울 잠재력도 크다. 그 말은 인터넷 검색 엔진, 하이퍼텍스트, 웹 같은 사랑받는 새로운 기술들에도 들어맞는다. 대단히 강력한 이런 발명들은 르네상스시대 이래로 본 적이 없는 수준으로 창의성을 해방시켜 왔지만, 악용될 때(악용된다면이 아니라), 그것들이 개인의 행동을 추적하고 예견하는 능력은 끔찍해질 것이다. 어떤 신기술이 전에는 결코 본 적 없는 혜택을 탄생시킬 가능성이 높다면, 결코 본 적이 없는 문제를 탄생시킬 가능성도 높을 것이다.

이 딜레마의 확실한 치료법은 최악을 예상하는 것이다. 그것은 예방 원칙(Precautionary Principle)이라는 신기술에 널리 쓰이는 한 접근법의 산물이다. 예방 원칙은 1992년 지구 정상 회의에서 리우 선언의 일부로 처음 고안되었다. 원래는 "철저한 과학적 확신이 부족하다고 해서 그것이 환경 파괴를 예방할 비용 효율이 높은 수단을 미룰 근거로 쓰여서는 안 된다."라고 권하는 내용이었다.[8]

다시 말해 피해가 일어난다는 사실을 과학적으로 증명할 수 없다고 할지라도, 이 불확실성 때문에 추정된 피해를 멈추는 일을 회피해서는 안 된다는 것이다. 이 예방 원리는 그 뒤로 여러 차례 수정되고 변경되었고 시간이 흐르면서 더 금지하는 쪽으로 흘러갔다. 최신 수정본은 이렇다. "불확실하지만 상당한 피해를 입힐 가능성을 보이는 활동들은 그 활동의 옹호자가 그것이 감지할 수 있는 피해 위험이 전혀 없다는 것을 보여 주지 못한다면 금지되어야 한다."

예방 원칙의 한 수정판은 유럽연합의 입법 기준 역할을 하며(마스트리히트 조약에 포함되어 있다.), 유엔 기후 변화 협약에도 들어 있다. 미국 환경보호국과 청정공기법도 오염 억제 수준을 정할 때 그 접근법을 쓴다. 이 원칙은 포틀랜드, 오리건, 샌프란시스코 같은 녹색 도시의 조례에도 들어 있다.[9] 그것은 생명윤리학자들과 기술을 서둘러 선택하는 것에 반대하는 비판자들이 선호하는 기준이다.

예방 원칙의 모든 판본에는 한 가지 공통 공리가 담겨 있다. 어떤 기술을 받아들이려면 먼저 그것이 아무런 해가 없다는 점이 밝혀져야 한다는 것. 즉 안전성이 증명된 뒤에 보급해야 한다는 것이다. 안전성이 검증되지 못한다면, 그것은 금지되거나 감축되거나 수정되거나 내버리거나 무시해야 한다. 다시 말해 새 고안물에 대한 첫 번째 반응은 그것의 안전성이 확증되기 전까지 무반응이어야 한다. 어떤 혁신이 이루어질 때 우리는 멈추어야 한다. 그것을 생활에 이용하려는 시도는 과학이 확실하게 좋다고 말한 뒤에 이루어져야 한다.

언뜻 보면 합리적이고 신중한 접근법인 듯하다. 해로움은 예견하고 미리 대처해야 한다. 후회하는 것보다 안전한 것이 더 나으니까. 불행히도 예방 원칙은 이론상으로는 잘 작동하지만, 현실에서는 그렇지 않다. 철학자이자 컨설턴트인 맥스 모어(Max More)는 말한다. "예방 원칙이 정말 아주 잘하는 것이 하나 있다. 기술 발전을 멈추는 것이다." 그 원칙의 실상을 폭로하는 책을 쓴 카스 선스타인(Cass R. Sunstein)은 말한다. "우리는 예방 원칙이 나쁜 방향으로 이끌기 때문이 아니라, 그것이 가치가 있음에도 어떤 방향으로도 이끌지 않기 때문에 그것에 이의를 제기해야 한다."[10]

모든 좋은 것은 어딘가에서 해를 끼치므로, 절대적인 예방 원칙이라는 엄격한 논리에 따르면 어떤 기술도 허용되지 않을 것이다. 그보다 더 개방적인 형태의 원칙도 신기술을 제때 허용하지 않을 것이다. 이론이 어떠하든 간에, 확률이 낮다는 것과는 별개로 모든 위험을 현실적으로 하나하나 밝혀낼 수는 없으며, 또 있을 법하지 않은 모든 위험을 밝혀내려는 노력은 더 가능성이 높은 잠재 혜택을 못 보게 방해한다.

예를 들어 말라리아는 해마다 전 세계에서 3~5억 명이 감염되며 200만 명의 목숨을 앗아간다. 죽지 않더라도 몸이 쇠약해지고 그것은 가난으로 이어지는 악순환을 낳는다. 하지만 1950년대에 집 안 곳곳에 살충제인 DDT를 뿌리기 시작하면서 말라리아 발생률은 70퍼센트나 줄어들었다.[11] DDT는 대단히 잘 듣는 살충제였기에 농민들은 면화 밭에 몇 톤씩 열심히 뿌려 댔다. 그 분자의 부산물들은 이윽고 지구의 물 순환에 휩쓸려 돌다가 동물의 지방 세포로 들어갔다. 생물학자들은 그것이 일부 맹금류의 번식률을 떨어뜨리고 몇몇 수역에서 어류를 비롯한 수생생물 종들을 사멸시킨다고 비난했다. 1972년 미국은 DDT의 생산과 이용을 금지했다. 다른 나라들도 같은 조치를 취했다. 하지만 DDT 살포가 중단되자, 아시아와 아프리카에서 말라리아가 다시 기승을 부리기 시작하여 1950년대 이전 수준으로 돌아갔다. 말라리아가 창궐하는 아프리카에서는 다시 가정에 DDT를 뿌리는 계획을 세웠지만, 그 일에는 자금을 지원하지 않겠다는 세계은행을 비롯한 구호 기관들의 반대에 부딪혀 좌절되었다. 1991년 91개국과 유럽연합은 DDT를 전면 금지한다는 조약에 서명했다.[12] 예방 원칙에 토대를 둔 행동이었다. 즉 DDT는 아마도 나쁠 것이며, 후회하기보다는 안전한 편이 더 낫다는 것이다. 사실 DDT가 인간을 해친다는 사실이 드러난 사례는 전혀 없으며, DDT를 소량 집에 뿌리는 것이 환경에 얼마나 피해를 입히는지도 측정된 적이 없다. 그러나 DDT가 해를 끼치지 않는다는 점은 아무도 증명하지 못했다. 그것이 좋은 일을 할 능력이 있다는 사실은 검증되었지만 말이다.

위험 회피라는 문제로 들어가면, 우리는 합리적이지 않다. 원하는 위험을 골라서 논쟁을 벌인다. 우리는 운전의 위험은 제쳐 두고 비행의 위험에 초점을 맞출 수도 있다. 치아 엑스선의 미미한 위험에는 반응하지만 드러나지 않은 충치라는 더 큰 위험은 외면할 수도 있다. 백신의 위험에 반응하면서 전염병의 위험은 모른 체할 수도 있다. 살충제의 위험에는 집착하면서 유기농 식품의 위험은 무시할 수도 있다.

심리학자들은 위험에 대해 꽤 많은 것을 밝혀내 왔다. 현재 우리는 사람들이 기술이나 상황이 강제적이 아니라 자발적일 때 위험을 1000배까지도 더 수용한다는 사실을 안다. 당신은 틀면 수돗물이 나오는 곳에서는 선택권이 없으므로, 휴대전화를 사용할지 선택할 때보다 수돗물의 안전에 덜 관용적이다. 또 우리는 한 기술의 위험을 수용하는 정도가 상응하는 혜택을 인지하는 정도에 비례한다는 것도 안다. 얻는 것이 많을수록 더 많은 위험을 무릅쓸 가치가 있다. 마지막으로 우리는 위험의 감수가 최악의 사례와 최고의 혜택을 얼마나 쉽게 상상할 수 있는지에 직접 영향을 받는다는 점과 그런 상상이 교육, 광고, 소문, 상상력에 따라 결정된다는 것도 안다. 대중이 가장 중요하게 여기는 위험은 그 위험이 실현될 때 닥칠 최악의 시나리오의 사례를 상상하기 쉬운 것들이다. 그것이 죽음으로 이어질 가능성을 그럴 듯하게 그려 낼 수 있다면, 그것은 '중요하다.'

오빌 라이트는 발명가 친구인 헨리 포드에게 쓴 편지에, 중국에 가 있는 한 선교사로부터 들은 이야기를 자세히 썼다. 라이트가 그 이야기를 한 까닭은 내가 여기서 말하려는 것과 같은 이유에서였다. 즉 불확실한 위험을 추정할 때 신중하라는 이야기로서 말이다. 그 선교사는 자기가 있는 성(省)의 중국인 농민들이 수확을 할 때 힘이 덜 들도록 일하는 방식을 개선하고 싶었다. 동네 농민들은 일종의 작은 손낫으로 줄기를 끊어 냈다. 그래서 선교사는 미국에서 들여온 큰 낫을 써서 그것이 생산성이 훨씬 높다는 점을 직접 보여 주었다. 모여든 농민들은 혹했다. "하지만 다음 날 아침 대표단이 선교사를 찾아왔어요. 그 낫을 당장 없애야 한다더군요. 그들은 그 낫이 도둑들의 손에 들어가면, 하룻밤 사이에 밭 전체의 곡식을 다 베어 가져갈 거라고 했어요."[13] 그래서 낫은 폐기되고 진보는 멈추었다. 비사용자들이 그것이 사회에 상당한 해를 끼칠 수 있는 가능한, 하지만 전혀 있을 법하지 않은 방법을 상상할 수 있었기 때문이다.(오늘날 '국가 안보'를 둘러싸고 벌어지는 엄청나게 파괴적인 장면들의 상당수도 비슷하게 있을 법하지 않은 최악의 위험 시나리오를 토대로 한다.)

'후회하기보다는 안전'해지려는 노력을 하다가 예방은 근시안적이 된다. 그것은 오직 한 가지 가치, 안전만 최대화하는 경향이 있다. 안전은 혁신을 짓밟는다. 따라서 작동하는 것을 완벽하게 다듬고 실패할 수 있는 것은 결코 시도하지 않는 것이 가장 안전하다. 실패는 본래 불안전한 것이니까. 혁신적인 수술법은 검증된 표준 수술법보다 안전하지 않을 것이다. 혁신은 신중하지 않다. 하지만 예방은 오직 안전에만 특권을 부여하기 때문에, 다른 가치들을 감소시킬 뿐 아니라 사실상 안전 자체도 줄인다. 테크늄에서 큰 사건들은 대개 날개가 부러지거나 대규모 송유관이 끊기는 일에서 시작하지 않는다. 현대의 가장 큰 해운 재난 사고 가운데 하나는 선실 부엌에서 커피 주전자가 타면서 시작되었다. 지역 전력망은 송전탑이 쓰러져서가 아니라 작은 펌프의 개스킷이 망가져서 차단될 수 있다. 사이버공간에서는 한 웹페이지 입력난의 희귀하면서 사소한 오류가 웹사이트 전체를 불통으로 만들 수 있다. 이런 사례들에서 사소한 오류는 시스템에 뜻밖의, 마찬가지로 사소한 결과를 일으키거나 그것과 결합한다. 하지만 부분들이 긴밀하게 상호 의존하고 있기에, 사소한 결함들은 있을 법하지 않은 연쇄 작용을 일으키면서 이윽고 멈출 수 없는 파도가 되어 재앙을 일으키는 수준에 도달한다. 사회학자 찰스 페로(Charles Perrow)는 이것을 '정상적인 사건(normal accident)'이라고 했다. 큰 시스템의 동역학으로부터 '자연히' 출현하기 때문이라고. 비난받을 대상은 시스템이지 운전자가 아니다. 페로는 대규모 기술 사고 50건(스리마일 섬, 보팔 재난, 아폴로 13호, 엑손발데즈호, Y2K 같은)을 철저히 세세하게 연구한 끝에 이렇게 결론을 내렸다. "우리는 불가피한 실패를 일으킬 만한 상호 작용들을 다 예견할 수 없을 정도로 너무나 복잡한 설계물을 만들어 왔다. 우리는 시스템 속에 숨은 경로에 속거나 회피되거나 패배하는 안전 장치들을 덧붙인다."[14] 사실 페로는 안전 장치와 안전 절차 자체가 종종 새로운 사고를 일으킨다고 결론 내린다. 안전 요소들은 일이 잘못될 가능성을 더 높일 수 있다. 예를 들어 공항에 안전 요원을 늘리면 핵심 지역에 접근할 권한을 지닌 사람이 늘어날 테고, 안전도는 떨어진다. 대개 안전을 위해 여분으로 두는 예비 시스템은 새로운 유형의 오류를 일으키기 쉽다.

이것을 대체 위험(substitute risk)이라고 한다. 위해를 줄이려는 시도에서 곧바로 새로운 위해가 나올 수도 있다. 내화물질인 석면은 유독하지만,

그 대체제들도 대부분 설령 더하지는 않더라도 마찬가지로 유독하다. 게다가 석면 제거 행위는 석면을 그냥 건물에 놔둘 때 미치는 낮은 위험에 비해 위험도를 크게 증가시킨다. 예방 원칙은 대체 위험이라는 개념을 고려하지 않는다.

일반적으로 예방 원칙은 무엇이든 간에 새로운 것을 반대하는 쪽으로 편향되어 있다. 확립된 많은 기술들과 '자연적인' 과정들은 조사되지 않은 결함들을 신기술 못지않게 지니고 있다. 하지만 예방 원칙은 새로운 것에는 과감하게 문턱을 아주 높게 설치한다. 사실상 그것은 오래된, 즉 '자연적인' 것의 위험은 거들떠보지도 않는다. 몇 가지 사례를 들어 보자. 살충제라는 보호막 없이 키우는 작물은 곤충과 싸우기 위해 스스로 천연 살충제를 더 많이 생산하지만, 이 자생 독소는 '새로운' 것이 아니므로 예방 원칙의 대상이 아니다. 새 플라스틱 수도관의 위험을 평가할 때 기존 금속 수도관의 위험과 비교하는 일은 없다. DDT의 위험은 기존의 말라리아 사망 위험이라는 맥락에 놓이지 않는다.

불확실성의 가장 확실한 치료법은 더 빨리 더 나은 과학 연구를 하는 것이다. 과학은 불확실성을 결코 완전히 제거하지 못할 검사 과정이며, 특정한 문제에 대한 과학의 합의는 시간이 흐르면서 변할 것이다. 하지만 증거를 토대로 한 과학의 합의는 갖가지 예방 조치를 비롯하여 우리가 지닌 다른 무엇보다도 더 신뢰할 수 있다. 회의론자들과 열광자들을 통해 공공연히 과학 연구가 더 많이 이루어진다면 우리에게 더 일찍 말해 줄 수 있을 있을 것이다. "이것은 사용하기에 좋다." 또는 "이것은 사용하기에 좋지 않다."라고. 일단 합의가 이루어지면 합리적으로 규제할 수 있다. 우리가 휘발유, 담배, 안전띠 등 사회에서 의무화하여 개선한 많은 규제 사례들처럼.

하지만 한편으로 우리는 불확실성을 고려해야 한다. 모든 혁신에서 의도하지 않은 결과를 예상하는 법을 터득해 왔지만, 의도하지 않은 결과가 구체적으로 예견된 사례는 거의 없다. 랭던 위너는 이렇게 쓰고 있다. "기술은 언제나 우리가 의도한 것보다 더 많은 일을 한다. 우리는 그 점을 너무나 잘 알기에 그 자체가 사실상 우리 의도의 한 부분이 되었다. (……) 기술이 누군가가 염두에 둔 특정한 목적만 이루고 그 밖의 일은 전혀 하지 않는 세상을 상상해 보라. 그것은 근본적으로 갑갑한 세상일 것이고, 우리가 지금 사는 세상과는 전혀 다를 것이다."[15] 우리는 기술이 문제를 야기하리라는 것을 안다. 그저 그 새로운 문제가 무엇인지 모를 뿐이다.

어떤 모형이든 실험실이든 시뮬레이션이든 검사든 간에 본래 불확실성을 지니기 때문에, 신기술을 평가하는 신뢰할 만한 방법은 오로지 실제로 작동시키는 것뿐이다. 어떤 착상이 이차적인 효과를 드러내기 시작하려면 새로운 형태에 충분히 깃들어야 한다. 어떤 기술을 탄생한 직후에 검사한다면, 그것의 일차 효과만 눈에 띌 것이다. 하지만 대부분의 사례에서 후속 문제의 근원은 기술의 의도하지 않은 이차 효과다.

대개 사회를 휩쓰는 이차 효과는 예보나 연구실의 실험이나 서류로는 거의 포착할 수 없다. 과학소설의 대가 아이작 아시모프는 말의 시대에 많은 평범한 사람들이 말 없는 마차를 열심히, 그리고 쉽게 상상했다고 간파했다.[16] 자동차는 수레의 일차 동역학의 연장(저절로 나아가는 탈것)이었으므로 명백히 예견된 것이었다. 자동차는 말이 없어도 말이 끄는 마차가 하는 일을 다 했다. 하지만 아시모프는 자동차 야외 극장, 꼼짝도 못하는 교통 체증, 운전자의 짜증 등 말 없는 마차의 이차 결과를 상상하기가 얼마나 어려운지도 이야기했다.

이차 효과가 드러나려면 어느 수준의 밀도, 즉 준편재성이 충족되어야 할 때가 종종 있다. 처음 자동차가 등장했을 때 사람들은 주로 점유자의 안전 문제를 우려했다. 휘발유 엔진이 폭발하거나 브레이크가 고장나지 않을까 하는 걱정이었다. 하지만 자동차의 진짜 문제, 즉 교외 지역의 혼란과 장거리 통근은 말할 것도 없고 미세한 오염물질에 대한 노출 축적, 고속으로 달리는 차 바깥의 사람을 죽이는 능력 등 온갖 이차 효과는 자동차가 수십만 대로 늘어나 집단을 이룬 뒤에야 나타났다.

기술이 빚어내는 예측 불가능한 효과들은 그것이 다른 기술들과 상호 작용하는 방식에서 비롯된다는 공통점을 지닌다. 1972년부터 1995년까지 존속했다가 지금은 폐지된 부서인 미국 기술평가국이 앞으로 출현할 기술을 평가하는 데 별 영향을 끼치지 못한 이유를 분석한 2005년 보고서에서 연구자들은 이렇게 결론을 내렸다.

> 아주 구체적이고 상당히 진화한 기술(초음속 비행기, 원자로, 특정한 약물 등)에는 설득력 있는(비록 언제나 불확실하다고 해도) 예측을 내놓을 수 있지만, 급진적으로 변화시키는 기술의 능력은 개별 인공물이 아니라 사회에 배어든 기술의 부분집합들 사이의 상호 작용에서 나온다.[17]

요컨대 중요한 이차 효과는 신기술에 대한 소규모의 정확한 실험과 진지한 시뮬레이션에서는 나타나지 않으며, 따라서 새로 출현한 기술은 실제로 작동하는 상황에서 검사하고 실시간으로 평가해야 했다. 다시 말해 특정 기술의 위험은 실생활에서 시행착오를 통해 결정되어야 한다.

새 고안물을 접할 때 적절한 반응은 즉시 그것을 시도하는 것이어야 한다. 그리고 그것이 존재하는 한 계속 시도하고 계속 검사해야 한다. 사실 예방 원칙과 반대로 기술은 결코 "안전이 증명되었다."고 선언될 수가 없다. 기술은 그것이 살아가며 공진화하는 테크늄과 사용자들을 통해 끊임없이 재가공되므로, 계속 주시하면서 끊임없이 검사를 해야 한다.

랭던 위너는 기술 시스템이 "지속적인 관심, 재구성, 수선을 요한다."라고 말한다. "인위적인 복잡성은 영구적인 경계를 대가로 한다." 스튜어트 브랜드는 생태실용주의를 다룬 저서 『전 지구 훈련』에서 지속적인 평가를 경계 원칙이라는 수준으로 격상한다. "경계 원칙은 자유, 즉 무언가를 시도할 자유에 주안점을 둔다. 새로 도출되는 문제들은 끊임없는 세밀한 모니터링을 통해 바로잡는다." 그런 뒤 그는 보호 관찰 기술(probationary technology)에 넣을 만한 세 범주를 제시한다. "1) 불안전하다는 것이 증명될 때까지 잠정적으로 불안전한 것, 2) 안전하다는 것이 증명될 때까지 잠정적으로 안전한 것, 3) 이롭다는 것이 증명될 때까지 잠정적으로 이로운 것." 여기서 '잠정적'이 가장 중요한 단어다. 브랜드의 접근법에 걸맞은 또 다른 용어는 '영구히 잠정적(eternally provisional)'일 수 있겠다.[18]

기술의 의도하지 않은 결과를 다룬 책 『기술의 역공(Why Things Bite Back)』에서 에드워드 테너(Edward Tenner)는 지속적인 경계의 본질을 상세히 설명한다.

기술 낙관주의는 사실상 기술에 대해 무언가를 하기 전 충분히 일찍 나쁜 소식을 인지하는 능력을 의미한다. (……) 또 그것은 점점 구멍이 많아지는 국경선에서 문제가 세계로 확산되지 않도록 막는 이차 수준의 경계를 요구한다. 하지만 경계는 거기에서 끝나지 않는다. 그것은 어디에나 있다. 그것은 열차 기관사를 위한 '죽은 자의 페달'을 대체해 온 무작위 주의력 검사 속에 있다. 컴퓨터 백업 의례, 승강기 검사에서 실내 화재 경보에 이르는 법적으로 의무화한 검사, 정례적인 엑스선 검사, 새 컴퓨터 바이러스 백신의 다운로드 및 설치 속에 있다. 해충이 들었을지 모를 제품을 소지한 입국자를 검사하는 과정 속에 있다. 현재 도시인에게 제2의 천성이 된, 길을 건널 때 주의를 경계하는 일도 18세기 이전에는 일반적으로 불필요했다. 때로 경계는 실질적인 예방 조치라기보다는 안심시키는 의식 행사에 더 가깝지만, 운이 따르면 잘 먹힌다.[19]

아미시파는 아주 비슷한 것을 실천하고 있다. 그들이 테크늄에 접근하는 방식은 아주 근본적인 종교 신앙에 토대를 둔다. 즉 그들의 신학이 기술을 추진한다. 하지만 역설적으로 아미시파는 자신이 채택한 기술에 대해서는 가장 세속적인 전문가들보다 훨씬 더 과학적이다. 종교적이지 않은 전형적인 소비자는 전혀 검증 없이 언론이 말하는 것을 토대로 '신념에 따라' 기술을 받아들이는 경향이 있다. 대조적으로 아미시파는 잠재적인 기술을 토대로 네 수준에서 경험적 검사를 수행한다. 그들은 최악의 가상 시나리오라는 예방 조치 대신에, 증거를 토대로 기술을 평가한다.

첫째, 그들은 다가올 혁신이 공동체에 어떤 결과를 미칠지를 스스로 논의한다.(때로 원로들의 위원회에서.) 농부인 밀러가 태양 전지판을 이용하여 물을 퍼 올리기 시작한다면 어떤 일이 벌어질까? 그가 일단 태양 전지를 가진다면, 전기를 이용하여 냉장고를 가동하려는 유혹을 느낄까? 그렇게 된다면? 그리고 태양 전지판은 어디에서 얻을까? 즉 아미시파는 그 기술이 미칠 충격을 놓고 가설을 개발한다. 둘째, 그들은 자신들의 관찰이 가설을 입증하는지 알아보기 위해 소규모 얼리어답터 무리를 이용하여 실제 효과를 면밀하게 주시한다. 밀러 가족과 그들의 이웃사이의 상호 작용은 그 새것을 쓸 때 어떻게 변할까? 그리고 셋째, 관찰된 효과를 토대로 그 기술이 바람직하지 않은 것처럼 보여 원로들이 기술을 제거한다면 그 제거의 영향을 평가할 때 그들의 가설이 더 입증될까? 공동체 전체는 이 기술 없이 더 나아졌을까? 마지막으로 그들은 지속적으로 재평가한다. 논쟁과 관찰을 시작한 지 100년이 지난 오늘도 그들의 공동체는 여전히 자동차, 전기, 전화의 장단점을 논의하고 있다. 이 가운데 어느 것도 정량적이지 않다. 결과는 일화로 압축된다. 이런저런 기술을 갖고 이런저런 일이 일어났다는 이야기가 잡담을 통해 다시 말해지거나 소식지에 인쇄되어 이 경험 검사는 널리 알려진다.

기술은 거의 살아 있는 것이다. 진화하는 모든 것들이 그렇듯이, 기술도 작동할 때, 작동을 함으로써 검사받아야 한다. 기술적 창조물을 슬기롭게 평가하는 방법은 오로지 시제품을 써 본 다음 시험적인 프로그램을 통해 다듬는 것이다. 그것과 함께 생활하면서 우리는 기대, 변경, 검사, 재발매를 조정할 수 있다. 작동시키면서 개선 사항을 지켜보고 목표를 재정의한다. 이윽고 우리가 만드는 것과 더불어 생활하면서 그 결과가 마음에 들지 않을 때면 새 일을 하도록 기술의 방향을 돌릴 수 있다.

이 지속적인 관여 원칙을 선행 원칙(Proactionary Principle)이라고 한다. 그것은 잠정적인 평가와 지속적인 수정을 강조하므로, 예방 원칙에 반대되는 신중한 접근법이다. 이 기본 틀은 2004년 급진적인 트랜스휴머니스트 (transhumanist)인 맥스 모어가 처음 천명했다.[20] 모어는 열 가지 지침을 제시했지만, 나는 그의 열 가지 지침을 다섯 가지 선행 지침으로 줄였다. 각 선행 지침은 신기술을 평가할 때 우리를 인도하는 체험적인 학습 지침이다.

다섯 가지 선행 지침은 다음과 같다.

1. 예견(Anticipation)

예견은 좋다. 모든 예견 도구는 타당하다. 쓸 기법이 많을수록 더욱 좋다. 각기 다른 기법은 각기 다른 기술에 적합하니까. 시나리오, 예보, 노골적인 과학소설은 부분적인 그림을 제공하며, 그것이 우리가 거기에서 기대할 수 있는 최상의 것이다. 모형, 시뮬레이션, 통제된 실험이라는 객관적인 과학 측정 수단들은 더 중시되어야 하지만, 그것들도 부분적일 뿐이다. 실제 초기 자료는 추정을 능가한다. 예견 과정에서는 영광만큼 많은 공포를, 공포만큼 많은 영광을 상상하려 시도해야 한다. 그리고 가능하면 편재성을 예견하려는 시도도 해야 한다. 모든 사람이 이것을 공짜로 지닌다면 어떻게 될까? 예견은 판단이어서는 안 된다. 예견의 목적은 어떤 기술을 지니면 어떤 일이 일어날지를 정확히 예측하는 것이 아니다. 그 까닭은 모든 정확한 예측이 틀려서가 아니라 예견이 다음 네 단계의 토대를 마련하기 위한 것이기 때문이다. 그것은 일종의 장래 행동의 예행연습이다.

2. 지속적인 평가(Continual Assessment)

혹은 영속적인 경계. 우리는 단 한 차례가 아니라 줄곧 우리가 쓰는 모든 것을 정량적으로 검사할 수단을 점점 더 많이 지니게 된다. 구현된 기술을 수단으로 삼아 우리는 기술의 일상적인 사용을 대규모 실험으로 전환시킬 수 있다. 새 기술을 처음에 얼마나 많이 검사하든 간에, 실시간으로 지속해서 재검사해야 한다. 기술은 우리에게 적정성을 검사할 더 정확한 수단을 제공한다. 통신 기술, 값싼 유전자 검사, 자기 추적 도구를 써서, 우리는 특정한 이웃, 하위문화, 유전자풀, 민족, 사용자 집단에서 혁신이 얼마나 잘 이루어지는지에 초점을 맞출 수 있다. 처음 나올 때만이 아니라 하루 24시간 일주일 내내 검사할 수도 있다. 게다가 소셜 미디어(오늘날의 페이스북) 같은 신기술 덕분에 시민들이 자신들의 평가를 조직하고 스스로 사회학적 조사를 할 수 있다. 검사는 적극적이지 수동적이 아니다. 끊임없는 경계는 시스템의 일부가 된다.

3. 자연적인 순서를 포함하여 위험의 우선순위 결정

위험은 실재하지만 끝이 없다. 모든 위험이 동등하지는 않다. 그것들은 경중을 가려서 우선순위를 정해야 한다. 인간과 환경의 건강에 해를 끼친다는 것이 알려지고 입증된 위협은 가설 수준의 위험보다 더 우선시된다. 게다가 소극적 행동으로 인한 위험과 자연계의 위험도 균형 있게 다루어야 한다. 맥스 모어는 말한다. "기술적 위험을 자연적 위험과 같은 토대 위에서 다루어라. 자연적 위험을 경시하고 인위적-기술적 위험을 지나치게 중시하지 않도록 주의하라."[21]

4. 신속한 위해 바로잡기

일이 잘못될 때(그리고 늘 그럴 것이다.) 위해는 빨리 구제되어야 하며 실제 피해에 걸맞은 보상이 이루어져야 한다. 어떤 기술이든 문제를 일으키리라는 가정은 그 기술 창안 과정의 일부가 되어야 한다. 소프트웨어 산업은 신속한 바로잡기의 모형이 될 수도 있다. 거기에서 버그는 예상된 것이다. 버그를 이유로 제품을 포기하는 일은 없다. 오히려 버그는 기술을 개선하는 데 활용된다. 다른 기술들에서 치명적인 결과까지 포함하여 의도치 않게 발생한 결과를, 바로잡아야 할 버그라고 생각해 보라. 기술이 예민할수록 바로잡기도 더 쉽다. 위해가 일어나면 신속히 배상하는 일(소프트웨어 산업이 하지 않는)도 앞으로 기술이 채택되도록 간접적으로 도울 것이다. 하지만 배상은 공정해야 한다. 가설적인 위해나 잠재적인 위해를 이유로 창작자를 벌하는 것은 정직성을 떨어뜨리고 선의로 행동하는 사람을 처벌함으로써 정의를 훼손하고 시스템을 약화한다.

5. 금지가 아니라 전용

의심스러운 기술을 금지하거나 포기하는 방법은 먹히지 않는다. 대신 기술은 새로운 직업을 찾는다. 한 기술은 사회에서 여러 가지 역할을 할 수 있다. 그것은 둘 이상의 표현 방식을 지닐 수 있다. 기본 설정값을 다르게 할 수도 있다. 둘 이상의 정치적 배역을 맡을 수도 있다. 금지는 실패하므로, 기술을 더 호혜적인 형태로 전용하라.

이 장의 첫머리에서 한 질문으로 돌아가 보자. 테크늄의 불가피한 진보를 조종하고자 할 때 우리에게는 어떤 선택의 여지가 있을까?

우리는 자신의 창작물을 어떻게 대하고, 그것을 어디에 놓고, 그것에 우리의 가치를 어떻게 가르칠지를 선택한다. 기술을 이해하는 데 가장 도움이 되는 비유는 인간을 기술을 아이로 둔 부모로 생각하는 것일 수도 있다. 우리의 생물학적 아이들에게 하듯이, 우리는 기술 자손의 가장 좋은 면을 기르기 위해 도움이 될 만한 기술 '친구들'이 누가 있는지 지속적으로 찾아다닐 수 있고 그렇게 해야 한다. 우리 아이들의 본성을 사실상 바꿀 수는 없지만, 그들이 자신의 재능에 맞는 일과 의무를 하도록 방향을 잡을 수는 있다.

사진술을 생각해 보라. 천연색 사진술의 현상 과정을 중앙 집중화한다면(코닥이 50년 동안 그렇게 했듯이), 그 과정을 카메라 자체에 든 칩을 통해 할 때와는 다른 방침을 사진술에 적용하는 것이다. 중앙 집중화는 당신이 어떤 사진을 찍을지 일종의 자기 검열을 부추기며, 결과가 나올 때까지 시간도 지연한다. 그것은 학습을 지체시키고 자발성을 꺾는다. 컬러 사진을 찍어서 즉시 값싸게 검토할 수 있다면 어떻게 될까? 그것은 똑같은 유리 렌즈와 셔터의 특성을 바꾸었다. 사례를 하나 더 들어 보자. 모터는 부품을 살펴보기 쉽게 되어 있다. 페인트 통 안은 그렇지 않다. 하지만 화학물질 제품도 추가 정보를 통해 마치 모터 부품들처럼 성분이 드러나게 할 수 있다. 땅이나 석유에 있는 색소라는 근원에 이르기까지 제조 과정을 추적할 수 있도록 꼬리표를 붙여서 통제와 상호 작용을 더 투명하게 만들 수 있다. 페인트 기술의 더 공개적인 이 표현 방식은 차이를 낳을 것이고 아마도 더 유용할 것이다. 마지막 사례는 라디오 방송이다. 아주 오래되고 쉽게 만들어지는 이 기술은 현재 대다수 국가에서 가장 심하게 규제되는 기술에 속한다. 정부의 극심한 규제로 현재 모든 가용 주파수 대역 가운데 극소수만 개발되어 있으며, 나머지는 대부분 이용되지 않은 채로 남아 있다. 전파 스펙트럼을 전혀 다른 식으로 할당하는 대안 시스템도 있을 수 있다. 휴대전화들이 지역 허브인 기지국을 거치는 대신 서로 직접 통화하도록 하는 것이다. 그러면 전파의 전혀 다른 표현 방식인 P2P 대안 방송 시스템이 나올 것이다.

우리가 기술에 처음 지정해 준 직업이 전혀 이상적이지 못할 때도 종종 있다. 예를 들어 DDT는 면화 작물에 공중 살포하는 살충제라는 직업을 할당받았을 때는 생태적 재앙을 일으켰다. 하지만 가정의 말라리아 구제라는 과제에 한정하면 공중보건의 영웅이 된다. 같은 기술이 더 나은 일을 한다. 어떤 기술에 맞는 근사한 역할을 찾아내기까지 여러 번 시도하고 여러 직업을 전전하고 여러 번 실수를 저지를 수도 있다.

우리 아이들(생물학적 아이들뿐 아니라 기술적 아이들)이 더 많은 자율성을 지닐수록, 그들은 실수를 저지를 자유도 더 많이 지녀야 한다. 우리 아이들의 재앙을 빚어내는(혹은 걸작을 창조하는) 능력은 우리 자신의 능력을 넘어설 수도 있으며, 그것이 바로 육아가 가장 좌절감을 안겨주는 일이자 가장 큰 보답을 주는 일이기도 한 이유다. 이렇게 보면, 우리의 자손 중 가장 겁나는 부류는 이미 상당한 잠재적인 자율성을 지닌 자기 복제하는 기술들이다. 우리의 창작물 중에 이것들만큼 우리의 인내심과 사랑을 시험하는 것은 없으리라. 그리고 미래에 이것들만큼 테크늄에 영향을 미치거나 그것을 조종하거나 인도하는 우리 능력을 시험할 기술도 없을 것이다. 자기 복제는 생물학에서는 새로운 이야기가 아니다. 그것은 닭이 또 다른 닭을 낳고 그 닭이 또 다른 닭을 낳는 식으로 자연이 스스로를 보충하도록 해 주는 40억 년 된 마법이다. 하지만 테크늄에서 자기 복제는 근본적으로 새로운 힘이다. 자신의 완벽한 사본을 만들고 이따금 복제되기 이전에 개선을 이루는 그 기계적 능력은 인간이 통제하기 쉽지 않은 일종의 독립성을 빚어낸다. 번식, 돌연변이, 독립이라는 점점 빨라지면서 끝없이 이어지는 순환은 기술 시스템을 폭주시킬 수 있다. 탈 사람은 저 뒤에 내버려 둔 채. 이 기술적 창작물들은 앞으로 질주할 때 새로운 실수를 빚어낼 것이다. 예측할 수 없는 그들의 성취는 우리를 놀라게 하고 두렵게 할 것이다.

자기 복제 능력은 현재 네 첨단 기술 분야의 토대를 이루고 있다. 지노(geno), 로보(robo), 인포(info), 나노(nano) 분야다. 지노 분야는 유전자 요법, 유전자 변형 생물, 합성 생명체, 인류 계통의 유전공학적 급격한 변형을 포함한다. 지노기술은 새로운 생물이나 새로운 염색체를 만들어 퍼뜨릴 수 있다. 그러면 이론상 그것은 영구히 번식한다.

로보의 대상은 물론 로봇을 가리킨다. 로봇은 이미 공장에서 다른 로봇을 만드는 일을 하고 있으며, 적어도 한 대학 연구실에는 자율적으로 자기 조립하는 기계의 시제품이 있다. 이 기계에 부품 더미를 주면 그것은 자신의 사본을 조립할 것이다.

인포의 대상은 컴퓨터 바이러스, 인공 마음, 자료 축적을 통해 구축된 가상 인격 같은 자기 복제자들이다. 컴퓨터 바이러스는 이미 자기 복제를 통달한 것으로 유명하다. 수천 개의 컴퓨터 바이러스는 수억 대의 컴퓨터를 감염시킨다. 인공 학습과 지능 연구의 목표는 물론 더 영리한 인공 마음을 만들 수 있을 정도로 영리한 인공 마음을 만드는 것이다.

나노의 대상은 석유를 먹어치우거나 계산을 하거나 사람의 동맥을 청소하는 것 같은 잡다한 일을 하도록 설계된 극도로 작은(세균만 한) 기계다. 이 작은 기계들은 너무나 작기 때문에 기계 컴퓨터 회로처럼 일할 수 있고, 따라서 이론상 다른 컴퓨터 프로그램들처럼 자기 조립하고 번식하도록 설계할 수 있다. 비록 오랜 세월이 걸리겠지만, 그들은 일종의 건조한 생명체가 될 것이다.

이 네 영역에서 자기 복제라는 자기 증폭 고리는 이 기술들의 효과를 아주 빠르게 미래로 투사한다. 로봇을 만드는 로봇을 만드는 로봇! 그들의 가속된 창조 주기는 걱정스러울 정도로 우리의 의도보다 훨씬 앞서 질주할 수 있다. 로보 후손들을 과연 누가 통제할 것인가?

지노 세계에서는 한 예로 우리가 어떤 유전자 계통의 유전암호를 변형한다면, 그 변화가 영구히 후손들에게 대물림될 수 있다. 가계도 내에서만이 아니다. 유전자는 종 사이에 수평적으로도 쉽게 이동할 수 있다. 따라서 좋든 나쁘든 새 유전자의 사본은 시간과 공간 양쪽으로 퍼져 나갈 수 있다. 디지털 시대를 살면서 터득했듯이, 사본은 일단 방출되면 회수하기 어렵다. 우리가 인공 마음 자체(그리고 우리)보다 더 영리한 마음을 창안하는 인공 마음의 무한한 연쇄를 일으킬 수 있다면, 그런 창조물의 도덕적 판단에 어떤 통제력을 발휘할 수 있을까? 그들이 해로운 편견을 처음부터 갖고 있다면?

정보도 마찬가지로 우리의 통제력을 벗어나서 산사태처럼 복제되는 특성을 지닌다. 컴퓨터 보안 전문가들은 해커들이 지금까지 창안한 수천 종의 자기 복제하는 웜과 컴퓨터 바이러스 가운데 사라진 것은 하나도 없다고 주장한다. 그것들은 영구히 여기 있다. 즉 적어도 두 대의 기계가 여전히 가동되는 한.

마지막으로 나노기술은 원자 하나 수준의 정밀도로 경이로운 초미세 산물을 만들 것이라고 약속한다. 이런 나노 생물이 무한정 번식하여 모든 것을 뒤덮을 수 있다는 우려는 '그레이 구(gray goo)' 시나리오라고 알려져 있다. 나는 여러 가지 이유로 그레이 구는 과학적으로 가능성이 적다고 본다. 비록 자기 복제하는 어떤 형태의 나노 물체가 등장하는 것은 불가피한 일일지라도. 적어도 나노기술의 극소수 허약한 종(구가 아니라)은 야생에서 잘 보호된 좁은 생태 지위에서 번식할 가능성이 높다. 나노 벌레가 일단 야생으로 들어간다면, 그것을 없애지는 못할 것이다.

테크늄은 복잡성을 획득함에 따라 자율성도 획득할 것이다. 자기 복제하는 GRIN(geno, robo, info, nano) 기술이라는 현재의 무리는 이 자율성이 출현해 어떤 식으로 우리의 주의와 존중을 요구할지를 보여 준다. 자기 복제하는 기술은 신기술이 제시하는 모든 통상적인 난제들(역량의 변화, 의도하지 않은 역할, 숨겨진 결과) 외에 두 가지 문제를 추가한다. 증폭과 가속이다. 마이크에 대고 한 속삭임이 귀를 찢을 듯한 새된 소리가 되어 터져 나올 수 있는 것처럼, 작은 효과는 세대를 거치면서 급속히 증폭되어 대격변을 일으킨다. 그리고 똑같은 자기 생성 주기를 통해, 복제하는 기술이 테크늄에 충격을 미치는 속도도 계속 가속된다. 지금과 같이 기술을 선제적으로 이용하고 검사하고 써 보는 우리의 능력을 혼란스럽게 할 정도로 멀리까지 효과가 미친다.

이것은 옛 이야기의 재연이다. 생명 자체의 경이로운 향상 능력은 자기 복제를 활용하는 능력에 뿌리를 두며, 현재 그 힘이 기술에서도 태어나고 있다. 세계에서 가장 강한 그 힘은 기술이 자기 생성하는 능력을 획득함에 따라 훨씬 더 강해지겠지만, 이 액체 다이너마이트는 그것을 어떻게 다루어야 할지 엄청난 도전 과제를 제시한다.

지노, 로보, 인포, 나노기술의 통제를 벗어나는 본성을 접할 때면 으레 개발을 잠정적으로 중단하자는 요구가, 즉 금지하자는 반응이 뒤따른다. 인터넷을 작동시키는 몇 가지 핵심 프로그래밍 언어를 발명한 선구적인 컴퓨터과학자 빌 조이(Bill Joy)는 2000년에 유전학, 로봇학, 컴퓨터과학 분야의 동료 과학자들에게 무기화할 수 있는 GRIN 기술을 생물학적 무기를 버리듯 포기하자고 요청했다. 캐나다 감시 단체인 ETC는 예방 원칙을 지침으로 삼아 모든 나노기술 연구를 잠정적으로 중단하라고 요구했다.[22] 미국 환경보호청에 해당하는 독일 정부 기관은 은 나노입자(항균 코팅에 쓰이는)를 지닌 제품을 금지할 것을 요구했다.[23] 그 밖에 아무런 위해를 끼치지 않는다는 것이 입증될 때까지 공용 도로에서 자동 운전 기능이 장착된 자동차를 금지하거나, 어린이에게 유전공학 백신을 쓰지 못하게 하거나, 인간 유전자 요법을 중단시키고 싶어 하는 사람들도 있다.

잘못된 것은 바로 그들이 하려는 일이다. 그런 기술들은 불가피한 것이다. 그리고 그것들은 어느 정도 해를 입힐 것이다. 어쨌든 위에서 한 가지 사례만 지적하자면, 사람이 운전하는 차는 해마다 전 세계에서 수백만 명을 죽여 큰 해를 끼친다. 로봇이 운전하는 차가 연간 50만 명 '만' 죽인다면, 이는 개선 사례일 것이다!

하지만 그것들의 가장 중요한 결과들(긍정적, 부정적 양쪽 다)은 수세대 동안 눈에 보이지 않을 것이다. 유전공학 작물이 어디에나 있을지 여부에 대해서는 우리에게 선택권이 없다. 그것들은 어디에나 있게 될 것이다. 우리는 유전자 식품 체계의 특성에 대해서는 선택권을 지닌다. 그것의 혁신을 공개할지 비밀로 할지, 그것을 정부가 규제할지 산업이 규제할지, 당대에 쓰기 위해 가공할지 훗날의 사업 영역으로 남겨 둘지에 대해서는. 값싼 통신망은 지구 전체를 두르면서, 지구를 감싸는 신경물질의 얇은 망토를 짠다. 그것은 일종의 불가피한 전자 '세계 뇌'를 만든다. 하지만 이 세계 뇌의 단점 혹은 장점은 작동하기 전까지는 제대로 측정할 수 없을 것이다. 인간이 할 선택은 이것이다. 이 덮개로부터 우리가 만들고자 하는 것은 어떤 종류의 세계 뇌일까? 참여는 기본적으로 열린 상태일까 닫힌 상태일까? 절차를 수정하고 공유하기가 쉬울까? 아니면 수정이 어렵고 번거로울까? 통제는 독점적일까? 숨기기 쉬울까? 그 망의 세부사항은 백 가지 방향으로 나아갈 수 있다. 비록 그 기술 자체는 특정한 방향으로 우리를 치우치게 하겠지만. 그래도 불가피한 지구적 망을 어떻게 표현할지는 우리의 중요한 선택 사항이다. 우리는 기술을 써야만, 그 목을 양팔로 휘감고 올라타야만 기술의 표정을 빚을 수 있다.

그렇게 한다는 것은 그 기술들을 지금 받아들여 창안하고 가동하고 시험한다는 의미다. 그것은 잠정적 금지와 정반대다. 잠정적 시행에 더 가깝다. 그 결과는 출현하는 기술과의 대화, 신중한 관계 맺기가 될 것이다. 이런 기술이 미래를 향해 더 빨리 질주할수록 우리가 처음부터 그것에 올라타는 것이 더 중요해진다.

클로닝, 나노기술, 네트워크 봇(bot), 인공 지능(GRIN의 몇 가지 사례)은 우리가 받아들이는 범위 내에서 풀어놓을 필요가 있다. 그런 뒤 우리는 그것들을 이런저런 식으로 다듬을 것이다. 우리가 기술을 훈련한다는 말이 더 나은 비유일 것이다. 동물과 아이를 훈련하는 가장 좋은 방법이 그렇듯이, 자원을 제공하여 긍정적인 면은 강화하고 부정적인 측면은 굶겨서 줄어들게 한다.

어떤 의미에서 자기 증폭하는 GRIN은 골목대장, 깡패 기술이다. 그것들이 선량한 상태를 계속 유지하도록 훈련하려면 최대의 주의를 기울여야 할 것이다. 우리는 대대로 그것들을 인도할 적절한 장기 훈련 기술을 창안할 필요가 있다. 그것들을 추방하고 격리하는 것은 최악의 행동이다. 오히려 우리는 그 들볶는 말썽꾸러기와 잘 지내고 싶다. 고위험 기술에는 진정한 강점이 드러나도록 더 많은 기회를 줄 필요가 있다. 그것은 더 많은 투자와 시험을 받을 기회가 더 많이 필요하다. 그것을 금지하는 것은 그저 지하로 내몰 뿐이며, 그곳에서는 그것의 최악의 특징이 두드러지게 나타난다.

이미 '도덕적' 인공 지능을 만드는 수단으로서 인공 지능 시스템에 인도하는 체험 학습법을 삽입하는 실험이 몇 건 이루어지고 있으며, 유전자 시스템과 나노 시스템에 장거리 제어장치를 탑재하려는 실험들도 있다. 삽입된 원칙들이 작용한다는 증거가 이미 나와 있다. 우리 자신이 그러하니까. 근본적으로 권력에 굶주리고 자율적이며 세대 간 갈등을 일으키는 존재인 우리 아이들을 우리보다 더 낫도록 훈련할 수 있다면, 우리의 GRIN도 훈련할 수 있다.

우리 아이들을 키울 때 그렇듯이 진짜 문제, 그리고 의견 충돌은 우리가 후대에 전달하고자 하는 가치가 무엇이냐에 놓여 있다. 이 점은 논의할 가치가 있으며, 나는 현실에서 그렇듯이 우리가 답에 만장일치로 동의하지는 않으리라고 생각한다.

테크늄의 메시지는 여하튼 선택의 여지가 있는 것이 없는 것보다 훨씬 낫다는 것이다. 그것이 바로 기술이 그토록 많은 문제를 낳고 있어도 좋은 쪽으로 약간 더 기울어지는 경향을 보이는 이유다. 한 명에게 때 이른 죽음을 안기는 희생을 치르고서 100명에게 영생을 줄 수 있는 가상의 신기술을 고안했다고 하자. '균형이 맞으'려면 실제 수가 얼마나 되어야 할지를 놓고 왈가왈부할 수는 있지만(사망자 한 명에 결코 죽지 않는 사람 1000명, 아니 100만 명이면 균형이 맞을지도 모른다.), 이 수지타산은 한 가지 중요한 사실을 무시한다. 즉 이제 이 수명 연장 기술이 존재함으로써, 예전에는 없던 사망자 한 명과 영생자 100명 사이에 새로운 선택의 여지가 생겼다는 것을 말이다. 이 추가 가능성 혹은 자유 또는 불멸과 죽음 사이의 선택의 여지는 그 자체로는 좋은 것이다. 따라서 이 특정한 도덕적 선택(영생자 100명 = 사망자 한 명)의 결과가 설령 가상으로 이루어지는 교환으로 여겨질지라도, 그 선택 자체는 좋은 쪽으로 몇 퍼센트 기울어져 있다. 해마다 기술 분야에서 탄생하는 100만, 1000만, 1억 가지의 발명 하나하나는 이 좋은 쪽으로의 미미한 치우침을 배가하며, 테크늄이 악보다 선을 약간 더 증폭하는 경향을 보이는 이유가 바로 거기에 있다. 테크늄은 직접 선을 가져올 뿐 아니라, 세계에 선택, 가능성, 자유, 그리고 더욱 큰 선인 자유 의지를 계속 증가시키기 때문에 세계에 선을 늘린다.

결국 기술은 일종의 사유다. 즉 기술은 표현된 생각이다. 모든 생각이나 기술이 동등하지는 않다. 어리석은 이론, 잘못된 답, 멍청한 착상도 분명히 있다. 군사용 레이저나 간디의 시민 불복종 운동이 둘 다 인간의 상상이 빚어낸 쓸모 있는 작품이고 따라서 둘 다 기술적이긴 할지라도, 둘 사이에는 차이가 있다. 어떤 가능성은 미래의 선택을 제한하는 반면, 어떤 가능성은 다른 가능성을 만들어 낸다.

하지만 변변찮은 착상에 대한 적절한 반응은 생각을 중단하는 것이 아니다. 더 나은 착상을 내놓는 것이다. 사실 우리는 아예 착상을 떠올리지 않는 것보다 나쁜 착상이라도 떠올리는 쪽을 선호해야 한다. 나쁜 착상은 적어도 개선될 수 있지만, 생각을 아예 안 하면 희망조차 없기 때문이다.

테크늄에도 같은 말을 할 수 있다. 변변찮은 기술에 대한 적절한 반응은 기술을 중단하거나 아무 기술도 안 내놓는 것이 아니다. 더 낫고 더 호혜적인 기술을 개발하는 것이다.

호혜적(convivial)은 '삶과 화합한다'는 의미의 어근을 지닌 근사한 단어다. 교육자이자 철학자인 이반 일리히는 『성장을 멈춰라(*Tools for Conviviality*)』에서 호혜적 도구를 "자율적인 개인과 일차 집단의 기여도를 확대하는" 것이라고 정의한다. 일리히는 본래 호혜적인 기술이 있는 반면, '다차선 고속도로와 의무교육'처럼 누가 운영하든 상관없이 파괴적인 기술도 있다고 믿었다.[24] 이런 관점에서 보면 도구는 사람에게 좋든지 아니면 나쁘다. 하지만 나는 테크늄의 명령을 연구한 끝에 호혜성이 특정한 기술의 본성에 있는 것이 아니라 기술을 위해 우리가 구성하는 직업 할당, 맥락, 표현 속에 있다는 점을 확신하고 있다. 도구의 호혜성은 가변적이다.

기술의 호혜적인 표현 형태는 다음과 같은 것을 제공한다.

- 협동성. 사람 및 기관 사이의 협력을 촉진한다.
- 투명성. 기원과 소유관계가 명확하다. 어떤 식으로 작동하는지 비전문가도 알아볼 수 있다. 일부 사용자에게 더 유리한 지식의 비대칭적인 이점 같은 것은 없다.
- 분산화. 소유, 생산, 통제는 분산된다. 전문 엘리트가 독점하지 않는다.

- 유연성. 사용자가 핵심을 수정, 적응, 개선, 조사하기가 수월하다. 개인은 그것을 사용할지 포기할지를 자유롭게 선택할 수 있다.
- 중복성. 그것은 유일한 해결책도 독점적인 것도 아니며, 몇 가지 대안 중 하나다.
- 효율성. 그것은 생태계에 미치는 영향을 최소화한다. 에너지와 물질 효율성이 높고 재활용이 쉽다.

살아 있는 생물과 생태계는 높은 수준의 간접적인 협력, 기능의 투명성, 탈중심화, 유연성과 적응성, 역할 중복, 타고난 효율성이 특징이다. 이런 특징은 모두 생물학을 우리에게 유용하게 만드는 형질들이며, 생명이 무한정 진화를 계속할 수 있는 이유다. 따라서 우리가 기술을 더 생명에 가깝게 훈련할수록, 기술은 우리에게 더 호혜적인 것이 되며, 장기적으로 테크늄은 더 지속 가능해진다. 어떤 기술이 더 흥겨울수록 그것은 일곱 번째 생물계로서의 자기 본성에 더 동조하게 된다.

어떤 기술은 다른 기술들에 비해 특정한 형질 쪽으로 더 치우쳐 있다는 말은 옳다. 어떤 기술은 쉽게 분산되는 반면, 어떤 기술들은 집중화하는 경향이 있을 것이다. 본래 투명성을 지닌 기술도 있을 것이고, 아마 사용하려면 고도의 전문 지식이 필요해 불명료한 쪽으로 치우친 기술도 있을 것이다. 그러나 기원과 상관없이 모든 기술은 투명성, 협동성, 유연성, 개방성을 더 증가시키는 쪽으로 유도할 수 있다.

바로 여기가 우리의 선택이 개입하는 지점이다. 신기술의 진화는 불가피하다. 우리는 그것을 멈출 수 없다. 하지만 각 기술의 특징은 우리에게 달려 있다.

＃ 4부

방향

13
기술의 궤적

그렇다면 기술이 원하는 것은 무엇일까? 기술은 우리가 원하는 것을 원한다. 우리가 갈구하는 바로 그 미덕들의 기나긴 목록을 말이다. 어떤 기술이 세계에서 자신의 이상적인 역할을 찾아낼 때, 그것은 남들의 대안, 선택의 여지, 가능성을 증가시키는 적극적인 행위자가 된다. 우리가 할 일은 각각의 새 발명이 이 본질적인 선을 향해 나아가도록 장려하는 것, 즉 그것이 모든 생명이 향하는 바로 그쪽으로 방향을 잡도록 만드는 것이다. 테크늄에서 우리가 할 선택(현실적이고 중요한 선택이다.)은 우리 창조물이 기술의 혜택을 최대화하는 판본, 표현 형태(manifestation)로 향하도록 조종하고, 기술이 좌절하여 꺾이지 않도록 하는 것이다.

인간으로서의 우리 역할은 적어도 당분간은 기술을 잘 구슬려서 그것이 본래 가고자 하는 경로로 나아가게 하는 것이다.

하지만 기술이 어디로 가고 싶은지 우리가 어떻게 알까? 테크늄의 어떤 측면들은 미리 정해져 있고 어떤 측면들은 우리의 선택에 달려 있다면, 어느 측면이 어느 쪽인지 어떻게 알 수 있을까? 시스템 이론가 존 스마트(John Smart)는 평온을 비는 기도(Serenity Prayer)의 기술적 판본이 필요하다고 주장해 왔다. 12단계 중독 치유 프로그램을 받은 사람들이라면 친숙할 그 기도문은 1930년대에 신학자 라인홀드 니부어(Reinhold Niebuhr)가 쓴 듯한데, 이런 내용이다.

> 하느님
> 내가 바꿀 수 없는 것을 받아들이는 평온을
> 바꿀 수 있는 것을 바꿀 용기를
> 그 차이를 구분할 지혜를 주시옵소서.

그렇다면 우리는 기술 발달의 불가피한 단계들과 우리에게 달려 있는 의지에 따른 형태들의 차이를 구분할 지혜를 어떻게 하면 얻을 수 있을까? 불가피한 것을 명백히 드러내는 기법은 뭐가 있을까?

나는 테크늄의 장기적인 우주적 궤적에 대한 우리의 인식이 그 도구라고 생각한다. 테크늄은 진화가 시작했던 것을 원한다. 모든 방향에서 기술은 40억 년에 걸쳐 이어진 진화의 경로를 확장한다. 기술을 진화라는 맥락에 놓음으로써, 우리는 진화의 거시명령들이 우리가 사는 이 시대에 어떻게 펼쳐지는지를 알 수 있다. 다시 말해 기술의 불가피한 형태들은 생명 자체를 포함한 모든 엑소트로피 계에 공통적인 십여 가지의 동역학을 중심으로 융합한다.

나는 우리가 기술의 특정한 표현에서 찾을 수 있는 엑소트로피 형질의 수가 많을수록, 그것의 불가피성과 호혜성도 더 크다고 주장하려 한다. 예를 들어 식물성 기름을 토대로 한 증기력으로 움직이는 자동차와 지구에 희귀한 금속으로 만든 태양 전지판을 이용하는 태양력 전기 자동차를 비교한다면, 우리는 이 기계적 표현 형태 각각이 이런 추세들을 얼마나 지지하는지, 단지 추세를 따르는 차원이 아니라 추세를 얼마나 확장하는지를 살펴볼 수 있다. 어떤 기술이 엑소트로피 힘들의 궤적에 일치하게 되면 그것은 평온을 비는 기도 여과기가 된다.

확대 추정하면 기술은 생명이 원하는 것을 원한다.

효율성 증가

기회 증가

창발성 증가

복잡성 증가

다양성 증가

전문화 증가

편재성 증가

사유 증가

상호 의존 증가

아름다움 증가

직감력(sentience) 증가

구조 증가

진화가능성 증가

이 엑소트로피 추세 목록은 신기술들을 평가하고 그것들의 발전을 예측하는 데 도움을 주는 일종의 점검표 역할을 할 수 있다. 그것은 신기술들을 인도하는 우리를 인도할 수 있다. 예를 들어 테크늄의 특정 단계인 21세기 초입에 우리는 복잡하게 얽히고설킨 많은 통신 시스템을 구축하고 있다. 행성에 배선을 까는 이 작업은 수많은 방식으로 이루어질 수 있지만, 나는 다양성, 직감력, 기회, 상호 의존성, 편재성 등을 최대로 증가시키는 경향을 보이는 표현 형태들이 가장 지속 가능한 기술적 배치가 될 것이라고 온건하게 예측하려 한다. 우리는 어느 쪽이 이 엑스트로피 특성들을 더 선호하는지 알아보기 위해 경쟁하는 두 기술을 비교할 수 있다. 그것이 다양성을 열까 닫을까? 기회 증가에 의지할까 아니면 기회가 위축된다고 여길까? 탑재된 직감력을 계발하는 방향으로 나아갈까, 그것을 무시할까? 편재성 속에서 만개할까, 거기에 짓눌려 붕괴할까?

이 관점을 활용하여 이렇게 물을 수도 있다. 석유를 쓰는 대규모 농업이 불가피한 것일까? 트랙터, 화학 비료, 육종가, 종자 생산자, 식품 가공업자로 이루어진 이 고도로 기계화한 시스템은 다른 것들을 발명할 우리 여가의 토대인 풍족하고 값싼 식량을 제공한다. 이 식량 체계는 발명을 계속할 수 있도록 우리의 수명을 늘리며, 궁극적으로 인구 증가를 부추기고 그럼으로써 새로운 착상의 수를 늘린다. 이 시스템이 이전의 식량 생산 체계들(정점에 달한 자급 농업 체계와 가축의 힘을 이용하는 혼합 농업 체계)보다 테크늄의 궤도를 더 뒷받침하는가? 그것을 우리가 창안할지 모를 가상의 대안 식량 체계와는 어떻게 비교할까? 나는 기계화 농업이 대강 첫 단계에서는 에너지 효율성, 복잡성, 기회, 구조, 직감력, 전문화라는 가치들을 증가시켰다는 점에서 불가피했다고 말하곤 한다. 하지만 그것은 다양성이나 아름다움의 증가를 뒷받침하지는 않는다.

많은 식량 전문가들에 따르면, 현재 식량 생산 시스템의 문제는 너무나 적은 종류의 주요 작물(전 세계에서 다섯 종류)의 단작(다양한 것이 아니라)에 심히 의존한다는 점이며, 그것은 이어서 병적인 수준의 약물, 살충제, 제초제 사용, 토양 교란(기회 감소), 에너지와 양분 양쪽으로 값싼 석유 연료에의 과잉 의존(자유 감소)을 요구한다.

지구 규모로 확대 가능한 대안 시나리오를 상상하기는 어렵지만, 정치적 동기를 지닌 정부 보조금이나 석유나 단작에 덜 의존하는 분산 농업이 먹힐 수도 있다는 단서들이 있다. 초국소화하고 특화한 농장들로 이루어지는 이 진화한 시스템은 진정으로 세계를 떠도는 이주 노동력을 통해 유지될 수도 있고 영리하고 재빠른 일꾼 로봇들을 통해 이루어질 수도 있다. 다시 말해 테크늄은 고도로 기술적인 대량 생산 농장 대신, 고도로 기술적인 개인화하거나 국소화한 농장을 운영할 것이다. 아이오와의 옥수수 재배 지대에서 볼 수 있는 산업 공장 같은 농장에 비해 이런 유형의 발전된 경작은 더 많은 다양성, 기회, 복잡성, 구조, 전문화, 선택, 직감력을 향해 나아갈 것이다.

이 새롭고 더 호혜적인 농업은 산업적 농업이 자급 농업의 위에 놓인 것과 마찬가지로 산업적 농업의 '위에' 놓일 것이다. 자급 농업은 현재 살아 있는 농부들 대부분에게는 여전히 표준이다.(그들 대부분은 개발도상국에 살고 있다.) 석유 기반 농업은 앞으로도 오랜 세월 불가피하게 세계 최대의 식량 생산자로 남을 것이다. 언어 재능을 담당하는 작은 영역이 부피가 큰 우리 동물 뇌의 위에 앉아 있는 것과 흡사하게, 테크늄의 궤적은 석유 기반 농업 위에 이지적으로 얹혀 있는 더 직감력 있고 다양한 농업을 향하고 있다. 이런 식으로 더 이질적이고 분산된 농업은 불가피한 것이다.

하지만 테크늄의 궤적이 불가피성의 긴 행렬이라면, 그것들을 장려하는 귀찮은 일을 굳이 할 필요가 있을까? 그냥 알아서 굴러가도록 놔두어도 되지 않을까? 사실 이런 추세가 불가피한 것이라면, 설령 우리가 멈추고 싶다고 해도 그럴 수 없지 않겠는가?

우리의 선택은 그것을 늦출 수 있다. 미룰 수 있다. 우리는 그것에 맞설 수 있다. 북한의 컴컴한 하늘이 보여 주듯이, 불가피한 것을 잠시 외면하는 일은 얼마든지 가능하다. 다른 한편으로 불가피한 것을 서둘러 받아들일 타당한 이유가 몇 가지 있다. 사람들이 정치적 자치, 대규모 도시화, 교육 받은 여성, 혹은 자동화라는 불가피성을 1000년 전에 받아들였다면, 세계가 얼마나 달라졌을지 상상해 보라. 이런 궤적들의 조기 수용은 몇 세기 더 일찍 수백만 명을 가난에서 벗어나게 하고 수명을 늘림으로써 계몽운동과 과학의 도래를 가속시켰을 수 있다. 하지만 실제로 이 움직임 각각은 서로 다른 시기에 세계의 서로 다른 지역에서 저지되거나 지연되거나 적극적으로 억압되었다. 그런 노력은 이런 '불가피한 것들'이 없는 사회를 만드는 데 성공했다. 시스템 내부에서 보면 이런 추세들은 전혀 불가피해 보이지 않았다. 돌이켜 볼 때에만 우리는 그것들이 뚜렷한 장기 추세라는 데 동의한다.

물론 장기 추세는 불가피성의 동의어가 아니다. 일부에서는 이런 각각의 추세가 여전히 미래에 '불가피한' 것이 아니라고 주장한다. 언제든 암흑기가 찾아와서 그들의 방향을 되돌릴 수 있다고 말이다. 가능한 시나리오다.

그것들은 사실 장기적으로만 불가피한 것이다. 이 경향들은 어느 주어진 시기에는 정해지지 않은 듯이 보인다. 오히려 이 궤적들은 물에 미치는 중력 같다. 물은 댐의 바닥에서 새어 나오기를 '원한다.' 물의 분자들은 끊임없이 아래로 내려가고 빠져나갈 길을 찾는다. 마치 강박적인 충동에 사로잡힌 듯이. 어떤 의미에서는 언젠가 물이 새어 나가리라는 것은 불가피하다. 설령 수세기 동안 댐에 담겨 있을 수 있을지라도.

기술의 명령은 융통성 없이 우리 삶을 규율하는 독재자의 명령이 아니다. 기술의 불가피성은 예정된 예언이 아니다. 그것은 갇혀 있으면서 풀려나기를 기다리는 경이로울 정도로 강력한 충동을 지닌, 벽 뒤에 있는 물에 더 가깝다.

내가 우주를 배회하는 범신론적 정령과 비슷한 초자연적인 힘의 초상화를 그리고 있는 양 비칠 수도 있다. 하지만 내가 개괄하고 있는 것은 그와 거의 정반대다. 중력과 마찬가지로 이 힘은 물질과 에너지의 구조 속에 박혀 있다. 그것은 물리학의 경로를 따르며 궁극적인 엔트로피 법칙에 복종한다. 테크늄의 기술들로 분출하기를 기다리고 있는 이 힘은 처음에 엑소트로피에 떠밀리고, 자기 조직화를 통해 구축되고, 불활성 세계로부터 서서히 생명으로 내던져졌다가, 생명에서 마음으로, 마음에서 우리 마음의 창조물로 내던져졌다. 그것은 정보, 물질, 에너지의 교차점에서 나타나는 관찰 가능한 힘이며, 되풀이되고 측정될 수 있다. 비록 최근에야 조사가 이루어져 왔지만 말이다.

여기에 열거한 추세들은 이 충동의 13가지 측면이다. 이 목록이 모두 포괄한다는 의미로 적은 것은 아니다. 사람에 따라 그리는 윤곽이 다를 수 있다. 또 나는 테크늄이 앞으로 다가올 세기에 확장되고 우리의 우주 이해가 심화되면서, 이 엑스트로피 추진력에 더 많은 측면을 추가하리라고 예상한다.

이전 장들에서 이 경향 가운데 세 가지를 개략적으로 그렸고 그것들이 어떻게 생물 진화 속에서 스스로를 드러내며 현재 성장 중인 테크늄으로 스스로를 확장하고 있는지를 보여 주었다. 4장에서는 천체에서 현재 에너지 효율의 최고봉인 컴퓨터 칩에 이르기까지 에너지 밀도의 장기 증가 추세를 추적했다. 6장에서는 테크늄이 가능성과 기회를 확대하는 방식을 기술했다. 7장에서는 어떻게 '상위' 수준의 조직화가 '하위' 구성 부분들로부터 응결되어 나오는지를 보여 주면서 생명의 증가 이야기를 창발성 증가 이야기로 재해석했다. 다음 절들에서는 우리를 앞으로 나아가게 하는 다른 10가지 보편적인 경향을 짧게 살펴보기로 하자.

복잡성

진화는 많은 경향성을 드러내지만, 복잡성을 향한 장기적인 움직임이 가장 두드러진다. 우주의 역사를 쉬운 말로 설명하라고 하면, 오늘날 대부분의 사람들은 이런 식으로 원대한 이야기를 개괄할 것이다. 빅뱅 뒤 몇몇 뜨거운 지점에서 가장 단순한 것으로부터 서서히 분자가 만들어지다가 최초의 미약한 생명의 불꽃이 피어올랐고, 그 뒤로 단세포에서 원숭이에 이르기까지 점점 복잡한 생명체로 계속 증가하는 행렬이 이어졌고, 그다음 단순한 뇌에서 복잡한 기술로의 질주가 따랐다고 말이다.

대다수 관찰자들에게 생명, 마음, 기술의 복잡성 증가는 직관적으로 와 닿는다. 사실 현대인에게는 140억 년 동안 세상이 점점 더 복잡해져 왔다는 것을 설득하는 데 굳이 논증을 동원할 필요조차 없다. 그 추세는 자신이 살아오면서 목격한 복잡성의 확연한 증가와 대응하는 듯하며, 따라서 얼마간 그런 증가가 계속되어 왔다고 믿기 쉽다.

하지만 우리가 지닌 복잡성이라는 개념은 여전히 제대로 정의되어 있지 않고 모호하며 대체로 비과학적이다. 보잉 747기와 오이 중 어느 쪽이 더 복잡할까? 지금 답하라면, 모른다는 것이 정답이다. 우리는 앵무새의 조직화 수준이 세균의 것보다 훨씬 더 복잡하다고 직관적으로 느끼지만, 10배 더 복잡할까 아니면 100만 배 더 복잡할까? 우리에게는 두 생물의 조직화 수준 차이를 잴 검증 가능한 방법이 없으며, 그 질문을 체계화하는 데 도움을 줄 만한, 복잡성에 관한 좋은 작업 정의조차 없다.

현재 선호되는 한 수학 이론은 복잡성을 그 대상의 정보 내용을 '압축하기' 쉬운 정도와 관련짓는다. 핵심을 잃지 않으면서 더 많이 요약될수록 덜 복잡하다는 것이다. 압축이 덜 될수록 더 복잡하다. 이 정의는 나름의 난점을 지닌다. 도토리와 100년 된 거대한 참나무는 똑같은 DNA를 지니며, 이는 둘 다 똑같은 최소한의 정보 기호들의 가닥으로 압축, 즉 요약될 수 있다는 의미다. 따라서 도토리와 나무는 같은 수준의 복잡성을 지닌다. 하지만 우리는 넓게 드리운 나무(톱니가 난 독특한 모양의 잎과 구불구불한 가지 등 모든 것)가 도토리보다 더 복잡하다고 느낀다. 우리는 더 나은 정의를 갖고 싶다. 물리학자 세스 로이드(Seth Lloyd)는 복잡성의 다른 42가지 이론적 정의들도 모두 마찬가지로 현실에 적용하기에는 불충분하다고 본다.[1]

복잡성의 실용적인 수학 정의를 기다리고 있긴 하지만, 대강 정의된 직관적인 '복잡성'이 존재할 뿐 아니라 늘어나고 있다는 사실 증거는 많다. 가장 저명한 진화생물학자 중에는 진화에 복잡성을 향한 타고난 장기 추세가 있다는, 아니 사실상 진화에 어떤 방향이 있다는 것 자체를 믿지 않는 이들도 있다.[2] 그러나 배교자에 속한 생물학자들과 진화학자들로 이루어진 비교적 새로운 집단은 모든 진화 시대에 걸쳐 복잡성이 폭넓게 증가했다는 설득력 있는 사례들을 모아 왔다.

세스 로이드는 유효 복잡성이 생물학과 함께 시작된 것이 아니라 빅뱅 때 시작되었다고 주장한다. 나도 앞의 장들에서 같은 논지를 펴 왔다. 로이드의 정보 관점에 따르면, 우주의 처음 몇 펨토초 사이에 일어난 양자 에너지의 요동이 물질과 에너지를 응집했다. 이 응집체들은 시간이 흐르면서 중력으로 증폭되어 은하 같은 거대 구조를 만들며, 그런 구조의 체계는 유효 복잡성을 보여 준다.[3]

다시 말해 복잡성은 생물학보다 앞서 나타났다. 복잡성 이론가 제임스 가드너(James Gardner)는 이것을 '생물학의 우주론적 기원'이라고 말한다.[4] 생물학적 복잡성이라는 느린 깔쭉톱니바퀴는 은하와 별 같은 앞선 구조들에서 수입된 것이다. 생명과 마찬가지로 그런 엑소트로피적 자기 조직계는 지속적인 비평형의 가장자리에 위태롭게 서 있다. 그것들은 혼란의 불꽃이나 폭발(둘 다 지속적이다.)처럼 타 버리는 것이 아니라 예측 가능한 패턴이나 평형에 정착하지 않은 채 오랜 세월에 걸쳐 유동 상태(비평형)를 유지한다. 그것들의 질서는 혼돈적이지도 주기적이지도 않으며, DNA 분자처럼 준주기성을 띤다. 행성의 안정한 대기에서 발견되는 이런 유형의 오래 지속되며 비무작위적이고 반복되지 않는 복잡성은 생명에 있는 오래 지속되고 비무작위적이며 반복되지 않는 질서의 토대 역할을 했다.

별에서든 유전자에서든 조직화의 엑스트로피 형태에서 유효 복잡성은 시간이 흐르면서 증가한다. 한 계의 복잡성은 일련의 단계들을 거쳐 증가하며, 각 상위 수준은 응결되어 새로운 전체가 된다. 별들의 덩어리가 소용돌이치며 하나의 은하를 이루거나 세포들의 덩어리가 다세포 생물이 되는 것을 생각해 보라. 깔쭉톱니바퀴를 지닌 양, 엑스트로피 계는 역행하거나, 되돌아가거나, 더 단순해지는 일이 거의 없다.

서서히 증가하는 복잡성과 자율성이라는 역행 불가능한 사다리는 스미스와 서트흐마리가 말한 유기체 진화상의 여덟 가지 주요 전이(3장에서 다룬)에서 볼 수 있다.[5] 진화는 '자기 복제하는 분자'로 시작하여 '염색체'라는 더 복잡한 자기 유지 구조로 나아갔다. 그 뒤 진화는 '원핵생물에서 진핵생물로' 더욱 복잡해지는 세포 변화를 겪었다. 몇 단계의 변화를 더 거친 뒤, 자기 조직화의 마지막 깔쭉톱니바퀴는 생명을 언어 없는 사회에서 언어를 지닌 사회로 옮겼다.

각각의 전이가 이루어질 때마다 복제되는(그리고 자연선택이 작용하는) 단위도 변했다. 처음에 핵산의 분자는 스스로를 복제했지만, 일단 연관된 분자들의 집합으로 자기 조직화를 하자 그들은 염색체로서 함께 복제되었다. 그 뒤 진화는 핵산과 염색체 양쪽 전체에 작용했다. 나중에 이 염색체는 세균 같은 원시적인 원핵세포에 담긴 채 결합하여 더 큰 자율적인 세포를 형성했고(구성 세포들은 새 세포의 소기관이 되었다.), 이제 그들의 정보는 복잡한 진핵 숙주 세포(아메바 같은)를 통해 구조화하고 복제되었다.

진화는 조직화의 세 수준에서 작동하기 시작했다. 유전자, 염색체, 세포에서였다. 이 최초의 진핵세포는 스스로 분열하여 번식했지만, 이윽고 일부(원생동물인 지아르디아 같은)가 유성생식을 시작했고, 그럼으로써 이제 생명이 진화하려면 성이 다른 비슷한 세포들의 집단이 필요해졌다.

이제 새로운 수준의 유효 복잡성이 추가되었다. 자연선택이 집단에도 작용하기 시작한 것이다. 초기 단세포 생물 집단들은 홀로 생존할 수 있었지만, 많은 계통은 자기 조립되어 다세포 생물이 되었고 따라서 버섯이나 해조류처럼 전체로서 복제되었다. 이제 자연선택은 모든 하위 수준 외에 다세포 생물에도 작용했다. 이 다세포 생물 중 일부(개미, 벌, 흰개미 같은)는 모여서 초유기체가 되었고, 한 군체나 사회 내에서만 번식할 수 있게 되었다. 여기서 진화는 사회 수준에서도 출현했다. 나중에 인류 사회에서 언어는 개별적인 생각과 문화를 모아서 지구적인 테크늄을 이루었고, 그럼으로써 인류와 그들의 기술은 진화와 유효 복잡성의 또 다른 자율적 수준인 사회를 제시하면서 함께해야만 번성하고 복제할 수 있었다.

상승한 각 단계마다 그 결과인 조직화의 논리적, 정보적, 열역학적 깊이는 증가했다. 구조를 압축하기는 더 어려워졌고, 동시에 무작위성과 예측 가능한 질서를 덜 지니게 되었다. 또 각 단계는 역행할 수 없었다.[6] 일반적으로 다세포 계통은 단세포 생물로 재진화하지 않는다. 유성생식 생물은 단위생식으로 진화하는 일이 거의 없다. 사회적 곤충은 비사회적으로 돌아가는 법이 거의 없다. 그리고 우리가 아는 한 DNA를 지닌 복제자 중 유전자를 포기한 생물은 없다. 자연은 때로 단순화하지만, 한 수준을 내려가는 쪽으로 되돌아가는 일은 거의 없다.

한 가지 명확히 해 두자. 이는 조직화 추세의 한 수준 안에서는 균일하지 않다. 시간이 흐르면서 더 큰 몸이나 더 긴 수명이나 더 높은 신진대사를 향한 움직임은 한 과 내에서 소수의 종에서만 나타날 수 있다. 그리고 변화의 방향은 분류군 사이에 일치하지 않을 수 있다. 예를 들어 포유류에서 말은 시간이 흐르면서 더 커지는 경향을 보이는 반면, 설치류는 더 작아질 수 있다. 더 큰 유효 복잡성을 향한 추세는 거시시간에 걸쳐 조직화의 새로운 수준들이 축적될 때에만 주로 눈에 띈다. 따라서 복잡화는 양치류 내에서는 보이지 않을 수도 있지만, 양치류와 꽃식물 사이에서는 나타난다.(포자에서 유성 꽃가루받이로 나아가는.)

진화하는 종의 모든 계통이 복잡성의 에스컬레이터에 올라타지는 않겠지만(그리고 왜 올라타야 하나?), 발전하는 계통은 자신을 초월하여 환경을 바꿀 수 있는 새로운 영향력을 뜻하지 않게 획득할 것이다. 그리고 깔쭉톱니바퀴를 지닌 것처럼, 생명의 가지는 일단 한 수준 위로 올라가면 다시 내려오지 않는다. 이처럼 더 큰 유효 복잡성을 향한 역행할 수 없는 흐름이 있다.

이 복잡성의 곡선은 우주의 여명에서 생명으로 흐른다. 이 곡선은 생물학을 계속 통과하여 지금은 기술을 관통하여 뻗어 나가고 있다. 자연계에서 복잡성을 빚어내는 그 동역학이 테크늄에서도 복잡성을 빚어낸다.

자연에서와 마찬가지로 단순 제조되는 대상의 수는 계속 증가한다. 벽돌, 석재, 콘크리트는 최초이자 가장 단순한 기술에 속하지만, 무게로 따지면 지구에서 가장 흔한 기술이다. 그리고 그것들은 우리가 만드는 가장 큰 인공물 중 일부를 구성한다. 도시와 마천루가 그렇다. 단순 기술은 세균이 생물권을 채우듯 테크늄을 채운다. 과거의 어느 때보다 오늘날 만들어지는 망치가 더 많다. 가시적인 테크늄의 대부분은 본질적으로 복잡하지 않은 기술이다.

하지만 자연의 진화에서처럼, 계속 복잡해지는 정보와 물질의 긴 꼬리는 우리의 주의를 사로잡는다. 설령 그 복잡한 발명들이 무게는 작다고 할지라도 말이다.(사실 탈질량화는 복잡화의 한 길이다.) 복잡한 발명들은 원자보다는 정보를 쌓는다. 우리가 만드는 가장 복잡한 기술은 가장 가볍고 물질을 가장 적게 쓰는 것이기도 하다. 예를 들어 소프트웨어는 원칙적으로 무게가 없고 형체가 없다. 그것은 빠른 속도로 복잡해져 왔다. 마이크로소

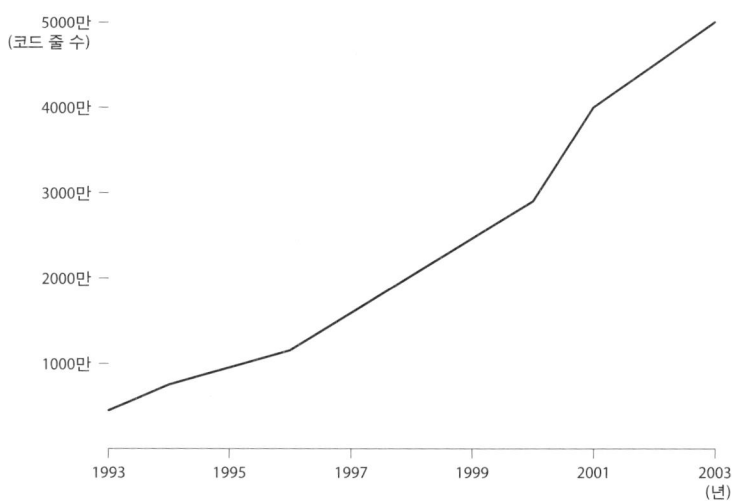

소프트웨어의 복잡성.[7] 1993년에서 2003년 사이 마이크로소프트 윈도 각 버전에 쓰인 코드 줄 수.

프트의 윈도 운영 체제 같은 기본 도구의 코드 줄수는 13년 사이에 10배 증가했다. 1993년 윈도의 코드 줄수는 400~500만 개였다. 2003년 윈도 비스타는 코드 줄수가 5000만 개였다.[8] 코드 줄 하나하나는 한 시계의 톱니바퀴 하나에 해당한다. 윈도 운영 체제는 5000만 개의 움직이는 부품으로 이루어진 기계다.

테크늄 전체에서 기술 계통들은 더 복잡한 인공물을 산출하도록 정보의 층들이 추가되면서 재구성된다. 지난 200년(적어도) 동안 가장 복잡한 기계에 든 부품의 수는 증가해 왔다. 다음 그래프는 기계 장치의 복잡성 추세를 로그 단위로 나타낸 것이다. 터보제트 엔진의 첫 시제품은 수백 개의 부품으로 이루어진 반면, 현대 터보제트 엔진의 부품은 2만 2000개가 넘는다. 우주 왕복선은 수천만 개의 부품으로 이루어져 있다. 하지만 그것의 복잡성은 대부분 소프트웨어에 담겨 있으며, 이 평가에 소프트웨어는 포함되지

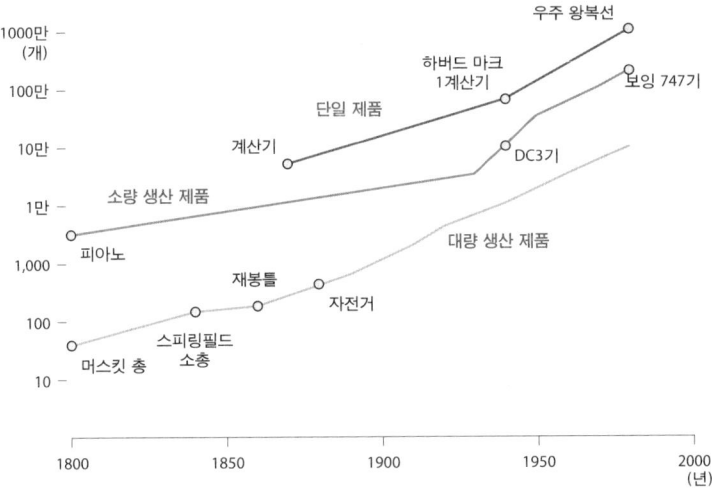

제조되는 기계의 복잡성.[9] 2세기에 걸쳐 각 시대에서 가장 복잡한 기계에 들어간 부품 수.(10의 제곱 단위)

않았다.

 냉장고, 자동차, 심지어 문과 창문도 20년 전보다 더 복잡하다. 테크늄에서 복잡성의 가장 강한 추세는 이런 의문을 불러일으킨다. 그것은 얼마나 복잡해질 수 있을까? 복잡성의 긴 곡선은 우리를 어디로 데려갈까? 140억 년에 걸쳐 온 복잡성 증가의 추진력을 오늘 당장 멈춘다는 것은 불가능하다. 하지만 앞으로 100만 년에 걸쳐 현재 속도로 복잡성이 증가하는 테크늄을 상상하면 오싹해진다.

 테크늄의 복잡성이 향할 수 있는 몇 가지 길이 있다.

시나리오 1

 자연에서와 마찬가지로 대부분의 기술은 단순하고 기본적이고 초기 형태로 남아 있다. 잘 작동하기 때문이다. 그리고 그 원시적인 형태는 그 위에 구축되는 복잡한 기술이라는 얇은 층의 토대로서도 잘 작동한다. 테크늄은 기술의 생태계이므로, 그것의 대부분은 자연의 미생물에 상응하는 단계에 남아 있을 것이다. 벽돌, 나무, 망치, 구리선, 전기 모터 등등. 우리는 스스로를 재생하는 나노 규모의 키보드를 설계할 수 있지만, 그것은 우리 손가락에 맞지 않을 것이다. 인류는 대개 단순한 것을 다룰 것이고(지금 우리가 하듯이), 현기증이 날 정도로 복잡한 것과는 이따금씩만 상호 작용을 할 것이다.(하루 대부분의 시간에 우리 손이 만지는 것은 비교적 거친 인공물이다.) 도시와 주택은 비슷한 상태로 남아 있을 것이다. 벽면마다 빠르게 진화하는 자질구레한 기계 장치들과 화면이 가득한 채로 말이다.

시나리오 2

성장하는 계의 다른 모든 요소들과 마찬가지로 복잡성도 어떤 시점에서 안정 상태에 이르고, 우리가 앞서 알아차리지 못했던 다른 어떤 특징(양자 읽힘일 수도 있다.)이 그것을 대신하여 관찰 가능한 주된 추세가 된다. 다시 말해 복잡성은 그저 현 시점에서 우리가 세상을 들여다보는 데 쓰는 렌즈, 즉 진화의 실제 특성이라기보다는 사실상 우리의 한 반영인 시대의 비유일지 모른다.

시나리오 3

만물에 복잡해질 수 있는 한계 같은 것은 없다. 모든 것은 시간이 흐를수록 더 복잡해지면서 궁극적 복잡성이라는 정점을 향해 나아간다. 건물의 벽돌은 영리해질 것이다. 우리 손의 숟가락은 잡는 손에 맞추어 적응할 것이다. 자동차는 오늘날의 제트기만큼 복잡해질 것이다. 우리가 하루에 쓰는 가장 복잡한 것들은 어느 한 사람의 이해 범위를 넘어설 것이다.

내게 고르라고 하면, 나는 시나리오 1을 택하고 2는 가능성이 없다고 물리칠 것이다. 대다수의 기술은 단순하거나 준단순한 상태로 남아 있을 것이고, 더 적은 기술만이 계속하여 크게 복잡해질 것이다. 나는 앞으로 1000년 뒤에도 우리의 도시와 집을 알아볼 수 있으리라고 예상한다. 우리가 대강 지금과 비슷한 크기의 몸(몇 미터와 50킬로그램)에 깃들어 있는 한, 우리를 둘러쌀 대다수의 기술은 미친 듯이 더 복잡해질 필요가 없다. 그리고 유전공학이 집중적으로 이루어진다고 해도 우리가 같은 크기로 남아 있으리라고 예상할 타당한 이유가 있다. 우리의 몸 크기는 기이하게도 우주의 크기 범위에서 거의 정확히 중앙에 놓인다. 우리가 아는 가장 작은 것은 우리보다 약 30차수 더 작고, 우주에서 가장 큰 구조는 약 30차수 더 크다. 우리는 우주의 현재 물리학상에서 지속 가능한 유연성에 감응하는 중간 크기에 깃들어 있다. 더 큰 몸은 경직성을 부추긴다. 더 작은 몸은 임페럴라이제이션(empheralization)적은 것으로 더 많은 것을 하는 기술의 능력을 부추긴다. 우리가 몸을 지니는 한(그리고 체현되기를 원치 않는 행복한 존재가 어디 있겠는가?) 이미 지닌 하부구조 기술은 계속(일반적으로) 작동할 것이다. 2000년 전 우리의 도시와 집을 짓는 데 쓰인 것과 다르지 않은 원료들인, 돌로 된 길, 변형시킨 식물성 재료와 흙으로 지은 건물이 그렇다. 일부 공상가는 살아 있는 복잡한 건물이 등장하는 미래를 상상할지 모르며, 그런 상상 중 일부는 일어날 수도 있겠지만, 대부분의 보통 구조들은 우리가 이미 쓰고 있는 예전에 살았던 식물체보다 더 복잡한 재료로 이루어질 것 같지 않다. 그것들은 그렇게 복잡해질 필요가 없다. 나는 '이만 하면 충분히 복잡해.'라는 제한 조건이 있다고 생각한다. 기술은 굳이 복잡해지지 않더라도 미래에 유용할 수 있다. 컴퓨터 발명가인 대니 힐리스는 지금으로부터 1000년 뒤에도 지금과 같은 프로그래밍 코드, 이를테면 유닉스 커널이 여전히 쓰일 가능성이 높다고 믿었다고 실토한 적이 있다.[10] 컴퓨터가 이진수 디지털 방식일 것은 거의 확실하다. 세균이나 바퀴벌레처럼, 이런 더 단순한 기술들은 단순한 상태로 남아 생명력을 유지하고 있다. 잘 작동하기 때문이다. 그것들은 더 복잡해질 필요가 없다.

반면에 테크늄의 가속은 세균의 기술적 대응물조차도 진화하도록 복잡성 증가 속도를 높일 수 있다. 시나리오 3이 바로 그런 상황을, 기술권 전체의 복잡성이 급상승하는 상황을 가리킨다. 더욱 기이한 일들이 일어나면서.

어느 시나리오에서든 우리가 만들 가장 복잡한 것에 한계 따위는 없다. 우리는 여러 방향에서 새로운 복잡성으로 스스로를 현혹할 것이다. 그럼으로써 삶은 더욱 복잡해지겠지만, 우리는 적응할 것이다. 결코 되돌아가는 일은 없다. 둥근 오렌지처럼 우아한, 세련되고 '단순한' 인터페이스로 이 복잡성을 감출 것이다. 하지만 이 얇은 막 뒤에서 우리의 창조물은 오렌지의 세포 및 생화학보다 더 복잡해질 것이다. 이 복잡화를 따라잡기 위해, 우리 언어, 세금 제도, 정부 관료 체제, 언론 매체, 일상생활도 모두 마찬가지로 더 복잡해질 것이다.

그것은 우리가 기대할 수 있는 추세다. 복잡성의 긴 곡선은 진화보다 먼저 시작되었고, 40억 년이라는 생명의 역사 내내 작용했고, 지금은 테크늄을 통해 이어지고 있다.

다양성

우주의 다양성은 시간이 시작된 이래로 증가해 왔다. 처음 몇 초 동안 우주에는 쿼크만 있었고, 쿼크들은 몇 분 사이에 결합하여 다양한 아원자 입자를 만들기 시작했다. 처음 1시간이 지날 무렵, 우주는 수십 종류의 입자를 지니게 되었지만, 원소는 수소와 헬륨 둘 뿐이었다. 그 뒤로 3억 년이 흐르면서 떠돌던 수소와 헬륨은 한데 모여서 성운이라는 덩어리를 형성했고, 성운은 계속 커지다가 이윽고 붕괴하여 불타는 별이 되었다. 별의 융합으로 더 무거운 수십 종류의 새 원소들이 만들어졌고, 따라서 화학적 우주의 다양성은 증가했다. 이윽고 일부 '금속성' 별은 폭발하여 초신성이 되면서 무거운 원소들을 공간으로 뿜어냈고, 그 원소들은 수백만 년에 걸쳐 다시 모여서 새 별이 되었다. 일종의 펌프 작용을 통해 이 이차, 삼차 별이라는 화로는 금속 원소들에 중성자를 덧붙여서 더 다양한 중금속 원소를 만들었고, 이윽고 100종류쯤 되는 안정한 원소들이 생겨났다.[11] 원소와 입자의 다양성 증가는 또 별의 종, 은하 유형, 궤도를 도는 행성의 종류에서도 다양성을 증가시켰다. 지각판이 활발하게 활동하는 행성에서는 지질학적 힘들이 원소들을 재가공하고 재배치하여 새로운 결정과 암석을 만들어 냄에 따라 시간이 흐르면서 새로운 종류의 광물들이 늘어났다. 예를 들어 지구에 세균이 등장하면서 결정 광물의 다양성은 세 배 증가했다. 일부 지질학자는 지질학적 과정만이 아니라 생화학적 과정들이 우리가 오늘날 보는 4300가지 광물 종의 대부분을 만들었다고 믿는다.[12]

　생명이 발명되면서 우주의 다양성은 크게 가속되었다. 40억 년 전 극소수의 생물 종에서 시작하여, 지구에 살아 있는 종의 수와 다양성은 지질학적 시간을 거치면서 현재의 3000만 종으로 대폭 증가했다. 이 증가는 몇 가지 측면에서 균일하지 않았다. 지구 역사의 특정 시기에는 대규모 우주적인 교란(소행성 충돌 같은)이 일어나서 쌓였던 다양성을 제거했다. 그리고 생명의 특정한 가지에서는 때로 다양성이 그리 증가하지 않거나, 심지어 일시적으로 줄어들기도 했다. 하지만 전반적으로 보면 지질학적 시간에 걸쳐 생명 전체에서 다양성은 증가했다. 사실 분류학적으로 생명의 다양성은 겨우 2억 년 전인 공룡 시대 이래로 두 배 증가했다.[13] 생물학적 차이점들은 전반적으로 기하급수적으로 팽창하고 있으며, 이 급증은 척추동물, 식물,

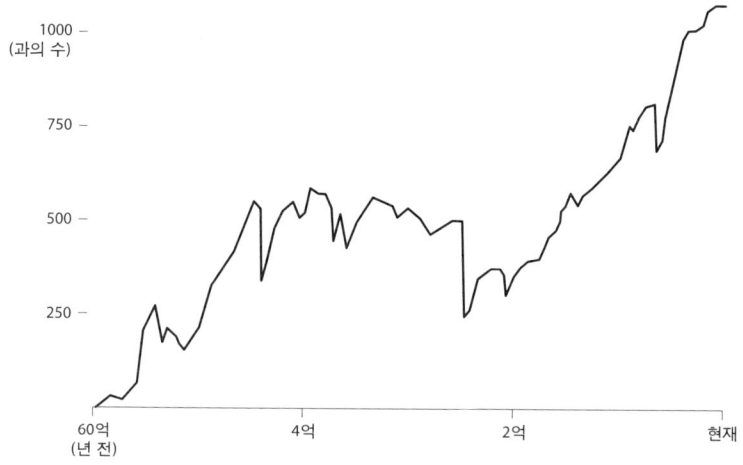

생명의 총 다양성.[14] 분류 단위인 과의 수로 측정한 지난 6억 년 동안의 지구 종 다양성 증가.

곤충에서 볼 수 있다.

테크늄은 다양성을 향한 추세를 더욱 가속시킨다. 해마다 발명되는 기술 종의 수는 점증하는 비율로 늘어나고 있다. 대부분의 살아 있는 생물은 교배하는 대상의 경계가 명확히 정의되어 있지만, 기술 혁신은 경계가 명확하지 않기에 기술 발명의 다양성은 정확히 계산하기가 어렵다. 우리는 각 발명의 토대인 착상을 셀 수도 있다. 각각의 과학 논문은 적어도 한 가지의 새 착상을 대변한다. 학술 논문의 수는 지난 50년 사이에 폭발적으로 늘어났다.[15] 각 특허도 착상의 종이다. 가장 최근의 계산에 따르면 미국에서만 700만 건의 특허가 출원되었고,[16] 총 특허 건수도 기하급수적으로 증가해 왔다.

테크늄의 어디로 눈을 돌리든 간에 다양성은 증가하고 있다. 21미터 길이의 잠수함 같은 만들어진 수중 생물 종은 흰긴수염고래 같은 살아 있는

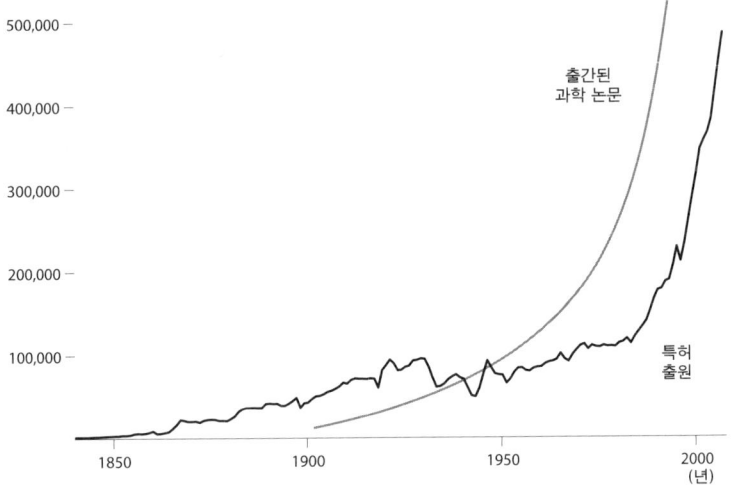

특허 출원 및 과학 논문의 총계.[17] 미국 특허청에 신청된 특허 출원 건수와 전 세계의 과학 논문 수는 거의 똑같은 기하급수적 성장 곡선을 보인다.

생물에 필적한다. 항공기는 새를 흉내 낸다. 우리 집은 그저 조금 더 나은 둥지다. 하지만 테크늄은 출생하는 생물이 결코 위험을 무릅쓰고 탐사하려 하지 않는 생태 지위를 탐사한다. 우리가 아는 생물 중 전파를 이용하는 종류는 전혀 없지만, 테크늄은 무선 통신을 하는 수백 가지 종을 만들어 왔다. 두더지는 수백만 년 동안 땅을 파 왔지만 이층 터널을 파는 새 기계는 그 어떤 생물보다도 단단한 암석에 훨씬 덜 움찔하면서도 훨씬 더 크고 더 빠르게 팔 수 있으며, 우리는 이 합성 두더지가 땅에서 새로운 생태 지위를 차지한다고 진정으로 말할 수 있다. 엑스선 장치는 생물이 모르는 종류의 시야를 지닌다. 그리고 그림을 그렸다 지웠다 할 수 있는 장난감, 어둠 속에서 빛나는 디지털 시계, 우주 왕복선 등 생물학적 대응물이 없는 것들이 아주 많다. 생물학적 진화에서 대응물을 찾을 수 없는 것들이 테크늄에서 점점 늘고 있으므로, 테크늄의 다양성은 진정으로 증가해 왔다.

테크늄의 다양성은 이미 우리의 인식 능력을 초월했다. 한 사람이 이루 다 열거할 수 없을 만큼 다양한 사물이 있다. 인지 연구자들은 현대 생활에서 쉽게 인식할 수 있는 명사 범주가 약 3000가지라고 밝혔다. 여기에는 코끼리, 비행기, 야자수, 전화기, 의자처럼 제조된 사물과 살아 있는 생물이 둘 다 포함된다. 이런 것들은 생각할 필요도 없이 한순간에 쉽게 식별할 수 있는 것들이다. 연구자들은 몇 가지 단서를 토대로 3000가지 범주라는 추정값에 도달했다. 사전에 실린 명사의 수, 평균적인 6세 아이의 어휘에 등장하는 대상의 수, 원시적인 인공 학습 기계가 인식할 수 있는 대상의 수 등이다.[18] 그들은 각 명사 범주에 평균 10개의 명칭이 들어 있다고 추정했다. 즉 보통 사람은 10가지 의자, 10가지 어류, 10가지 전화, 10가지 침대를 묘사할 수 있다. 따라서 대다수의 사람이 살아가면서 인식하는 대상은 3만 가지, 아니 적어도 3만 가지라는 대강의 추정값이 나온다. 우리가 어떤 대상의 이름을 입에 올리려 하면, 생명과 테크늄 속 비슷한 것들의 대부분이 구체적인 이름 없이 우리 머릿속을 스쳐 지나간다. 새를 인지하면서도 그것이 어떤 종인지는 인지하지 않을 수도 있다. 어떤 풀인지는 모르면서도 풀을 알아본다. 어떤 모델인지는 모르면서도 휴대전화라는 것은 알아본다. 더 자세히 보라고 재촉을 받으면 칼끝을 보고서 요리사의 칼과 스위스 군용칼을 구분할 수 있지만, 연료 펌프와 물 펌프는 구분할 수도 있고 그렇지 않을 수도 있다.

테크늄에도 기술 종의 다양성이 줄어드는 가지들이 있다. 오늘날 부싯깃, 자동차 안테나, 손베틀, 소 수레에서는 혁신이 거의 이루어지지 않는다. 나는 지난 50년 사이에 새로운 수동 버터 젓개를 발명한 사람이 있을지 의심스럽다.(비록 많은 사람이 여전히 '버터' 쥐덫을 만들고 있지만.) 손베틀은 공예용으로 언제나 남아 있을 것이다. 소 수레는 사라지지 않았으며 아마 소가 태어나는 한 지구에서 결코 사라지지 않을 것이다. 하지만 소 수레는 어떤 새로운 요구와도 맞닥뜨리지 않으므로, 투구게처럼 시간이 흘러도 변하지 않는 두드러지게 안정한 발명품이다. 거의 구식이 된 인공물들은 대부분 비슷한 항구성을 보여 준다. 하지만 이런 기술적인 고인 물은 팽창하는 테크늄의 나머지 전체에서 일어나는 혁신, 착상, 인공물의 엄청난 산사태에 짓눌린다.

온라인 소매업체인 자포스는 9만 가지의 신발을 판다. 미국의 자재 도매업체인 맥매스터카는 상품 카탈로그에 48만 가지가 넘는 제품을 싣고 있다.[19] 나사못만 2432종류가 있다.(그렇다, 직접 세어 보았다.) 아마존은 8만 5000종류의 휴대전화와 관련 상품을 판다. 지금까지 인류는 50만 편의 영화와 약 100만 편의 텔레비전 드라마를 만들었다.[20] 지금까지 녹음된 음악은 적어도 1100만 곡에 달한다.[21] 화학자들이 목록으로 작성한 화학물질은 5000만 종류에 달한다.[22] 역사가 데이비드 나이는 말한다. "2004년 포드 F-150 픽업트럭은 의자 덮개와 외장 페인트의 색깔뿐 아니라 운전대, 짐칸, 엔진, 구동부, 내장을 변형한 것을 포함하여 78가지가 있었다. 그리고 일단 자동차를 구입하면 소유자는 말 그대로 하나뿐인 차가 될 때까지 더 개조할 수 있다."[23] 창의성의 현재 속도가 계속된다면, 2060년에는 노래는 11억 곡에 달하고, 상품은 120억 종류에 달할 것이다.

극소수의 인습타파자들은 이 초다양성이 인류에게 유독하다고 믿는다. 심리학자 배리 슈워츠(Barry Schwartz)는 『선택의 심리학(The Paradox of Choice)』에서 오늘날 전형적인 슈퍼마켓에서 파는 쿠키는 285가지, 샐러드 드레싱은 175종류, 크래커 상표는 85가지가 되어 소비자를 무력하게 만든다고 주장한다.[24] 크래커를 찾아 가게로 들어간 손님은 고를 수 있는 많은 종류의 크래커가 쌓인 벽을 보고 당황하고는, 꼼꼼히 비교하여 결정을 내리려 시도하다가 질린 채, 결국 아무 크래커도 사지 못하고 걸어 나온다. 슈워츠는 말한다. "사람들이 야채 가게에서 잼을 고르거나 대학 수업의 에세이 주제를 고를 때, 대안이 더 많을수록 선택을 할 가능성은 적어진다."[25]

그와 비슷하게 수백 가지 대안 중에서 의학적 혜택을 주는 계획을 하나 고르려고 할 때, 많은 소비자는 선택의 복잡성에 정신이 혼란해져서 포기하고 그 프로그램에서 빠진다. 반면에 기본 선택이 포함된(어떤 결정도 필요하지 않은) 프로그램들이 참가율이 훨씬 더 높다. 슈워츠는 결론짓는다. "선택의 수가 늘어날수록 거부자의 수도 차츰 늘어나다가 이윽고 우리에게 과중한 부담이 되기에 이른다. 이 시점에서 선택은 더 이상 우리를 자유롭게 하지 못하고 쇠약하게 한다. 학대한다고 말할 수도 있을 것이다."[26]

너무 많은 선택의 여지가 낙담을 불러일으키는 것은 사실이지만, '선택의 여지가 없음'은 훨씬 더 나쁜 대안이다. 문명은 '선택의 여지가 전혀 없음'으로부터 꾸준히 멀어져 왔다. 늘 그렇듯이, 선택의 압도적인 다양성을 비롯해 기술이 야기하는 문제들의 해결책은 더 나은 기술이다. 초다양성의 해결책은 선택 지원 기술일 것이다. 더 나은 이 도구는 당혹스럽게 많은 대안 가운데 하나를 선택하는 사람을 도울 것이다. 검색엔진, 추천 시스템, 태깅, 많은 소셜 미디어가 하는 일이 바로 그것이다. 사실 다양성은 다양성을 다루는 도구를 낳을 것이다.(다양성 길들이기 도구는 현재 속도대로라면 2060년까지 미국 특허청에 출원되리라고 예측되는 엄청난 다양성을 빚어낼 8억 2100만 건의 특허에 속하게 될 것이다!)[27] 우리는 컴퓨터를 이용하여 정보와 웹페이지로 우리의 선택을 늘리는 방법을 이미 발견해 왔지만(구글이 그런 도구 중 하나다.), 유형의 사물과 독특한 매체로 이것을 하려면 추가 학습과 기술이 있어야 할 것이다. 웹의 여명기에 몇몇 아주 영리한 컴퓨터 과학자들은 키워드 검색을 써서 10억 개의 웹페이지 중에서 선택을 하기란 불가능할 것이라고 선언했지만, 우리는 지금 1000억 개의 웹페이지를 놓고 그런 일을 일상적으로 하고 있다. 웹페이지를 더 줄이라고 요구하는 사람은 아무도 없다.

얼마 전까지만 해도 기술의 미래를 상상하라면 으레 표준화한 제품, 세계적인 획일성, 흔들리지 않은 통일성이라는 진부한 이미지를 댔다. 하지만 역설적으로 다양성은 일종의 통일성을 통해 분출될 수 있다. 표준 글쓰기 체계의 통일성(알파벳이나 대본 같은)은 뜻밖의 문학적 다양성을 분출한다. 통일된 규칙이 없다면 모든 단어는 만들어져야 하며, 따라서 의사소통은 한정되고 비효율적이 되며 좌절된다. 하지만 통일된 언어가 있으면, 새로운 단어, 구절, 착상이 이해되고 포착되고 퍼질 수 있을 만큼 큰 집단에서 충분한 의사소통이 일어난다. 알파벳의 경직성은 지금껏 창안된 그 어떤 뿌리 내리지 못한 브레인스토밍 행위보다 더 많은 창의성을 가능하게 해 왔다.

영어의 표준 26개 문자는 영어로 쓰인 책 1600만 권을 생산해 왔다.[28] 물론 단어와 언어는 계속 진화하겠지만, 그것들의 진화는 보존되고 공유되는 기본 토대 위에서 일어난다. 창의적인 생각을 가능하게 하는 불변의(단기간에 걸친) 문자, 철자, 문법 말이다. 테크늄은 점점 더 소수의 보편적인 표준으로 수렴될 것이다. 아마 기본 영어, 현대 음악 기보법, 미터법(미국을 제외한!), 수학 기호, 또 미터법에서 아스키(ASCII)와 유니코드에 이르기까지 널리 채택된 기술 규약으로 말이다. 오늘날 세계의 하부구조는 이런 종류의 표준들로 짜인 공유된 체계를 토대로 한다. 그것이 바로 남아프리카 공장에서 쓸 기계 부품을 중국에 주문하거나 브라질에서 출시될 약물을 인도에서 연구할 수 있는 이유다. 기본 규약들의 이런 수렴은 오늘날의 젊은이들이 10년 전까지만 해도 불가능했던 방식으로 서로 직접 말할 수 있는 이유이기도 하다. 그들은 공통 운영 체제 위에서 작동하는 휴대전화와 넷북을 쓸 뿐 아니라, 표준 약어도 쓰며, 똑같은 영화를 보고 똑같은 음악을 듣고 학교에서 똑같은 과목과 교재를 공부하고 똑같은 기술을 습득함으로써 공통의 문화적 시금석을 점점 더 공유해 가고 있다. 공유된 보편적인 것들이 균질화하면서 신기한 방식으로 문화의 다양성을 전파할 수 있도록 돕는다.

수렴하는 전 지구적 표준의 세계에서, 소수 문화들은 자신들의 생태 지위 차이를 상실할 것이라고 계속해서 우려한다. 그들은 그럴 필요가 없다. 사실 점점 공통적이 되어 가는 전 지구적 매개체는 그들의 차이점이 지닌 가치를 드높일 수 있다. 이를테면 아마존 야노마뫼 족이나 아프리카 부시맨인 산 족의 독특한 음식, 의학 지식, 육아 방식은 이전까지는 그저 소수만 이해하는 국지적인 지식이었다. 그들의 다양성은 나름의 차이점을 지녔지만, 부족 바깥에 아무런 차이를 빚어내지 않았다. 그들의 지식은 다른 인류 문화들과 연결되지 않았기 때문이다. 하지만 일단 표준 도로, 전기, 통신과 연결되자, 그들의 차이는 잠재적으로 남들에게 차이를 만들어 낼 수 있다. 설령 그들 지식이 자신들의 국지적 환경에만 적용될 수 있을지라도, 그들 지식의 더 폭넓은 이해는 차이를 만든다. 부자들은 어디로 여행을 갈까? 차이를 간직한 장소로 간다. 어떤 간이식당들이 손님을 끌까? 나름의 특징을 지닌 식당이다. 어떤 제품들이 세계 시장에서 팔릴까? 다르게 생각한 제품들이다.

연결되어 있으면서도 그런 국지적 다양성이 독특한 차이를 유지할 수 있다면(그렇다면 이것은 아주 중요한 점이다.), 그 차이는 지구 전체에서 꾸준히 더 가치 있는 것으로 남게 된다. 물론 연결되어 있으면서 다르게 균형을 유지하는 것은 어려운 과제다. 이 문화적 차이와 다양성의 상당수는 격리를 통해 기원했고, 그 새로운 뒤섞임 속에서는 더 이상 격리되지 않을 것이기 때문이다. 격리 없이(설령 격리에서 기원했다고 할지라도) 번성하는 문화적 차이들은 세계가 표준화될수록 가치가 배가될 것이다. 인도네시아 발리가 한 예다. 풍성하고 독특한 발리 문화는 설령 현대 세계와 상호 연결되었어도 더 심화되는 듯하다. 구세계와 신세계의 다른 주민들과 마찬가지로, 발리 인들도 집에서는 모국어로 말하면서 영어를 보편적인 제2의 언어로 구사할 수 있을 것이다. 그들은 아침에는 꽃을 주는 의식을 하고 오후에는 학교에서 과학을 공부한다. 그들은 가믈란^{인도네시아 전통 음악}을 연주하고 구글을 검색한다.

하지만 어떻게 하면 내가 앞서 논의한 만연한 추세, 즉 기술들의 불가피한 순서 및 테크늄의 특정 형태로의 수렴과 조화시키면서 다양성을 넓힐 수 있을까? 언뜻 보면 테크늄의 방향을 유도하는 것이 새로운 방향들로 뻗어 나가는 것을 막는 양 비칠 법도 하다. 기술이 단일한 세계적인 혁신들의 서열로 수렴된다면, 그것이 어떤 식으로 기술의 다양성을 부추긴다는 것일까?

테크늄의 서열은 미리 정해진 일련의 단계들을 거쳐서 성장하는 생물의 발달과 비슷하다. 한 예로 모든 뇌는 유아기에서 성숙기에 이르는 성장 패턴을 거쳐 발달한다. 하지만 그 선상의 어느 지점에서도 뇌는 놀라울 정도의 생각의 다양성을 빚어낼 수 있다.

대체로 기술은 지구 전체에서 통일된 사용법으로 수렴되겠지만, 이따금 일부 집단이나 하위 집단이 한 비주류 집단이나 부차적인 이용에 제한적으로 호소력을 지닌 종류의 기술이나 기법을 고안하고 다듬을 것이다. 아주 이따금 이 비주류 다양성은 승리하여 주류가 되고 기존 패러다임을 전복함으로써 다양성을 장려하는 테크늄의 과정들을 보상한다.

인류학자 피에르 페트레캥(Pierre Petrequin)은 파푸아 뉴기니의 메르블라크테두벨레 족과 이아우 족이 수십 년 동안 쇠도끼와 목걸이를 써 왔지만, "걸어서 겨우 하루면 가는" 곳에 있는 와노 족은 그런 것들을 받아들이지 않았다고 썼다.[29] 이 말은 지금도 들어맞는다. 휴대전화 이용은 미국보다 일본에서 더 상당히 빠르고 폭넓고 깊게 변화를 일으키고 있다. 하지만 양쪽 나라를 위해 그 장치를 만드는 공장들은 같다. 그와 비슷하게 자동차 이용은 일본에서보다 미국에서 더 빠르고 폭넓고 깊게 변화를 일으키고 있다.

새로운 양상은 아니다. 도구가 탄생한 이래 인류는 비합리적인 이유로 어떤 기술 형태를 다른 것들보다 선호해 왔다. 그들은 단순히 정체성을 입증하는 행위로서 한 판본이나 한 발명을 회피할 수도 있다. 그것이 더 효율적이거나 생산적으로 보일 때에도. "우리 씨족은 그것을 그런 식으로 하지 않는다." 또는 "우리의 전통 방식은 이렇다."처럼. 사람들은 새 방식이 더 실용적일지라도 올바르다거나 편안하다고 느끼지 않기 때문에 명백한 기술 개선을 외면할 수도 있다. 기술 인류학자 피에르 르모니에(Pierre Lemonnier)는 역사에서 그런 산발적인 차단 사례들을 조사해 왔다. 그는 말한다. "사람들은 물질적 효율이나 발전 논리에 들어맞지 않는 기술적 행동을 하고 또 한다."[30]

파푸아 뉴기니의 앙가 족은 수천 년 동안 멧돼지를 사냥해 왔다. 몸무게가 사람만큼 나가기도 하는 멧돼지를 잡기 위해, 앙가 족은 거의 잔가지, 덩굴, 돌, 중력만을 이용하여 덫을 만든다. 세월이 흐르면서 앙가 족은 자기 환경에 맞게 덫 기술을 다듬고 변형해 왔다. 그들은 세 가지 일반적인 양식을 고안했다. 하나는 도랑을 판 뒤 날카로운 말뚝을 죽 꽂고서 그 위를 잎과 가지로 덮어 위장하는 것이다. 또 하나는 미끼를 보호할 낮은 울타리를 치고 그 뒤에 날카로운 말뚝을 죽 설치한 덫이다. 마지막 하나는 무거운 물체를 떨어뜨리는 덫이다. 즉 무거운 물체를 위에 매달아 놓고 멧돼지가 지나가다가 건드리면 떨어지도록 한 것이다.[31]

이런 종류의 기술적 노하우는 서파푸아 고지대에서 이 마을 저 마을로 쉽게 전파된다. 한 공동체가 아는 것은 모든 공동체가 안다.(전파되는 데 수 세기까지는 아니더라도 적어도 수십 년은 걸리지만.) 당신은 여러 날을 계속 나아가야만 지식에 변화가 일어남을 실감할 수 있다. 앙가 족의 집단들은 대부분 필요하면 이 세 종류의 덫을 얼마든지 설치할 수 있다. 하지만 랑기 마르라는 한 집단은 무거운 것을 떨어뜨리는 함정을 설치하는 흔한 지식을 외면한다. 르모니에는 말한다. "이 집단의 사람들은 떨구기 함정을 구성하는 10가지 부품의 이름을 어렵지 않게 읊어 댈 수 있고, 그것의 기능을 설명할 수 있고, 심지어 그 덫을 대강 그림으로 그릴 수도 있다. 하지만 그들은 그 덫을 쓰지 않는다." 강 건너편으로 시선을 돌리면 이웃 부족인 멩예 족의 집들을 볼 수 있다. 멩예 족은 그 덫을 쓴다. 그들에게 그것은 아주 좋은 기술이다. 걸어서 두 시간 거리에 있는 카파우 족도 그 덫을 쓴다. 하지만 랑기마르 집단은 그것을 쓰지 않는 쪽을 택한다. 르모니에가 적고 있듯이, 때로는 "완벽하게 이해된 기술을 자의로 외면한다."

랑기마르 집단이 퇴보하는 것 같지는 않다. 랑기마르 집단보다 더 북쪽에 사는 일부 앙가 족들은 미늘이 없는 나무 화살촉을 만든다. 그들은 "적이 자신들에게 쏘는 미늘 달린 화살이 우수하다는 사실을 알아차릴 기회가 많았는"데도 랑기마르 집단이 쓰는 중요한 기술, 즉 상처를 입힐 수 있는 미늘을 선택적으로 외면한다. 쓸 수 있는 나무 종류도 사냥감 종류도 이 부족 차원의 거부를 설명하지 못한다.

기술은 단순한 기계 성능을 넘어서 사회적 차원을 지닌다. 우리는 주로 신기술이 우리를 위해 무언가를 하기 때문에 그것을 채택하지만, 그것이 우리에게 어떤 의미가 있기 때문에 채택하기도 한다. 때로 우리는 똑같은 이유로 기술 채택을 거부한다. 회피가 우리의 정체성을 강화하거나 형성하기 때문이다.

연구자들은 현대와 고대 양쪽에서 기술의 전파 양상을 자세히 살필 때마다, 부족적 채택이라는 양상을 본다. 사회학자들은 사미 족의 한 집단이 알려져 있는 순록 올가미 두 유형 중에서 하나를 거부하는 반면, 라플란드의 다른 부족들은 두 가지 다 쓴다는 점을 알았다. 수차의 물리학은 한결같은데도, 모로코 전역에서는 유달리 비효율적인 형태의 수평 수차가 널리 쓰이는 반면, 그 수차는 세계의 나머지 지역에서는 전혀 쓰이지 않는다.[52]

우리는 부족적 및 사회적 선호도가 인류에게서 계속 나타날 것이라고 예상해야 한다. 집단이나 개인은 온갖 종류의 기술적으로 발전된 혁신들을 단지 자신이 거부할 수 있다는 이유로 거부할 것이다. 혹은 다른 모든 이가 그것을 받아들인다는 이유로. 자아상과 충돌한다는 이유를 댈 수도 있다. 더 많은 노력을 쏟아서 일하는 것을 개의치 않기 때문일 수도 있다. 사람들은 자신이 다르다는 것을 보여 주는 차원에서 기술의 특정한 세계 표준을 거부하거나 포기하는 쪽을 택할 것이다. 이런 식으로 지구의 문화가 기술의 수렴을 향해 미끄러지는 한편으로, 수십억 명의 기술 사용자들은 이용할 수 있는 것들 중에서 조금 더 색다른 것을 사용하기로 선택함으로써 개인적인 선택을 다양화할 것이다.

다양성은 세계에 힘을 부여한다. 생태계에서 다양성 증가는 건강의 한 증표다. 테크늄도 다양성을 토대로 작동한다. 우주의 여명기부터 다양성의 조류는 상승해 왔으며, 우리가 내다볼 수 있는 미래까지 그것은 끝없이 계속 갈라져 뻗어갈 것이다.

전문화

진화는 일반적인 것에서 특수한 것으로 나아간다. 세포의 최초 판본은 범용 생존 기계인 작은 방울과 같았다. 시간이 흐르면서 진화는 하나의 일반성을 다듬어서 다수의 특수성을 빚어냈다. 처음에 생명의 영역은 따뜻한 웅덩이에 한정되어 있었다. 하지만 행성의 대부분은 훨씬 더 극단적이었다. 화산과 빙하가 그러했다. 진화는 끓는 뜨거운 물이나 얼어붙은 얼음 속에서 살아가도록 전문화한 세포들과 석유를 먹거나 중금속을 가둘 수 있는 특수한 세포를 고안했다. 전문화를 통해 생명은 이런 주된, 하지만 다양한 극한 서식지에 정착할 수 있었고, 또 다른 생물의 안이나 공기에 떠도는 먼지 입자의 틈새 같은 수백만 개의 생태 지위를 채울 수 있었다. 곧이어 지구의 가능한 모든 환경에서는 그곳에서 살아가는 분화한 온갖 생명이 자라났다. 현재 지구에는 병원 내 극소수의 일시적인 멸균 공간을 제외하고 생명이 살지 않는 곳은 없다. 생명의 세포는 계속 전문화하고 있다.

전문화 추세는 다세포 생물에서도 마찬가지로 유지된다. 한 생물의 세포들도 전문화한다. 인체에는 간이나 콩팥에 전문화한 세포를 비롯하여 210종류의 세포가 있다. 일반 골격근 세포와 다른 독특한 심근 세포도 있다. 모든 동물을 출범시키는 최초의 전능한 수정란은 분열하여 점점 더 전문성을 갖춘 세포들을 만들어 내며, 50번이 조금 안 되게 체세포분열을 하고 나면 당신과 나는 뼈세포, 피부세포, 뇌세포 10^{15}개의 통합체가 된다.[33]

진화 시간에 걸쳐 가장 복잡한 생물에 든 세포 종류의 수는 크게 증가했다. 사실 그런 생물이 더 복잡한 이유는 어느 정도 더 분화한 부위를 지니고 있기 때문이다. 따라서 전문화는 복잡성의 곡선을 따른다.

생물 자체도 더 큰 전문화를 향해 나아가는 경향이 있다. 한 예로 세월이 흐르면서 따개비(50종류의 분화한 세포들로 이루어진)는 전문성을 띤 따개비들로 진화한다. 여섯판따개비(six-plated barnacle)는 한 달에 겨우 서너 번 물(먹이를 지닌)에 잠기는 극도로 높은 만조선에 특화해 있다. 주머니벌레(Sacculina barnacle)는 살아 있는 게의 알주머니 안에서만 자란다. 새는 특화한 부리를 지닌 전문화한 유형의 씨 섭식자가 되는 데 열심이다. 작은 부리를 지닌 새는 작은 씨를 먹고, 크고 굵은 부리를 지닌 새는 단단한 씨를 먹는다. 소수의 식물(우리가 잡초라고 하는)은 기회주의적이며 교란된 땅이라면 어디든 차지하겠지만, 대다수의 식물은 생존 기술을 특정한 생태 지위에 맞춘다. 어둑한 열대 습지나 메마르고 바람이 심한 높은 봉우리 같은. 코알라는 유칼립투스 나무에 특화했고, 판다는 대나무에 특화한 것으로 유명하다.

생물에게서 전문화를 향한 추세는 군비 경쟁을 통해 추진된다. 더 전문화한 생물(빛이 없는 심해 분출구의 황이 뿜어지는 곳에서 번성하는 조개 같은)은 경쟁자와 먹이에게 더 분화한 환경을 제공하며(황 조개를 먹는 게 같은), 더 전문화한 전략(게의 기생생물 같은)과 해결책, 그리고 결국은 더욱 전문화한 생물을 낳는다.

전문화하려는 이 충동은 테크늄으로 확장된다. 호미닌의 최초 도구인 모서리가 깨진 둥글납작한 돌은 긁어내고 자르고 두드리는 데 쓰는 일반 목적의 사물이었다. 그것이 일단 사피엔스에게 받아들여지자 전문 도구로 탈바꿈했다. 긁개, 자르개, 주먹도끼로 분화했다. 전문 과업이 증가함에 따라 도구 종의 다양성은 시간이 흐르면서 증가했다. 바느질을 할 바늘이 필요해졌다. 가죽의 바느질은 특수한 바늘을 필요로 했고, 천을 짜는 바느질은 다른 특수한 바늘을 필요로 했다. 단순 도구들이 복합 도구로 재조합될 때(끈＋막대기＝활), 전문화는 더 증가했다. 오늘날 제조물들의 경이로운 다

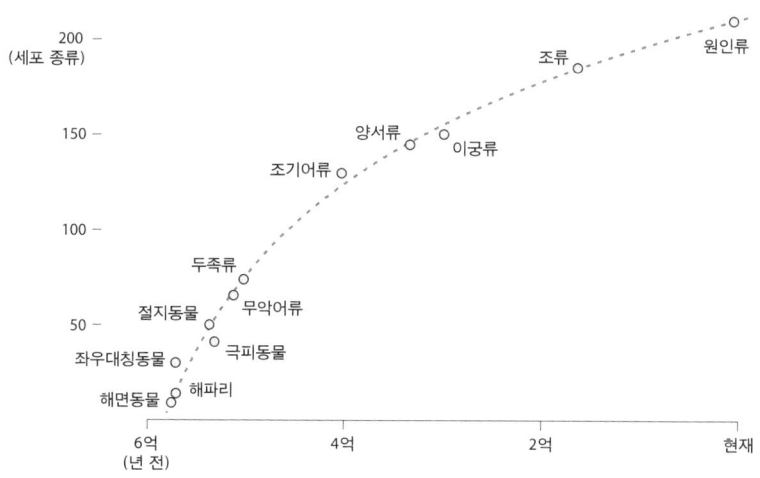

분화한 세포의 종류.[34] 세월이 흐르면서 한 생물에 든 세포 종류의 최대수는 증가해 왔다.

양성은 주로 복합 장치의 분화한 부품들이 필요하다는 점 때문에 증가하고 있다.

생물과 마찬가지로 도구도 여러모로 유용한 것에서 시작하여 전문 과제 쪽으로 진화하는 경향이 있다. 필름을 갖춘 최초의 카메라는 1885년에 발명되었다. 일단 체화하자 카메라라는 착상은 전문화하기 시작했다. 카메라가 탄생한 지 몇 년 지나지 않아 발명가들은 작은 스파이 카메라, 특대형 파노라마 카메라, 복합 렌즈 카메라, 고속 촬영 플래시 카메라를 고안했다. 지금은 심해 촬영용, 진공 상태의 우주에 맞게 고안된 것, 적외선이나 자외선을 포착할 수 있는 것 등 수백 가지의 전문 카메라가 나와 있다. 원래의 범용 카메라도 여전히 구입할(혹은 만들) 수 있지만, 카메라 세계에서 그 카메라의 비중은 점점 줄어들고 있다.

일반적인 것에서 전문적인 것으로라는 이 순서는 대다수의 기술에 들어 맞는다. 자동차는 처음에 여러 용도로 쓰일 만한 것으로 관심을 모았다가 시간이 흐르면서 전용 모델들로 진화했다. 한편 범용 자동차는 점점 줄어든다. 당신은 경차, 밴, 스포츠카, 세단, 픽업, 하이브리드 등에서 고를 수 있다. 가위도 머리, 종이, 카펫, 망사, 꽃이라는 용도에 맞게 전문화했다.

미래를 내다본다면 전문화는 계속 증가할 것이다. 최초의 유전자 서열 분석기는 어떤 유전자든 분석했다. 다음 단계에는 사람의 DNA만 분석하는, 사람 DNA 전문 서열 분석기나 연구자가 쓸 생쥐 같은 특정한 종의 DNA만을 전문으로 분석하는 장치가 등장한다. 그리고 앞으로는 인종별 유전체(이를테면 아프리카계 미국인이나 중국인)를 전문으로 하는 서열 분석기나 아주 작은 휴대용 분석기나 극도로 빨리 실시간으로 서열을 분석하여 오염물질이 지금 이 순간에 유전자에 손상을 미치고 있는지를 알려 줄 분석기가 등장할 것이다. 최초의 상업적 가상현실 콘솔은 범용 가상현실을 제공하겠지만, 시간이 흐르면서 가상현실 콘솔은 게임이나 군사 훈련, 영화

예행연습, 쇼핑에 맞는 특수한 부품을 갖춘 전문 기기로 진화할 것이다.

현재 컴퓨터는 정반대 방향으로 향하고 있는 듯하다. 점점 더 많은 기능을 삼키면서 점점 더 범용 기계가 되고 있는 것 같다. 모든 직업과 그 분야 종사자의 도구가 다 컴퓨터와 통신망을 이용하는 새 고안물들에 포섭되어 왔다. 컴퓨터는 이미 계산기, 스프레드시트, 타자기, 필름, 전신, 전화, 무전기, 나침반과 육분의, 텔레비전, 라디오, 턴테이블, 제도판, 음향 편집기, 전쟁 연습, 음악 스튜디오, 활자 주조소, 비행 시뮬레이터 등 많은 직업의 장비들을 흡수해 왔다. 이제는 일터만 보고서는 어떤 사람이 무슨 일을 하는지 알 수가 없다. 다 똑같아 보이니까 말이다. 똑같이 개인용 컴퓨터가 놓여 있다. 직장인의 90퍼센트는 그 똑같은 도구를 사용하고 있다. 저 책상이 CEO의 것일까, 아니면 회계사, 설계사, 접수원의 것일까? 클라우드 컴퓨팅은 이 수렴을 증폭한다. 클라우드 컴퓨팅에서는 실제로 하는 일 전체가 망에서 이루어지며, 손에 쥔 도구는 단지 일에 접근하는 관문에 불과해진다. 모든 관문은 가능한 가장 단순한 창문으로 변해 왔다. 어떤 크기의 편평한 화면으로 말이다.

이 수렴은 일시적이다. 우리는 아직 컴퓨터화, 아니 오히려 지능화(intelligenation)라고 할 만한 것의 초기 단계에 머물러 있다. 우리가 현재 자신의 지능을 적용하고 있는 모든 분야(다시 말해 우리가 일하고 노는 모든 영역)에서 우리는 점점 빠르게 인공 지능과 집단 지능도 적용해 가고 있으며, 점점 빠르게 우리의 도구와 기대를 혁신하고 있다. 우리는 부기, 사진술, 금융 거래, 금속 가공, 항공기 조종을 비롯한 수천 가지 업무를 지능화해 왔다. 곧 자동차 운전, 의료 진단, 언어 이해도 컴퓨터화할 것이다. 대규모 지능화를 향해 질주하면서 우리는 처음에 대량 생산된 작은 두뇌, 중간 크기의 화면, 망에 접속되는 회선을 지닌 범용 개인용 컴퓨터를 설치했다. 그럼으로써 자질구레한 모든 일은 똑같은 도구를 갖추게 되었다. 모든 직업으로 지능화의 확산이 완결되려면 아마 앞으로 10년은 더 걸릴 것이다. 지금은 어리석게 들릴지 몰라도, 우리는 망치, 치석 제거기, 지게차, 청진기, 프라이팬에 인공 지능을 넣게 될 것이다. 이 모든 도구는 망의 보편적인 지능을 공유함으로써 새로운 힘을 얻을 것이다. 하지만 새로 늘어난 역할이 명확해질수록 도구들은 전문화할 것이다. 우리는 아이폰, 킨들, 위(Wii), 태블릿, 넷북에서 그런 흐름의 첫 단서를 어렴풋이 볼 수 있다. 화면과 전지 기술이 칩을 따라잡을 때, 편재한 지능에 접속하는 인터페이스는 분화하고 전문화할 것이다. 전신을 쓰는 군인과 운동선수는 몸을 다 비추는 대규모 화면을 원하는 반면, 길을 돌아다니는 영업자들은 작은 화면을 원할 것이다. 게임자는 반응 시간의 최소화를 원한다. 글을 읽는 사람은 가독성의 최대화를 원한다. 도보 여행자는 방수 기능을 원한다. 아이는 부서지지 않는 것을 원한다. 컴퓨터들의 그물, 즉 망으로 들어가는 관문들은 현저할 정도로 전문화할 것이다. 한 예로 자판은 독점적 지위를 잃을 것이다. 음성과 몸짓이라는 입력 수단이 주된 역할을 하게 될 것이다. 안경과 눈알에 설치되는 화면이 벽과 구부러지는 표면에 설치되는 화면을 보조하게 될 것이다.

쾌속 조형법(rapid fabrication, 어느 물건을 요구에 따라 원하는 양만큼 제조할 수 있는 기계)이 등장하면, 전문화는 어떤 도구든 개인의 필요나 욕구에 맞추어 맞춤 제작할 수 있는 수준으로 비약할 것이다. 극도로 분화한 니치(niche) 기능을 위해 오직 한 업무에 맞는 장치를 조립했다가 일이 끝나면 해체할 수도 있다. 극도로 전문화한 인공물은 하루살이처럼 단 하루만 존속할 수도 있다. 니치와 개인적 맞춤이라는 '긴 꼬리'는 대중 매체만이 아니라 기술 진화 자체의 한 특징이다.

우리는 현재 작동하는 거의 모든 발명이 수십 가지의 더 협소한 용도로 진화한다고 상상함으로써 그것의 미래를 예측할 수 있다. 기술은 일반성으로 태어나서 전문성으로 성장한다.

편재성

테크늄에서도 그렇지만 생명에서의 자기 재생산은 영속하려는 선천적 충동을 낳았다. 기회가 주어진다면, 민들레든 너구리든 불개미든 지구를 뒤덮을 때까지 자신을 복제할 것이다. 진화는 복제자에게 어떤 제약에서도 자신을 최대한으로 퍼뜨리는 비결을 마련해 주었다. 하지만 자연의 자원이 한정되어 있고 경쟁이 무자비하게 일어나므로, 어떤 종도 완전한 편재에 이를 수는 없다. 그래도 모든 생명은 그 방향을 열망한다. 기술도 편재를 원한다.

인류는 기술의 생식기관이다. 우리는 제조물을 증식하고 생각과 밈(meme)을 퍼뜨린다. 인구는 한정된(현재 60억 명밖에 살고 있지 않다.) 반면 퍼뜨릴 기술이나 밈의 종은 수천 가지이므로, 100퍼센트 완전한 편재에 이를 수 있는 기계 장치는 거의 없다. 비록 몇 가지는 거의 근접해 있지만.

게다가 사실 우리는 모든 기술이 편재하기를 원하지는 않는다. 오히려 우리는 유전학이나 의약품이나 식단을 통해 인공 심장으로 대체할 필요성을 없앨 것이다. 마찬가지로 탄소 격리(대기에서 탄소를 제거하는 것)라는 복원 기술도 이론상 결코 편재성을 얻지 못할 것이다. 그보다는 우선 광자(태양), 융합(원자핵), 바람, 수소 기술을 이용하는 저탄소 에너지원의 편재가 훨씬 더 나을 것이다. 복원 기술의 문제점은 일단 그것의 니치가 채워지고 나면 달리 갈 곳이 없다는 점이다. 어떤 백신이 보편적으로 성공을 거둔다면 그 백신에 더 이상 미래는 없다. 장기적으로 볼 때, 다른 기술들을 여는 호혜적인 기술은 편재를 향해 더 빨리 나아가는 경향이 있다.

지구 생물권의 관점에서 볼 때 지구에서 가장 편재한 기술은 농경이다. 농경에서 안정적으로 나오는 고품질의 잉여 농산물은 문명을 가능하게 하고 문명의 수백만 가지 기술을 탄생시키면서 한계를 모른 채 활발히 뻗어

나간다. 농경의 전파는 지구에서 가장 큰 규모의 공학적 계획이다. 지구 육지 표면의 3분의 1은 인류의 마음과 손을 통해 바뀌어 왔다.[35] 토착 식물들은 밀려나고, 토양은 옮겨지고, 그 자리에는 길들여진 작물이 심어졌다. 반쯤 개간되어서 목초지로 된 면적도 아주 넓다. 이런 변화 중 가장 극적인 것들(끊이지 않고 드넓게 펼쳐진 거대한 농장 같은)은 우주에서도 볼 수 있다. 제곱킬로미터 면적으로 측정했을 때, 지구에서 가장 편재한 기술은 주요 농산물 네 종류, 옥수수, 밀, 쌀, 사탕수수와 소다.

두 번째로 가장 많은 지구 기술은 도로와 건물이다. 주로 단순히 주변을 정리하여 낸 비포장도로는 계곡을 이리저리 휘감고 수많은 산의 꼭대기까지 이어지면서 대다수의 유역에 뿌리처럼 촉수를 뻗고 있다. 포장된 도로망은 이 행성의 대륙들을 그물 모양의 망토처럼 뒤덮고 있다. 그리고 나뭇가지처럼 얼기설기 뻗은 도로를 따라 건물들이 죽 늘어서 있다. 이 인공물들은 자른 식물(목재, 짚, 대나무)이나 틀에 맞춘 흙(흙벽돌, 벽돌, 돌, 콘크리트)으로 지어진다. 도로의 중심지에는 돌과 유리로 된 장엄한 거대도시가 들어서 있고, 거대도시는 테크늄의 상당 부분이 그 안에서 순환될 정도로 물질의 흐름을 변경해 왔다. 식량과 원료의 강은 흘러들고, 폐기물의 강은 흘러 나간다. 발전한 도시 지역에 사는 사람은 연간 20톤의 물질을 이동시킨다.

그만큼 눈에 띄지는 않지만 행성 수준에서는 아마 불을 다루는 기술이 더 만연할 것이다. 탄소 연료, 특히 채굴된 석탄과 석유의 통제된 연소는 지구의 대기에 변화를 일으켜 왔다. 총질량과 한정된 공간에 놓인다는 점을 계산에 포함할 때, 이 화로들(때로 자동차 엔진으로서 도로를 따라 여행하기도 하는)은 도로에 비해 왜소하다. 비록 규모로 보면 자신들이 달리는 도로나 자신들이 들어가 있는 집과 공장에 비해 작지만, 이 작고 신중한 불길은 부피가 엄청난 지구 대기의 조성을 바꿀 수 있다. 개별적으로 남기는

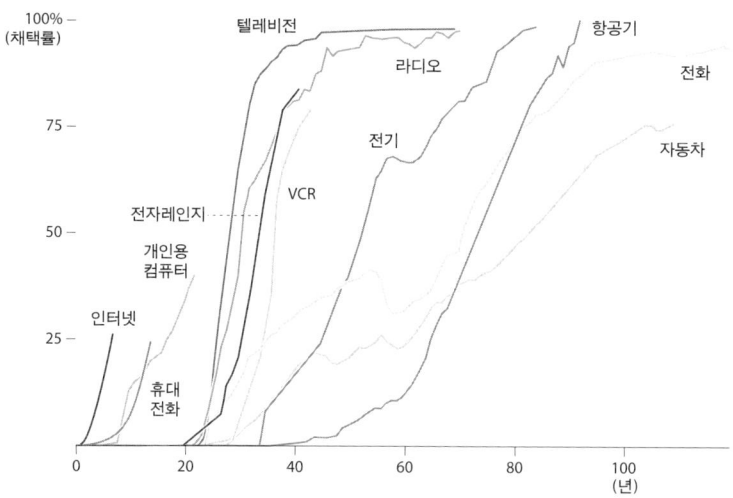

가속되는 기술 채택 속도.[36] 특정한 기술을 소유하거나 쓰는 미국 소비자의 비율을 그것이 발명되었을 때부터 시간별로 나타낸 그래프.

지국은 작지만 이 십단 연소는 지구에 가장 큰 규모의 기술적 충격을 가할 수 있다.

이어서 우리 자신을 둘러싸고 있는 것들이 있다. 일상생활에서 접하는 거의 편재한 기술의 목록을 보면 면 옷, 쇠 칼날, 플라스틱 병, 종이, 무선 신호가 있다. 이 다섯 가지 기술 종은 지금 도시와 대부분의 외진 시골 마을 양쪽에 살고 있는 거의 모든 사람이 접하는 것이다. 이 기술 각각은 가능성의 드넓은 신세계를 연다. 종이는 저렴한 글쓰기, 인쇄, 지폐에, 금속 칼날은 공예, 기능, 원예, 도축에, 플라스틱은 요리, 물, 의학에, 무선은 연결, 뉴스, 공동체에. 그들의 뒤를 금속 주전자, 성냥, 휴대전화라는 거의 편재한 종이 바짝 뒤쫓고 있다.

총 편재는 모든 기술이 향하고 있지만 결코 도달하지 못하는 최종점이다. 그러나 한 기술의 동역학을 다른 수준에 올려놓기 충분할 정도로 거의 포화 상태에 이른 실질적 편재는 있다. 어디에 있든 간에 도시에서는 신기술이 포화점까지 확산되는 속도가 점점 증가해 왔다.

전력이 미국 주민의 90퍼센트에 도달하는 데 75년이 걸린 반면, 휴대전화가 같은 수준으로 침투하는 데는 20년밖에 걸리지 않았다. 확산 속도는 빨라지고 있다.

그리고 다른 점이 또 있다. 편재와 함께 어떤 기이한 일이 일어난다. 몇 안 되는 도로를 몇 안 되는 자동차가 돌아다닐 때와 모든 사람이 서너 대의 자동차를 지닐 때의 상황은 근본적으로 다르다. 소음과 오염 증가 때문만은 아니다. 작동하는 10억 대의 차는 자체 동역학을 생성하는 창발계를 낳는다. 대다수의 발명이 그렇다. 카메라가 처음 몇 대 나왔을 때는 신기한 물건이었다. 그것이 끼친 주된 영향은 시대상을 기록하는 일을 하는 화가들을 실직시킨 것이었다. 하지만 카메라 사용이 쉬워짐에 따라 일반 카메라는 열광적인 포토저널리즘을 낳았고, 이윽고 영화와 할리우드 대안 현실을 낳았다. 그리고 모든 가정이 하나씩 지닐 만큼 값싼 카메라의 확산은 관광, 지구주의, 세계 여행을 부추겼다. 이어 카메라가 휴대전화와 디지털 기기로 확산되면서 화상의 보편적인 공유, 카메라에 찍히기 전까지는 현실이 아니라는 확신, 카메라 시야 너머는 전혀 중요하지 않다는 느낌이 생겨났다. 카메라는 건축 환경에 박혀서 도시의 구석구석에서 지켜보고 모든 방의 천장에서 지켜볼 정도로 더욱 확산되어, 사회에 투명성을 강요한다. 건축된 세계의 모든 표면은 궁극적으로 화면으로 덮일 것이며, 모든 화면은 눈과 마찬가지로 이중적이 될 것이다. 카메라가 완전히 편재할 때 모든 것은 줄곧 기록된다. 우리는 공동체적 인식과 기억을 지닌다. 편재가 부여하는 이 효과들은 단순히 그림을 대체하던 수준에서 아주 먼 길을 나아 온 결과다.

편재는 모든 것을 바꾸고 또 바꾼다.

1000대의 자동차는 이동성을 열어젖히고, 사생활을 낳고, 모험심을 채운다. 10억 대의 자동차는 교외 거주자를 낳고, 모험심을 없애며, 지방 정서를 지우고, 주차 문제를 야기하고, 교통 체증을 낳고, 건축의 인간적인 규모를 제거한다.

늘 켜진 채로 살아 움직이는 1000개의 카메라는 도심지를 소매치기로부터 안전하게 지키며, 교통 신호 위반자를 잡고, 경찰의 비행을 기록한다. 늘 켜진 채로 살아 움직이는 10억 개의 카메라는 공동체 감시 장치와 기억 역할을 하며, 아마추어들에게 목격자라는 일을 주며, 자아 개념을 재구성하고, 당국의 권위를 줄인다.

공간 이동소 1000곳은 휴가 여행에 활기를 불어넣는다. 10억 곳의 공간 이동소는 출퇴근을 뒤엎고, 지구주의를 다시 품게 하고, 공간 이동에 따른 시차 증후군을 일으키고, 멋진 장관을 다시 소개하고, 민족국가를 없애고, 프라이버시를 없앤다.

1000개의 인간 유전자 서열은 개인별 맞춤 의학을 출범시킨다. 10억 개의 유전자 서열은 매시간 실시간으로 유전적 손상을 모니터할 수 있게 하고, 화학산업을 뒤엎고, 질병을 재정의하고, 족보에 정통하게 하고, 유기농 식품이 더러워 보이게 할 정도의 '초청결' 생활양식을 출범시킨다.

건물 크기의 1000개의 화면은 할리우드를 계속 번성하게 한다. 어디에나 있는 10억 개의 화면은 새로운 예술이 되고, 새로운 광고 매체를 만들고, 밤에 도시를 다시 활기로 채우고, 위치 기반 컴퓨터 이용을 가속시키고, 공유물을 재활성화한다.

1000대의 인간형 로봇은 올림픽 경기를 개편하고 연예산업에 활기를 불어넣는다. 10억 대의 인간형 로봇은 고용에 대변화를 일으키고, 노예제도와 그 반대자들을 재도입하고, 기존 종교의 지위를 떨어뜨린다.

진화 과정에서 모든 기술에는 의문이 뒤따른다. 그 기술이 편재한다면 어떤 일이 벌어질까? 모든 사람이 그것을 지니면 어떻게 될까?

편재한 모터.[37] 1915년 포드 모터 회사에서 크랭크축 연삭기를 가동하는 모터 장치의 모습.

어떤 기술이 편재하게 되면 대개 그것이 사라진다. 현대의 전기 모터는 1873년 발명된 직후에 제조 산업 전체로 전파되었다.[38] 공장마다 예전에 증기기관이 서 있던 자리에 아주 커다란 값비싼 모터가 대신 들어섰다. 그 엔진이 축과 벨트로 이루어진 복잡한 미로를 돌렸고, 그 미로는 공장 전체에 흩어진 더 작은 수백 대의 기계를 돌렸다. 그 회전 에너지는 하나의 근원에서 나와 건물 전체를 돌렸다.

1910년대가 되자 전기 모터는 불가피하게 가정으로 전파되기 시작했다. 그것들은 가정에 맞추어져 왔다. 증기기관과 달리, 전기 모터는 연기를 내뿜지도 쿵쿵거리지도 칙칙 김을 내뿜지도 않았다. 그저 약 2.3킬로그램짜

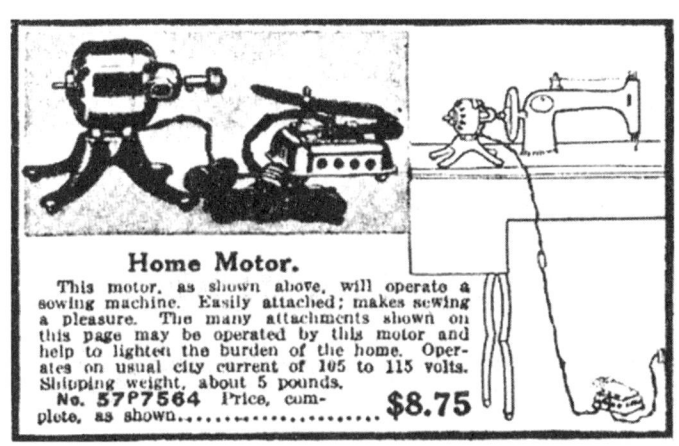

가정용 모터의 광고.[39] 1918년 한 잡지에 실린 시어스 가정용 모터 광고.

리 쇳덩어리에서 꾸준히 산뜻하게 돌아가는 위잉 소리만 날 뿐이었다. 이 단일한 '가정용 모터'는 공장의 모터처럼, 한 가정의 모든 기계류를 가동하도록 설계되었다. 1916년 해밀턴 비치 사의 '가정용 모터'는 속도를 6단계로 조절하는 저항기가 달려 있었고 110볼트로 작동했다. 설계자 도널드 노먼은 1918년 시어스 로벅 사가 가정용 모터를 8.75달러(현재 화폐 가치로는 약 100달러에 해당한다.)에 판다는 지면 광고를 보여 준다. 작동하기 쉬운 이 모터는 당신의 재봉틀을 돌릴 수 있다. 또 젓기 및 섞기 어태치먼트('다용도로 쓸 수 있을')와 윤내기 및 갈기 어태치먼트('가정에서 두루 유용할')에 연결할 수 있었다. '가정용 모터'에 쉽게 연결할 수 있는 선풍기 어태치먼트도 있었고, 크림과 달걀을 휘젓는 거품기 어태치먼트도 있었다.[40]

100년 뒤 전기 모터는 곳곳에 스며들어 편재성을 띠면서 보이지 않게 되었다. 집 안에 더 이상 가정용 모터는 없다. 지금 집 안에는 수십 가지 모터가 있지만 거의 눈에 띄지 않는다. 그것은 더 이상 단독으로 존재하는 장치가 아니며, 많은 가정용 기기의 통합 부품이 되어 있다. 모터는 우리의 자질구레한 기계 장치를 작동시키면서, 우리의 인위적인 자아의 근육 역할을 한다. 모터는 어디에나 있다. 나는 앉아서 이 글을 쓰면서 방에서 찾을 수 있는 내장 모터의 비공식 전수 조사를 실시했다.

    하드디스크를 돌리는 모터 5개
    아날로그 테이프 리코더에 3개
    카메라에 3개(줌렌즈를 움직이는 모터)
    비디오카메라에 1개
    손목시계에 1개
    벽시계에 1개
    프린터에 1개
    스캐너에 1개(헤드를 움직이는 모터)
    복사기에 1개
    팩스기에 1개(종이를 움직이는 모터)
    CD 플레이어에 1개
    바닥 난방 장치에 1개

  내 집의 한 방에는 가정용 모터가 20개 있다. 현대의 공장이나 사무실 건물에는 수천 개가 있다. 우리는 더 이상 모터는 생각조차 하지 않는다. 모터에 의지하고 있으면서도 모터를 의식하지 않는다. 모터는 거의 고장나지 않으며, 우리 삶을 바꿔 놓았다. 우리는 도로와 전기도 의식하지 않는다. 그것들이 편재하며 보편적으로 쓰이기 때문이다. 우리는 종이와 면직물을 기술로 여기지 않는다. 신뢰할 수 있게 어디에나 존재하기 때문이다.
  편재는 깊이 내장될 뿐 아니라 확실성도 낳는다. 신기술의 이점은 한편으로 늘 교란을 일으키기 마련이다. 어떤 혁신의 초판본은 성가시고 까다롭다. 대니 힐리스의 기술 정의를 다시 인용하자면, 그것은 "아직 제대로 작동하지 않는 무엇"이다. 최신식 쟁기, 수차, 안장, 램프, 전화기, 자동차는 특정한 이점을 제공하는 대신에 반드시 특정한 골칫거리를 안겨 준다. 어떤 발명이 다른 곳에서는 완성 단계에 이르렀다 해도, 그것이 새 지역이나 문화에 처음 도입될 때에는 기존 습관을 재훈련해야 한다. 새로운 유형의 수차는 움직이는 데 물이 덜 들지 몰라도, 찾기 힘든 종류의 맷돌이 있어야 하거나 빻은 가루의 질이 다를 수도 있다. 새 쟁기는 밭을 더 빨리 갈 수 있게 하지만 씨를 더 늦게 뿌릴 것을 요구함으로써, 기존 관습을 교란할 수 있다. 신형 자동차는 운전 습관과 연료 주입 패턴을 바꿈으로써, 더 장거리를 가지만 신뢰도가 떨어지거나 효율성이 높지만 이동 거리를 더 줄일 수도 있다. 어떤 기술의 최초 형태는 거의 언제나 그것이 대체하려는 기술보다 그저 약간 더 나을 뿐이다. 그것이 바로 어떤 혁신을 처음에 채택하려는 경향을 보이는 열정적인 선구자들이 극소수에 불과한 이유다. 신기술이 약속하는 것은 주로 두통과 알려지지 않은 사항들이니까 말이다. 어떤 혁신이 완성 단계에 이를 때, 그것의 혜택과 교육은 정리되고 명확히 드러나며, 불확실한 사항은 점점 줄어들고, 그 기술은 널리 퍼진다. 순식간에 확산되지도 고르게 확산되지도 않는다.

따라서 어떤 기술의 수명 전체로 보면, 그것을 지닌 자들이 우세한 시기와 그렇지 않은 자들이 더 많은 시기가 있다. 아직 검증되지 않은 총이나 알파벳이나 전기나 레이저 시력 교정 수술을 위험을 무릅쓰고 최초로 받아들이는 개인이나 사회는 그렇지 않은 사람이나 사회보다 뚜렷한 이점을 얻을 수도 있다. 이런 이점의 분포는 욕구에 못지않게 부, 특권, 지리적 행운에도 영향받을 수 있다. 가장 최근 지닌 자와 지니지 않은 자 사이의 이 분열이 가장 눈에 띄게 드러난 시기는 지난 세기가 끝날 무렵 인터넷이 발달할 때였다.

　인터넷은 1970년대에 발명되어 처음에 극소수에게만 혜택을 제공했다. 주로 그것의 창안자들, 즉 프로그래밍 언어에 숙달된 소수의 전문가 집단이 인터넷 그 자체를 개량하는 도구로서 사용했다. 인터넷은 태어날 때부터 어떻게 하면 인터넷을 더 효율적으로 만들 수 있을까를 논의하기 위해 구축된 것이다. 마찬가지로 최초의 아마추어 무선사들도 주로 무선으로 아마추어 무선에 대한 논의를 주고받았다. 초기의 CB 라디오도 주로 CB에 관한 내용으로 가득했다. 최초의 블로그도 블로깅에 대한 내용이 주류였고, 트위터도 처음 몇 년 동안은 트위터링에 대한 내용이 대부분이었다. 1980년대 초가 되자, 망 규약의 난해한 명령어들을 터득한 얼리어답터들은 이 도구를 논의하는 데 관심이 있는 마음 맞는 사람들을 끌어들이기 위해 배아 단계에 있던 인터넷으로 진출하여 동류인 괴짜 친구들과 이야기를 나누었다. 하지만 나머지 모든 사람들은 인터넷을 그저 비주류 십 대 사내아이들의 취미거리라고 치부했다. 인터넷은 접속하는 데 비용이 많이 들었다. 인내심과 자판을 치는 능력, 난해한 전문 용어를 다루려는 의지도 요구했다. 그리고 그런 강박적인 성향을 지니지 않은 사람은 온라인에서 거의 찾아볼 수 없었다. 대다수 사람들은 그것에 흥미를 느끼지 못했다.

　하지만 얼리어답터들이 마우스로 눌러서 작동하는 인터페이스(웹)와 화상을 제공할 수 있도록 그 도구를 개량하고 완성시키자, 그것의 이점은 더 명확해졌고 더 탐나는 것이 되었다. 디지털 기술이 엄청난 혜택을 준다는 사실이 명확해지자, 그것을 지니지 않은 이들 사이에 어떤 대책을 마련해야 하는가라는 문제가 쟁점으로 부상했다. 그 기술은 개인용 컴퓨터, 전화선, 월 단위의 사용료를 지불해야 하는 여전히 값비싼 것이었지만, 그것을 채택한 사람들은 지식을 통해 힘을 얻었다. 전문가들과 소수의 기업가들은 그것의 잠재력을 간파했다. 능력을 강화하는 이 기술의 초기 사용자들은 지구 전체로 보면 자동차, 평화, 교육, 일자리, 기회 등 다른 많은 것들을 이미 지닌 사람들이었다.

상승시키는 힘으로서의 인터넷의 능력이 점점 더 뚜렷해질수록, 그 디지털 기술을 지닌 자와 그렇지 않은 자 사이의 분열도 더 뚜렷해졌다. 한 사회학적 연구는 '두 개의 미국'이 출현하고 있다고 결론지었다.[41] 한쪽 미국 시민들은 컴퓨터를 살 여력이 없는 가난한 사람들이고 다른 쪽 미국 시민들은 모든 혜택을 거두어들일 개인용 컴퓨터를 지닌 부유한 사람들이다. 1990년대에 나 같은 열광적인 기술 옹호론자들이 인터넷을 파급시키려 노력하고 있을 때, 우리는 이런 질문을 종종 받곤 했다. 디지털로 생길 분열에는 어떤 대책을 내놓을 생각입니까? 내 대답은 단순했다. 아무 대책도 필요없다고. 우리는 아무것도 할 필요가 없었다. 인터넷 같은 기술의 자연사는 자기 실현적이기 때문이다. 지니지 않은 측은 기술의 힘으로 치유될(그리고 그 이상이 될) 일시적인 불균형 사례였다. 지닌 자들보다 이미 더 많은 통신요금을 지불하면서(그런 서비스를 접할 수 있을 때) 합류하고자 열심인 비접속자들이 많았고, 나머지 세계도 연결하게 만들 정도로 많은 혜택이 있었다. 게다가 컴퓨터와 접속 비용은 달이 갈수록 떨어지고 있었다. 당시에 미국의 가난한 사람들은 대부분 텔레비전을 지녔고 매달 케이블 요금을 내고 있었다. 컴퓨터를 소유하고 인터넷에 접속하는 비용은 그보다 더 많지 않았고, 곧 텔레비전보다 저렴해질 터였다. 10년 안에 100달러짜리 노트북만 있으면 될 만큼 비용이 줄어들 것이다. 지난 10년 사이에 태어난 모든 이는 생전에 일종의 컴퓨터(사실상 접속 장치)를 5달러로 만나게 될 것이다.

컴퓨터과학자 마빈 민스키(Marvin Minsky)가 전에 말했듯이, 이것은 그저 '지닌 자와 나중에 지닐 자'의 한 사례일 뿐이다. 지닌 자(얼리어답터)는 거의 작동하지 않는 엉성한 기술의 초기 판본을 더 많은 돈을 내고 구매한다. 그들은 나중에 지닐 자들이 더 저렴하고 더 나은 판본에 지불할 비용보다 새 제품의 고장 잘 나는 초기 판본에 더 많은 돈을 들인다. 나중에 지닐 자들은 얼마 지나지 않아 잘 작동하는 판본을 싼값에 얻을 것이다. 본질적으로 지닌 자들은 나중에 지닐 자들을 위해 기술의 진화에 자금을 댄다. 그것이 부자가 가난한 자를 위한 저렴한 기술의 개발에 자금을 대는 것이 아니고 무엇이란 말인가?

우리는 이 '나중에 지니기'의 주기가 휴대전화에서 더 명확히 펼쳐지는 것을 보았다. 최초의 휴대전화는 벽돌보다 크고 아주 비쌌고 성능은 별로였다. 나는 기술 얼리어답터인 한 친구가 그 최초의 휴대전화를 2000달러 주고 샀던 것을 기억한다. 그는 그것을 전용 가방에 들고 다녔다. 나는 도구보다 장난감에 더 가까운 듯한 것에 그렇게 많은 돈을 들이는 사람이 있다는 사실이 믿기지 않았다. 당시에는 20년이 지나기 전에 2000달러짜리 그 기기가 아무렇게나 쓰고 버리는 것이 될 정도로 싸지고, 셔츠 주머니에 들어갈 정도로 작아지고, 인도의 도로 환경미화원조차 하나씩 지닐 정도가 될 것이라는 예상도 마찬가지로 터무니없게 들렸다. 캘커타의 노숙자가 인터넷에 접속하는 것도 불가능해 보였지만, 기술에 내재한 장기 추세는 그것의 편재를 지향한다. 사실 여러 면에서 이 '나중' 국가들의 서비스 영역은 더 앞서 채택한 미국의 품질을 능가했다. 따라서 휴대전화는 나중 채택자들이 이동 전화의 이상적인 혜택을 더 일찍 보았다는 의미에서, 지닌 자와 더 일찍 지닌 자의 사례가 되었다.

기술의 가장 맹렬한 비판자들은 여전히 지닌 자와 지니지 않은 자라는 덧없는 분열에 초점을 맞추고 있지만, 그 취약한 경계선은 그저 주의를 흩뜨리는 사례에 불과할 뿐이다. 기술 발전의 중요한 문턱은 흔함(commonplace)과 편재, 나중에 지님과 '모든 이가 지님' 사이의 경계선에 놓여 있다. 비판자들이 인터넷 옹호자인 우리에게 디지털 분열에 대해 어떤 대책을 내놓을지 물었을 때, 나는 "아무것도 안 한다."고 말하면서 거꾸로 도전 과제를 제시했다. "당신이 무언가를 걱정하고 싶다면, 현재 오프라인에 있는 사람들을 걱정하지 말라. 그들은 당신이 생각하는 것보다 더 빨리 앞지를 테니까. 대신에 당신은 모든 사람이 온라인 상태에 있을 때 우리가 어떤 대책을 내놓을지 걱정해야 한다. 60억 명이 인터넷에 접속하고 모두가 한꺼번에 전자우편을 보낼 때, 모든 사람이 밤낮으로 계속 접속하고 있을 때, 모든 것이 디지털화하고 오프라인 상태에 있는 것이 전혀 없을 때, 인터넷이 편재할 때 말이다. 그것은 의도하지 않았던 걱정할 만한 결과를 빚어낼 것이다."

나는 지금의 DNA 서열 분석, GPS 위치 추적, 저렴한 태양 전지판, 전기 자동차, 심지어 영양 공급도 마찬가지라고 말할 것이다. 학교에 개인 광섬유 케이블이 없는 이들을 걱정하지 말라. 모두가 그 케이블을 지닐 때 일어날 일을 걱정하라. 우리는 먹을 것이 풍족하지 못한 사람들에게 너무 초점을 맞추다 보니 모든 이가 풍족하게 먹을 때 어떤 일이 일어날지를 보지 못하고 있다. 한 기술의 몇몇 고립된 표현 형태는 그것의 일차 효과를 드러낼 수 있다. 하지만 기술의 이차 및 삼차 결과는 그 기술이 한 문화를 포화시킬 때에야 터져 나온다. 우리를 아주 섬뜩하게 만드는, 기술의 의도하지 않은 결과는 대부분 편재할 때 나온다.

그리고 좋은 것들도 대부분 마찬가지다. 내장 편재를 향한 추세는 호혜적인 열린 기술에서 가장 두드러진다. 통신, 컴퓨터화, 사회화, 디지털화에서 말이다. 그것들의 가능성은 끝이 없어 보인다. 물질과 재료에 욱여넣을 수 있는 컴퓨터와 통신의 양은 무한한 듯하다. 지금까지 우리가 창안한 것 중에 '충분히 영리하다'고 우리가 내뱉은 것은 전혀 없다. 이 점에서 이런 유형의 기술은 만족을 모른 채 편재를 향해 나아간다. 그것은 만연한 존재가 되기 위해 계속 뻗어 나간다. 그것은 모든 기술을 편재로 떠미는 궤적을 따라간다.

자유

다른 모든 것들이 그렇듯이, 우리의 자유 의지도 유일무이한 것이 아니다. 무의식적인 자유 의지에 따른 선택은 동물들에게 원시적인 형태로 존재한다. 모든 동물은 원초적인 바람을 지니며 그것을 만족시키기 위한 선택을 한다. 하지만 자유 의지는 생명보다도 앞선다. 프리먼 다이슨(Freeman Dyson)을 비롯한 일부 이론물리학자들은 자유 의지가 원자 입자들에서 나타나며, 따라서 자유로운 선택이 빅뱅의 거대한 불꽃에서 태어나 그 뒤로 줄곧 확대되어 왔다고 주장한다.

예를 들어 다이슨은 아원자 입자의 붕괴나 회전 방향의 변화가 일어나는 바로 그 순간을 자유 의지의 행위로 기술해야 한다고 말한다.[42] 어떻게 그럴 수 있을까? 그 우주 입자들의 다른 모든 미시적 운동은 입자의 이전 위치·상태로부터 절대적으로 미리 결정되어 있다. 한 입자가 있는 위치와 그 입자의 에너지와 방향을 안다면, 다음 순간에 그것이 어디에 있을지 실패 없이 정확히 예측할 수 있다. 이전 상태를 통해 미리 결정된 경로를 충실히 지키는 것이 '물리 법칙'의 토대를 이룬다. 하지만 한 입자가 아원자 입자와 에너지 광선으로 자발적으로 붕괴하는 것은 예측할 수 없으며, 물리 법칙에 따라 미리 결정되어 있지도 않다. 우리는 우주선으로의 이 붕괴를 '무작위' 사건이라고 부르는 경향이 있다. 수학자 존 콘웨이(John Conway)는 무작위성의 수학뿐 아니라 결정론의 논리도 우주 입자의 갑작스러운 붕괴(왜 지금일까?)나 회전 방향 변화를 제대로 설명할 수 없다고 주장하는 증명을 제시했다.[43] 유일하게 남은 수학적 또는 논리적 대안은 자유 의지다. 입자는 자유 의지의 가장 작은 양자 조각과 구분할 수 없는 방식으로 단순히 선택을 한다는 것이다.

이론생물학자 스튜어트 카우프먼은 이 '자유 의지'가 우주의 수수께끼

같은 양자 특성의 결과이며, 그것을 통해 양자 입자는 한 번에 두 곳에 있을 수 있거나, 동시에 입자이자 파동일 수 있다고 주장한다. 카우프먼은 물리학자들이 평행한 가느다란 두 홈을 통해 빛의 광자(파동·입자인)를 쏠 때 (유명한 실험이다.) 광자가 파동과 입자 양쪽 다가 아니라 어느 한쪽 형태로만 통과할 수 있다고 지적한다. 광자는 그것의 어느 형태가 표현될지를 '선택해야' 한다. 하지만 여러 번 이루어진 이 실험의 기이하면서도 시사적인 한 가지 사실은 파동·입자가 이미 홈을 통과하여 맞은편에서 측정된 뒤에야만 자신의 형태(입자든 파동이든)를 선택한다는 것이다. 카우프먼은 입자가 미결정 상태(양자 결어긋남이라고 하는)에서 결정 상태(양자 결맞음)로 옮겨 가는 것이 일종의 의지 작용이며 따라서 우리 뇌에 있는 자유 의지의 원천이라고 주장한다. 이 양자 효과는 모든 물질에서 일어나기 때문이다.[44]

존 콘웨이가 쓰고 있듯이.

> 일부 독자는 입자 반응의 미정성을 기술하는 데 '자유 의지'라는 용어를 쓰는 것에 거부감을 지닐 수도 있다. 우리가 소립자에 도발적으로 자유 의지를 갖다 붙인 것은 의도적이다. 우리의 공리는 실험자들이 어떤 자유를 지닌다면 입자도 똑같은 종류의 자유를 지닌다고 주장하기 때문이다. 사실 이 후자의 자유가 우리 자신의 궁극적인 설명이라고 가정하는 편이 자연스럽다.[45]

입자에 고유한 이 티끌만큼의 양자 선택은 생명이 부추긴 엄청난 조직화 증가를 통해 강화되었다. 우주 입자의 자발적인 '의지에 따른' 붕괴는 세포를 관통하면서 고도의 질서를 갖춘 DNA 분자 구조에 돌연변이를 일으킬 수도 있다. 그것이 한 시토신 염기의 산소 원자 하나를 쳐서 빼낸다고 하자. 그리고 그 간접적인 의지 작용(생물학자들이 무작위 돌연변이라고 부르는 것)은 혁신적인 단백질 서열을 생성할 수 있다. 물론 대부분의 입자 선택은 그 세포에 더 일찍 죽음을 가져올 뿐이지만, 운 좋게도 한 돌연변이가 생물 전체에 생존 이점을 제공하기도 한다. 이로운 형질은 DNA 체계에 새겨지고 보존되므로 자유 의지의 긍정적인 효과는 축적될 수 있다. 또 의지를 지닌 우주선은 뉴런의 시냅스가 발화하도록 촉발하고, 그 발화는 새로운 신호(착상)를 신경과 뇌세포에 일으키고, 그중 일부는 한 생물이 이런저런 일을 하도록 간접적으로 생물을 자극한다. 복잡한 진화 기구를 통해, 이 원격 유도된 '선택'은 포착되고 보존되고 증폭된다. 입자의 자유 의지로 촉발된 돌연변이는 수십억 년에 걸쳐 모여서 더 많은 감각, 더 많은 부속지, 더 많은 자유도를 지닌 생물들을 진화시킨다. 으레 그렇듯이, 이것은 고결한 자기 증폭 주기다. 진화가 증가함에 따라 '선택 가능성'도 증가한다. 세균은 어쩌면 먹이를 향해 미끄러지듯 움직이거나 분열하는 등 몇 가지 선택의 여지를 지닌다. 더 많이 복잡하고 더 많은 세포 기구를 지닌 플랑크톤은 더 많은 대안을 지닌다. 불가사리는 팔을 꿈틀거리거나, 달아나든지(빨리 또는 느리게?) 적과 싸우든지 하거나, 먹이나 짝을 선택할 수 있다. 생쥐는 살아가면서 100만 가지 선택을 할 수 있다. 거기에는 생쥐가 움직일 수 있는 것(수염, 눈알, 눈꺼풀, 꼬리, 발가락)의 더 긴 목록과 생쥐의 의지가 작용할 수 있는 더 폭넓은 환경, 많은 결정을 내릴 수 있는 더 긴 수명이 포함된다. 복잡성이 커질수록 가능한 선택의 수도 늘어난다.

물론 마음은 새로운 선택 방식을 끊임없이 창안하는 선택 공장이다. 하버드의 기술철학자 이매뉴얼 메신(Emmanuel Mesthene)은 이렇게 선언했다. "선택의 여지가 많아질수록 우리에게 기회는 늘어난다. 기회가 늘어나면 우리는 더 많은 자유를 지닐 수 있고, 자유가 많아지면 더 인간적이 될 수 있다."[46]

값싸고 편재하는 인공 마음을 창조함으로써 나타날 주된 결과 가운데 하나는 더 고차원의 자유 의지가 우리가 건설한 환경에 융합된다는 것이다. 물론 우리는 마음을 로봇에 집어넣을 테지만, 자동차, 의자, 문, 신발, 책에도 선택을 하는 지능을 조금 이식할 것이며, 이 모든 지능은 자유로운 선택을 하는 마음의 세계를 확장할 것이다. 비록 그 선택이 그저 입자 수준에서만 이루어질지라도 말이다.

자유 의지가 있는 곳에는 실수도 있다. 우리가 무생물을 유전되는 비활성 족쇄에서 풀어 주고 티끌만큼의 선택의 여지를 줄 때, 우리는 그것에 실수할 자유를 주는 것이다. 각각의 새로운 인공 직감력 조각을 실수를 저지를 새로운 방식이라고 생각할 수 있다. 어리석은 짓을 하도록 하고, 오류를 저지르도록 하는. 다시 말해 기술은 우리에게 이전에 할 수 없었던 혁신적인 형태의 실수를 저지르는 법을 가르친다. 사실 인류가 전혀 새로운 형태의 실수를 얼마나 저지를 수 있느냐를 자문하는 것이 선택과 자유의 새로운 가능성을 발견하기 위한 최상의 계량법일 것이다. 우리 유전자를 가공하는 것은 새로운 종류의 실수를 빚어낼 준비를 하는 것이며, 따라서 새로운 수준의 자유 의지를 뜻한다. 행성 기후를 지구공학적으로 변형하는 것도 새로운 영역의 실수들, 따라서 새로운 영역의 선택을 시사할 수 있다. 휴대전화나 회로를 통해 살아 있는 모든 사람을 서로 실시간으로 연결하는 것 또한 새로운 선택의 힘과 실수를 저지를 놀라운 잠재력을 풀어 놓는다.

모든 발명은 가능한 것의 공간을 넓히며 따라서 선택이 이루어질 수 있는 매개변수의 범위를 늘린다. 하지만 테크늄이 무의식적인 자유 의지를 발휘할 수 있는 새로운 메커니즘을 창조한다는 점도 마찬가지로 중요하다. 전자우편을 보낼 때마다 데이터 서버의 보이지 않는 뛰어난 알고리즘은 당신의 메시지가 정체를 최소로 겪으면서 최대한의 속도로 도달하도록 세계 통신망을 쏜살같이 나아갈 경로를 판단한다. 양자 선택은 이런 선택에서 어떤 역할도 하지 않는다. 오히려 10억 가지의 상호 작용하는 결정론적 요소들이 영향을 끼친다. 이런 요소들을 하나하나 밝혀내기란 거의 불가능하므로, 이런 선택은 사실상 망의 자유 의지에 따른 결정이며, 인터넷은 매일 그런 결정을 수십억 건씩 내리고 있다.

퍼지 논리를 적용한 가전제품들은 진짜 선택을 한다. 그들의 작은 칩 두뇌는 경쟁하는 요소들을 비교 평가하며, 퍼지 논리 회로가 비결정론적 방식으로 드라이어를 언제 끌지 혹은 쌀을 어떤 온도로 가열할지 결정한다. 당신이 며칠 전에 탄 747기를 조종한, 컴퓨터로 작동하는 정교한 자동 조종 장치 같은 많은 복잡한 적응적 새 고안물들은 인간이나 다른 어떤 생물의 능력을 넘어선 새로운 유형의 행동을 만들어 내 자유 의지의 범위를 확대한다. MIT의 한 실험 로봇은 인간의 뇌, 팔 조합보다 수천 배 더 빠른 뇌와 팔을 사용하여 테니스공을 잡을 수 있다.[47] 이 로봇은 어디로 손을 움직일지 판단을 내리면서 우리 눈에 보이지 않을 정도로 빠르게 손을 움직인다. 여기서 자유 의지는 속도의 새로운 세계로 확대되었다.

당신이 구글에 키워드를 입력하면, 구글은 약 1조 편의 문서를 살펴서 당신이 원하는 것이라고 추정한 문서를 선택한다.(여기서 '선택'은 딱 맞는 용어다.) 어떤 사람도 그렇게 전 세계의 자료를 다 훑을 수는 없다. 이런 식으로 검색 엔진은 인간을 초월하는 규모로 자유 선택을 제공한다. 여지껏 기계는 우리가 가능성을 생각해 내면 즉시 그 가능성을 실현시켰다. 이제 기계는 우리를 기다리지 않고 가능성을 실현시키고 있다.

미래 세계에서 스스로 주차하는 첨단 기술 자동차는 우리가 주차할 때 하는 것만큼 많이 자유 의지에 따른 선택을 할 것이다. 정도의 차이가 있지만, 기술은 오늘 하는 것보다 더 높은 수준으로 자유 의지를 발휘할 것이다.

테크늄은 먼저 가능한 선택의 범위를 확대한 뒤에 선택을 할 행위자의 범위를 확대한다. 신기술이 더 강력할수록 그것이 여는 새로운 자유도 더 커진다. 늘어나는 대안은 늘어나는 자유와 손에 손을 잡고 함께 나아간다.

세계에서 많은 경제적 선택의 여지, 풍부한 통신 대안, 높은 교육 가능성을 지닌 국가는 가용 자유 면에서 가장 상위에 놓이는 경향이 있다. 하지만 이 확장은 마찬가지로 오용될 가능성도 지닌다. 모든 신기술에는 새로운 실수를 저지를 잠재력도 들어 있다. 테크늄이 증가함에 따라 여러 면에서 선택할 자유도 증가한다.

상호 부조

이 행성에 사는 종의 절반 이상은 기생한다.[48] 즉 그들은 적어도 삶의 한 단계에서 다른 종에 의존하여 생존한다. 그와 동시에 생물학자들은 살아 있는 모든 생물(기생생물도 포함하여)이 적어도 하나의 기생생물을 지니고 있다고 믿는다. 따라서 자연계는 공존의 온상이다.

기생은 상호 부조라는 넓은 연속체의 한 영역일 뿐이다. 그 연속체의 한쪽 끝에서는 모든 생물이 다른 생물에 의존한다.(직접적으로는 부모에게 간접적으로는 다른 생물들에게.) 반대쪽 끝에서는 두 종이 공생 관계를 이루고 있다. 결합되어 지의류라는 한 종으로서 존재하는 조류와 균류처럼. 그 중간에는 다양한 형태의 기생이 있으며, 그중에는 숙주에게 전혀 해를 끼치지 않는 형태도 있고, 기생생물이 숙주를 돕는 사례도 있다.(아카시아 덤불에 사는 개미처럼.)

점점 늘어나면서 진화를 엮어 내는 세 가닥의 상호 부조가 있으며, 그것에는 공진화라는 이름이 붙어 있다.

1. 생명은 진화함에 따라 다른 생명에 점점 더 의존한다. 가장 오래된 세균은 무생물인 암석, 물, 화산 증기에 의지하여 근근히 살아간다. 그들은 비활성

물질만을 접촉한다. 나중에 등장한 대장균 같은 더 복잡한 미생물은 우리의 살아 있는 세포에 둘러싸인 채, 우리의 음식을 먹으면서 오로지 우리 창자 속에서 생애를 보낸다. 그들은 살아 있는 다른 생물만을 접촉한다. 시간이 흐르면서 한 생물의 가정환경은 비활성이기보다는 살아 있는 것일 가능성이 더 높아진다. 동물계 전체는 이 추세의 탁월한 사례다. 살아 있는 다른 생물에게서 먹이를 그냥 훔칠 수 있다면, 원소들로부터 직접 먹이를 생산하는 성가신 일을 굳이 왜 하겠는가? 이 점에서 동물은 식물보다 더 상호 부조적이다.

2. 생명이 진화함에 따라, 자연은 종 사이에 상호 의존할 기회를 더 많이 만든다. 자신을 위해 성공적인 생태 지위를 만들어 내는 모든 생물은 다른 종들(모든 잠재적인 기생생물!)을 위한 잠재적인 생태 지위도 만들어 낸다. 고산 초원은 시간이 흘러 크로커스의 꽃가루받이를 할 벌이라는 새로운 종이 추가되면서 더 풍성해진다. 이 추가 덕분에 초원의 모든 생물 사이에 가능한 관계의 수가 증가한다.

3. 생명이 진화함에 따라, 같은 종 구성원 사이의 협동 가능성은 증가한다. 개미 군체나 벌집 같은 초유기체는 종 내 협동과 상호 부조의 극단적인 사례다. 생물 사이의 사회성 증가는 진화를 확고히 하는 깔쭉톱니바퀴다. 사회화는 일단 이루어지면 사라지는 법이 거의 없다.

인간의 삶은 이 세 상호 부조에 잠겨 있다. 첫째, 우리는 생존하기 위해 다른 생명에 놀라울 정도로 깊이 의존하고 있다. 우리는 식물과 다른 동물을 먹는다. 둘째, 이 행성에서 건강과 번영을 유지하기 위해 살아 있는 다른 종을 우리만큼 다양하고 많이 사용하는 생물종은 없다. 셋째, 우리는 자라고, 살아남는 법을 배우고, 분별력을 유지하기 위해 우리 종의 구성원을 필요로 하는 사회적 동물로 유명하다. 이 점에서 우리 삶은 심히 공생적이다. 즉 우리는 남의 삶 속에서 살아간다. 테크늄은 상호 부조의 이 세 변수를 더욱 멀리 밀고 나간다.

오늘날 대다수의 기계는 땅이나 물, 심지어 공기조차도 접촉하는 일이 없다. 지금 이 글을 기록하고 있는 컴퓨터의 중심에서 고동치는 마이크로 회로라는 작은 심장은 그런 자연력이 미치지 못하게 밀봉된 채 오로지 제조된 다른 인공물에 둘러싸여 있다. 이 미시 인공물은 거대한 터빈(혹은 맑은 날 우리 집 지붕의 태양 전지판)에서 만들어지는 에너지를 먹고, 자신의 산물을 다른 기계(내 시네마 디스플레이 모니터)에 보내고, 운이 좋으면 죽었을 때 그 부품의 희귀원소들은 소화되어 다른 기계들에 먹힐 것이다.

사람의 손이 전혀 닿지 않는 기계 부품은 많다. 그 부품들은 로봇이 만들어서 장치 안에 삽입하며(자동차 냉각 장치의 베어링처럼), 그 장치는 더 큰 기술적 고안물들 안에 놓인다. 얼마 전 나는 아들과 함께 오래된 CD 플레이어의 내부를 해체했다. 나는 우리가 레이저 하우징을 열었을 때, 그 복잡한 내부 부품을 본 최초의 비기계적인 존재였을 것이라고 확신한다. 그때까지 그것을 건드린 것은 기계들뿐이었다.

테크늄은 인간과 기계 사이의 공생을 점점 심화하는 방향으로 나아가고 있다. 이는 손에 땀을 쥐게 하는 할리우드 공상과학 블록버스터의 주제이지만, 한편으로 실생활에서도 규모는 작지만 100가지 방식으로 펼쳐지고 있다. 우리가 웹과 구글 같은 기술을 통해 공생 기억을 만들고 있다는 것은 분명하다. 구글(혹은 그 후손 중 하나)이 일상적인 말로 하는 질문을 이해할 수 있고 우리 옷에 삽입되어 살아가는 때가 온다면, 우리는 이 도구를 곧 우리 마음의 일부로 동화시킬 것이다. 우리는 그것에 의존할 것이며, 그것은 우리에게 의존할 것이다. 즉 둘은 계속 공존하면서 계속 더 영리해질 것이다. 더 많은 사람이 이용할수록 그것은 더 영리해지기 때문이다.

이 기술적 공생을 두려워하고 심지어 끔찍하게 여기는 사람들도 있지만, 그것은 긴 나눗셈을 할 때 종이와 연필을 쓰는 것과 별 차이가 없다. 대부분의 보통 사람은 기술 없이 긴 수를 나누는 것이 불가능하다. 우리 뇌는 본래 그런 일을 하도록 배선되어 있지 않다. 우리는 큰 수나 많은 수를 나누거나 곱하거나 조작할 때 글쓰기와 셈법이라는 기술을 이용한다. 그럭저럭 머릿속으로 그 일을 할 수도 있지만, 마음속에서 가상의 종이에 가상으로 문제를 쓰는 자신의 모습을 지켜봄으로써만 그렇게 할 수 있다. 내 아내는 어릴 때 주판을 써서 셈을 하는 법을 배웠다. 주판은 4000년 된 아날로그 계산기이며 연필보다 더 빨리 계산을 하도록 돕는 기술 보조 기구다. 주위에 주판이 없을 때면, 아내는 답을 얻기 위해 손가락으로 가상의 주판알을 가상으로 튀기면서 똑같은 일을 한다. 어쩐 일인지 우리는 기술에 전적으로 의지하여 덧셈과 뺄셈을 한다는 점에는 두려움을 느끼지 않으면서도, 웹에 의지하여 사실을 기억한다는 점에는 때로 두려움을 느낀다.

테크늄은 기계 사이의 상호 부조도 증가시킨다. 세계 통신망 트래픽의 대부분은 사람 사이에 흐르는 메시지가 아니라 기계 사이에 오가는 메시지다. 세계 총 비태양 에너지, 다시 말해 기술적 수단을 통해 만들어져서 테크늄의 도관과 배선을 통해 흐르는 에너지의 거의 75퍼센트는 우리 기계의 이동, 설치, 유지를 위해 쓰인다. 트럭, 열차, 비행기의 대부분은 사람이 아니라 화물을 운반하고 있다. 난방과 냉방의 대부분은 사람이 아니라 다른 것들에 쓰인다. 테크늄은 자기 에너지의 4분의 1만을 사람의 안락, 음식, 여행 욕구에 쓴다. 나머지는 기술이 다른 기술을 위해 만드는 것이다.

우리는 테크늄과 우리 자신 사이의 상호 부조를 증가시키는 여행을 이제 막 시작한 상태다. 펜과 종이로 덧셈을 하는 것처럼 이 편리공생에 숙달하려면 얼마간 교육을 받아야 할 것이다. 상호 부조를 향한 엑소트로피 추세의 가장 가시적인 측면은 테크늄이 인간 사이의 사회성을 증가시키는 방식이다. 나는 이 궤적을 개략적으로 그려 보고자 한다. 그것이 가장 가까운 시일에 일어날 것이기 때문이다. 앞으로 10~20년 동안 테크늄의 사회화는 그것의 주요 형질 가운데 하나이자 우리 문화의 주요 사건이 될 것이다.

사람 사이에는 연결성이 증가하는 자연적인 경향이 있다. 사람들의 집단은 단순히 생각, 도구, 창작물을 공유하는 것에서 출발하여 협력(cooperation), 협동(collaboration), 집산주의로 나아간다. 각 단계에서 협조의 양은 증가한다.

오늘날 온라인 대중은 놀라울 정도로 기꺼이 공유하려는 의향을 지니고 있다. 페이스북이나 마이스페이스에 올리는 개인 사진의 수는 천문학적이다. 디지털 카메라로 찍힌 사진의 대다수는 어떤 식으로든 공유되고 있다고 보아도 무리가 아니다. 위키피디아는 작동하고 있는 공생 기술의 또 다른 놀라운 사례다. 위키피디아만이 아니라 위키성(wikiness) 전체가 그렇다. 현재 145가지 위키 엔진이 더 있으며, 각각은 사용자들이 협력하여 쓰고 편집하도록 허용하는 무수한 웹사이트를 만들어 내고 있다.[49] 그리고 마이크로블로깅, 지도 찾기, 떠오르는 생각을 그때그때 온라인에 올리는 사이트도 있다. 여기에 덧붙여서 미국에서만 매달 유튜브에 60억 편의 동영상이 올라오고[50] 팬픽션 사이트들에는 팬이 창작한 이야기들이 수백만 편 쌓여 있다.[51] 공유하는 조직의 목록은 거의 무한히 이어진다. 이용 후기는 옐프(Yelp), 위치 찾기는 루프트(Loopt), 북마크는 딜리셔스(Delicious) 등등.

공유는 한 단계 더 상위 수준의 공동체 참여를 위한 토대 역할을 한다. 바로 협력이다. 개인들이 대규모 목표를 달성하기 위해 함께 일할 때, 이 노력은 집단 수준에서 나타나는 어떤 결과물을 빚어낸다. 아마추어들은 플리커에서 30억 장이 넘는 사진을 공유할 뿐 아니라, 협력하여 그것들을 범주로 분류하고 꼬리표와 키워드를 붙여 왔다.[52] 그 공동체의 다른 이들은 사진들을 추려 내어 집합을 만든다. 크리에이티브 커먼스(Creative Commons) 저작권이 인기를 끈다는 것은 노골적인 공산주의까지는 아니더라도 공동체 차원에서 당신의 사진이 내 사진이라는 의미다. 파리 코뮌의 거주자가 공동체의 외바퀴 손수레를 갖다 쓰는 것과 마찬가지로, 누구라도 어떤 사진을 이용할 수 있다. 나는 에펠탑의 사진을 새로 찍을 필요가 없다. 공동체가 내가 찍을 수 있는 것보다 더 나은 사진을 제공할 수 있으니까. 진화는 생물학에 상호 부조를 가공해 넣는다. 그것이 서로에게 이익이니까. 개체도 얻고 집단도 얻는다. 오늘날 디지털 기술에도 몇 가지 수준에서 같은 일이 일어나고 있다. 첫째, 페이스북과 플리커 같은 통합 사이트에서 소셜 미디어 도구는 사용자가 자신의 접근성을 향상하기 위해 자신의 자료를 태그, 북마크, 순위 설정, 보관할 수 있도록 함으로써 사용자에게 직접 혜택을 준다. 그들은 자신의 사진들을 분류하는 일에 시간을 쓴다. 그래야 자신이 오래된 사진을 찾기가 더 쉬워지기 때문이다. 그것은 개인이 얻는 혜택이다. 둘째, 다른 사용자들은 개인의 태그, 북마크 등으로 혜택을 본다. 개인의 작업으로 그들도 사진들을 사용하기가 더 쉬워진다. 이런 식으로 집단 전체도 개인이 혜택을 볼 때 동시에 혜택을 본다. 더 고도로 진화한 기술일수록 집단 전체의 노력으로부터 추가 가치가 출현할 수 있다. 예를 들어 서로 다른 관광객들이 서로 다른 각도에서 같은 관광지 풍경을 찍어서 태그를 붙인 사진들을 조합하면, 원래 풍경의 멋진 삼차원 장면을 만들어 낼 수 있다. 어떤 개인도 굳이 힘들여 그런 일을 하려고 하진 않겠지만.

공동체가 만든 뉴스 사이트에 기고하는 진지한 아마추어 저술가들은 자신이 덧붙이는 가치에 비해 개인적으로 얻는 보상은 훨씬 미미하지만, 그래도 기고를 계속한다. 그것은 어느 정도 이 협력 기구가 휘두르는 문화적 힘 때문이기도 하다. 기고자의 영향력은 덩그러니 한 표를 투표하는 차원을 넘어서 확대되며, 공동체의 집단 영향력은 수많은 기고자가 각 비율에 따라 미치는 것보다 훨씬 클 수 있다. 그것이 바로 사회 조직의 핵심이다. 전체의 합이 부분을 능가한다는 것 말이다. 이것이 바로 기술이 부양하는 창발적 능력이다.

추가 기술 혁신은 임시 협력을 일종의 신중한 협동 차원으로 밀어올릴 수 있다. 위키피디아 같은 수백 가지의 오픈소스 소프트웨어 계획 중 어느 것이든 살펴보라. 세밀하게 맞추어진 공동체 도구들을 이용하여 수천 아니 수만 명의 구성원들은 공동 작업을 통해 고품질의 산물을 빚어낸다. 한 연구는 공개된 페도라 리눅스 9 소프트웨어에 연인원 6만 명의 노력이 쏟아졌다고 추정한다.[53] 현재 전 세계에서 약 46만 명이 놀랍게도 43만 가지의 오픈소스 계획에 참여하고 있다.[54] 제너럴 모터스 인력의 거의 두 배에 달하지만, 책임자 같은 것은 전혀 없다.[55] 협동 기술이 너무나 잘 작동하기에 이 협동하는 사람들 상당수는 결코 만나는 일이 없고 서로 먼 나라에 살 수도 있다.

테크늄에서 상호 부조를 향한 흐름은 오래된 꿈을 향해 나아간다. 개인의 자율성과 함께 일하는 사람들의 힘을 모두 최대화한다는 꿈 말이다. 가난한 농민들이 지구 반대편의 전혀 낯선 사람들에게 100달러를 빌리고, 갚을 수 있다는 것을 누가 믿으려 했겠는가? 키바(Kiva)가 바로 그런 일을 한다. 인터넷 소셜 웹사이트라는 상호 부조 기술을 통해 P2P 방식으로 상호 대출을 한다. 모든 공중 보건 전문가들은 사진 공유는 좋겠지만 의료 기록을 공유하려는 사람은 아무도 없을 것이라고 자신만만하게 선언했다. 하지만 더 나은 치료를 받고자 환자들이 치료 결과를 공유하는 페이션츠라이크미(PatientsLikeMe)는 집단 행동이 의사와 프라이버시 침해 우려를 이길 수 있음을 입증했다. 자신이 생각하는 것(트위터), 자신이 읽는 것(스텀블어판(StumbleUpon)), 자신의 금융(웨사비(Wesabe)), 자신의 모든 것(웹)을 공유하는 공통의 습관은 점점 증대되면서 우리 테크늄의 토대가 되고 있다.

지금은 새롭지 않지만, 협동은 한때 집단적으로 하기 어려운 것이었다. 협력도 새롭지 않지만, 수백만 명 규모로 확대하기는 어려웠다. 공유는 인간만큼 오래된 것이지만, 낯선 사람들 사이에서는 유지하기가 어렵다. 점증하는 상호 부조가 생물학에서 테크늄으로 확장된다는 것은 앞으로 사회성과 상호 부조가 더 늘어나리라는 것을 가리킨다. 현재 우리는 기술을 이용하여 대륙을 초월한 집단을 이루어 공동으로 백과사전, 뉴스 대행사, 동영상 기록소, 소프트웨어를 만들고 있다. 다리, 대학교, 자치 도시를 같은 방식으로 건설할 수 있을까?

지난 세기에 매일 누군가는 이런 질문을 했다. 자유 시장이 하지 못할 일이 뭐가 있을까? 우리는 합리적인 기획이나 가부장적 정부를 요구하는 듯이 보이는 문제들을 줄줄이 모아서 거기에 시장 논리라는 놀랍도록 강력한 발명을 적용했다. 대다수 사례에서 시장 해법은 상당히 더 잘 먹혔다. 최근 수십 년 사이의 번영 가운데 상당 부분은 시장의 힘을 테크늄에 풀어 놓음으로써 이룬 것이다.

이제 우리는 출현하고 있는 협동 기술을 갖고 똑같은 묘기를 부리려 시도하고 있다. 이 기법들이 먹히는지 알아보기 위해 점점 늘어나는 바라는 것들의 목록에, 그리고 이따금 자유 시장이 해결할 수 없는 문제들에도 그것들을 적용함으로써 말이다. 우리는 이렇게 자문한다. 기술의 상호 부조가 하지 못할 일이 있을까? 지금까지 쏟아져 나온 결과들은 놀랍다. 거의 매번 공유, 협력, 협동, 개방성, 투명성이라는 사회화의 힘은 어느 누군가 가능하다고 생각한 것보다 더 현실적임이 드러나 왔다. 매번 시도할 때마다 우리는 상호 부조의 힘이 우리가 상상한 것보다 더 크다는 사실을 알아차린다. 매번 우리는 무언가를 재창안할 때마다 그것을 더욱 상호 부조적으로 만들 것이다.

아름다움

 가장 진화한 것은 아름다우며 가장 아름다운 것은 가장 고도로 진화한 것이다. 오늘날 살고 있는 모든 생물은 40억 년에 걸친 진화의 혜택을 보고 있으며, 따라서 둥근 규조류에서 해파리, 재규어에 이르기까지 살아 있는 모든 생물은 우리가 아름다움이라고 여기는 어떤 깊이를 보여 준다. 이것이 바로 우리가 자연의 생물과 물질에 이끌리는 이유이자 비슷한 광채를 지닌 인공물을 합성하기가 그토록 어려운 이유이다.(사람 얼굴의 아름다움은 전혀 다른 현상이다. 얼굴이 사람의 이상적인 평균 얼굴에 가까울수록 우리는 더 매력을 느낀다.) 살아 있는 생물에게는 파란만장한 역사를 통해 얻은, 아무리 자세히 뜯어본들 사라지지 않는 고풍스러운 멋이 있다.

 「아바타」나 「스타워즈」 시리즈 같은 영화에 나오는 가상 생물들을 창조하는 할리우드 특수 효과팀의 내 친구들은 이구동성으로 말한다. 먼저 자신들이 민든 창조물이 물리학의 논리를 따르도록 한 뒤에, 역사를 한층 덧붙임으로써 그것을 아름답게 만든다고 말이다. 2009년 「스타트렉」에 나오는 얼음 행성에 사는 괴물은 처음에는 흰색이었다.(자신의 가상 진화에서.) 하지만 눈으로 뒤덮인 하얀 세계에서 최상위 포식자가 된 뒤에 더 이상 위장할 필요가 없어지자 우월함을 과시하기 위해 몸의 일부가 새빨간 색을 띠게 되었다. 영화에서는 볼 수 없지만 그 생물은 한때 수천 개의 눈을 지녔고, 이 기관들은 그 생물의 겉모습과 행동을 빚어냈다. 화면에 나타난 그 생물을 지켜보면서 우리는 이 환상 속 진화의 산물이 진짜이며 아름답다고 '읽어낸다.' 때로 감독은 한 생물의 개발을 담당하는 디자이너를 교체함으로써, 동질적인 양식이 아니라 더 깊이 있고 더 다층적이고 더 진화한 느낌을 주도록 한다.

 세계를 만드는 마법사들도 같은 식으로 아름다운 인공 세계를 창조한다.

그들은 현실임이 확실하다고 믿게 만드는 실제 현실을 한 덩어리 떼어 버팀목으로 삼아, 가공의 역사를 반영하는 복잡하기 그지없는 세세한 표면, 즉 '그리블(greeble)' 표면을 고도로 복잡하게 만들어서 아주 거대하고 복잡한 물체처럼 보이게 한 것. SF 영화에 등장하는 복잡하고 거대한 우주선이 한 예을 덧씌운다. 최근 한 영화에 등장하는 멋진 도시를 만들기 위해, 그들은 디트로이트의 무너져 가는 건물들을 하나하나 사진으로 찍은 뒤 과거의 재난과 재생이라는 배경 이야기에 맞추어 그 폐허들 주위에 현대적인 구조물들을 추가했다. 세세한 부분의 해상도보다 더 중요한 것은 역사적 의미를 덧씌우는 층들이다.

실제 도시도 진화적 아름다움이라는 이 똑같은 원리를 보여 준다. 역사를 보면 인류는 언제나 신도시가 추하다고 여겼다. 오랫동안 사람들은 새로 생긴 젊은 라스베이거스를 보고 움찔했다. 수세기 전, 초기의 런던은 눈에 거슬리는 끔찍한 도시로 여겨졌다. 하지만 세대를 거치면서 런던의 모든 도시 구역들은 일상적인 용도라는 시험을 받았다. 제 역할을 잘하는 공원과 길은 남았다. 그렇지 못한 것들은 없어졌다. 건물 높이, 광장의 크기, 위로 튀어나온 돌출부의 경사는 당대의 필요에 맞추어 개량됨으로써 모두 조정을 거쳤다. 하지만 모든 불완전함이 제거되지는 않았고 그럴 수도 없다. 도시의 많은 측면들, 이를테면 거리의 폭은 쉽게 바꿀 수 없으니까. 따라서 세대를 거치면서 도시에는 차선책과 건축적 보정이 추가되면서 복잡성이 증가한다. 런던, 로마, 상하이 같은 현실의 대다수 도시에서 가장 좁은 골목길은 수용되어 공공 공간으로 활용되며, 가장 작은 모퉁이는 상점이 되며, 아치 다리 밑의 가장 습한 곳에는 집이 들어선다. 수세기에 걸쳐 이 끊임없는 채움, 쉴 새 없는 대체, 재개발, 복잡화, 다시 말해 진화는 깊은 만족감을 주는 미학적 특징을 빚어낸다. 아름다움으로 가장 유명한 도시들(베네치아, 교토, 이스파한)은 서로 교차하는 세월의 깊은 층위들이 드러나는 곳이다. 구석구석마다 홀로그램처럼 도시의 오랜 역사가 새겨져 있으며, 우리가 걸음을 옮길 때마다 그 역사가 펼쳐지면서 언뜻언뜻 드러난다.

진화는 복잡화에 대한 것만이 아니다. 어떤 가위는 고도로 진화하여 아름다울 수 있는 반면, 어떤 가위는 그렇지 않다. 양쪽 가위 다 중앙의 한 지점에서 연결된 채 움직이는 두 금속 조각으로 이루어진다. 하지만 고도로 진화한 가위에서는 수천 년의 세월에 걸쳐 자르면서 쌓인 지식이 양쪽 금속 조각의 갈고 윤이 나는 모습에 담겨 있다. 양쪽 가위 날의 미미한 비틀림 속에 그 지식이 들어 있다. 문외한인 우리의 마음은 이유를 해독할 수 없지만, 그 화석화한 학습을 아름다움이라고 해석한다. 그것은 매끄러운 윤곽선보다는 경험의 매끄러운 연속성과 더 관련이 깊다. 매력적인 가위와 아름다운 망치와 멋진 차는 모두 그 선조들의 지혜를 자신의 형태에 담고 있다.

진화의 아름다움은 우리에게 마법을 걸어 왔다. 심리학자 에리히 프롬과 저명한 생물학자 E. O. 윌슨에 따르면, 인류는 살아 있는 것에 이끌리는 타고난 성향인 바이오필리아(biophilia)를 지닌다.[56)] 유전자에 새겨진 생명과 생명 과정에 대한 이 애호심이 과거에 자연과 친숙해지도록 우리를 부추겼기에 우리는 살아남을 수 있었다. 우리는 야생의 비밀을 터득하면서 기쁨을 느꼈다. 우리 조상들은 숲 속을 걸어 다녔던 오랜 세월 동안, 꼭꼭 숨어 있던 풀을 찾아내거나 희귀한 청개구리에게 살금살금 다가갈 때 희열을 느

인체 공학적 가위.[57)] 식탁보를 자르는 용도의 고도로 진화한 재봉 가위.

꼈다. 어느 수렵채집인에게든 야생에서 보내는 시간이 어떠하냐고 물어 보라. 우리는 생물이 가르쳐 주는 위대한 교훈들과 각 생물이 제공할 수 있는 풍성함을 발견하기를 좋아했다. 이 사랑은 여전히 우리 세포에서 지글거리고 있다. 그것이 바로 우리가 도시에서 여전히 애완동물을 기르고 화초를 심는 이유이자, 슈퍼마켓의 식품이 더 싼데도 텃밭을 가꾸는 이유이며, 높이 드리운 나무 아래에 말없이 앉아 있곤 하는 이유이다.

하지만 우리는 마찬가지로 테크노필리아(technophilia), 즉 기술에 이끌리는 성향도 타고난다. 우리가 영리한 호미닌에서 사피엔스로 진화할 때 우리 도구가 산파역을 했으며, 우리 인간성의 핵심에는 만들어진 것에 대한 선천적인 친화력이 자리를 잡고 있다. 그것은 어느 정도는 우리가 만들어졌기 때문이다. 또 어느 정도는 모든 기술이 우리의 아이이기 때문이다. 그리고 우리는 자신의 아이들을 사랑한다. 모두를 말이다. 인정하려면 당혹스럽지만 우리는 기술을 사랑한다. 적어도 이따금씩은 말이다.

장인들은 도구의 탄생 의식을 치르기도 하고 문외한이 만지지 못하게 하면서, 늘 자신의 도구를 사랑해 왔다. 도구는 지극히 사적인 것이었다. 기술의 규모가 성장하여 손을 넘어서자 기계는 일종의 공동체 경험이 되었다. 산업 시대에 들어서서는 보통 사람도 여태껏 봐 온 자연 생물보다 더 크고 복잡해진 기술을 마주치는 사례가 많아졌으며, 기술의 영향력에 휘둘리기 시작했다. 1900년 역사가 헨리 애덤스(Henry Adams)는 파리 만국박람회에 한 번 갔다가 또 찾았다. 그는 경이로운 새 전기 다이너모, 즉 모터가 있는 전시관에서 발을 떼지 못했다. 자신을 삼인칭으로 서술한 글에서 그는 그 입문 순간을 상세히 설명한다.

[애덤스에게] 그 발전기는 무한의 상징이 되었다. 기계류가 죽 늘어서 있는 거대한 전시실에 익숙해지자 그는 초기 기독교인들이 십자가를 보고 느꼈던

것과 비슷하게, 12미터 크기의 발전기를 일종의 도덕적 힘으로 느끼기 시작했다. 틀 바로 옆에 누워 있는 아기를 깨우지 않으면서 거의 웅웅거리는 소리도 내지 않고, 힘을 존중하라고 머리카락을 삐쭉 세우는 귀에 들리는 경고도 거의 내지 않은 채 팔을 뻗으면 닿을 만한 거리에서 눈이 핑핑 돌 만한 속도로 회전하는 이 거대한 바퀴에 비하면, 구식으로 신중하게 해마다 또는 매일 회전하는 지구 자체는 덜 인상적인 듯했다. 관람을 끝내기 전에 그는 그것에 기도를 올리기 시작했다.[58]

거의 70년 뒤 캘리포니아 작가인 조안 디디언(Joan Didion)은 후버댐으로 순례 여행을 떠났다. 그는 자신의 작품집인 『하얀 앨범(*The White Album*)』에 그 여행을 자세히 서술한다. 그녀도 발전기의 심장을 느꼈다.

 1967년 후버댐을 처음 본 오후 이래로, 그 광경은 내 내면의 시야에서 완전히 벗어난 적이 한 번도 없다. 내가 로스앤젤레스에서 혹은 뉴욕에서 누군가에게 이야기를 하면, 그 댐은 갑자기 구체적으로 눈앞에 떠오를 것이다. 내 앞에 수백 혹은 수천 킬로미터에 걸쳐 펼쳐진 협곡의 삭막한 적갈색, 회색, 자주색에 확연히 대비되는 하얗게 빛나는 원초적인 오목한 전면이.
 (⋯⋯) 전에 댐을 다시 찾았을 때 나는 개척국(Bureau of Reclamation)에서 나온 사람과 댐 내부로 걸어갔다. 거의 아무도 눈에 띄지 않았다. 우리 위쪽에서 기중기들이 마치 자신의 의지에 따른 양 움직였다. 발전기들이 굉음을 내질렀다. 변압기들이 웅웅거렸다. 우리가 딛고 선 발판들이 흔들렸다. 우리는 저 아래 물이 있는 곳까지 뻗은 100톤짜리 강철 기둥을 보았다. 그리고 마침내 물이 있는 곳까지 내려갔다. 미드 호에서 빨려 들어온 물이 요란한 소리를 내면서 9미터짜리 수압관과 이어서 4미터짜리 수압관을 지나 터빈으로 들어갔다. "한 번 만져 봐요." 개척국 사람이 말했다. 나는 그렇게 했다. 터빈에 두 손을 댄

채 마냥 서 있었다. 특별했지만, 그 자체 외에는 아무것도 시사하는 것이 없는 너무나 노골적인 경험이었다.

(……) 나는 분점의 이동 궤적이 그려진 영구히 고정된 대리석 별자리 지도를 가로질러 걸었다. 개척국 사람이 앞서 말했다. 별자리는 그것을 읽을 수 있는 모든 이에게 언제라도 댐이 가동한 날을 알려 줄 것이라고. 별자리 지도를 쓴 이유는 우리가 모두 사라진 뒤에도 댐은 남아 있을 것이기 때문이라고 했다. 그가 그 말을 할 때에는 그저 흘려들었지만, 마침 그 말을 생각하고 있을 때 바람이 윙윙 세차게 불고 마지막 저녁놀을 만들면서 해가 메사^{꼭대기가 평평한 지형} 너머로 지고 있었다. 물론 늘 보곤 했던 광경이었다. 내가 본 것이 마침내 인간에게서 해방되어, 절대적인 고립 속에 드디어 우뚝 서서 아무도 없는 세계로 전력을 보내고 물을 쏟아낼 발전기라는 것을 전혀 깨닫지 못한 채 보곤 했던 것이다.[59)]

물론 댐은 경외심과 찬탄뿐 아니라 두려움과 혐오감도 불러일으킨다. 움찔하게 만드는 높이 솟은 댐은 외골수인 연어들과 다른 산란 어류의 회귀를 좌절시키며, 상류 유역을 무차별적으로 수몰시킨다. 테크늄에서 혐오감과 경외감은 함께 나아가곤 한다. 우리의 가장 큰 기술적 산물들은 그 점에서 사람과 비슷하다. 가장 깊은 애정과 증오를 불러일으킨다는 점에서 말이다. 반면에 장엄한 삼나무 숲에 혐오감을 품은 사람은 아무도 없었다. 실제로는 어떤 댐도, 심지어 후버댐조차도 별 아래에서 영원하지 않다. 강은 자신의 마음을 지니기 때문이다. 강은 댐이라는 쐐기 뒤에 충적토를 쌓아서 이윽고 댐 위로 물이 흘러넘칠 수 있도록 한다. 하지만 댐은 서 있는 동안에는 감탄을 자아낸다. 우리는 발전기가 영구히 회전한다고 생각할 수 있다. 우리의 살아 있는 심장이 영구히 뛴다고 느끼는 것처럼.

만들어진 것을 향한 열정은 폭넓게 뻗어 나간다. 제조된 거의 모든 것에는 그것을 찬미하는 열광자가 있다. 자동차, 총, 쿠키 병, 낚시얼레, 식기 등 나열할 수 있는 무엇이든 간에. 시계의 '놀라운 정교함, 열정, 효용'에 끌리는 사람도 있다.[60] 현수교나 SR71이나 V2 같은 고속 항공기의 아름다움이 만들어진 것의 정점이라고 보는 사람들도 있다.

MIT 사회학자 셰리 터클(Sherry Turkle)은 어떤 개인이 숭배하는 특정한 기술 표본을 '환기 대상(evocative object)'이라고 했다. 테크늄의 이런 단편들은 정체성이나 반성이나 생각을 위한 구름판 역할을 하는 토템이다. 의사는 배지와 도구뿐 아니라 자신의 청진기를 사랑할 수도 있다. 작가는 특정한 펜을 아끼고 그것으로 단어를 적을 때 매끄럽게 눌리는 느낌을 좋아할 수 있다. 무선사는 힘들게 얻은 미묘한 기술을 그만이 열 수 있는, 다른 세계로 들어가는 마법의 문으로 삼아 즐기면서 자신의 아마추어 무선을 사랑할 수 있다. 그리고 프로그래머는 한 컴퓨터의 기본 운영 코드를 핵심 논리가 담긴 아름다운 것으로서 사랑하기 쉽다. 터클은 말한다. "우리는 자신이 사랑하는 대상을 생각하며, 자신이 생각하는 대상을 사랑한다."[61] 그녀는 우리 대다수가 자신의 시금석 역할을 하는 어떤 기술을 지닐 것이라고 본다.

나도 그들 중 한 명이다. 나는 인터넷을 사랑한다는 것을 더 이상 당혹해하지 않으면서 시인한다. 아니 내가 사랑하는 대상은 웹일지 모른다. 우리가 온라인상에 있을 때 가는 곳을 뭐라고 부르고 싶어 하든 간에, 나는 그것이 아름답다고 생각한다. 우리의 슬픈 전쟁의 역사가 입증하듯이, 사람들은 장소를 사랑하며, 자신이 사랑하는 장소를 지키기 위해 죽음도 불사할 것이다. 인터넷, 웹과 우리의 첫 만남 장면에서는 마치 그것이 아주 널리 퍼진 전자 발전기(플러그를 꽂는 대상)처럼 그려졌고 실제로 그렇다. 하지만 인터넷은 성숙할수록 한 장소의 기술적 등가물에 더 가까워진다. 당신이 정말로 길을 잃을 수 있는, 지도에도 없는 거의 야생의 영역이다. 때때로 나는 그렇게 길을 잃기 위해 웹에 들어간다. 그 애정 어린 몰입을 감행할 때 웹은 내 자신감을 집어삼키고 미지의 것을 보여 준다. 인간 창조자들이 의도를 품고 설계했는데도 웹은 야생의 세계다. 경계는 알려져 있지 않고 알 수도 없으며 수수께끼는 헤아릴 수 없이 많다. 생각, 링크, 문서, 사진이 서로 얽히고설킨 덤불은 정글처럼 울창한 별세계를 창조한다. 웹은 생명 같은 낌새를 풍긴다. 그것은 너무 많은 것을 안다. 모든 것, 모든 장소에 연결의 촉수를 슬그머니 뻗어 왔다. 망은 현재 나보다, 내가 상상할 수 있는 것보다 더 넓게 뻗어 있다. 그럼으로써 내가 그 안에 있을 때 그것은 나를 더 크게 만든다. 그것에서 벗어날 때면 나는 몸의 일부가 잘려 나간 느낌을 받는다.

나는 망에 일용품을 빚지고 있다는 것을 알아차린다. 망은 언제나 거기에 있는 한결같은 후원자다. 나는 안달하는 손가락으로 망을 어루만진다. 망은 연인처럼 내 욕망에 넘어간다. 비밀 지식을 달라고? 여기 있어. 다음에 뭐가 올지 예측해 달라고? 여기 있어. 숨겨진 장소의 지도를 보여 달라고? 여기 있어. 망은 나를 만족시키지 못하는 일이 거의 없으며, 놀랍게도 하루하루 지날수록 더 나아지는 듯하다. 나는 망의 이루 헤아릴 수 없는 풍요에 잠겨 있고 싶다. 거기에 머물러 있고 싶다. 그 꿈결 같은 품에 안겨 있고 싶다. 웹에 빠지는 것은 오스트레일리아 원주민의 숲속으로 전통 생활 체험을 떠나는 것과 흡사하다. 꿈의 안락한 비논리가 지배하는 곳으로. 꿈속에서 당신은 한 장면, 한 생각에서 다른 것으로 뛰어넘는다. 첫 장면, 당신은 공동묘지에서 단단한 암석에 새겨진 자동차를 바라보고 있다. 다음 순간 칠판 앞에서 분필로 뉴스를 적고 있는 남자가 있고, 그다음 장면에 당신은 울고 있는 아기와 함께 감옥에 갇혀 있고, 이어서 장막 뒤의 여자가 참회의 미덕을 장황하게 떠드는 장면이 나오고, 곧바로 도시의 고층 건물들 꼭대기가 느린 속도로 1000개의 조각으로 부서져 흩어지는 장면이 나온다. 나는 오늘 아침 웹 서핑을 하는 처음 몇 분 사이에 이 모든 꿈같은 순간들을 마주했다. 망의 백일몽들은 내 자신을 감동시키고 내 심장을 자극해 왔다. 낯선 사람의 집까지 안내해 주지 못하는 고양이도 진정으로 사랑하는데, 웹을 사랑하지 못할 이유가 어디 있는가?

우리의 테크노필리아는 테크늄 본연의 아름다움에 이끌리는 것이다. 알다시피 이 아름다움은 그다지 예쁘지 않았던 원시적인 발달 단계에는 가려져 있었다. 산업화는 그것이 자라난 생물학적 모체에 비하면 더럽고 추하고 아둔했다. 테크늄의 그 단계에 속한 많은 것이 여전히 추함을 뱉어 내면서 우리 곁에 있다. 나는 이 추함이 테크늄 성장의 필수 단계인지, 아니면 우리 문명보다 더 영리한 문명은 더 일찍 그것을 길들일 수 있었을지 모르지만, 지금 가속되고 있는 기술의 곡선이 생명의 진화에서 기원했다는 것은 테크늄이 생명 고유의 진화적 아름다움을 모두 지니고 있다는, 드러내기를 기다리고 있다는 의미이다.

기술은 실용적인 상태로 남아 있기를 원하지 않는다. 예술이 되기를, 아름다우면서 '쓸모없는' 것이 되기를 원한다. 기술은 유용성에서 탄생하므로, 이것은 긴 여정이다. 실용적인 기술은 나이를 먹을수록 위락용이 되는 경향이 있다. 돛단배, 컨버터블 자동차, 만년필, 벽난로를 보라. 전구가 이렇게 값싸진 시대에도 촛불을 켜는 사람이 있을 것이라고 누가 과연 추측했겠는가? 하지만 타오르는 촛불은 지금 사치스러운 쓸모없음의 한 징표다. 오늘날 가장 열심히 일하는 기술 중 일부는 미래에 아름다운 쓸모없음을 획득할 것이다. 아마 100년 뒤 사람들은 몸에 착용한 무언가를 통해 망에 접속할 수 있으면서도, 그저 갖고 다니고 싶어서 '전화'를 들고 다닐 것이다.

미래에는 기술을 사랑하기가 더 쉬울 것이다. 기계는 진화하는 각 단계마다 우리의 마음을 사로잡는다. 좋든 싫든 간에 동물처럼 생긴 로봇(처음에는 애완동물 수준에서)은 우리의 애정을 얻을 것이다. 생명을 가장 덜 닮은 로봇조차도 이미 그러고 있으니까. 인터넷은 그 열정이 가능하다는 단서를 제공한다. 많은 사랑이 그렇듯이 그것도 몰입과 강박으로 시작한다. 세계 인터넷의 거의 유기적인 상호 의존성과 최근 생겨난 직감력은 그것을 날뛰게 만들며, 그 야생성은 우리의 애정을 끌어들인다. 우리는 그것의 아름다움에 깊이 끌리며, 그 아름다움은 그것의 진화에서 비롯된다. 인간은 우리가 만나는 가장 복잡하고 고도로 진화한 생물이므로, 우리는 이 형태를 모방하는 일에 집착하지만(지극히 자연스러운 것이다.), 우리의 테크노필리아는 근본적으로 인류 애호가 아니라 고도로 진화한 것에 대한 애호다.

인류의 가장 발전한 기술은 곧 모방을 그만두고 확연히 비인간적인 지능과 확연히 비인간적인 로봇과 확연히 비지구적인 생명을 창조할 것이며, 이 모든 것들은 우리를 현혹하는 진화한 매력을 발산할 것이다.

으레 그렇듯이 우리는 기술을 좋아한다고 인정하는 편이 더 쉽다는 사실을 알아차릴 것이다. 게다가 수천만 가지의 더 많은 인공물이 더 빠른 속도로 출현하면서, 더 많은 역사로 기존 기술에 광을 내고 내장 지식을 심화해 테크늄에 더 많은 층을 쌓을 것이다. 해가 지나고 점점 더 발전해 평균적으로 기술의 아름다움도 증가할 것이다. 나는 그리 멀지 않은 미래에 테크늄의 특정한 부분이 자연계에 맞먹는 수준의 장엄함을 지닐 것이라는 쪽에 기꺼이 내기를 하겠다. 우리는 이런저런 기술의 매력에 열광하고 그것의 미묘함에 경탄한다. 우리는 아이들을 이끌고 기술의 탑 아래 말없이 앉아 있게 될 때까지 기술을 향해 나아갈 것이다.

직감력

바위개미(rock ant, Temnothorax albipennis)는 아주 작다. 개미 중에서도 작다. 바위개미 한 마리는 이 지면에 찍힌 따옴표만 하다. 군체도 작다. 일개미 약 100마리에 여왕개미 한 마리로 이루어지며, 대개 부서져 가는 바위의 틈새에 집을 짓는다. 그래서 바위개미라는 이름이 붙었다. 이 개미 군체는 통째로 손목시계의 유리 덮개나 가로세로 2.5센티미터 길이의 현미경 덮개 유리 사이에 들어갈 수 있다. 대개 실험실에서는 그런 덮개 유리 사이에서 키운다. 바위개미의 뇌는 10만 개도 안 되는 뉴런을 지니며 눈에 보이지 않을 정도로 작다.[62] 하지만 바위개미의 마음은 경이로운 계산을 수행할 수 있다. 바위개미들은 새 장소가 집터로 적당한지 알아보기 위해, 칠흑 같은 어둠 속에서 그 방의 크기를 잰 뒤에 부피와 만족도를 계산(딱 맞는 단어다.)할 것이다. 바위개미는 인간이 1733년에야 발견한 계산법을 수백만 년 전부터 써 왔다.[63] 그들은 모양이 불규칙한 공간까지도 부피를 추정할 수 있다. 그 공간의 바닥에 냄새 흔적을 남겨서 그 선의 길이를 '기록한' 다음 바닥을 비스듬하게 대각선으로 나아가면서 그 냄새 선과 마주치는 횟수를 센다. 교차하는 빈도는 계산한 면적과 반비례한다. 다시 말해 개미는 대각선으로 교차하는 방법을 써서 파이(pi)의 근삿값을 발견했다. 이 기법은 오늘날 수학에서 뷔퐁의 바늘(Buffon's Needle)이라고 알려져 있다. 개미들은 자신의 몸으로 집터 후보지의 높이를 잰 다음, 계산한 면적에 '곱하기'를 하여 바위 틈새의 부피 근삿값을 얻는다.

하지만 이 놀라운 작은 개미의 마음은 그보다 더한 일도 한다. 그들은 입구의 폭과 수, 빛의 양, 이웃 개미집과의 거리, 방의 위생 수준도 측정한다. 그런 뒤 그들은 이런 변수들을 종합하여, 컴퓨터과학의 '가중 가산' 퍼지 논리 공식과 비슷한 과정을 통해 집터 후보지의 만족도 점수를 계산한다. 겨우 10만 개의 뉴런으로 말이다.

동물들의 마음은 무수히 많으며, 꽤 아둔한 마음조차도 놀라움을 불러일으킬 수 있다. 아시아코끼리는 나뭇가지에서 나뭇잎을 훑어 내어 몸 뒷부분의 성가신 파리를 쫓는 파리채를 만든다.[64] 설치류에 불과한 비버는 댐을 쌓기에 앞서 건축 재료를 모은다고 알려져 있으며, 따라서 앞으로 할 일을 미리 생각하는 능력을 보여 준다. 그들은 심지어 범람원에 댐을 짓지 못하게 막으려는 인간을 속일 수도 있다. 또 다른 생각하는 설치류인 다람쥐는 뒤뜰의 새 모이통에 접근하지 못하게 하려는 대학 학위를 지닌 아주 영리한 교외 주민들을 계속 이긴다.(나도 검은 다람쥐계의 아인슈타인과 줄곧 싸우고 있는 중이다.) 케냐의 꿀잡이새는 야생 벌집이 있는 곳으로 사람을 꾄다. 사람이 꿀을 채취한 뒤에 남아 있는 벌 유충들을 포식하기 위해서다. 조류학자들은 벌잡이새가 때로 꿀 사냥꾼이 중간에 포기하지 않도록 '속여' 가면서 2킬로미터가 넘는 깊은 숲 속에 있는 벌집까지 꾀기도 한다고 말한다.[65]

식물도 분산된 형태의 지능을 지닌다. 생물학자 앤서니 트레워버스(Anthony Trewavas)는 주목할 만한 논문인 「식물 지능의 측면들(Aspects of Plant Intelligence)」에서 식물이 동물 지능 정의들의 대다수에 들어맞는 문제 해결 능력을 느린 형태로 보여 준다고 주장한다.[66] 식물은 자신의 환경을 매우 상세히 지각하고 위협과 경쟁을 파악한 뒤, 문제에 적응하거나 문제를 제거하는 행동을 취하며, 미래 상태를 예견한다. 주변을 탐색하는 덩굴손의 움직임을 저속 촬영하여 빠르게 재생한 동영상은 우리의 예전 삶이 우리에게 보여 준 것보다 식물이 동물에 더 가까운 행동을 한다는 점을 명확히 보여 준다. 찰스 다윈은 이 사실을 관찰한 최초의 인물일지 모른다. 그는 1822년에 "뿌리 끝이 하등동물의 뇌와 비슷하게 행동한다는 말은 과장이 아니다."라고 썼다.[67] 뿌리는 초식동물의 코나 주둥이가 흙을 파헤치는 것과 흡사하게 수분과 양분을 찾아서 예민한 손가락처럼 흙을 어루만질 것이다. 잎이 최적의 빛 노출량을 얻기 위해 해를 따라 방향을 돌리는 능력(향일성)은 기계로 모방할 수 있지만, 꽤 정교한 컴퓨터 칩을 뇌로 사용해야만 한다. 식물은 뇌 없이 생각한다. 식물은 정보를 전달하고 처리하는 전자 신경 대신에 분자 신호를 변환하여 전달하는 방대한 망을 쓴다.

식물은 집중화한 뇌가 없고 느리게 움직인다는 점을 제외하고, 지능의 모든 특징을 드러낸다. 분산된 마음과 느린 마음은 사실상 자연에서 아주 흔하며 6대 생물계 전체를 통해 여러 수준에서 나타난다. 점균류 군체는 쥐와 거의 비슷하게 미로에서 먹이까지 최단 경로를 찾는 문제를 풀 수 있다.[68] 자기와 타자를 구분하는 것이 주된 목적인 동물의 면역계는 자신이 과거에 마주쳤던 외래 항원을 기억한다. 그것은 다윈 진화 과정을 통해 학습하며, 어떤 의미에서는 항원의 장래 변이 양상도 예견한다. 그리고 동물계 전체에서 집단 지능은 사회성 곤충의 유명한 무리 마음(hive mind)을 포함하여 수백 가지 방식으로 표현된다.

정보의 조작, 저장, 처리는 생명의 핵심 주제다. 학습은 마치 풀려나기를 기다리는 힘인 양, 진화 역사에서 반복하여 분출되곤 한다. 지능의 카리스마적 판본(우리가 유인원과 연관 짓는 유형의 의인화한 영리함)은 영장류에게뿐 아니라 적어도 다른 두 먼 분류군에게서도 진화했다. 고래와 조류에게서다.

돌고래의 지능이 뛰어나다는 것은 널리 알려져 있다. 돌고래와 고래는 지능을 보여 줄 뿐 아니라, 털 없는 유인원인 우리와 지능의 한 양식을 공유한다는 단서도 이따금 제공한다. 예를 들어 사람이 키우는 돌고래는 수족관에 새로 들어온 돌고래를 훈련시킨다고 알려져 있다.[69] 하지만 유인원, 고래, 돌고래의 가장 최근 공통 조상은 2억 5000만 년 전에 살았다. 유인원과 돌고래 사이에는 이런 변형된 사유를 지니지 않은 많은 동물 과들이 있다. 우리는 그저 이런 지능 양식이 독자적으로 진화했다고 추측할 수 있을 뿐이다.

조류에게도 같은 말을 할 수 있다. 지능으로 판단할 때, 까마귀, 갈까마귀, 앵무는 조류 세계의 '영장류'다. 그들의 앞뇌는 상대적인 비율로 볼 때 인간 이외의 유인원의 앞뇌만큼 크며, 뇌 무게와 몸무게의 비율도 유인원과 같다. 영장류와 마찬가지로 까마귀도 오래 살며 복잡한 사회 집단을 이룬다. 뉴칼레도니아의 까마귀는 침팬지처럼 작은 창을 만들어서 틈새의 벌레를 낚는다. 이따금 그들은 그 창을 간수하여 지니고 다닌다. 덤불어치(scrub jay)를 대상으로 실험한 연구자들은 덤불어치가 먹이를 숨길 때 다른 새가 지켜보는 것을 알아차리면 나중에 먹이를 다른 곳에 다시 숨기는데, 먹이를 약탈당한 경험이 있는 어치들만 그렇게 한다는 사실을 알았다. 자연사학자 데이비드 쾀멘(David Quammen)은 까마귀와 갈까마귀의 행동이 너무나 영리하고 독특하므로 "조류학자가 아니라 정신과의사"가 연구해야 한다고 주장한다.[70]

따라서 카리스마적 지능은 세 차례 독자적으로 진화했다. 날개를 지닌 새, 바다로 돌아간 포유동물, 영장류에게서 말이다.

아직 카리스마적 지능은 비교적 드물다. 하지만 영리함은 어디에서든 경쟁적 이점이 있다. 생물 세계는 학습이 차이를 낳는 곳이기 때문에 우리는 도처에서 지능의 재현과 재창안을 본다. 6대 생물계 전체에서 마음은 여러 차례 진화해 왔다. 사실 불가피해 보일 정도로 너무나 많이 말이다. 자연이 마음을 지나칠 정도로 좋아한다고 해도, 테크늄에는 미치지 못한다. 테크늄은 마음을 탄생시키는 데 몰두한다. 우리가 자신의 마음을 돕기 위해 만든 모든 발명들(우리의 많은 저장 장치, 신호 처리, 정보의 흐름, 분산 통신망)은 새로운 마음을 생산하는 데 필요한 핵심 구성 요소들이기도 하다. 따라서 새 마음은 테크늄에서 과도한 수준으로 생산되고 있다. 기술은 마음성(mindfulness)을 원한다.

직감력을 증대하려는 이 갈망은 테크늄에서 세 가지 방식으로 드러난다.

1. 마음은 가능한 한 편재하도록 물질에 침투한다.

2. 엑소트로피는 계속 더 복잡한 유형의 지능을 조직한다.
3. 직감력은 가능한 한 많은 마음 유형으로 다양화한다.

테크늄은 물질을 갖다가 거기에 직감력이 스며들도록 원자들을 재배열할 태세를 갖추고 있다. 마음이 태어나거나 주입될 수 없는 곳 따위는 전혀 없어 보인다. 이 마음 아이들은 처음에는 작고 미약하고 아둔하겠지만, 계속 더 나아지고 더 많아지고 있다. 2009년에 10억 개의 전자 '뇌'가 실리콘에 새겨졌다. 이 작은 마음에는 10억 개의 트랜지스터를 지닌 것이 많으며,[71] 세계 반도체 산업은 초당 300억 개의 속도로 트랜지스터를 만들고 있다! 가장 작은 실리콘 뇌에는 바위개미의 뇌에 든 뉴런 수에 맞먹는 최소 10만 개의 트랜지스터가 들어 있다. 그 뇌도 놀라운 일을 할 수 있다. 개미의 뇌보다 결코 더 크지 않은 작은 합성 마음은 자신이 지구의 어디에 있는지 그리고 당신의 집으로 어떻게 돌아가는지 안다.(GPS) 또 당신 친구들의 이름을 기억하고, 외국어로 번역한다. 이 미약한 마음들은 모든 것 속으로 찾아 들어가고 있다. 신발, 초인종, 책, 전등, 애완동물, 침대, 옷, 차, 전등 스위치, 부엌 가전용품, 장난감 등으로 말이다. 테크늄이 계속 만연해진다면, 그것이 창조하는 모든 것에 어느 수준의 직감력이 찾아 들어갈 것이다. 가장 작은 볼트나 플라스틱 손잡이에도 벌레에 못지 않게 많은 의사 결정을 하는 회로가 들어감으로써, 그것을 비활성 물체에서 활동하는 존재로 고양시킬 것이다. 야생에 있는 수십억 개의 마음과 달리, 이 기술적 마음 가운데 가장 나은 것들은(전체적으로) 해가 갈수록 더 영리해지고 있다.

우리는 테크늄으로 이렇게 마음이 대규모로 분출되는 것을 보지 못하고 있다. 인간은 자신을 정확히 반영하지 않는 지능은 어떤 것이든 맹목적으로 반대하는 편견을 지니고 있기 때문이다. 인공 마음이 인간의 마음과 똑같이 행동하지 않는 한, 우리는 그것을 지적이라고 보지 않는다. 때로 우리는 그것을 '기계 학습'이라고 부르며 격하한다. 그렇게 우리가 주목하지 않는 사이에, 곤충과 비슷한 작은 수십억 개의 인공 마음은 신용카드 사기를 믿음직하게 검출하거나 전자우편 스팸을 걸러 내거나 문서의 텍스트를 읽는 것같이 눈에 안 띄고 주목받지 못하는 자질구레한 일을 하면서 테크늄 속으로 깊이 퍼져 나갔다. 이렇게 증식하는 마이크로마음(micromind)은 전화기에서 음성을 인식하고, 중요한 의학 진단을 돕고, 주식 시장 분석을 돕고, 퍼지 논리 가전제품에 능력을 부여하고, 자동으로 자동차의 변속과 제동을 실행한다. 실험 단계에 있는 몇 가지 마음은 자동차를 수백 킬로미터 자동 운전할 수 있다.

언뜻 보기에 테크늄의 미래는 더 큰 뇌를 지향하는 듯하다. 컴퓨터가 크다고 반드시 더 영리하고 더 직감적인 것은 아니다. 그리고 생물학적 마음에서 지능이 확연히 더 높을 때에도, 뇌세포가 얼마나 많이 있는가와는 약한 상관관계가 있을 뿐이다. 자연에서 동물 컴퓨터는 온갖 크기로 존재한다. 개미의 뇌는 100분의 1그램에 불과하다. 향유고래는 그보다 10만 배 더 큰 8킬로그램의 뇌를 지닌다.[72] 하지만 향유고래가 개미보다 10만 배 더 영리한지 혹은 세포의 수로만 따졌을 때 시사하듯이 인간이 침팬지보다 겨우 세 배 영리한지는 확실하지 않다. 끊임없이 생각으로 가득한 우리의 커다란 뇌는 향유고래의 뇌에 비해 크기가 6분의 1에 불과하다. 심지어 네안데르탈인의 평균 뇌 크기보다도 조금 더 작다. 반면에 최근 플로레스 섬에서 발견된 소인종은 뇌 크기가 우리의 3분의 1에 불과했지만, 결코 우리보다 더 어리석지는 않았을지 모른다. 뇌의 절대 크기와 영리함 사이의 상관관계는 의미 있는 수준이 아니다.

우리 뇌의 구조는 인공 직감력의 미래가 다른 유형의 크기에 달려 있을지도 모른다는 것을 시사한다. 최근까지 전문화한 커다란 뇌를 지닌 슈퍼컴퓨터가 인공 지능을 가장 먼저 지니게 될 것이고, 그다음에 아마도 가정에 소형 인공 지능이 들어오거나 개인용 로봇의 머리에 삽입될 것이라는 견해가 통념이었다. 인공 지능은 어느 실체에든 깃들 것이라고 보았다. 따라서 우리는 우리의 생각이 어디에서 끝나고 그들의 생각이 어디에서 시작되는지를 알 터였다.

하지만 지난 10년 사이에 구글 같은 검색 엔진이 눈덩이가 커지듯이 점점 급속도로 성공을 거두면서 견해가 바뀌고 있다. 검색 엔진의 성공은 앞으로 출현할 인공 지능은 독립된 슈퍼컴퓨터에 담기기보다는 웹이라고 하는 10억 개의 CPU로 이루어진 초유기체 속에서 탄생할 가능성이 가장 높음을 시사한다. 그것은 인터넷, 그 모든 서비스, 스캐너에서 인공위성에 이르기까지 모든 주변 장치와 관련 기기에 든 칩, 이 지구 망과 얽혀 있는 수십 억 개의 인간 마음을 포괄하는 지구적인 메가컴퓨터에서 작동할 것이다. 이 웹 인공 지능과 연결되는 장치는 모두 그 지능을 공유하고 그것에 기여할 것이다.

이 거대한 기계는 이미 원시적인 형태로 존재한다. 세계의 모든 컴퓨터가 온라인에 접속한 가상 슈퍼컴퓨터를 생각해 보라. 10억 대의 온라인 개인용 컴퓨터가 있고, 한 컴퓨터의 인텔 칩에는 거의 그만큼의 트랜지스터가 들어 있다. 함께 연결된 모든 컴퓨터의 모든 트랜지스터를 다 더하면 약 10만 조(10^{17})개가 된다.[73] 여러 면에서 이 전 지구적 가상 망은 약 초기 개인용 컴퓨터의 클락 속도로 작동하는 아주 커다란 컴퓨터처럼 행동한다. 이 슈퍼컴퓨터는 초당 300만 건의 전자우편을 처리하며, 그것은 본질적으로 망의 전자우편이 3메가헤르츠로 전달된다는 의미다. 인스턴트 메시징은 162킬로헤르츠, SMS는 30킬로헤르츠로 오간다. 매초에 10테라비트의 정보가 기간망을 지나갈 수 있으며, 한 해에 거의 20엑사바이트(exabyte)의 자료가 생성된다.[74]

이 행성 컴퓨터는 노트북만이 아니라 그 이상의 것들을 포함한다. 현재는 약 270억 대의 휴대전화,[75] 130억 대의 유선전화,[76] 2700만 대의 데이터 서버,[77] 8000만 대의 무선 PDA[78]를 포함하고 있다. 각 장치는 지구 컴퓨터를 들여다보는 서로 다른 모양의 화면을 지닌다. 그 컴퓨터가 무슨 생각을 하는지 엿보는 10억 개의 창문이 있다.

웹은 약 1조 개의 페이지를 지닌다.[79] 사람의 뇌는 약 1000억 개의 뉴런을 지닌다. 각 뉴런은 수천 개의 다른 뉴런과 시냅스 연결을 이루는 반면,[80] 각 웹페이지는 평균 60개의 페이지와 연결되어 있다.[81] 따라서 웹에는 정적인 페이지들 사이에 총 1조 개의 '시냅스'가 있다. 사람 뇌의 연결 수는 그보다 약 100배 더 많다. 하지만 뇌는 몇 년마다 크기가 두 배로 늘어나지 않는다. 이 지구 기계는 그렇게 늘어난다.

그렇다면 이 새 고안물을 유용하고 생산적으로 만드는 소프트웨어를 짜고 있는 사람은 누구일까? 우리, 우리 각자가 매일 짜고 있다. 공동체 사진 앨범인 플리커에 사진을 올리고 태그를 붙일 때, 우리는 사진에 이름을 붙이라고 그 기계를 가르치고 있는 것이다. 캡션과 사진 사이의 연결은 점점 굵어지면서 학습할 수 있는 신경망을 형성한다. 사람들이 하루에 이 웹페이지나 저 웹페이지를 1000억 번 마우스로 누르는 것이 웹에게 우리가 무엇을 중요하다고 생각하는지 가르치는 방식이라고 생각해 보라. 매번 단어 사이에 연결을 만들 때, 우리는 웹에게 어떤 개념을 가르치고 있다. 별 생각 없이 웹을 돌아다니거나 블로그에 글을 올릴 때 단지 시간을 낭비하고 있다고 생각하지만, 한 링크를 클릭할 때마다 우리는 그 슈퍼컴퓨터의 마음 어딘가에 있는 노드를 강화하고, 그럼으로써 그 기계를 프로그래밍하고 있는 것이다.

이 대규모 직감력의 특성이 무엇이든 간에, 그것은 처음에 지능으로 인식조차 되지 않을 것이다. 그것의 편재 자체가 그것을 숨길 것이다. 우리는 성장하는 이 영리함을 데이터 마이닝, 기억 보관, 시뮬레이션, 예보, 패턴 맞추기 같은 온갖 평범한 자질구레한 일에 쓰겠지만, 영리함은 창문 없는 따분한 창고들에서 지구 전체로 뻗어 나가는 얄팍한 코드의 비트 위에서 살아가며, 통합된 몸이 없기 때문에 특징이 없을 것이다. 당신은 지구의 어디에 있는 어느 디지털 화면을 통해서든 100만 가지 방식으로 이 분산 지능에 도달할 수 있으므로, 그것이 어디에 있는지 말하기가 어려울 것이다. 그리고 이 합성 지능은 인간 지능(인간의 과거의 모든 학습, 현재 온라인에 접속한 모든 사람들)과 디지털 기억의 조합이므로, 그것이 무엇인지 콕 찍어서 말하기 어려울 것이다. 그것은 우리의 기억일까 아니면 합의에 따른 계약일까? 우리가 그것을 검색하는 것일까, 아니면 그것이 우리를 검색하는 것일까?

언젠가 우리는 은하계에서 다른 지성체를 만날 수도 있다. 하지만 그보다 훨씬 전에 우리 자신의 세계에서 수백만 가지 새로운 마음의 유형을 만들어 낼 것이다. 이것은 직감력 증가를 향한 진화의 장기 궤적 중 세 번째 벡터다. 첫째, 지능을 모든 물질에 침투시킨다. 둘째, 내장된 그 모든 마음을 하나로 모은다. 셋째, 마음의 다양성을 증가시킨다. 그저 많다고 말할 수밖에 없는 딱정벌레 종만큼 많은 지능 종이 나올지도 모른다.

매우 많은 유형의 인공 지능을 만들 이유는 수없이 많다. 전문화한 지능은 전문 과제를 수행할 것이다. 한편 친숙한 업무를 우리와는 다른 방식으로 하는 범용 지능인 인공 지능도 있을 것이다. 왜 그럴까? 차이가 진보를 만들기 때문이다. 나는 많은 마음 중에서 우리가 한 종류는 안 만들 것 같다고 보는데, 바로 인간의 마음과 똑같은 인공 마음이다. 생존할 수 있는 인간 종의 마음을 재구성하는 방법은 오로지 조직과 세포를 이용하는 것뿐이며, 아주 쉽게 인간 아기를 낳을 수 있는 데 누가 굳이 성가시게 그 일을 하겠는가?

일부 문제는 해결하려면 여러 종류의 마음이 필요할 것이며, 우리가 할 일은 새로운 사고 방법을 찾아내고 이 다양한 지능을 세계에 풀어 놓는 것이다. 행성 규모의 문제는 일종의 행성 규모의 마음을 필요로 할 것이다. 수조 개의 활성 노드로 이루어지는 복잡한 망은 망 지능을 요구할 것이다. 틀에 박힌 기계적인 조작은 비인간적인 정밀한 계산을 필요로 할 것이다. 우리 자신의 뇌는 확률을 계산하는 데에는 아주 젬병이므로, 우리는 통계를 쉽게 하는 지능을 발견함으로써 실질적으로 혜택을 보고 있다.

온갖 다양한 사고 도구가 필요할 것이다. 망과 동떨어져 독립적으로 존재하는 인공 지능은 무리 마음을 지닌 슈퍼컴퓨터보다 불리한 입장에 놓일 것이다. 그것은 60억 개의 인간 마음, 수백 경에 달하는 온라인 트랜지스터,[82] 수백 엑사바이트의 실생활 자료,[83] 문명 전체의 자기 교정 되먹임 고리에 접속된 마음만큼 빨리, 폭넓게, 영리하게 학습할 수 없다. 하지만 소비자는 여전히 외진 장소에서 쓸 독립된 인공 지능의 휴대성이나 프라이버시를 이유로 덜 영리하다는 점을 감수하고서 그쪽을 택할 수도 있다.

현재 우리는 기계를 싫어한다는 편견을 지니고 있다. 여태껏 우리가 만난 기계들이 모두 지루했기 때문이다. 기계가 직감력을 획득함에 따라, 지루하다는 말은 더 이상 맞지 않게 될 것이다. 하지만 우리가 모든 종류의 인공 마음에 똑같이 매력을 느끼지는 않을 것이다. 자연의 생물 중에도 남들보다 더 카리스마가 느껴지는 종류가 있듯이, 인공 마음에도 카리스마가 느껴지는 것(우리 사고방식에 매력적으로 다가오는)이 있고 그렇지 않을 것도 있을 것이다. 사실상 우리는 가장 강력한 유형의 지능 중에 상당수를 그것의 이질적인 특성 때문에 거부할지도 모른다. 예를 들어 모든 것을 기억하는 능력은 두려움을 일으킬 수 있다.

기술이 원하는 것은 직감력 증가다. 그렇다고 그것이 진화가 우리를 오직 하나의 보편적인 초마음(supermind)을 향해 이끈다는 의미는 아니다. 오히려 시간이 흐르면서 테크늄은 가능한 한 많은 다양한 마음으로 자기 조직화하는 경향이 있다.

엑소트로피의 주된 목표는 지능의 완전한 다양성을 드러내는 것이다. 각 사고 유형은 규모가 얼마나 커지든 간에 제한된 방식으로만 이해할 수 있다. 우주는 몹시 거대하고 가용 수수께끼 면에서 너무나 방대하기 때문에, 그것을 이해하려면 가능한 모든 종류의 마음이 필요할 것이다. 테크늄이 할 일은 100만, 아니 10억 가지의 다양한 이해 능력을 창안하는 것이다.

이 말이 신비주의적으로 들릴지 몰라도 그렇지 않다. 마음은 정보 조각들을 구조화하여 현실을 구성하는 고도로 진화한 방식이다. 우리가 마음이 이해한다고 말할 때 뜻하는 바가 바로 그것이다. 즉 마음은 질서를 만들어 낸다. 복잡성과 가능성이 점점 증가하는 쪽으로 물질과 에너지의 자기 조직화를 이루면서 나아 온 엑소트로피의 역사를 볼 때, 지금까지 질서를 빚어내는 가장 빠르고 가장 효율적이고 가장 탐구적인 기술은 마음이다. 지금 우리 행성은 식물의 미약한 마음들, 한 공통된 동물의 마음의 많은 표현 형태들, 인간 마음의 불안정한 자의식을 지니고 있다. 우주적으로 말해서 거우 몇 초 진에 인간 마음은 차세대 직감력을 창안하기 시작했다. 그들은 세상에서 가장 강한 힘, 곧 기술에 자신의 창의성을 이식했고, 자신의 재능을 복제하려 애쓰고 있다. 이 새로 창안된 마음의 대부분은 식물보다 더 지적이라고 할 수 없으며, 소수만이 곤충만큼 영리하며, 앞으로 그 이상의 사유가 도래할 것임을 시사하는 마음은 단 두 개에 불과하다. 그런 한편으로 테크늄은 개별 인간을 넘어서는 규모에서 뇌와 흡사한 망을 조립하고 있다.

테크늄의 궤적은 우리 인류의 많은 마음을 하나의 행성적 사유로 통합하고, 가장 작은 물질 조각에, 100만 개의 새로운 다양한 생각 속에 깃든 100만 개의 더 많은 마음을 향해 나아가고 있다. 자기 자신을 이해하는 길로 말이다.

구조

사피엔스가 유인원을 닮은 조상에서 진화하는 데는 수백만 년이 걸렸다. 인류로의 이 전환기에 우리 DNA에는 수백만 비트의 변화가 일어났다.[84] 따라서 정보 축적의 관점에서 볼 때 인류 생물학적 진화의 자연적인 속도는 연간 약 1비트다. 한 비트 한 비트씩 거의 40억 년에 걸쳐 생물학적 진화가 이루어진 지금, 우리는 새로운 유형의 진화를 일으키고 있다. 언어, 글쓰기, 인쇄, 도구, 즉 우리가 기술이라고 하는 것을 이용하여 돌연변이들의 강을 일으키는 진화 말이다. 유인원으로서의 우리에게 일어난 연간 1비트의 진화와 비교할 때, 우리는 해마다 테크늄에 400엑사바이트의 새 정보를 추가한다.[85] 따라서 기술 진화 속도는 DNA 진화 속도보다 10억 곱하기 10억 배 더 빠르다. 우리 DNA가 처리하는 데 10억 년이 걸린 것과 같은 양의 정보를 인류로서의 우리는 1초도 안 되어 처리하고 있다.

지구에서 가장 빠르게 증가하는 양이 정보일 정도로 우리는 급속히 정보를 쌓아 가고 있다. 미국 우편 제도를 통해 오가는 우편물의 양은 지난 80년 동안 20년마다 두 배로 증가했다. 사진 이미지(아주 밀도 높은 정보 플랫폼)의 수는 1850년대에 매체가 발명된 이래로 기하급수적으로 증가해 왔다. 하루의 총 전화 통화 시간도 분으로 따져서 100년 동안 기하급수적으로 증가해 왔다.[86] 정보의 흐름 중에서 줄어드는 것은 없다.

구글의 경제학자 핼 베리언(Hal Varian)과 내가 계산해 보니, 세계 정보의 총량은 지난 수십 년 동안 해마다 66퍼센트씩 증가한 것으로 나타났다. 콘크리트나 종이 같은 가장 흔한 제조물과 비교해도 가히 폭발적인 증가 속도다. 그런 제조물은 수십 년 동안 연간 겨우 7퍼센트씩 증가했다. 정보의 성장 속도는 이 행성의 다른 어떤 제조물보다 약 10배 더 빠를 뿐 아니라, 같은 규모에서 볼 때 그 어떤 생물학적 성장 속도보다도 더 빠를지 모른다.

발표되는 과학 논문의 수로 측정한 과학 지식의 양은 1900년 이래로 15년마다 약 두 배씩 증가해 왔다. 간행되는 학술지의 수를 단순히 집계해 보면, 과학이 탄생한 1700년대 이래로 기하급수적으로 늘어 왔음을 알게 된다.[87] 우리가 제조하는 모든 것은 한 물품과 그 물품에 관한 정보를 생산한다. 처음에 만든 것이 정보를 토대로 한 것일지라도, 그것은 자신의 정보에 대한 더 많은 정보를 낳는다. 장기 추세는 단순하다. 어떤 과정에 대한 정보 그리고 그 과정에서 나오는 정보는 과정 자체보다 더 빨리 성장한다는 것이다. 따라서 정보는 우리가 만드는 어떤 것보다 더 빨리 성장을 계속할 것이다.

테크늄은 근본적으로 이런 폭발적인 정보와 지식의 축적을 자양분으로 삼는 시스템이다. 마찬가지로 살아 있는 생물도 자신을 관통하여 흐르는 생물학적 정보를 조직하는 시스템이다. 우리는 테크늄의 진화를 자연 진화가 시작한 정보 구조를 심화하는 것이라고 해석할 수 있다. 이 구조 증가를 가장 뚜렷이 볼 수 있는 곳은 과학이다. 스스로 뭐라고 말하든 간에, 과학은 '진리'나 정보의 총량을 증대하기 위해 구성된 것이 아니다. 그것은 우리가 세계에 관해 생성하는 지식의 질서와 조직을 증대하기 위해 고안된 것이다. 과학은 정보를 질서 있게 검증하고 비교하고 기록하고 회상하며, 다른 지식과 관련지을 수 있도록 조작하는 '도구(기법과 방법)'를 창안한다. '진리'는 사실 특정한 사실들을 얼마나 잘 구축하고 확장하고 상호 연관지을 수 있는지를 말해 주는 척도일 뿐이다.

우리는 '아메리카 발견'이 1492년에 이루어졌다거나 '고릴라 발견'이 1856년에 이루어졌다고, 혹은 '백신 발견'이 1796년에 일어났다고 무심코 말하곤 한다. 하지만 백신, 고릴라, 아메리카는 그 '발견'이 이루어지기 전에 몰랐던 것이 아니다. 콜럼버스가 도착하기 전 1만 년 동안 아메리카에는 원주민이 살고 있었으며, 그 원주민들은 어느 유럽인보다도 그 대륙을 훨씬 더 구석구석까지 탐사했다. 서아프리카의 어떤 부족들은 고릴라를 아주 잘 알았을 뿐 아니라, 그 뒤에 '발견될' 더 많은 영장류 종들도 잘 알고 있었다. 유럽의 낙농업자들과 아프리카의 소몰이꾼들은 비록 적당한 명칭은 없었을지언정 질병과 관련된 예방 접종의 효과를 오래전부터 알고 있었다. 약초에 관한 지혜, 전통 풍습, 영적 깨달음처럼 원주민과 민중이 안 지 오랜 세월이 지난 뒤에야 식자층이 '발견할' 지식의 보고 전체에도 같은 말을 할 수 있다. 이런 이른바 '발견'은 제국주의적이고 생색내는 양 보이기도 하며, 때로는 실제로 그렇다. 하지만 콜럼버스가 아메리카를 발견했고, 프랑스계 미국인 탐험가 폴 뒤 샤이(Paul du Chaillu)가 고릴라를 발견했으며, 에드워드 제너(Edward Jenner)가 백신을 발견했다고 정당하게 주장할 수 있는 방법이 한 가지 있다. 그들은 앞서 국지적으로 알려져 있던 지식을 점점 커져가는 구조화한 세계 지식의 보고에 추가함으로써 그것을 '발견했다.'

오늘날 우리는 구조화한 지식의 축적을 과학이라고 부른다. 뒤 샤이의 가봉 탐험이 이루어지기 전까지, 고릴라에 관한 지식은 지극히 지방색을 띠었다. 즉 이 영장류에 대한 지역 부족들의 방대한 자연사적 지식은 과학이 다른 모든 동물에 대해 알고 있는 모든 지식에 통합되어 있지 않았다. 고릴라에 관한 정보는 그 구조화한 지식 너머에 머물러 있었다. 사실 동물학자들이 폴 뒤 샤이의 표본에 손을 대기 전까지, 고릴라는 과학적으로 빅풋(Bigfoot)과 유사한 신비적인 동물로 여겨졌다. 교양이 부족하고 잘 속는 토착민들 눈에만 띄는 동물이라고 말이다. 뒤 샤이의 '발견'은 사실상 과학의 발견이었다. 그 잡아 죽인 동물에 담긴 빈약한 해부학적 정보는 동물학의 방대한 체계에 끼워졌다. 일단 존재가 '알려진' 뒤에야, 고릴라의 행동과 자연사에 관한 핵심 정보도 추가될 수 있었다. 마찬가지로 우두를 천연두의 예방 접종으로 쓸 수 있다는 지역 농민들의 지식은 국지적인 지식으로 남아 있었고 알려진 나머지 의학 관련 지식과 연결되지 않았다. 따라서 그 의료법은 고립된 채로 있었다. 제너가 그 효과를 '발견했'을 때, 그는 국지적으로 알려진 그 효과를 의학 이론 및 감염과 세균에 관한 빈약한 과학 전체와 연결했다. 그는 백신을 '발견했다'기보다는 백신을 '연결했다.' 아메리카도 마찬가지다. 콜럼버스의 조우는 아메리카를 알려진 나머지 세계와 연결하고, 아메리카의 독자적인 고유 지식을 서서히 축적되고 있는 검증된 지식 통합체에 합침으로써 아메리카를 세계 지도에 올려놓았다. 콜럼버스는 지식의 커다란 두 대륙을 합쳐서 성장하는 하나의 통합 구조로 만들었다.

과학이 국지적 지식을 흡수하며 그 반대로는 진행되지 않는 이유는 과학이 우리가 정보를 연결하기 위해 창안한 기계이기 때문이다. 과학은 기존 지식의 그물에 새 지식을 통합하기 위해 만든 것이다. 새 깨달음이 이미 알려진 것에 들어맞지 않는 너무나 많은 '사실'을 제시한다면, 새 지식은 그 사실들이 설명될 수 있을 때까지 거부된다.(이것은 토머스 쿤의 과학 패러다임 전복 이론을 심하게 단순화한 것이다.[88]) 새 이론은 뜻밖의 세세한 사실들이 모두 설명될 때까지 기다릴 필요가 없지만(그리고 그런 일은 거의 일어나지 않는다.) 어느 정도 흡족하게 기존 질서에 끼워져야 한다. 모든 추정, 가정, 관찰은 세밀한 조사, 검사, 회의주의, 검증을 거친다.

통합된 지식은 복제, 인쇄, 우편망, 도서관, 색인, 목록, 인용, 꼬리표, 교차 참조, 참고문헌, 키워드 검색, 주석, 동료 심사, 하이퍼링크라는 기술적 역학을 통해 구축된다. 각각의 인식론적 발명은 검증 가능한 사실들의 그물을 확대하고 단편적인 지식들을 서로 연결한다. 따라서 지식은 각각의 사실이 하나의 노드를 이루는 망 현상이다. 우리는 사실의 개수가 증가할 때만이 아니라 사실들 사이의 관계의 수와 강도가 증가할 때에도, 아니 그럴 때 더욱더 지식이 증가한다고 말한다. 관계성이 지식에 힘을 부여한다. 고릴라의 행동이 다른 영장류의 행동과 비교되고 색인화하고 정렬되고 관련지어질 때 고릴라에 대한 이해는 깊어지고 더 유용해진다. 지식의 구조는 고릴라의 해부 구조가 다른 동물의 해부 구조와 관련지어지고, 고릴라의 진화가 생명의 나무에 통합되고, 고릴라의 생태가 함께 공진화하는 다른 동물들과 연관되고, 여러 유형의 많은 관찰자들이 고릴라를 기록함에 따라 확대되다가, 이윽고 고릴라에 관한 사실들은 교차하고 자가 검사하는 수천 가지 방향으로 뻗으면서 지식의 백과사전을 엮어 나간다. 각각의 깨달음은 날실 씨실이 되어 고릴라에 관한 사실들뿐 아니라, 인류 지식이라는 천 전체도 강화한다. 이 연결들의 강도가 바로 우리가 진리라고 부르는 것이다.

오늘날 연결되지 않은 지식의 웅덩이들이 아직 많이 남아 있다. 토착 부족들이 자신의 자연 환경과 오랫동안 긴밀한 관계를 맺으면서 획득한 전통 지혜라는 독특한 자산은 토착적인 맥락에서 떼어 내기가 아주 어렵다.(설령 불가능하지는 않더라도.) 그들의 체계 내에서 그들의 예리한 지식은 치밀하게 짜여 있지만, 우리가 집단적으로 아는 나머지 지식과 단절되어 있다. 많은 샤머니즘 지식도 마찬가지다. 현재 과학은 이런 영적 정보의 가닥들을 받아들여서 현재의 통섭에 엮어 짜 넣을 방법을 지니고 있지 않으며, 따라서 그들의 진리는 '미발견' 상태로 남아 있다. 초감각지각(ESP) 같은 특정한 비주류 과학은 그들이 발견한 것들이 자신들의 틀 내에서는 일관성이 있지만 더 큰 규모의 지식 패턴에는 들어맞지 않기 때문에 비주류로 남아 있다. 하지만 조만간 더 많은 사실이 이 정보 구조에 유입된다. 더 중요한 점은 지식이 구조화하는 방법 자체가 진화하고 재구성되고 있다는 것이다.

지식의 진화는 정보를 비교적 단순하게 배열하는 것에서 시작되었다. 가장 단순한 조직화는 사실이라는 것의 창안이다. 사실은 사실상 발명된 것이다. 과학이 아니라 1500년대에 유럽의 법률 제도가 발명했다. 법정에서 변호사들은 합의된 관찰을 나중에 바뀔 수 없는 증거로서 확정지어야 했다. 과학은 이 유용한 혁신을 채택했다. 시간이 흐르면서 지식을 체계화할 수 있는 새로운 방법이 늘어났다. 새 정보와 낡은 지식을 관련짓는 이 복잡한 기구가 바로 우리가 과학이라고 부르는 것이다.

과학적 방법은 하나의 통일된 '방법'이 아니다. 그것은 수세기에 걸쳐 진화한(그리고 계속 진화하고 있는) 수십 가지 기법과 과정의 집합이다. 각 방법은 사회에서 지식의 통일성을 점진적으로 증가시키는 하나의 작은 단계다. 과학적 방법의 선구적인 발명 중 몇 가지를 보자.

- 기원전 280년 도서관 색인 목록. 기록된 정보를 검색하는 방법.(알렉산드리아에서.)
- 1403년 공동 저술 백과사전. 둘 이상의 지식을 공유하는 방법.
- 1590년 통제 실험. 프랜시스 베이컨이 사용했으며 한 가지 변수를 바꾸면서 하는 실험.
- 1665년 재현 필요성. 한 실험의 결과가 타당하려면 반복될 수 있어야 한다는 로버트 보일의 개념.
- 1752년 동료 심사를 거치는 학술지. 공유된 지식에 확인과 타당성을 한층 덧붙임.
- 1885년 무작위 맹검 실험 설계. 인간의 편견을 줄이는 방법이며, 새로운 유형의 정보로서의 무작위화.
- 1934년 반증할 수 있는 검사 가능성. 타당한 실험은 그것이 틀릴 수 있는 검증 가능한 방식을 지녀야 한다는 카를 포퍼의 개념.
- 1937년 통제된 속임약. 참가자의 편향된 지식 효과를 제거하기 위한 실험 수단.
- 1946년 컴퓨터 시뮬레이션. 이론을 세우고 자료를 생성하는 새로운 방법.
- 1952년 이중 맹검 실험. 실험자의 지식이 미치는 영향을 제거하는 더 다듬어진 방법.

- 1974년 메타분석. 한 분야에서 앞서 이루어진 모든 분석의 이차적 분석.

이런 획기적인 혁신들이 모여서 현대의 과학 활동을 낳는다.(내 목적상 정확한 날짜는 중요하지 않기 때문에 발견의 우선권을 둘러싼 다른 여러 주장들은 무시하려 한다.) 오늘날의 전형적인 과학적 발견은 사실들과 반증 가능한 가설, 아마도 속임약과 이중 맹검 설계에 따른 재현 가능하고 통제된 실험, 동료 심사를 거치는 학술지에 실리고 관련된 문헌들이 보관된 도서관의 색인에 실리는 것에 의존할 것이다.

과학 자체와 마찬가지로 과학적 방법도 축적된 구조다. 새로운 과학 기구와 도구는 정보를 조직하는 새로운 방법을 추가한다. 최신 방법은 이전의 기법들을 토대로 한다. 테크늄은 사실들 사이에 연결을 계속 추가하고 생각들 사이에 점점 더 복잡한 관계를 맺는다. 이 짧은 연대표에 명확히 드러나 있듯이, 우리가 현재 '과학적 방법'이라고 생각하는 것의 주요 혁신 중에는 비교적 최근에 이루어진 것이 많다. 한 예로 실험 대상자도 실험자도 어떤 실험이 이루어지는지 알지 못하는 고전적인 이중 맹검 실험은 1950년대가 되어서야 창안되었다. 속임약이 쓰이기 시작한 것은 1930년대에 들어서이다. 이 방법이 쓰이지 않는 오늘날의 과학은 상상하기가 어렵다.

이 최근성은 과학에서 내년에 발명될 다른 '핵심' 방법이 무엇일까 하는 궁금증을 일으킨다. 과학의 본성은 여전히 유동적이다. 즉 테크늄은 앎의 새로운 방법들을 빠르게 발견하고 있다. 지식의 가속, 정보의 폭발, 진보의 속도를 고려할 때, 과학적 과정의 본성은 지난 400년 동안에 그랬던 것보다 다음 50년 동안 더 변화할 것이다.(추가될 가능성이 있는 것이 몇 가지 있다. 부정적인 결과 포함, 컴퓨터 증명, 삼중 맹검 실험, 위키 학술지 등.)

과학의 자기 변형의 핵심에는 기술이 있다. 새 도구들은 정보를 구조화하는 다른 방법들, 새로운 발견 방법들을 가능하게 한다. 우리는 이 조직 체계를 지식이라고 부른다. 기술 혁신이 이루어질수록 우리 지식의 구조는 진화한다. 과학은 새로운 것을 발견함으로써 업적을 이룬다. 그리고 과학의 진화는 발견들을 새 방식으로 조직하는 것이다. 우리 도구들의 조직화 자체도 지식의 한 유형이다. 현재 통신 기술과 컴퓨터의 등장으로 우리는 새로운 앎의 방식에 진입했다. 테크늄이 나아가는 궤적은 우리가 생성하고 있는 수많은 정보와 도구를 더욱 조직하고 만들어진 세계의 구조를 증가시키는 방향이다.

진화가능성

자연의 진화는 적응계(여기서는 생명)가 새로운 생존 방법을 모색하는 방법이다. 생명은 둥글거나 길쭉한 이런저런 크기의 세포, 느리거나 빠른 신진대사, 다리가 없거나 날개가 있는 몸을 시도한다. 그것이 마주하는 형태는 대부분 생존 기간이 짧다. 하지만 오랜 세월에 걸쳐 생명 체계는 더 많은 혁신을 위한 실험의 안정한 토대가 될 아주 안정한 형태, 이를테면 구형 세포나 DNA 염색체에 정착한다. 진화는 탐색 게임을 계속할 설계를 탐색한다. 이 점에서 진화는 진화하기를 원한다.

진화의 진화라니? 마치 중언부언의 나쁜 사례처럼 들린다. 언뜻 볼 때, 이 생각은 모순어법(자기모순)이나 동어반복(불필요하게 되풀이하는 것)처럼 보일 수 있다. 하지만 자세히 살펴보면 '진화의 진화'는 이를테면 인터넷이 무엇인지를 가리키는 '망의 망'과 마찬가지로 동어반복이 아니다.

생명은 자신의 진화가능성을 증가시키는 방법을 발견했기 때문에 40억 년을 계속 진화해 왔다. 처음에 가능한 생명의 공간은 아주 작았다. 변화의 여지는 한정되어 있었다. 예를 들어 초기 세균은 자신의 유전자에 돌연변이를 일으키고, 유전체 길이를 변화시키고, 유전자를 서로 교환할 수 있었다. 수십억 년에 걸쳐 진화가 이루어진 뒤에도 세포는 여전히 돌연변이를 일으키고 유전자를 교환할 수 있으며, 모듈 전체를 반복할 수 있으며(곤충의 반복된 몸마디처럼), 선택한 유전자를 켜거나 꺼서 자신의 유전체를 관리할 수 있다. 진화가 유성생식을 발견하자 세포의 유전체에 있는 유전적 '단어들' 전체는 짜 맞추기 방법으로 재조합됨으로써 유전적 '글자'를 단지 한 번에 하나씩 바꾸는 것보다 훨씬 더 빨리 개선될 수 있었다.

생명이 시작될 때, 자연선택은 분자에 작용했고 그 뒤에는 분자 집단, 이윽고 세포와 세포 군체에 작용했다. 진화는 가장 적응한 것을 선호하는 방식으로 집단에서 생물 개체를 선택했다. 따라서 생물의 오랜 역사에 걸쳐, 진화의 초점은 더 복잡한 구조를 향해 상승 이동했다. 다시 말해 세월이 흐르면서 진화 과정은 여러 수준에서 작동하는 여러 종류의 힘의 집합체가 되었다. 재능이 서서히 축적되면서 진화 체계는 적응하고 창조하는 다양한 방식을 습득했다. 자신을 변화시키는 영역을 변화시킬 수 있는 형태 변이자를 상상해 보라! 누가 과연 따라잡을 수 있겠는가? 이런 식으로 진화는 자신을 그러모아서 끊임없이 자신을 개조한다.

하지만 이 묘사는 이 추세의 온전한 힘을 제대로 포착하지 못한다. 그렇다. 생명은 적응할 더 많은 방식을 획득해 왔지만, 실제로 변화하는 것은 생명의 진화가능성, 즉 변화를 일으키는 성향과 민첩성이다. 이것을 변화가능성이라고 생각하자. 진화라는 집단 과정은 진화할 뿐 아니라 진화할 가능성을 더 많이, 즉 더 큰 진화가능성을 진화시킨다. 진화가능성 획득은 훨씬 더 복잡하고 빠르고 예기치 않은 힘으로 가득한 또 다른 상위 수준으로 나아가는 문을 찾는 비디오 게임과 흡사하다.

닭 같은 자연 생물은 자신의 유전자가 더 많은 유전자를 증식하는 메커니즘이다. 이기적 유전자 관점에서 볼 때, 유전자는 만들어 낼 수 있고 살아 있도록 할 수 있는 생물(닭)의 수가 많을수록 스스로를 더 많이 퍼뜨릴 수 있다. 또 우리는 생태계를 진화가 스스로를 증식하고 성장시키기 위한 수단으로 볼 수도 있다. 다양한 생물이라는 풍요로움이 없다면 진화는 더 많은 진화가능성을 진화시킬 수 없다. 그래서 진화는 복잡성과 다양성 및 더 강력한 진화자로 진화할 물질과 여지를 스스로에게 주는 수많은 존재를 생성한다.

살아 있는 종 각각을 "이 환경에서 무언가가 어떻게 생존할까?"라는 질문의 답이라고 생각하면, 진화는 물질과 에너지에 구현된 확고한 답을 제공하는 공식이다. 우리는 진화가 살아 있는 해답을 탐색하는 방법이라고 말할 수도 있다. 즉 그것은 작동하는 설계를 찾아낼 때까지 가능성들을 한없이 시험해 봄으로써 탐색한다.

진화가 처음 40억 년 동안 해답을 찾기 위해 내놓은 모든 재능 가운데 마음에 비견될 만한 것은 없다. 직감력(인간의 직감력만이 아니라)은 크게 가속된 배우고 석응하는 방법을 생물에게 제공한다. 이것은 놀랄 일이 아니다. 마음은 답을 찾기 위해 구축되며, 생존하기 위해 더 잘 그리고 더 빨리 배우는 법을 아는 것도 답할 핵심 사항 중 하나일지 모른다. 마음에 좋은 것이 학습과 적응이라면, 배우는 법의 학습은 학습을 가속시킬 것이다. 따라서 생명이 지닌 직감력은 자신의 진화가능성을 크게 증가시켰다.

이 진화가능성의 팽창이 연장된 가장 최근 사례는 기술이다. 기술은 사람의 마음이 가능성의 공간을 탐사하는 방법이며, 해답을 탐색하는 방법을 바꾼다. 지난 10억 년 동안 생명이 한 것에 맞먹는 변화를 기술이 지난 100년 동안 이 행성에서 이루었다는 말은 이제 거의 진부하게 들릴 정도다. 우리는 기술을 볼 때 도관과 깜박이는 불빛을 보는 경향이 있다. 하지만 장기적으로 기술은 단순히 진화의 진화다. 테크늄은 진화할 더 많은 능력을 추구하는 40억 년의 연속이다. 테크늄은 유기체 진화가 결코 발명하지 못했던 볼 베어링, 라디오, 레이저 같은 우주에 전혀 새로운 형태들을 발견해 왔다. 마찬가지로 테크늄은 생물학이 도달할 수 없는 방법들, 전혀 새로운 진화 방법들을 발견해 왔다. 그리고 생명의 진화와 마찬가지로 기술의 진화도 자신의 다산성을 이용하여 더 폭넓게 더 빨리 진화한다. '이기적' 테크늄은 자신의 진화력을 계속 진화시킬 충분한 원료와 여지를 스스로에게 제공하기 위해 수백만 가지의 자질구레한 기계 장치, 기법, 생산물, 새 고안물을 생성한다.

진화의 진화는 제곱되는 방식의 변화다. 기술에서 변화가 너무나 빨리 일어나므로 100년은커녕 30년 앞도 내다볼 수 없다고 직감하는 사람들도 있다. 테크늄은 때로 불확실성의 블랙홀처럼 느껴질 수도 있다. 하지만 인류는 이미 비슷한 진화적 전이를 몇 차례 겪었다. 첫 번째는 앞서 말했듯이 언어의 발명이었다. 언어는 인류에게서 유전(다른 대다수 생물에게서는 유일한 진화적 학습 계통)이 지고 있던 진화라는 짐을 덜어 내어 우리 언어와 문화도 우리 종의 집단 학습을 함께 지도록 했다. 두 번째 발명인 글쓰기는 지역과 시간 양쪽으로 생각이 쉽게 전파될 수 있도록 함으로써 인류의 학습 속도를 바꾸었다. 해답은 내구성을 지닌 종이에 기록되어 전파될 수 있었다. 이것은 인류 진화를 대폭 가속시켰다.

세 번째 전이는 과학, 아니 그보다는 과학적 방법의 구조였다. 이는 더 큰 발명을 가능하게 한 발명이다. 무작위적인 운이나 시행착오에 의지하는 대신에 과학적 방법은 우주를 체계적으로 탐사하고 새로운 생각을 체계적으로 전달한다. 과학적 방법은 발견을 백만 배까지는 아니라 해도 천 배는 가속시켜 왔다. 우리가 현재 누리는 진보가 기하급수적으로 증가한 것은 과학적 방법 덕분이다. 생물학적 진화나 문화적 진화가 홀로 발명할 수 없었던 가능성들, 그리고 그것들을 발견하는 새로운 방법들을 과학이 찾아냈다는 점은 의심의 여지가 없다.

하지만 동시에 테크늄은 인류의 생물학적 진화 속도도 가속시켜 왔다. 밀도가 점점 높아지는 도시에 사는 점점 늘어나는 인구는 질병 전염을 가속시켰고 우리의 생물학적 적응 속도도 촉진했다. 인간은 영리하며 이동성이 높고, 따라서 훨씬 더 많은 후보자 집단에서 짝을 선택한다. 새로운 음식도 우리 몸의 진화를 가속시켰다. 예를 들어 인류가 초식동물을 길들이는 데 성공하자 어른이 우유를 마시는 능력은 진화하여 급속히 퍼졌다. 우리 DNA의 돌연변이를 연구한 문헌에 따르면, 오늘날 우리 유전자는 농경 이전 시대보다 100배 더 빠르게 진화하고 있다고 한다.

겨우 지난 수십 년 사이에 과학은 또 다른 진화 방식을 진화시켜 왔다. 우리는 주 손잡이를 조정하고자 우리 자신의 내면 깊숙이 들어가는 중이다. 자신의 뇌를 자라게 하고 마음을 만드는 유전자를 비롯하여 우리 자신의 소스 코드를 만지작거리고 있다. 유전자 이어 붙이기, 유전공학, 유전자 요법은 우리 마음이 자신의 유전자를 직접 통제할 수 있도록 함으로써, 다윈 진화가 40억 년 동안 지녀 왔던 지배권을 종식시켰다. 이제 인류 계통에서 획득 형질과 바람직한 형질은 유전될 수 있다. 테크늄은 느리게 움직이는 DNA의 독재에서 완전히 해방될 것이다. 이 새로운 공생 진화는 우리를 아연실색케 할 만큼 엄청난 결과를 빚어낸다.

한편 각 기술 혁신은 테크늄이 새로운 방식으로 변화할 새로운 기회를 빚어낸다. 그리고 기술이 야기하는 모든 새로운 유형의 문제들은 또 새로운 유형의 해결책과 그 해결책을 찾아낼 새 경로가 나올 기회를 만들어 낸다. 그것은 일종의 문화적 진화다. 테크늄은 확장하면서 생명과 더불어 시작되었던 진화의 속도를 가속하며, 지금은 변화라는 개념 자체를 진화시킬 정도가 되었다. 이것은 단순히 세계에서 가장 강한 힘이 아니다. 즉 진화의 진화는 우주에서 가장 강한 힘이다.

기회, 창발성, 복잡성, 다양성 등을 증가시키는 이 폭넓은 발전 양상은 기술이 어디로 향하는가라는 질문의 한 가지 답이다. 훨씬 더 작은 일상적인 규모에서는 기술의 미래를 예측하기가 불가능하다. 상업 활동의 무작위적 잡음을 걸러 내기가 너무 어렵기 때문이다. 우리는 운 좋게도 몇몇 사례에서는 수십억 년을 거슬러 올라가서 확대 추정함으로써 역사적 추세들이 오늘날 기술을 어떻게 관통하고 있는지를 알아볼 수 있을 것이다. 이런 추세들은 1년이라는 기간에는 눈에 띄지도 않을 만큼 기술을 한 방향으로 서서히 흘러가도록 미묘하게 밀어 댄다.

이 추세들은 인간이 일으키는 사건들이 추진하지 않기 때문에 느리게 움직인다. 그것들은 테크늄 체계의 혼란이 빚어내는 편향들이다. 그것들의 추진력은 달의 중력과 흡사하다. 약하고 꾸준하며 감지할 수 없지만 결국에는 대양을 움직이는 인력 말이다. 여러 세대에 걸치면서 이 추세들은 깊이 배어 있는 특정한 방향으로 기술을 밀고 당기는 인간의 심취, 변덕, 금융 흐름 같은 잡음을 극복한다.

이 기술 추세의 화살표들은 미리 정해진 미래를 향해 나아가는 일련의 구불구불한 선이라기보다는 현재로부터 바깥으로 폭발하는 그림을 그린다. 공간이 우리로부터 모든 방향으로 팽창하여 멀어지면서 우주를 열 듯이, 이 솟구치는 힘들도 자신이 팽창하여 들어갈 영역을 만드는 부풀어 오르는 풍선 같다. 테크늄은 팽창하면서 스스로 변화하는 정보, 조직, 복잡성, 다양성, 직감력, 아름다움, 구조의 폭발이다.

이 흥겨운 자기 가속은 자신의 꼬리를 물고 스스로 안팎을 뒤집는 신화 속의 뱀 우로보로스와 비슷하다. 역설로, 그리고 약속으로 가득하다. 사실 팽창하는 테크늄(그것의 우주적 궤적, 끊임없는 재발명, 불가피성, 자아)은 끝이 열려 있는 시작, 우리에게 해 보라고 요구하는 무한 게임이다.

14
무한 게임을 하다

 기술은 우리를 원하지만, 그것이 우리를 위해 원하는 것은 무엇일까? 기술의 기나긴 여행에서 벗어나려면 무엇을 해야 할까?
 헨리 데이비드 소로는 월든 호숫가 자신의 은거지 옆을 지나는 철도를 따라 기술자들이 장거리 전신선을 설치하는 모습을 보고, 사람들에게 과연 기술자들의 그 노고에 합당할 만큼 중요한 할 말이 있을지 의구심을 드러냈다.
 웬델 베리는 켄터키에 있는 가족 농장에서 증기기관 같은 기술이 농민들의 수작업을 대체하는 광경을 지켜보면서, 기계가 인간에게 더 무엇을 가르칠지 궁금해했다. "19세기에는 기계가 도덕적 힘이며 인간을 더 낫게 만들 것이라고 생각했다. 증기기관이 인간을 어떻게 더 낫게 만들 수 있다는 것일까?"[1]
 좋은 질문이다. 테크늄은 우리를 재창안하고 있지만, 이 복잡한 기술 중에 인간으로서의 우리를 더 낫게 만드는 부분이 과연 있을까? 이보다 인간을 더 낫게 만들 수 있는 인간 사유의 표현 형태가 또 있을까?

웬델 베리는 법 기술이 인간을 더 낫게 만든다는 대답에 동의할 법하다. 법 체계는 사람에게 책임을 지우며, 공정해지라고 촉구하고, 바람직하지 않은 충동을 억누르며, 신뢰를 함양하는 등의 일을 한다. 서구 사회를 떠받치는 정교한 법 체계는 소프트웨어와 크게 다르지 않다. 그것은 컴퓨터가 아니라 종이 위에서 운영되는 복잡한 코드 집합이며 공정성과 질서를 천천히 계산한다.(이상적으로 볼 때 그렇다.) 따라서 바로 여기 우리를 더 낫게 해 온 기술이 있다. 비록 실제로 법 기술 중에 우리를 더 낫게 '만들' 수 있는 것은 전혀 없지만 말이다. 법은 우리에게 선한 일을 하도록 강요할 수 없다. 다만 그럴 기회를 제공할 수는 있다.

나는 베리의 기술 개념이 너무 협소하기 때문에 그가 테크늄의 재능을 이해하지 못한다고 본다. 그는 증기기관, 화학물질, 하드웨어 같은 차갑고 단단하고 불결한 것들에 사로잡혀 있다. 더 성숙한 것의 그저 어린 단계에 속할 것들에 말이다. 더 넓은 관점에서 보면 증기기관은 실제로 우리가 더 나아지도록 허용하는 호혜적인 기술 형태들의 그저 미미한 부분에 불과하다.

기술이 어떻게 사람을 더 낫게 만들 수 있을까? 방법은 단 하나다. 각자에게 기회를 제공함으로써다. 자신이 타고나는 독특한 재능 집합을 발휘할 기회, 새로운 생각과 새로운 마음을 마주칠 기회, 자신의 부모와 달라질 기회, 스스로 무언가를 창조할 기회를 말이다.

이 가능성들은 어떤 맥락에 놓이지 않는 상태로는 그 자체로 인간을 낫게 하기는커녕 인간을 행복하게 하기에도 불충분하다는 점을 먼저 말해 두자. 선택은 그것을 인도할 가치와 함께할 때 가장 잘 작용한다. 하지만 웬델 베리는 이렇게 말할 법하다. 누군가 영적 가치를 지녔다면 굳이 기술이 없어도 행복할 수 있다고 말이다. 다시 말해 그는 이렇게 묻는다. 인간의 향상에 기술이 정말로 필요할까?

나는 테크늄과 문명이 둘 다 주도적으로 나아가는 같은 우주적 추세들에 뿌리를 둔다고 믿기에, 그 질문을 이렇게 달리 말할 수 있다고 생각한다. 문명이 인간의 향상에 과연 필요할까?

나는 테크늄의 전체 경로를 추적하면서 말하곤 했다. 단연코 필요하다고 말이다. 테크늄은 인간의 향상에 반드시 필요하다. 그것 없이 우리가 어떻게 변할 수 있겠는가? 인류의 특수한 부분집합은, 이를테면 수도원의 작은 방에서 이용 가능한 제약된 선택들이나 호숫가의 은거지에 있는 작은 기회들 혹은 방랑하는 정신적 지도자가 자의로 한정한 선택 범위 안에서, 향상의 이상적인 경로를 찾을 것이다. 하지만 역사 대부분의 순간에 대다수의 사람은 풍요로운 문명에서 축적되고 있는 가능성의 더미가 사람들을 더 낫게 만든다고 본다. 그것이 바로 우리가 문명, 기술을 만드는 이유다. 그것이 바로 우리가 도구를 지닌 이유다. 그것들은 선해질 여지를 비롯하여 선택의 여지를 낳는다.

가치가 부여되지 않은 선택은 거의 아무것도 빚어내지 않는다는 말은 맞다. 하지만 선택이 없는 가치도 마찬가지로 무미건조하다. 우리가 자신의 최대 잠재력을 발휘하려면 테크늄을 통해 얻은 온전한 선택의 여지 스펙트럼이 필요하다.

기술이 우리에게 개인적으로 가져다주는 것은 자신이 누구인지 그리고 우리가 어떤 존재가 될지라는 더 중요한 사항을 발견할 가능성이다. 개인은 평생에 걸쳐 잠재된 능력, 손재주, 타고난 식견, 가능한 경험의 아무와도 공유하지 않는 독특한 조합을 습득한다. 같은 DNA를 지닌 쌍둥이라도 같은 삶을 살지는 않는다. 사람은 자신의 재능 집합을 최대로 발휘할 때 빛이 난다. 그들이 하는 것을 어느 누구도 할 수 없기 때문이다. 자신만의 독특한 재능 조합을 완전히 발휘하는 사람들은 남이 흉내 낼 수 없으며, 그것이 바로 우리가 그들을 높이 사는 점이다. 재능이 온전히 발휘된다고 해서 모든 사람이 브로드웨이에서 노래를 하거나 올림픽 경기에 나가거나 노벨상을 받는다는 의미는 아니다. 그런 두드러진 역할은 스타가 되는 진부한 세 방식에 불과할 뿐이며, 그 특정한 기회는 신중한 설계를 통해 제한한 것이다. 대중문화는 검증된 스타가 하는 역할을 성공한 모든 이의 운명이라고 잘못 인식시킨다. 사실 유명인사와 스타라는 지위는 다른 이를 어떻게 축출하는가에 따라 정의되는 구속복, 감옥일 수 있다.

이상적으로 우리는 태어난 모든 이에게 맞춤 제작된 우수한 지위를 찾아 줄 수 있을 것이다. 우리는 대개 기회를 이런 식으로 생각하지 않지만, 이런 성취 가능성이 바로 '기술'이라고 불리는 것이다. 현을 진동시키는 기술은 바이올린 대가를 위한 가능성을 열었다.(창조했다.) 유화와 캔버스 기술은 수세기에 걸쳐 화가들의 재능을 분출시켰다. 필름 기술은 영화적 재능을 창조했다. 글쓰기, 입법, 수학 같은 부드러운 기술은 모두 선을 창조하고 선한 일을 할 우리의 잠재력을 확대했다. 따라서 남들이 토대로 삼을지도 모를 새로운 것을 발명하고 새로운 일을 창안하면서 살아가는 과정에서 우리는 친구, 가족, 씨족, 국가, 사회로서 각자가 자신의 재능을 최대화할 수 있도록 직접적인 역할을 한다. 유명해진다는 의미에서가 아니라 각자가 남이 따라올 수 없는 독특한 기여를 한다는 점에서 말이다.

하지만 남들의 가능성을 확대하는 데 실패한다면 우리는 그것을 감소시키며, 이는 용납할 수 없는 일이다. 따라서 남들의 창의성 범위를 확대하는 것은 일종의 의무다. 우리는 테크늄의 가능성을 확대함으로써, 즉 더 많은 기술과 그것의 더 호혜적인 표현을 개발함으로써 남들을 확대한다.

역사상 최고의 대성당 건축가가 1000년 전이 아니라 지금 태어난다고 해도, 그는 여전히 자신의 영광을 빛낼 방법이 대성당을 짓는 일임을 알아차릴 것이다. 소네트는 지금도 쓰이고 있고 원고는 여전히 조명을 받고 있다. 하지만 바흐가 플랑드르 인들이 하프시코드 기술을 발명하기 1000년 전에 태어났더라면 우리 세계가 얼마나 빈곤했을지 상상이 가는가? 혹은 모차르트가 피아노와 교향악 기술보다 앞서 태어났더라면? 우리가 값싼 유화 물감을 발명하기 5000년 전에 빈센트 반 고흐가 태어났더라면 우리의 집단 상상력은 얼마나 빈곤해졌을까? 히치콕이나 찰리 채플린이 자라기에 앞서 에디슨, 그린, 디킨슨이 영화 기법을 개발하지 않았더라면 현대 세계는 어땠을까?

자신의 재능이 뿌리를 내리는 데 필요한 기술이 등장하기 전에 세상을 뜬 바흐와 반 고흐 수준의 천재는 얼마나 많았을까? 자신의 재능을 발휘하게 해 줄 기술적 가능성을 만나지 못한 채 죽어갈 사람은 또 얼마나 많을까? 나는 아이가 셋이며 비록 아이들에게 많은 기회를 제공하고 있지만, 그들의 궁극적 잠재력은 그들의 재능에 이상적인 기술이 발명되지 않는다면 방해받을 수 있다. 위대함을 발휘할 기술(홀로데크, 웜홀, 텔레파시, 마법의 펜)이 발명되기 전에 태어나는 바람에 자신의 걸작을 결코 사회에 내놓지 못할 천재, 우리 시대의 셰익스피어도 지금 살고 있을 것이다. 이런 만들어진 가능성들이 없기에 그는 위축되어 있으며, 더 넓게 보아서 우리 모두 위

누락된 기술.[2) 피아노가 발명되기 이전의 소년 모차르트, 영화 카메라가 발명되기 이전의 앨프리드 히치콕, 다음 번의 큰 발명이 이루어지기 전의 내 아들 타이웬.

축되어 있다.

역사의 대부분에 걸쳐, 개인들의 재능, 솜씨, 식견, 경험의 독특한 조합은 마땅한 출구를 전혀 찾을 수 없었다. 당신의 아빠가 제빵사였다면 당신도 제빵사였다. 기술이 공간의 가능성을 확대함에 따라 사람이 개인의 재능에 맞는 출구를 찾을 수 있는 기회도 늘어난다. 따라서 우리는 최고의 기술을 늘릴 도덕적 의무를 지닌다. 기술의 다양성과 범위를 확대하면 우리 자신과 지금 살고 있는 사람들뿐 아니라 앞으로 올 모든 사람을 위한 대안이 늘어난다. 그럼으로써 세대를 거칠 때마다 테크늄의 복잡성과 아름다움은 계속 증가한다.

더 많은 기회를 지닌 세계는 더 많은 기회를 만들 수 있는 더 많은 사람을 낳는다. 이는 자신을 능가하는 것을 계속 창조하도록 주도적으로 촉진하는 기이한 순환 고리다. 수중에 든 모든 도구는 문명(살아 있는 모든 것)에 무언가에 관한 다른 사고방식, 다른 생명관, 다른 선택을 제공한다. 실현된 모든 착상(기술)은 우리가 삶을 구축해야 하는 공간을 확대한다. 바퀴라는 단순한 발명은 그것을 갖고 무엇을 할지에 관한 100가지 착상을 새로이 낳는다. 바퀴로부터 수레, 돌림판, 전륜장, 톱니바퀴가 나왔다. 이런 장치들은 이어서 창의적인 수백만 명이 더욱더 많은 착상을 떠올리도록 영감을 불어넣고 그런 착상을 가능하게 했다. 그리고 많은 이들이 이런 도구를 통해 자신의 인생을 꾸려 나갔다.

이것이 바로 테크늄의 정체다. 테크늄은 개인들이 더 많은 착상을 떠올리고 착상에 참여하도록 하는 대상, 전승, 행위, 풍습, 선택의 여지의 축적이다. 8000년 전 최초의 강기슭 정착촌에서 시작된 문명은 다음 세대를 위한 가능성과 기회가 시간이 흐르면서 축적된 과정이라고 생각할 수 있다. 오늘날 소매점 점원으로 일하는 평균 중산층 사람은 고대의 왕보다 훨씬 더 많은 선택의 여지를 물려받았다. 고대의 왕이 더 앞서 살았던 유목민보다 더 많은 대안을 물려받은 것처럼.

우리는 가능성을 쌓아 가는데, 우주 자체가 비슷한 방식으로 팽창하기 때문에 그렇게 한다. 우리가 말할 수 있는 한 우주는 미분화한 한 점에서 시작하여 꾸준히 펼쳐져서 물질과 현실이라고 불리는 온갖 미묘한 차이들을 만들어 냈다. 수십억 년에 걸쳐 우주적 과정은 원소를 만들었고, 원소는 분자를 낳았고, 분자는 모여서 은하가 되었다. 각각 가능성의 세계를 확장하면서 말이다.

무에서 시작해 물질화하는 우주의 풍성함으로 이어지는 여행은 자유, 선택의 여지, 명확한 가능성의 확대라고도 말할 수 있다. 태초에는 선택의 여지도, 자유 의지도, 무 외에는 아무것도 없었다. 빅뱅에서 출발하여 물질과 에너지가 배열될 수 있는 방법이 증가했고, 이윽고 생명을 통해서 가능한 행동의 자유도 증가했다. 상상력을 지닌 마음이 등장함으로써 가능성의 수도 증가했다. 마치 우주가 스스로 조립하기를 선택한 것처럼 보인다.

일반적으로 기술의 상기 추세는 선택의 여지를 창조하는 인공물, 방법, 기법의 다양성을 늘리는 것이다. 진화는 가능성의 게임이 계속되도록 하는 것을 목표로 한다.

나는 테크늄 앞에서 내가 어떤 선택을 해야 할지 방향을 찾기 위해, 적어도 이해하고자 하면서 이 책을 시작했다. 혜택은 더 크고 요구는 더 적은 축복 어린 기술을 고를 수 있게 해 줄 더 큰 관점이 필요했다. 내가 실제로 탐색하던 것은 스스로 더 많은 것을 원하는 테크늄의 이기적 본성을 그것의 더 관용적인 본성, 즉 우리 스스로 더 많은 것을 찾아내도록 우리를 돕고 싶어 하는 본성과 조화시킬 방법이다. 테크늄의 눈을 통해 세상을 들여다보면서 나는 그것이 지닌 이기적인 자율성의 믿기지 않는 수준들을 점점 이해했다. 테크늄의 내면 추진력과 방향은 처음에 내가 추측한 것보다 더 깊었다. 동시에 테크늄의 관점에서 세상을 보면서 나는 그것이 형성하는 긍정적 힘에 점점 더 감탄했다. 그렇다. 기술은 자신의 자율성을 획득하고 자신의 의제를 점점 최대화하겠지만, 이 의제에는 그것의 주된 결과로서 우리를 위해 가능성을 최대화하는 것도 포함된다.

나는 기술의 양면 사이에 놓인 이 딜레마를 어찌할 수 없다는 결론에 이르렀다. 테크늄이 존재하는 한(그것은 우리가 존재하는 한 존재할 것이 분명하다.) 그것의 재능과 요구 사이의 이 긴장은 계속 우리를 따라다닐 것이다. 모두가 마침내 개인 제트팩과 나는 자동차를 지니는 서기 3000년이 되어도, 우리는 여전히 테크늄 자신의 증가와 우리 자신의 증가 사이에서 이 본질적인 갈등에 시달릴 것이다. 이 지속적인 긴장은 우리가 받아들여야 하는 기술의 또 한 측면이다.

현실적인 측면에서 나는 내 자신을 위해 기술을 최소한으로 추구하면 내 자신과 남들의 선택의 여지가 최대로 늘어나리라는 것을 깨달아 왔다. 인공두뇌학자인 하인츠 폰 푀르스터(Heinz von Foerster)는 이 접근법을 윤리적 명령(Ethical Imperative)이라고 했으며, 이런 식으로 정의했다. "늘 선택의 수를 늘리도록 행동하라."[3] 과학, 혁신, 교육, 교양, 다원주의를 장려하면 기술을 남들의 선택의 여지를 늘리는 쪽으로 사용할 수 있다. 내 경험에 따르면 이 원리는 결코 틀린 적이 없다. 어떤 게임에서든 당신의 대안은 증가한다.

우주에는 두 종류의 게임이 있다. 바로 유한 게임과 무한 게임이다. 유한 게임은 이길 때까지 하는 것이다. 카드 게임, 포커판, 복권 추첨, 내기, 축구 같은 스포츠, 모노폴리 같은 보드 게임, 경주, 마라톤, 퍼즐, 테트리스, 루빅큐브, 스크래블, 스도쿠, 월드오브워크래프트 같은 온라인 게임, 헤일로(halo)는 모두 유한 게임이다. 게임은 누군가가 이길 때 끝난다.

반면에 무한 게임은 게임을 계속 진행하기 위해 하는 것이다. 그 게임에 승자 같은 것은 없기에 게임은 끝나지 않는다.

유한 게임은 변하지 않는 규칙을 요구한다. 게임을 하는 동안 규칙이 바뀌면 게임은 엉망이 된다. 게임을 하는 도중에 규칙을 바꾸는 것은 용납할 수 없는 불공정한 짓이다. 따라서 유한 게임에서는 게임에 앞서 규칙을 하나하나 말하고 게임을 하는 동안 그것을 강제하는 일에 엄청난 노력을 쏟아붓는다.

하지만 무한 게임은 규칙을 바꿔야만 계속 진행할 수 있다. 끝이 계속 열려 있도록 하기 위해, 게임은 자신의 규칙을 상대로 게임을 한다.

야구나 체스나 슈퍼마리오 같은 유한 게임은 공간 또는 시간, 행동 측면에서 경계가 정해져야 한다. 너무 크다, 이 정도 길이로 하자, 이것은 되고 저것은 안 된다 등등.

무한 게임은 경계가 없다. 『유한 게임과 무한 게임(Finite and Infinite Games)』이라는 탁월한 책에서 이 개념을 발전시킨 신학자 제임스 카스(James Carse)는 말한다. "유한 게임자는 경계 내에서 게임을 하고, 무한 게임자는 경계와 게임을 한다."[4]

진화, 생명, 마음, 테크늄은 무한 게임이다. 게임을 지속하는 것 자체가 게임이다. 모든 참가자가 가능한 한 오래 게임을 하도록 하는 것이다. 모든 무한 게임이 그렇듯이 그것들도 게임 규칙들을 상대로 게임을 한다. 진화의 진화는 단지 그런 종류의 게임일 뿐이다.

개량되지 않은 무기 기술은 유한 게임을 빚어낸다. 그것은 승자(그리고 패자)를 낳으며 대안을 없앤다. 유한 게임은 극적이다. 스포츠와 전쟁을 생각해 보라. 평화로운 두 사람보다 싸우는 두 사람을 생각할 때 훨씬 더 흥분되는 이야기 수백 편이 떠오른다. 그러나 싸우는 두 사람에 대한 그 흥분되는 100가지 이야기가 다 똑같은 결말로 이어진다는 점이 문제다. 한쪽 또는 양쪽 다 몰락한다. 어떤 시점에서 둘이 마음을 돌려 협력하기로 하지 않는다면 말이다. 반면에 평화에 대한 지루한 한 편의 이야기는 결말이 없다. 그것은 천 편의 예기치 않은 이야기로 이어질 수 있다. 아마 둘은 협력자가 되어 새로운 마을을 세우거나 새로운 원소를 발견하거나 멋진 오페라를 지을지도 모른다. 그들은 미래 이야기의 토대가 될 것을 창안한다. 그들은 무한 게임을 하고 있다. 평화는 기회를 점점 늘리고 유한 게임과 달리 무한한 잠재력을 지니므로 세계 전체를 끌어모은다.

삶에서 우리가 가장 사랑하는 것들(삶 자체를 포함하여)은 무한 게임이다. 삶의 게임, 혹은 테크늄의 게임을 할 때, 목표는 고정되어 있지 않으며 규칙도 알려져 있지 않고 계속 바뀐다. 그러면 어떻게 진행해야 하나? 좋은 선택은 선택의 여지를 증가시키는 것이다. 개인으로서 사회로서 우리는 가능한 한 새롭고 좋은 가능성을 많이 생성할 방법을 창안할 수 있다. 좋은 가능성은 더 많은 좋은 가능성을 생성하는 것이며, 그런 식으로 역설적으로 무한 게임이 이어진다. 최고의 '끝이 열린' 선택은 가장 '끝이 열린' 선택의 여지로 이어지는 것이다. 그렇게 가지를 반복하여 뻗는 것이 바로 기술의 무한 게임이다.

무한 게임의 목표는 게임을 계속하는 것이다. 즉 게임을 할 모든 방법을 탐색하고, 모든 게임을 포함하고, 가능한 모든 게임자를 포섭하고, 게임을 한다는 말의 의미를 확대하고, 모든 것을 다 쓰고, 아무것도 남기지 않으며, 우주에 있을 법하지 않은 게임을 퍼뜨리고, 가능하다면 앞서 있었던 모든 것을 능가함으로써 말이다.

연쇄 발명가이자 기술 예찬론자이자 당당한 무신론자인 레이 커즈와일(Ray Kurzweil)은 신비주의적인 책 『특이점이 온다』에서 이렇게 선언한다. "진화는 더 큰 복잡성, 우아함, 지식, 지능, 아름다움, 창의성, 더 높은 수준의 사랑 같은 미묘한 속성들을 향해 나아간다. 모든 일신론적 전통에서 신은, 한계가 없다는 점만 다를 뿐 마찬가지로 이 모든 속성을 지닌다고 묘사된다. (……) 따라서 진화는 이 신 개념을 향해 가차 없이 나아가고 있다. 비록 이 이상에 결코 도달하지 못할지라도."[5]

신이 있다면, 테크늄의 곡선은 그를 곧장 향하고 있다. 나는 이 곡선의 원대한 이야기를 마지막으로 요약하면서 다시 고쳐 쓰고 싶다. 그것은 우리 너머의 길을 가리키고 있으니까.

우주 공간이 팽창하면서 빅뱅의 미분화 에너지가 식어 측정 가능한 실체들로 응결했고, 시간이 더 흐르자 그 입자들이 모여서 원자가 되었다. 팽창이 더 일어나고 식으면서 복잡한 분자들이 형성될 수 있었고, 복잡한 분자들은 자기 조립화를 통해 자기 증식하는 실체가 되었다. 복잡성이 증가하면서 최초의 생물이 형성되고, 시계가 째깍거릴 때마다 생물은 자신이 변화하는 속도를 증가시켰다. 진화는 진화함에 따라 적응하고 배우는 방법을 계속 늘렸고, 이윽고 동물의 마음이 자의식을 획득했다. 이 자의식은 더 많은 마음을 생각해 내고, 그것들이 모인 마음들의 우주는 이전의 모든 한계를 초월한다. 이 집단 마음은 더 이상 고독하지 않고 무한을 반영할 때까지 모든 방향으로 상상을 확대할 운명을 시닌다.

신도 변화한다고 가정하는 현대 신학까지 나와 있다. 과정신학이라는 이 이론은[6] 너무 세세한 부분까지 따지지 않으면서, 신을 하나의 과정이라고 묘사한다. 원한다면 완벽한 과정이라고 말할 수도 있다. 과정신학에서 신은 멀리 있고 엄청나며 흰 수염을 기른 천재 해커라기보다는 늘 존재하는 흐름, 운동, 과정, 최초로 스스로를 만든 전성(轉成)에 더 가깝다. 생명, 진화, 마음, 테크늄의 끊임없는 자기 조직적 가변성은 신의 전성의 한 반영이다.

동사로서의 신은 무한 게임을 펼치는 규칙 집합을 낳는다. 그것은 자신에게로 계속 순환하여 되돌아가는 게임이다.

나는 여기 끝부분에서 신을 내놓는다. 자기 창조의 본보기인 신을 언급하지 않은 채 자기 창조를 이야기하는 것은 부당한 듯하기 때문이다. 앞선 창조로 촉발되어 한없이 이어지는 창조의 끈을 대신할 것은 자기 원인으로부터 출현한 자신의 창조물뿐이다. 앞선 존재 없이 시간이나 무를 만들기에 앞서 먼저 자신을 만드는 그 최초의 자기 원인은 신의 가장 논리적인 정의다. 변할 수 있는 신이라는 이 정의는 자기 조직화의 모든 수준에 침입하는 자기 창조의 역설에서 달아나지 않고, 오히려 그것을 필연적인 역설로 받아들인다. 신이든 아니든 간에 자기 창조는 하나의 수수께끼다.

한 가지 의미에서 이 책은 연속적인 자기 창조(최초의 자기 창조 개념을 지니던 말든 간에)에 관한 것이다. 여기서 들려준 이야기는 지금 우리가 테크늄과 그 너머에서 보고 있는, 복잡성을 증가시키고 가능성을 확대하고 직감력을 퍼뜨리는 깔쭉톱니바퀴를 감는 과정이 나노 티끌 같은 최초의 존재에 들어 있던 본질적인 힘들을 통해 추진되고 있으며, 이 흐름의 씨앗이 이론상 아주 오랜 시간 계속 펼쳐지면서 스스로를 만들 수 있는 방식으로 자신을 펼쳐 왔음을 말해 준다.

이 책에서 자기 생성이라는 하나의 실이 우주, 생명, 기술을 하나의 창조로 묶고 있다는 점이 드러났기를 바란다. 생명은 물질과 에너지의 필연성에 비해 덜 기적적이다. 테크늄은 자신의 외연보다 생명에 덜 적대적이다. 인간은 이 궤적의 정점이 아니라 중간에 있는, 태어난 것과 만들어진 것의 중간에 낀 존재다.

수천 년 동안 인간은 창조 및 심지어 창조자의 본질에 관한 단서를 찾아 생물 세계, 살아 있는 것들의 세계를 들여다보았다. 생명은 신의 한 반영이었다. 특히 인간은 신의 모습을 본떠 만들어졌다고 여겨졌다. 하지만 인간이 신, 자기 창조자의 모습을 본떠 만들어졌다고 믿는다면, 우리는 그 모습대로 잘해 온 셈이다. 방금 우리는 자신의 창조물을 탄생시켰으니까. 바로 테크늄을 말이다. 신을 믿는 많은 이들을 포함하여 많은 사람들은 그것을 오만이라고 말할 것이다. 우리보다 먼저 출현한 것들에 비하면 우리의 성취는 보잘것없다.

"은하에서 시선을 돌려 무언가를 위해, 자신의 이해 범위를 넘어서는 어떤 실체를 위해 열심히 일하는 우리 자신의 무리 지은 세포를 볼 때, 인간, 과학의 거울과 마법을 들여다보기 위해 빙하기를 건너온 자기 창조자를 기억하자. 인간은 분명 자기 자신이나 자신의 야생의 얼굴만을 보러 온 것이 아니다. 내심으로는 자신 너머의 어떤 초월적인 세계에 귀를 기울이고 그것을 탐색하는 자이기에 온 것이다." 이것은 인류학자이자 작가인 로렌 아이슬리(Loren Eiseley)가 지금까지 별들 아래에서 우리가 걸어온, 자신이 '방대한 여정(immense journey)'이라고 부른 것을 생각하면서 쓴 글이다.[7]

한없는 무한함으로 우리를 압도하는 별들은 우리가 아무것도 아니라는 냉혹한 메시지를 전한다. 각각 10억 개의 별을 지닌 5000억 개의 은하와 논쟁하기란 쉽지 않다. 가물가물하게 펼쳐진 한없는 우주의 어두컴컴한 구석에서 잠시 명멸하는 우리는 아무것도 아니다.

하지만 한구석에 광막한 별들에 맞서 스스로를 지탱하는 무언가가 있다는 사실, 스스로 나아가는 무언가가 있다는 사실은 별들의 허무주의에 맞서는 하나의 논거다. 우주 전체와 물리 법칙이 어떤 식으로든 지원하지 않았다면, 최소한의 생각도 존재할 수 없었을 것이다. 장미 꽃봉오리 하나, 유화 한 점, 벽돌 건물들 사이의 거리를 걸어가는 가장 퍼레이드 하나, 입력을 기다리면서 빛나고 있는 화면 하나, 우리의 창조 본성에서 나온 책 한 권은 태초의 존재 법칙에 깊이 새겨진 생명 친화적 속성이 없었다면 존재할 수 없다. 프리먼 다이슨은 말한다. "우주는 우리가 등장하리라는 것을 알고 있었다."[8] 그리고 우주 법칙이 한 조각의 생명과 마음과 기술을 빚어내도록 편향되어 있다면, 그 한 조각은 흐르고 흘러서 넘칠 것이다. 우리의 방대한 여정은 있을 법하지 않은 작은 사건들이 쌓이고 쌓여서 일련의 불가피성을 이룬 자취다.

테크늄은 우주가 자신의 자의식을 만들어 온 방식이다. 칼 세이건은 그것을 기억에 남을 말로 표현했다. "우리는 별을 생각하는 별의 부스러기다."[9] 하지만 인류의 가장 위대하고 가장 방대한 여정은 별 먼지로부터 각성에 이르는 긴 여행이 아니라, 우리 앞에 놓인 방대한 여정이다. 지난 40억 년에 걸친 복잡성과 열린 창조의 곡선은 앞에 놓인 것에 비하면 아무것도 아니다.

우주가 주로 비어 있는 것은 생명과 테크늄의 산물들로, 의문과 문제로, 우리가 콘 스키엔티아(con scientia, 공유된 지식) 또는 의식이라고 말하는 조각들 사이의 점점 끈끈해지는 관계로 채워지기를 기다리기 때문이다.

그리고 좋든 싫든 간에 우리는 미래를 떠받칠 받침대에 서 있다. 우리에게는 이 행성의 진화를 계속 진행시킬 책임이 어느 정도 있다.

약 2500년 전 인류의 주요 종교 대부분이 비교적 압축된 기간에 출현했다. 공자, 노자, 부처, 자라투스트라, 우파니샤드의 저자들, 유대 부족의 족장들은 모두 세대로 따지면 20세대에 불과한 같은 시대를 살았다. 그 이후에 탄생한 주요 종교는 극소수에 불과하다. 역사학자들은 지구가 술렁거렸던 이 시기를 기축 시대(Axial Age)라고 한다. 마치 살아 있는 모든 이가 동시에 깨달음을 얻어 단숨에 자신의 수수께끼 같은 기원을 탐구하러 나선 것 같았다. 일부 인류학자들은 기축 시대의 각성이 전 세계에서 대규모 관개와 급수 시설에 힘입어 농경을 통해 잉여 산물이 나옴으로써 야기되었다고 믿는다.

나는 앞으로 언젠가 다른 기술의 쇄도에 힘입어 또 다른 기축 각성이 일어난다고 해도 놀라지 않을 것이다. 실제로 작동하는 로봇을 만들어 놓고 우리의 종교와 신 개념으로 그들을 혼란에 빠뜨리지 않을 수 있다고는 믿기 어렵다. 언젠가 우리는 다른 마음을 만들 것이며, 그들은 우리를 놀라게 할 것이다. 그들은 우리가 결코 상상할 수 없었던 것들을 생각할 것이며, 그런 마음이 자신을 완전히 구현할 수 있도록 한다면 그들은 스스로를 신의 아이라고 말할 것이다. 거기에 뭐라고 말할 것인가? 우리가 신경 줄기들의 유전학을 바꾸면 영혼 감각도 재배열되지 않겠는가? 한 물질 조각이 동시에 두 곳에 존재할 수 있는 양자 세계로 건너뛸 수 있으면서 여전히 천사를 믿지 않을 수 있을까?

앞으로 무엇이 다가올지 살펴보자. 기술은 생명의 모든 마음을 하나로 엮고, 진동하는 전자 신경의 망토로 지구를 감싸고, 전체 대륙들을 서로 대화하는 기계들로 덮고, 매일 훑는 백만 대의 카메라로 스스로를 지켜보는 집합체다. 이것이 어떻게 자신보다 더 큰 무언가에 민감한 우리 자신의 기관을 자극하지 않을 수 있겠는가?

바람이 불고 풀이 자라는 것만큼 오랫동안, 사람들은 깨달음을 얻기 위해, 즉 신을 보기 위해 황무지의 나무 밑에 앉아 왔다. 그들은 자기 기원의 단서를 얻기 위해 자연 세계를 살펴 왔다. 고사리와 깃털의 섬세한 줄무늬에서 그들은 무한한 근원의 그림자를 찾는다. 신을 외면하는 사람들도 우리가 왜 여기 있는시 난서를 찾기 위해 태어난 것들의 진화하는 세계를 연구한다. 대다수의 사람은 자연이 아주 행복한 장기적인 사건이거나 자기 창조자의 아주 상세한 반영이라고 여긴다. 후자에게 모든 종은 40억 년에 걸친 신과의 만남으로 읽힐 수 있다.

하지만 우리는 청개구리보다 휴대전화에서 신을 더 잘 볼 수 있다. 휴대전화는 40억 년에 걸친 개구리의 학습을 확장하며 60억 인간 마음의 열린 탐구를 추가한다. 언젠가 우리는 우리가 만들 수 있는 가장 호혜적인 기술이 인간 창의성의 증거가 아니라 신의 증거라고 믿을지도 모른다. 테크늄의 자율성이 증가함에 따라, 우리가 만들어진 것에 미치는 영향은 줄어든다. 테크늄은 빅뱅 때 시작된 자신의 추진력을 따른다. 새로운 기축 시대에는 가장 위대한 기술 작품이 우리보다는 신의 초상으로 여겨질 수도 있다. 영적 체험을 하고자 삼나무 숲에 들어갈 뿐 아니라, 우리는 200년 된 망의

미로 속으로 들어갈지도 모른다. 활동하는 수백만 개의 합성 마음들을 통해 하나로 엮여 아름다움을 갖춘, 우림 생태계에서 빌려 와 한 세기에 걸쳐 구축한 복잡하고 이루 헤아릴 수 없는 논리의 층들은 삼나무 숲이 말하는 것을 더 크게 더 설득력 있게 말할 것이다. "네가 여기에 있기 오래전에 내가 있었노라."

테크늄은 신이 아니다. 그러기에는 너무 작다. 유토피아도 아니다. 하나의 실체조차도 아니다. 그것은 그저 시작에 불과한 전성이다. 하지만 그것은 우리가 아는 그 어떤 것보다 더 많은 미덕을 간직한다.

테크늄은 생명의 근본 형질을 확대하며, 그럼으로써 생명의 근본적인 미덕을 확대한다. 생명의 다양성 증가, 직감 범위, 일반적인 것에서 차이나는 것으로의 장기적 이동, 자신의 새 판본을 생성하는 본질적인(그리고 역설적인) 능력, 무한 게임의 끊임없는 펼침은 테크늄의 형질이자 테크늄이 '원하는 것'이다. 아니 이렇게 말해야겠다. 테크늄이 원하는 것은 생명이 원하는 것이라고. 하지만 테크늄은 거기에서 멈추지 않는다. 테크늄은 또 마음의 근본 형질들을 확대하며, 그럼으로써 마음의 근본적인 미덕도 확대한다. 기술은 모든 사유의 통일을 향한 마음의 충동을 증폭하며, 모든 사람의 연결을 가속하고, 무한을 이해하는 상상할 수 있는 모든 방식을 세계에 퍼뜨릴 것이다.

어느 누구도 인간적으로 가능한 모든 것이 될 수는 없다. 어느 기술도 기술이 약속하는 모든 것을 획득할 수는 없다. 기술은 현실을 보기 시작하려고 모든 생명과 모든 마음과 모든 기술을 취할 것이다. 세계를 놀라게 하는데 필요한 도구를 발견하기 위해, 우리를 포함하고 있는 테크늄 전체를 취할 것이다. 그러는 내내 우리는 더 많은 대안, 기회, 연결, 다양성, 통일성, 사유, 아름다움, 문제를 빚어낸다. 그것들은 결국 더 많은 선, 할 만한 가치가 있는 무한 게임이 된다.

그것이 바로 기술이 원하는 것이다.

더 읽을 만한 책

이 책을 쓰기 위해 찾아본 수백 권 중에서 내 목적상 가장 유용한 책을 골라냈다. 중요한 순서내로 나열되어 있다.(나머지 참고문헌은 주에 실려 있다.)

- *Autonomous Technology: Technics-Out-of-Control as a Theme in Political Thought*. Langdon Winner. Cambridge: MIT Press, 1977.

랭던 위너는 내 개념에 가장 근접한 기술의 자율성 개념을 제시하는데, 그의 개념이 내 것보다 수십 년 앞선다. 비록 그가 내린 결론은 전혀 달랐지만, 그는 엄청나게 많은 연구를 했고 나는 그의 책에 많은 빚을 졌다. 그는 저술가로서도 뛰어나다.

- *Technology Matters: Questions to Live With*. David Nye. Cambridge: MIT Press, 2006.

아마 테크늄의 범위, 규모, 철학을 전반적으로 가장 잘 설명한 책일 것이다. 나이는 학식의 깊이를 보여 주면서 많은 사례를 들면서 다양한 이론을 꼼꼼하고 공정하게 소개한다. 그러면서도 짧고 쉽게 읽히는 책이다.

- *The Nature of Technology: What It Is and How It Evolves*. W. Brian Arthur. New York: Free Press, 2009.

내가 접한 책 중에서 기술을 가장 명쾌하고 가장 실용주의적으로 묘사한 책이다. 아서는 기술의 복잡성을 거의 수학적으로 순수한 수준으로 환원한다. 동시에 그는 아주 인간적이고 명석한 관점을 드러낸다. 나는 그의 관점에 100퍼센트 동의한다.

- *Visions of Technology: A Century of Vital Debate About Machines, Systems, and the Human World*. Richard Rhodes, ed. New York: Simon & Schuster, 1999.

로즈는 이 한 권짜리 선집에 거의 지난 1세기에 걸쳐 쓰인 기술에 관한 저술들을 모아 놓았다. 비평가, 시인, 발명가, 저술가, 예술가, 일반 시민이 쓴 기술에 관한 가장 인용할 만한 대목과 관점이 일부 실려 있다. 다른 곳에서 보지 못한 온갖 식견들을 찾아볼 수 있다.

- *Does Technology Drive History? The Dilemma of Technological Determinism*. Merritt Roe Smith and Leo Marx, eds. Cambridge: MIT Press, 1994.

이 성가신 질문에 답하려고 애쓴 역사학자들의 글을 모은 꽤 학구적인 책이다.

- *The Singularity Is Near*. Ray Kurzweil. New York: Viking, 2005.(레이 커즈와일, 김명남·장시형 옮김, 『특이점이 온다』, 김영사, 2007.)

나는 이 책을 신비주의적이라고 말한다. 특이점이 우리 시대의 최신 신화라고 보기 때문이다. 특이점은 참일 가능성은 없지만 아마 아주 큰 영향을 미칠 것이다. 특이점은 슈퍼맨이나 유토피아와 아주 흡사한 신화다. 그것은 일단 탄생하면 결코 사라지지 않고 영원히 재해석될 개념이다. 그 지워지지 않을 개념을 내놓은 것이 바로 이 책이다. 당신은 그것을 무시할 수 없다.

- *Thinking Through Technology: The Path Between Engineering and Philosophy*. Carl Mitcham. Chicago: University of Chicago Press, 1994.

쉬운 기술사 입문서로서, 교재로도 쓰인다.

- *Life's Solution: Inevitable Humans in a Lonely Universe*. Simon Conway Morris. Cambridge: Cambridge University Press, 2004.

이 장황한 책에는 두 가지 큰 개념이 흐른다. 진화는 수렴하며, 생명의 형태들은 불가피하다는 것이다. 굴드가 『경이로운 생명』의 토대로 삼은 바로 그 증거인 버제스셰일 화석을 해독했지만 굴드와 180도 다른 결론을 내린 생물학자가 썼다.

- *The Deep Structure of Biology: Is Convergence Sufficiently Ubiquitous to Give a Directional Signal?* Simon Conway Morris, ed. West Conshohocken, PA: Templeton Foundation Press, 2008.

수렴 진화를 다룬 여러 분야의 글을 모은 책.

- *Cosmic Evolution*. Eric J. Chaisson. Cambridge: Harvard University Press, 2002.

진화가 생명 이전에 시작된 연속선상에서 진행된다는 거의 알려지지 않은 개념을 탐구했다. 물리학자가 쓴 책이다.

- *Biocosm: The New Scientific Theory of Evolution: Intelligent Life Is the Architect of the Universe*. James Gardner. Makawao Maui, HI: Inner Ocean, 2003.(제임스 가드너, 이덕환 옮김, 『생명 우주』, 까치, 2006.)

이 책의 핵심을 이루는 것은 대다수 사람들의 생각과 너무 동떨어져 있을 수도 있는 아주 급진적인 개념(우주가 살아 있는 생물이라는)이지만, 이 책은 비활성 우주, 생명, 기술권이 연속체를 이룬다는 엄청나게 많은 증거로 그 핵심을 감싸고 있다. 내가 아는 한 이 책은 내가 포착하려 애쓰는 바로 그 우주적 추세를 다룬 유일한 작품이다.

- *Cosmic Jackpot: Why Our Universe Is Just Right for Life*. Paul Davies. Boston: Houghton Mifflin, 2007.(폴 데이비스, 이경아 옮김, 『코스믹 잭팟』, 한승, 2010.)

데이비스는 자신의 물리학 전문 지식을 이용하여 생명, 마음, 엔트로피의 과정을 하나로 엮는다. 그는 다루기 힘든 커다란 철학적 질문들을 깊이 파고들지만 아직 실험적인 과학적 결과를 근거로 삼는 오늘날 가장 독창적인 언론인이나. 나는 존재의 큰 규모의 구조를 다룰 때 그를 안내자로 삼는다. 이 책은 그의 가장 최근 작품이자 그의 생각을 가장 잘 요약한 것이다.

- *Finite and Infinite Games*. James Carse. New York: Free Press, 1986.

이 얇은 책은 지혜의 우주를 다룬다. 신학자가 썼기에 아마 첫 장과 마지막 장만 읽어야 하겠지만, 그 정도로도 충분하다. 이 책은 생명, 우주, 만물에 대한 내 사고방식을 바꾸었다.

- *The Riddle of Amish Culture*. Donald B. Kraybill. Baltimore: The Johns

Hopkins University Press, 2001.

크래빌은 객관적인 통찰력과 따뜻한 연민을 품고 아미시파의 역설을 살펴본다. 그는 아미시파의 기술 사용에 관한 전문가다. 또 내가 아미시파를 방문할 때 안내인이 되기도 했다.

- *Better Off : Flipping the Switch on Technology*. Eric Brende. New York: HarperCollins, 2004.

브렌드가 망과 떨어진 채 아미시파 공동체 옆에서 생활한 2년의 기간을 다룬 신선하고 쉽게 읽히는 책이다. 온기, 냄새, 분위기 등 최소 생활양식이 어떤 것인지 느껴보기에 가장 좋은 방법이다. 브렌드는 기술 분야를 전공했기에 독자가 어떤 질문을 할지 예측하고 있다.

- *Laws of Fear: Beyond the Precautionary Principle*. Cass Sunstein. Cambridge: Cambridge University Press, 2005.

예방 원칙의 단점을 사례 연구하고 대안 접근법의 기본 틀을 제시한 책이다.

- *Whole Earth Discipline*. Stewart Brand. New York: Viking, 2009.

진보와 도시화, 지속적인 경계에 대해 내가 다루는 주제들의 상당수를 맨 처음 논의한 사람이 브랜드다. 또 이 책은 도구와 기술의 변형 능력에 찬사를 보낸다.

- *Limited Wants, Unlimited Means: A Reader on Hunter-Gatherer Economics and the Environment.* John M. Gowdy, ed. Washington, D.C.: Island Press, 1998.

수렵채집 생활양식이 현대인들이 생각하는 것만큼 마뜩치 않은 것이 아님을 알아차린 인류학자들의 놀라운 연구들을 담은 논문집이다. 이 책을 읽다 보면 생각이 몇 차례 바뀌는 경험을 할 수밖에 없다.

- *The Foraging Spectrum: Diversity in Hunter-Gatherer Lifeways.* Robert L. Kelly, ed. Washington, D.C.: Simthsonian Institution Press, 1995.

수렵채집인들이 실제로 시간, 열량, 주의력을 어떻게 쓰는지를 비교문화적으로 조사한 탄탄한 자료집이다. 농경 이전 사회의 경제와 사회 생활을 가장 과학적으로 연구한 책이다.

- *Neanderthals, Bandits, and Farmers: How Agriculture Really Began.* Colin Tudge. New Haven: Yale University Press, 1999.

농경이 탄생한 이유들을 52쪽 분량으로 요약한 대담한 책이다. 약 다섯 권

분량의 총서에 실린 식견을 압축하고 정수만을 증류하여 한 권으로 만든 아름다운 책이다. 나도 이렇게 얇은 걸작을 쓸 수 있다면.

- *After Eden: Th e Evolution of Human Domination*. Kirkpatrick Sale. Durham: Duke University Press, 2006.

초기 사피엔스가 농경이나 산업이 출현하기 오래전에 환경을 지배하고 파괴하는 길로 들어섰음을 폭로한 책이다.

- *The Ascent of Man*. Jacob Bronowski. Boston: Little, Brown, 1974.(제이콥 브로노우스키, 김은국 · 김현숙 옮김, 『인간 등정의 발자취』, 바다출판사, 2009.)

1972년 BBC-TV로 방영된 같은 제목의 연속물을 토대로 한 이 책은 내 생각의 범위와 규모에 영감을 불어넣었고 몇 가지 핵심 개념을 제공했다. 무언가에 깊이 심취하는 사람이자 시인이자 신비주의자이자 과학자이기도 한 브로노프스키는 자기 시대를 앞서 나간 인물이다.

감사의 말

이 책을 내 아이들, 케일린, 팅, 타이웬에게 바친다. 그리고 오랜 여행 동안 필요한 애정을 듬뿍 제공한 아내 지아밍에게도.

다년간의 잉태기 내내 이 책을 지원해 준 펭귄 사의 폴 슬로백에게 감사를 드린다. 그는 이 책을 결코 포기하지 않았고, 이 책에 담길 사상에 그가 보인 열정 덕분에 이 책이 탄생할 수 있었다.

내가 함께 일해 본 편집자 가운데 최고인 폴 터프는 이 책을 장황함에서 구원해 주었다. 그는 거의 책에서 책을 깎아 내어 이야기를 읽기 쉽게 매끄러운 형태로 다듬었다. 폴은 이 책에 윤곽과 유려함을 주었다.

카밀 클로티어는 내 주요 협력자다. 그녀는 이루 다 열거할 수 없을 정도로 많은 기여를 했다. 전문가들을 찾아내고, 인터뷰 일정을 짜고, 인용문과 단락을 정리하고, 주요 도표를 찾고, 책 전체에서 사실들이 맞는지 점검하고, 주석을 달고, 교정을 보고, 여러 교정쇄들을 정돈하고, 참고문헌을 편집하고, 소프트웨어를 유지 관리하고, 모든 면에서 내가 말한 것이 올바르고 정확하도록 확인하고 다잡았다.

이 책에 실린 독창적인 조사는 대부분 연구 사서인 미셸 맥기니스가 했다. 그녀는 자료를 찾느라 도서관에서 몇 개월, 온라인에서 5년을 보냈다. 그녀의 연구 덕분에 이 책의 거의 모든 쪽에 실린 내용이 향상되었다.

수석 디자이너이자 일러스트레이터인 조너선 코럼은 특유의 깔끔하기 그지없는 방식으로 이 책에 실린 그림을 그려 주었다. 책표지는 벤 와이즈먼의 작품이다.

이 책은 조언자이자 대단히 비범한 저작권 대리인인 존 브록만이 나와 함께 내놓은 여섯 번째 작품이다. 그가 없었다면 책을 쓴다는 생각조차 안 했을 것이다.

그리고 드러나지 않은 곳에서 빅토리아 라이트가 내 인터뷰 원고를 정확히 정리해 주었고, 집필 조언자인 윌리엄 슈발베는 내가 막막한 상태에 처했을 때 몇 가지 아주 도움이 되는 제안을 화두처럼 던져 주었다. 책의 레이아웃은 낸시 레스닉이 맡았고 찾아보기는 코언 캐러스 사에서 정리했다.

인내심을 발휘하여 초고를 읽고 가치 있고 건설적인 의견을 준 러스 미첼, 마이클 다우드, 피터 슈워츠, 찰스 플랫, 앤드리스 로이드, 게리 울프, 하워드 레인골드에게 감사한다.

책을 위해 조사를 하면서 나는 내가 아는 가장 명석한 사람들과 말이나 글로 이야기를 나누고 면담도 했다. 내 집필 계획을 위해 소중한 시간과 식견을 내준 전문가들의 이름을 적어 둔다. 물론 그들의 생각을 전달하는 데 오류가 있다면 모두 내 책임이다.

크리스 앤더슨, 고든 벨, 케이티 보너, 스튜어트 브랜드, 에릭 브렌드, 데이비드 브린, 롭 카슨, 제임스 카스, 자마이스 카시오, 리처드 도킨스, 에릭 드렉슬러, 프리먼 다이슨, 조지 다이슨, 닐스 엘드리지, 브라이언 이노, 조엘 가로, 폴 호켄, 대니 힐리스, 파이트 헛, 데릭 젠슨, 빌 조이, 스튜어트 카우프먼, 도널드 크레이빌, 마크 크라이더, 레이 커즈와일, 재론 레이니어, 피에르 르모니에, 세스 로이드, 로리 마리노, 맥스 모어, 사이먼 콘웨이 모리스, 네이선 미어볼드, 하워드 라인골드, 폴 사포, 커크패트릭 세일, 팀 소더, 피터 슈워츠, 존 스마트, 리 스몰린, 알렉스 스테펜, 스티브 탤벗, 에드워드 테너, 셰리 터클, 핼 베리언, 버너 빈지, 제이 워커, 피터 워셜, 로버트 라이트.

옮긴이의 말

생각해 보면 역자도 사실 기술 서적을 통해 번역계에 입문했다고 할 수 있다. 맨 처음 한 번역이 기술 용어 사전의 일부를 쪼개어 맡아 한 것이었고, 그다음은 MS 윈도 입문서를 번역한 것이었으니까. 번역되어 나온 책에 역자의 이름은 실리지 않았지만. 아무튼 그 뒤로 지금까지 꽤 많은 과학책을 우리말로 옮겼다. 그러면서 점점 커지는 의문이 하나 있었다.

왜 기술 분야의 교양서는 없는 것일까? 과학과 기술이 둘 다 독서 인구 측면에서는 밑바닥을 길 정도로 비중이 낮긴 하지만, 기술에 비하면 그래도 과학은 나은 편이다. 과학 교양서는 꾸준히 나오고 있지만 기술 교양서는 찾아보기 어렵다. 물론 각종 전공 서적을 따지면 양쪽의 순위는 역전될 것이다. 아마 컴퓨터 관련 서적만 따져도 과학 교양서를 다 합친 것보다 더 많이 팔리고 있지 않을까. 하지만 전공 서적과 교양서는 차이가 있다. 교양서는 말 그대로 일반 독자를 대상으로 한다. 그러니 내용도 더 쉽고 잘 읽힌다. 역자가 보기에는 무엇보다도 전공 서적에 빽빽하게 들어찬 각종 수학 공식이 없다는 점이 과학기술 교양서의 가장 큰 특징이다. 그런데 그런 기술 교양서는 너무나 부족하다.

미약하긴 하지만 과학기술과 대중의 거리를 좁히는 일을 하는 처지라, 그 점은 때로 고민거리가 되곤 했다. 과학기술이 진화할수록 대중과 그것의 거리는 점점 심해져 간다. 그 거리감이 뼛속까지 시리게 할 정도가 되면 심각한 문제가 벌어질 것이다. 인류가 로봇, 인공 지능 등과 맞서 싸운다는 줄거리의 영화는 그런 상황을 미리 내다본 것에 다름 아니다. 다행히 스마트폰이나 태블릿처럼 기술도 인간이 아끼고 사랑할 수 있는 대상임을 실감하게 해 주는 기기들이 나와서 그런 위기 상황을 좀 누그러뜨리곤 하지만, 기계도 사람처럼 점점 더 겉모습만 보고는 속내를 알 수 없는 존재가 되어 간다는 점에는 변함이 없다. 첨단 기기 앞에서 으레 드는 생각인 뜯어 본들 뭐하랴, 하는 체념이 커질수록 기계도 인간도 위태로워진다.

기술 문명이 발전하려면 그런 거리감을 줄이는 노력이 중요한데, 아무래도 기술 분야의 전문가들은 책을 통해 그 거리를 좁히려는 노력은 좀 덜 하는 모양이다. 여러 가지 이유가 있을 법하다. 기술 이야기에 푹 빠질 독자가 적을 듯하고, 난해한 전문 용어가 가득할 테니 읽기가 어려울 것이고, 나날이 갈라지는 이루 헤아릴 수 없이 많은 전문 분야를 다 아우르기도 힘들 것이다.

그런 점을 떠올리면서 아쉬움을 달래던 차에 이 책을 접했다. 좀 어렵겠다는 생각을 하면서도 제목만 보고 덜컥 번역하겠다고 했는데, 책의 내용이 생각보다 방대하다는 것을 깨닫고 놀랐다. 기술 외면자에서 기술 옹호자로 180도 전환했을 뿐 아니라, 이 시대의 과학기술을 비평하는 《와이어드》잡지의 공동 창간자인 범상치 않은 인물답게, 저자는 기술의 다양한 측면들을 두루 꿰뚫고 있다. 다방면으로 해박한 지식을 드러내면서 기술이 나아가는 방향을 놀랍도록 설득력 있고 명쾌하게 제시하고 있다. 이 책의 장점은 저자가 피력하는 논리뿐 아니라 그것을 뒷받침하는 탄탄한 증거들이다. 저자는 기존에 연구한 문헌이 없으면 직접 조사를 하여 추세 증거를 보여 줄 정도로 심혈을 기울인다.

기술의 발전에 위협을 느끼는 사람조차도 이 책을 읽다 보면 설득당할 가능성이 높다. 그렇지 않더라도 이 책은 기술이 어떤 흐름을 보이는지를 큰 시야에서 볼 수 있게 해 준다는 점에서 읽을 가치가 충분하다.

미리 독자께 양해를 드릴 사항이 하나 있다. 익히 알다시피 기술 분야는 영어를 그대로 갖다 쓰는 것을 멋으로 안다. 유비쿼터스, 코드, 시스템 등등 이 책에도 그런 용어들이 무수히 등장한다. 반면에 과학 분야는 용어의 한글화에 상당한 노력을 기울여 왔다. 그래서 같은 용어를 한글 용어로 바꿔 쓰고 있다. 문제는 이 책이 기술의 진화를 우주 탄생부터 생물의 진화로 이어지는 흐름의 연장선상에서 보기 때문에, 과학과 기술을 한 용어로 설명한다는 점이다. 그래서 어쩔 수 없이 상황에 따라 한 영어가 서로 한글 용어로 번역되거나, 한 분야의 종사자들에게는 마뜩치 않은 용어로 번역되는 사례들이 나타난다. IT 분야의 종사자들에게는 안타까운 일이겠지만 이 책에서는 유비쿼터스라는 말을 내장 칩뿐 아니라 모든 기술에 적용하기에, 편재라는 용어로 옮길 수밖에 없었다. 코드는 컴퓨터 명령어를 뜻할 때는 그냥 코드로, 생물의 유전 정보를 가리킬 때는 유전암호로 옮겨야 했다. 시스템은 상황에 따라 그냥 시스템 또는 계로 번역했다. 이런 사례들이 많다. 감안해 주시기를 부탁드린다.

2011년 5월

이한음

주(註)

사진과 도표의 출처도 포함되어 있다.

1 의문을 품다

1. Franklin D. Roosevelt. (1939, January 4) "Annual Message to Congress." http://www.presidency.ucsb.edu/ws/index.php?pid=15684.
2. Harry S. Truman. (1952, January 9) "Annual Message to the Congress on the State of the Union." http://www.presidency.ucsb.edu/ws/index.php?pid=14418.
3. Steve Talbott. (2001) "The Deceiving Virtues of Technology." NetFuture, (125). http://netfuture.org/2001/Nov1501_125.html.
4. Carl Mitcham. (1994) *Thinking Through Technology: The Path Between Engineering and Philosophy*. Chicago: University of Chicago Press, pp. 128~129.
5. Henry Hodges. (1992) *Technology in the Ancient World*. New York: Barnes & Noble Publishing.
6. Carl Mitcham. (1994) *Thinking Through Technology: The Path Between Engineering and Philosophy*. Chicago; University of Chicago Press, p. 123.
7. Lynn White. (1940) "Technology and Invention in the Middle Ages." *Speculum*, 15 (2), p. 156. http://www.jstor.org/stable/2849046.

8. Johann Beckmann. (1802) *Anleitung zur Technologie*[*Guide to Technology*]. Gottingen: Vandenhoeck und Ruprecht.
9. L. M. Adleman. (1994) "Molecular Computation of Solutions to Combinatorial Problems." *Science*, 266(5187). http://www.sciencemag.org/cgi/content/abstract/266/5187/1021.
10. David Nye. (2006) *Technology Matters: Questions to Live With*. Cambridge, MA: MIT Press, pp. 12, 28.
11. Kevin Kelly. (2008) "Infoporn: Tap into the 12-Million-Terafl op Handheld Megacomputer." Wired, 16 (7). http://www.wired.com/special_multimedia/2008/st_infoporn_1607.
12. Ibid.
13. comScore. (2007) "61 Billion Searches Conducted Worldwide in August." http://www.comscore.com/Press_Events/Press_Releases/2007/10/Worldwide_Searches_Reach_61_Billion. 계산은 콤스코어(comScore)가 내놓은 1개월 동안 이루어진 검색 횟수 자료를 토대로 했다.
14. Kevin Kelly. (2007) "How Much Power Does the Internet Consume?" The Technium. http://www.kk.org/thetechnium/archives/2007/10/how_much_power.php. 이 값은 데이비드 새러킨(David Sarokin)이 계산한 것이다.; see http://uclue.com//index.php?xq=724.
15. Reginald D. Smith. (2008, revised April 20, 2009) "The Dynamics of Internet Traffic: Self-Similarity, Self-Organization, and Complex Phenomena," *arXiv:0807.3374*. http://arxiv.org/abs/0807.3374.
16. Ibid.

2 우리 자신을 발명하다

1. Jay Quade, Naomi Levin, et al. (2004) "Paleoenvironments of the Earliest Stone Toolmakers, Gona, Ethiopia." *Geological Society of America Bulletin*, 116 (11/12). http://gsabulletin.gsapubs.org/content/116/11-12/1529.abstract.
2. Richard Wrangham and NancyLou Conklin-Brittain. (2003) "Cooking as a Biological Trait." *Comparative Biochemistry and Physiology—Part A: Molecular & Integrative Physiology*, 136 (1). http://dx.doi.org/10.1016/S1095-6433(03)00020-5.
3. Kirkpatrick Sale. (2006) *After Eden: The Evolution of Human Domination*. Durham, NC: Duke University Press.
4. Paul Mellars. (2006) "Why Did Modern Human Populations Disperse from Africa

Ca. 60,000 Years Ago? A New Model." *Proceedings of the National Academy of Sciences*, 103 (25). http://www.pnas.org/content/103/25/9381.full.pdf+html.
5. Ian McDougall, Francis H. Brown, et al. (2005) "Stratigraphic Placement and Age of Modern Humans from Kibish, Ethiopia." *Nature*, 433 (7027). http://dx.doi.org/10.1038/nature03258.
6. Paul Mellars. (2006) "Why Did Modern Human Populations Disperse from Africa Ca. 60,000 Years Ago? A New Model." *Proceedings of the National Academy of Sciences*, 103 (25). http://www.pnas.org/content/103/25/9381.full.pdf+html.
7. Jared M. Diamond. (2006) *The third Chimpanzee: The Evolution and Future of the Human Animal*. New York: HarperPerennial, p. 44.
8. Data from Quentin D. Atkinson, Russell D. Gray et al. (2008) "Mtdna Variation Predicts Population Size in Humans and Reveals a Major Southern Asian Chapter in Human Prehistory." *Molecular Biology and Evolution*, 25 (2), p. 472. http://mbe.oxfordjournals.org/cgi/content/full/25/2/468.
9. United States Census Bureau. (2008) "Historical Estimates of World Population." United States Census Bureau. http://www.census.gov/ipc/www/worldhis.html.
10. Kirkpatrick Sale. (2006) *After Eden: The Evolution of Human Domination*. Durham, NC: Duke University Press, p. 34.
11. Jared M. Diamond. (1997) *Guns, Germs, and Steel: The Fates of Human Societies*. New York: W. W. Norton, pp. 50~51.
12. Ibid., p. 51.
13. Kirkpatrick Sale. (2006) *After Eden: The Evolution of Human Domination*. Durham, NC: Duke University Press, p. 68.
14. Ibid., p. 77.
15. Juan Luis de Arsuaga, Andy Klatt, et al. (2002) *The Neanderthal's Necklace: In Search of the First Thinkers*. New York: Four Walls Eight Windows, p. 227.
16. Richard G. Klein. (2002) "Behavioral and Biological Origins of Modern Humans." California Academy of Sciences/BioForum, Access Excellence. http://www.accessexcellence.org/BF/bf02/klein/bf02e3.php. Transcript of a lecture, "The Origin of Modern Humans," delivered December 5, 2002.
17. Daniel C. Dennett. (1996) *Kinds of Minds*. New York: Basic Books, p. 147.
18. William Calvin. (1996) *The Cerebral Code: Thinking a Thought in the Mosaics of the Mind*. Cambridge, MA: MIT Press.
19. Kirkpatrick Sale. (2006) *After Eden: The Evolution of Human Domination*. Durham, NC: Duke University Press, p. 51.
20. Marshall David Sahlins. (1972) *Stone Age Economics*. Hawthorne, NY: Aldine de

Gruyter, p. 18.
21. Ibid., p. 23.
22. Ibid., p. 28.
23. Mark Nathan Cohen. (1989) *Health and the Rise of Civilization*. New Haven, CT: Yale University Press.
24. Marshall David Sahlins. (1972) *Stone Age Economics*. Hawthorne, NY: Aldine de Gruyter, p. 30.
25. Nurit Bird-David. (1992) "Beyond 'The Original Affluent Society': A Culturalist Reformulation." *Current Anthropology*, 33(1), p. 31.
26. Robert L. Kelly. (1995) *The Foraging Spectrum: Diversity in Hunter-Gatherer Lifeways*. Washington, DC: Smithsonian Institution Press, p. 244.
27. Ibid., p. 245.
28. Ibid., p. 247.
29. Ibid., p. 254.
30. Juan Luis de Arsuaga, Andy Klatt, et al. (2002) *The Neanderthal's Necklace: In Search of the First Thinkers*. New York: Four Walls Eight Windows, p. 221.
31. Rachel Caspari and Sang-Hee Lee. (2004) "Older Age Becomes Common Late in Human Evolution." *Proceedings of the National Academy of Sciences of the United States of America*, 101 (30). http://www.pnas.org/content/101/30/10895.abstract.
32. Robert L. Kelly. (1995) *The Foraging Spectrum: Diversity in Hunter-Gatherer Lifeways*. Washington, DC: Smithsonian Institution Press.
33. Lawrence H. Keeley. (1997) *War Before Civilization*. New York: Oxford University Press, p. 89.
34. Data from Lawrence H. Keeley. (1997) *War Before Civilization*. New York: Oxford University Press, p. 89.
35. Ibid., pp. 174~175.
36. Carl Haub. (1995) "How Many People Have Ever Lived on Earth?—Population Reference Bureau." Population Reference Bureau. http://www.prb.org/Articles/2002/HowManyPeopleHaveEver LivedonEarth.aspx.
37. Gregory Cochran and Henry Harpending. (2009) *The 10,000 Year Explosion: How Civilization Accelerated Human Evolution*. New York: Basic Books, p. 1.
38. William F. Ruddiman. (2005) *Plows, Plagues, and Petroleum: How Humans Took Control of Climate*. Princeton NJ: Princeton University Press, p. 12.
39. John Sloan. (1994) "The Stirrup Thesis." http://www.fordham.edu/halsall/med/sloan.html.
40. John Brockman. (2000) *The Greatest Inventions of the Past 2,000 Years*. New York: Simon

& Schuster, p. 142.
41. Richard Rhodes. (1999) *Visions of Technology: Machines, Systems and the Human World.* New York: Simon & Schuster, p. 188.

3 일곱 번째 생물계의 역사

1. Lynn Margulis. (1986) *Microcosmos: Four Billion Years of Evolution from Our Microbial Ancestors.* New York: Summit Books.
2. W. Brian Arthur. (2009) *The Nature of Technology: What It Is and How It Evolves.* New York: Free Press, p. 188.
3. John Maynard Smith and Eors Szathmary. (1997) *The Major Transitions in Evolution.* New York: Oxford University Press.
4. Stephen Jay Gould and Niles Eldredge. (1977) "Punctuated Equilibria: The Tempo and Mode of Evolution Reconsidered." *Paleobiology*, 3 (2).
5. Belinda Barnet and Niles Eldredge. (2004) "Material Cultural Evolution: An Interview with Niles Eldredge." *Fibreculture Journal*, (3). http://journal.fibreculture.org/issue3/issue3_barnet.html.
6. Data from Ilya Temkin and Niles Eldredge. (2007) "Phylogenetics and Material Cultural Evolution." *Current Anthropology*, 48 (1). http://dx.doi.org/10.1086/510463.
7. Belinda Barnet and Niles Eldredge. (2004) "Material Cultural Evolution: An Interview with Niles Eldredge." *Fibreculture Journal* (3). http://journal.fibreculture.org/issue3/issue3_barnet.html.
8. Bashford Dean. (1916) Notes on Arms and Armor. New York: Metropolitan Museum of Art, p. 115.
9. David Nye. (2006) *Technology Matters: Questions to Live With.* Cambridge, MA: MIT Press, p. 57.
10. Aaron Montgomery Ward and Joseph J. Schroeder, Jr. (1977) *Montgomery Ward & Co 1894~95 Catalogue & Buyers Guide, No. 56.* Northfield, IL: DBI Books, p. 562. 이 비교 자료 중 오른쪽 부분은 필자가 모은 것이다.
11. John Charles Whittaker. (2004) *American Flintknappers.* Austin: University of Texas Press, p. 266.
12. Bruce Sterling. (1995, September 15) "The Life and Death of Media." Sixth International Symposium on Electronic Art ISEA, Montreal. http://www.alamut.com/subj/artiface/deadMedia/dM_Address.html. 죽은 매체(The Dead Media) 계획은 현재 죽었다.

4 엑스트로피의 등장

1. National Aeronautics and Space Administration. (2009) "How Old Is the Universe?" http://map.gsfc.nasa.gov/universe/uni_age.html.
2. Eric J. Chaisson. (2005) *Epic of Evolution: Seven Ages of the Cosmos*. New York: Columbia University Press.
3. Data from Eric J. Chaisson. (2002) *Cosmic Evolution*. Cambridge, MA: Harvard University Press, p. 139.
4. 필자가 고안했다.
5. Motoo Kimura and Naoyuki Takahata. (1994) *Population Genetics, Molecular Evolution, and the Neutral Theory*. Chicago: University of Chicago Press.
6. Paul Davies. (1999) *The Fifth Miracle: The Search for the Origin and Meaning of Life*. New York: Simon & Schuster, p. 256.
7. Richard Fisher. (2008) "Selling Our Services to the World (with an Ode to Chicago)." Chicago Council on Global Affairs, Chicago: Federal Reserve Bank of Dallas. http://www.dallasfed.org/news/speeches/fisher/2008/fs080417.cfm.
8. Robert E. Lipsey. (2009) "Measuring International Trade in Services." *International Trade in Services and Intangibles in the Era of Globalization*, eds. Mathew J. Slaughter and Marshall Reinsdorf. Chicago: University of Chicago Press, p. 60.
9. Data from "U.S. International Trade in Goods and Services Balance of Payments Basis, 1960~2004." U.S. Department of Commerce, International Trade Administration. http://www.ita.doc.gov/td/industry/OTEA/usfth/aggregate/H04t01.html.

5 심오한 진보

1. Matthew Fox and Rupert Sheldrake. (1996) *The Physics of Angels: Exploring the Realm Where Science and Spirit Meet*. San Francisco: HarperSanFrancisco, p. 129.
2. Barry Schwartz. (2004) *The Paradox of Choice: Why More Is Less*. New York: Ecco, p. 12.
3. GS1 US. (2010, January 7) 필자의 연구자와 벌인 토론. 《GS1 US》의 조 멜러(Jon Mellor)는 전 세계에서 지금까지 나온 기업 접두사가 120만 개라고 설명한다. 이것은 UPC와 EAN 바코드에 쓰인 숫자들의 앞부분이다. 이를 토대로 그는 현재 전 세계의 활성 UPC/EAN 바코드 수가 30~48만 개라고 추정한다.
4. David Starkey. (1998) *The Inventories of King Henry VIII*. London: Harvey Miller Publishers.

5. Peter Menzel. (1995) *Material World: A Global Family Portrait*. San Francisco: Sierra Club Books.
6. Edward Waterhouse and Henry Briggs. (1970) "A declaration of the state of the colony in Virginia." The English experience, its record in early printed books published in facsimile, no. 276. Amsterdam: theatrum Orbis Terrarum.
7. Richard A. Easterlin. (1996) *Growth Triumphant*. Ann Arbor: University of Michigan Press.
8. David Leonhardt. (2008, April 16) "Maybe Money Does Buy Happiness After All." *New York Times*. http://www.nytimes.com/2008/04/16/business/16leonhardt.html.
9. United States Census Bureau. (2008) "Historical Estimates of World Population." http://www.census.gov/ipc/www/worldhis.html; George Modelski. (2003) World Cities. Washington, D.C.: Faros.
10. United Nations. (2007) "World Urbanization Prospects: The 2007 Revision." http://www.un.org/esa/population/publications/wup2007/2007wup.htm.
11. The author's calculations based on data from United States Census Bureau. (2008) "Historical Estimates of World Population." http://www.census.gov/ipc/www/worldhis.html; United Nations. (2007) "World Urbanization Prospects: The 2007 Revision." http://www.un.org/esa/population/publications/wup2007/2007wup.htm; Tertius Chandler. (1987) *Four Thousand Years of Urban Growth: An Historical Census*. Lewiston, N.Y.: Edwin Mellen Press; George Modelski. (2003) *World Cities*. Washington, D.C.: Faros.
12. Bronislaw Geremek, Jean-Claude Schmitt, et al. (2006) *The Margins of Society in Late Medieval Paris*. Cambridge, UK: Cambridge University Press, p. 81.
13. Joseph Gies and Frances Gies. (1981) *Life in a Medieval City*. New York: HarperCollins, p. 34.
14. Robert Neuwirth. (2006) *Shadow Cities*. New York: Routledge.
15. Ibid., p. 177.
16. Ibid., p. 198.
17. Ibid., p. 197.
18. Stewart Brand. (2009) *Whole Earth Discipline*. New York: Viking, p. 25.
19. Ibid., p. 32.
20. Ibid., p. 31.
21. Mike Davis. (2006) *Planet of Slums*. London: Verso, p. 36.
22. Stewart Brand. (2009) *Whole Earth Discipline*. New York: Viking, pp. 42~43.
23. Ibid., p. 36.
24. Ibid., p. 26.

25. Donovan Webster. (2005) "Empty Quarter." National Geographic, 207 (2).
26. Gregg Easterbrook. (2003) *The Progress Paradox: How Life Gets Better While People Feel Worse*. New York: Random House, p. 163.
27. Data from United States Census Bureau. (2008) "Historical Estimates of World Population." http://www.census.gov/ipc/www/worldhis.html.
28. Niall Ferguson. (2009) 필자와의 토론 내용 중에서.
29. Julian Lincoln Simon. (1996) *The Ultimate Resource 2*. Princeton, NJ: Princeton University Press.
30. Data from United Nations Population Division. (2002) "World Population Prospects: The 2002 Revision." http://www.un.org/esa/population/publications/wpp2002/WPP2002-HIGHLIGHTSrev1.pdf.
31. United Nations Department of Economic and Social Affairs Population Division. (2004) "World Population to 2300." http://www.un.org/esa/population/publications/longrange2/WorldPop2300final.pdf.
32. Data from United Nations Department of Economic and Social Affairs Population Division. (2004) "World Population to 2300." http://www.un.org/esa/population/publications/longrange2/WorldPop2300final.pdf.
33. Rand Corporation. (2005) "Population Implosion? Low Fertility and Policy Responses in the European Union." http://www.rand.org/pubs/research_briefs/RB9126/index1.html.
34. "Negligible Rise in Fertility Rate." *Japan Times Online*. (2008, June 24) http://search.japantimes.co.jp/cgi-bin/ed20080624a1.html.
35. Data from Rand Corporation. (2005) "Population Implosion? Low Fertility and Policy Responses in the European Union." http://www.rand.org/pubs/research_briefs/RB9126/index1.html.
36. Julian Lincoln Simon. (1995) *The State of Humanity*. Oxford, UK: Wiley-Blackwell, pp. 644~645.
37. Kevin M. White and Samuel H. Preston. (1996) "How Many Americans Are Alive Because of Twentieth-Century Improvements in Mortality?" *Population and Development Review*, 22 (3), p. 415. http://www.jstor.org/stable/2137714.
38. Ronald Bailey. (2009, February) "Chiefs, Thieves, and Priests: Science Writer Matt Ridley on the Causes of Poverty and Prosperity." *Reason Magazine*. http://reason.com/archives/2009/01/07/chiefs-thieves-andpriests/3.
39. Simon Conway Morris. (2004) *Life's Solution: Inevitable Humans in a Lonely Universe*. New York: Cambridge University Press, p. xiii.

6 정해진 생성

1. Richard Dawkins. (2004) *The Ancestor's Tale: A Pilgrimage to the Dawn of Evolution*. Boston: Houghton Miffl in, p. 588.
2. W. Hardy Eshbaugh. (1995) "Systematics Agenda 2000: An Historical Perspective." *Biodiversity and Conservation*, 4 (5). http://dx.doi.org/10.1007/BF00056336.
3. Sean Carroll. (2008) "The Making of the Fittest DNA and the Ultimate Forensic Record of Evolution." *Paw Prints*, p. 154.
4. "List of Examples of Convergent Evolution." Wikipedia, Wikimedia Foundation. (2009) http://en.wikipedia.org/w/index.php?title=List_of_examples_of_convergent_evolution&oldid=344747726.
5. John Maynard Smith and Eors Szathmary. (1997) *The Major Transitions in Evolution*. New York: Oxford University Press.
6. Richard Dawkins. (2004) *The Ancestor's Tale: A Pilgrimage to the Dawn of Evolution*. Boston: Houghton Miffl in, p. 592.
7. George McGhee. (2008) "Convergent Evolution: A Periodic Table of Life?" *The Deep Structure of Biology*, ed. Simon Conway Morris. West Conshohocken, PA: Templeton Foundation, p. 19
8. Data from K. J. Niklas. (1994) "The Scaling of Plant and Animal Body Mass, Length, and Diameter." *Evolution*, 48 (1), pp. 48~49. http://www.jstor.org/stable/2410002.
9. Erica Klarreich. (2005) "Life on the Scales—Simple Mathematical Relationships Underpin Much of Biology and Ecology." *Science News*, 167 (7).
10. Michael Denton and Craig Marshall. (2001) "Laws of Form Revisited." *Nature*, 410 (6827). http://dx.doi.org/10.1038/35068645.
11. David Darling. (2001) *Life Everywhere: The Maverick Science of Astrobiology*. New York: Basic Books, p. 14.
12. Kenneth D. James and Andrew D. Ellington. (1995) "The Search for Missing Links Between Self-Replicating Nucleic Acids and the RNA World." *Origins of Life and Evolution of Biospheres*, 25 (6). http://dx.doi.org/10.1007/BF01582021.
13. Simon Conway Morris. (2004) *Life's Solution: Inevitable Humans in a Lonely Universe*. New York: Cambridge University Press.
14. Norman R. Pace. (2001) "The Universal Nature of Biochemistry." *Proceedings of the National Academy of Sciences of the United States of America*, 98 (3). http://www.pnas.org/content/98/3/805.short.
15. Stephen J. Freeland, Robin D. Knight, et al. (2000) "Early Fixation of an Optimal

Genetic Code." *Moleculor Biology and Evolution*, 17 (4). http://mbc.oxfordjournals.org/cgi/content/abstract/17/4/511.

16. David Darling. (2001) *Life Everywhere: The Maverick Science of Astrobiology*. New York: Basic Books, p. 130.

17. Michael Denton and Craig Marshall. (2001) "Laws of Form Revisited." *Nature*, 410 (6827). http://dx.doi.org/10.1038/35068645.

18. Lynn Helena Caporale. (2003) "Natural Selection and the Emergence of a Mutation Phenotype: An Update of the Evolutionary Synthesis Considering Mechanisms that Affect Genomic Variation." *Annual Review of Microbiology*, 57 (1).

19. "Skeuomorph." Wikipedia, Wikimedia Foundation. (2009) http://en.wikipedia.org/w/index.php?title=Skeuomorph&oldid=340233294.

20. Stephen Jay Gould. (1989) *Wonderful Life: The Burgess Shale and Nature of History*. New York: W. W. Norton, p. 320.

21. 굴드에게 영감을 받아 필자가 고안했다. (2002) *The Structure of Evolutionary Theory*. Cambridge, MA: Belknap Press of Harvard University Press, p. 1052.

22. Simon Conway Morris. (2004) *Life's Solution: Inevitable Humans in a Lonely Universe*. New York: Cambridge University Press, p. 132.

23. Stephen Jay Gould. (2002) *The Structure of Evolutionary Theory*. Cambridge: Belknap Press of Harvard University Press, p. 1085.

24. Michael Denton. (1998) *Nature's Destiny: How the Laws of Biology Reveal Purpose in the Universe*. New York: Free Press, p. 283.

25. Paul Davies. (1998) *The Fifth Miracle: The Search for the Origin of Life*. New York: Simon & Schuster, p. 264.

26. Ibid., p. 252.

27. Ibid., p. 253.

28. Stuart A. Kauffman. (1995) *At Home in the Universe*. New York: Oxford University Press, p. 8.

29. Manfred Eigen. (1971) "Self-organization of Matter and the Evolution of Biological Macromolecules." *Naturwissenschaften*, 58 (10), p. 519. http://dx.doi.org/10.1007/BF00623322.

30. Christian de Duve. (1995) *Vital Dust: Life as a Cosmic Imperative*. New York: Basic Books, pp. xv, xviii.

31. Simon Conway Morris. (2004) *Life's Solution: Inevitable Humans in a Lonely Universe*. New York: Cambridge University Press, p. xiii.

32. Richard E. Lenski. (2008) "Chance and Necessity in Evolution." *The Deep Structure of Biology*, ed. Simon Conway Morris. West Conshohocken, PA: Templeton Foundation.

33. Sean C. Sleight, Christian Orlic, et al. (2008) "Genetic Basis of Evolutionary Adaptation by Escherichia Coli to Stressful Cy-cles of Freezing, thawing and Growth." Genetics, 180 (1). http://www.genetics.org/cgi/content/abstract/180/1/431.
34. Sean Carroll. (2008) *The Making of the Fittest: DNA and the Ultimate Forensic Record of Evolution*. New York: W. W. Norton.
35. Stephen Jay Gould. (1989) *Wonderful Life: The Burgess Shale and Nature of History*. New York: W. W. Norton, p. 320.
36. Richard Buckminster Fuller, Jerome Agel, et al. (1970) *I Seem to Be a Verb*. New York: Bantam Books.

7 수렴

1. Christopher A. Voss. (1984) "Multiple Independent Invention and the Process of Technological Innovation." *Technovation*, 2 p. 172.
2. William F. Ogburn and Dorothy thomas. (1975) "Are Inventions Inevitable? A Note on Social Evolution." *A Reader in Culture Change*, eds. Ivan A. Brady and Barry L. Isaac. New York: Schenkman Publishing, p. 65.
3. Bernhard J. Stern. (1959) "The Frustration of Technology." *Historical Sociology: The Selected Papers of Bernhard J. Stern*. New York: The Citadel Press, p. 121.
4. Ibid.
5. Dean Keith Simonton. (1979) "Multiple Discovery and Invention: Zeitgeist, Genius, or Chance?" *Journal of Personality and Social Psychology*, 37 (9), p. 1604.
6. William F. Ogburn and Dorothy Thomas. (1975) "Are Inventions Inevitable? A Note on Social Evolution." *A Reader in Culture Change*, eds. Ivan A. Brady and Barry L. Isaac. New York: Schenkman Publishing, p. 66.
7. Dean Keith Simonton. (1978) "Independent Discovery in Science and Technology: A Closer Look at the Poisson Distribution." *Social Studies of Science*, 8 (4).
8. Dean Keith Simonton. (1979) "Multiple Discovery and Invention: Zeitgeist, Genius, or Chance?" *Journal of Personality and Social Psychology*, 37 (9).
9. John Markoff. (2003, February 24) "A Parallel Inventor of the Transistor Has His Moment." *New York Times*. http://www.nytimes.com/2003/02/24/business/a-parallel-inventor-of-the-transistorhas-his-moment.html.
10. Adam B. Jaffe, Manuel Trajtenberg, et al. (2000, April) "The Meaning of Patent Citations: Report on the NBER/Case-Western Reserve Survey of Patentees." Nber Working Paper No. W7631.

11. Alfred L. Kroeber. (1917) "The Superorganic." *American Anthropologist*, 19 (2) p. 199.
12. Spencer Weart. (1977) "Secrecy, Simultaneous Discovery, and the Theory of Nuclear Reactors." *American Journal of Physics*, 45 (11), p. 1057.
13. Dean Keith Simonton. (1979) "Multiple Discovery and Invention: Zeitgeist, Genius, or Chance?" *Journal of Personality and Social Psychology*, 37 (9), p. 1608.
14. Robert K. Merton. (1961) "Singletons and Multiples in Scientific Discovery: A Chapter in the Sociology of Science." *Proceedings of the American Philosophical Society*, 105 (5), p. 480.
15. Augustine Brannigan. (1983) "Historical Distributions of Multiple Discoveries and Theories of Scientific Change." *Social Studies of Science*, 13 (3), p. 428.
16. Eugene Garfield. (1980) "Multiple Independent Discovery & Creativity in Science." *Current Contents*, 44. Reprinted in *Essays of an Information Scientist: 1979~1980*, 4(44). http://www.garfield.library.upenn.edu/essays/v4p660y1979-80.pdf.
17. Adam B. Jaffe, Manuel Trajtenberg, et al. (2000) "The Meaning of Patent Citations: Report on the Nber/Case-Western Reserve Survey of Patentees." National Bureau of Economic Research, April 2000, p. 10.
18. Mark Lemley and Colleen V. Chien. (2003) "Are the U.S. Patent Priority Rules Really Necessary?" *Hastings Law Journal*, 54 (5), p. 1300.
19. Adam B. Jaffe, Manuel Trajtenberg, et al. (2000) "The Meaning of Patent Citations: Report on the Nber/Case-Western Reserve Survey of Patentees." National Bureau of Economic Research, April 2000, p. 1325.
20. Robert Douglas Friedel, Paul Israel, et al. (1986) *Edison's Electric Light*. New Brunswick, NJ: Rutgers University Press.
21. Collage by the author from archival materials.
22. Malcolm Gladwell. (2008, May 12) "In the Air: Who Says Big Ideas Are Rare?" *New Yorker*, 84 (13).
23. Nathan Myhrvold. (2009) 필자와의 토론 내용 중에서.
24. Jay Walker. (2009) 필자와의 토론 내용 중에서.
25. W. Daniel Hillis. (2009) 필자와의 토론 내용 중에서.
26. 대니얼 힐리스에게 영감을 받아 필자가 고안했다.
27. Abraham Pais. (2005) "*Subtle Is the Lord . . .*": *The Science and the Life of Albert Einstein*. Oxford: Oxford University Press, p. 153.
28. Walter Isaacson. (2007) *Einstein: His Life and Universe*. New York: Simon & Schuster, p. 134.
29. Walter Isaacson. (2009) 필자와의 토론 내용 중에서.
30. Dean Keith Simonton. (1978) "Independent Discovery in Science and Technology: A

Closer Look at the Poisson Distribution." *Social Studies of Science*, 8 (4), p. 526.
31. Sean Dwyer. (2007) "When Movies Come in Pairs: Examples of Hollywood Deja Vu." Film Junk. http://www.filmjunk.com/2007/03/07/when-movies-come-in-pairs-examples-of-hollywood-deja-vu/.
32. Tad Friend. (1998, September 14) "Copy Cats." *New Yorker*. http://www.newyorker.com/archive/1998/09/14/1998_09_14_051_TNY_LIBRY_000016335.
33. "Harry Potter Infl uences and Analogues." Wikipedia, Wikimedia Foundation. (2009) http://en.wikipedia.org/w/index.php?title=Harry_Potter_infl uences_and_analogues&oldid=330124521.
34. Robert L. Rands and Caroll L. Riley. (1958) "Diffusion and Discontinuous Distribution." *American Anthropologist*, 60 (2), p. 282.
35. 자료를 토대로 필자가 구성했다.
36. John Howland Rowe. (1966) "Diffusionism and Archaeology." *American Antiquity*, 31 (3), p. 335.
37. Laurie R. Godfrey and John R. Cole. (1979) "Biological Analogy, Diffusionism, and Archaeology." *American Anthropologist*, New Series, 81 (1), p. 40.
38. Neil Roberts. (1998) *The Holocene: An Environmental History*. Oxford: Blackwell Publishers, p. 136.
39. John Troeng. (1993) *Worldwide Chronology of Fifty-three Innovations*. Stockholm: Almqvist & Wiksell International.
40. Andrew Beyer. (2009) 필자와의 토론 내용 중에서.
41. Alfred L. Kroeber. (1948) *Anthropology*. New York: Harcourt, Brace & Co., p. 364.
42. Robert K. Merton. (1973) *The Sociology of Science: Theoretical and Empirical Investigations*. Chicago: University of Chicago Press, p. 371.
43. Dean Keith Simonton. (1979) "Multiple Discovery and Invention: Zeitgeist, Genius, or Chance?" *Journal of Personality and Social Psychology*, 37 (9), p. 1614.
44. A. L. Kroeber. (1948) *Anthropology*. New York: Harcourt, Brace & Co.
45. "Of Internet Cafés and Power Cuts." *Economist*, 386 (8566). (2008, February 9).

8 기술의 말을 들어라

1. "Flight Airspeed Record." Wikipedia, Wikimedia Foundation. (2009) http://en.wikipedia.org/w/index.php?title=Flight_airspeed_record&oldid=328492645.
2. Damien Broderick. (2002) *The Spike: How Our Lives Are Being Transformed by Rapidly Advancing Technologies*. New York: Forge, p. 35.

3. Ibid.
4. Robert W. Prehoda. (1972) "Technological Forecasting and Space Exploration." *An Introduction to Technological Forecasting*, ed. Joseph Paul Martino. London: Gordon and Breach, p. 43.
5. John Markoff. (2005) *What the Dormouse Said: How the 60s Counterculture Shaped the Personal Computer*. New York: Viking, p. 17.
6. David C. Brock and Gordon E. Moore. (2006) "Understanding Moore's Law." Philadelphia: Chemical Heritage Foundation, p. 99.
7. Gordon E. Moore. (1995) "Lithography and the Future of Moore's Law." *Proceedings of SPIE*, 2437, p. 17.
8. Data from Gordon Moore. (1965) "The Future of Integrated Electronics." *Understanding Moore's Law: Four Decades of Innovation*, ed. David C. Brock. Philadelphia: Chemical Heritage Foundation, p. 54. https://www.chemheritage.org/pubs/moores_law/; David C. Brock and Gordon E. Moore. (2006) "Understanding Moore's Law." Philadelphia: Chemical Heritage Foundation, p. 70.
9. David C. Brock and Gordon E. Moore. (2006) "Understanding Moore's Law." Philadelphia: Chemical Heritage Foundation.
10. Bob Schaller. (1996) "The Origin, Nature, and Implications of 'Moore's Law.'" http://research.microsoft.com/en-us/um/people/gray/moore_law.html.
11. University Video Corporation. (1992) *How Things Really Work: Two Inventors on Innovation, Gordon Bell and Carver Mead*. Stanford: University Video Corporation.
12. Bob Schaller. (1996) "The Origin, Nature, and Implications of 'Moore's Law.'" http://research.microsoft.com/en-us/um/people/gray/moore_law.html.
13. Mark Kryder. (2009) 필자와의 토론 내용 중에서.
14. Lawrence G. Roberts. (2007) "Internet Trends." http://www.ziplink.net/users/lroberts/IEEEGrowthTrends/IEEEComputer12-99.htm.
15. Rob Carlson. (2009) 필자와의 토론 내용 중에서.
16. Data from National Renewable Energy Laboratory Energy Analysis Office. (2005) "Renewable Energy Cost Trends." cost_curves_2005.ppt. www.nrel.gov/analysis/docs/cost_curves_2005.ppt; Ed Grochowski. (2000) "IBM Areal Density Perspective: 43 Years of Technology Progress." http://www.pcguide.com/ref/hdd/histTrends-c.html; Rob Carlson. (2009, September 9) "The Bio-Economist." *Synthesis*. http://www.synthesis.cc/2009/09/the-bio- economist.html. Deloitte Center for the Edge. (2009) "The 2009 Shift Index: Measuring the Forces of Long-Term Change," p. 29. http://www.edgeperspectives.com/shiftindex.pdf.
17. Rob Carlson. (2009) 필자와의 토론 내용 중에서.

18. Data from Ray Kurzweil. (2005) "Moore's Law: The Fifth Paradigm." The Singularity Is Near (January 28, 2010). http://singularity.com/charts/page67.html.
19. Ray Kurzweil. (2005) *The Singularity Is Near.* New York: Viking.
20. Data from Ray Kurzweil. (2005) *The Singularity Is Near.* New York: Viking; Eric S. Lander, Lauren M. Linton, et al. (2001) "Initial Sequencing and Analysis of the Human Genome." Nature, 409 (6822). http://www.ncbi.nlm.nih.gov/pubmed/11237011; Rik Blok. (2009) "Trends in Computing." http://www.zoology.ubc.ca/~rikblok/ComputingTrends/; Lawrence G. Roberts. (2007) "Internet Trends." http://www.ziplink.net/users/lroberts/IEEEGrowthTrends/IEEEComputer12-99.htm; Mark Kryder. (2009) In discussion with the author; Robert V. Steele. (2006) "Laser Marketplace 2006: Diode Doldrums." Laser Focus World, 42 (2). http://www.laserfocusworld.com/articles/248128.
21. David C. Brock and Gordon E. Moore. (2006) "Understanding Moore's Law." Philadelphia: Chemical Heritage Foundation.
22. "An Interview with Carver Mead." *American Spectator,* 34 (7). (2001). http://laputan.blogspot.com/2003_09_21_laputan_archive.html.
23. Data from Clayton Christensen. (1997) *The Innovator's Dilemma: When New Technologies Cause Great Firms to Fail.* Boston: Harvard Business School Press, p. 10.
24. Data from Clayton Christensen. (1997) *The Innovator's Dilemma: When New Technologies Cause Great Firms to Fail.* Boston: Harvard Business School Press, p. 40.

9 불가피함을 선택하기

1. AT&T archival photograph via "Showcasing Technology at the 1964~1965 New York World's Fair." http://www.westland.net/ny64fair/map-docs/technology.htm.
2. "Videophone." Wikipedia, Wikimedia Foundation. (2010) http://en.wikipedia.org/w/index.php?title=Videophone&oldid=340721504.
3. Langdon Winner. (1977) *Autonomous Technology: Technics-Out-of-Control as a Theme in Political thought.* Cambridge, MA: MIT Press, p. 46.
4. Ibid., p. 55.
5. Ibid., p. 71.
6. 굴드의 책에 영감을 받아 필자가 고안했다. (2002) *The Structure of Evolutionary Theory,* Cambridge, MA: Belknap Press of Harvard University Press, p. 1052.
7. 필자가 고안했다.
8. Paul Romer. (2009) "Rules Change: North vs. South Korea." Charter Cities (January

28, 2010). http://chartercities.org/blog/37/ruleschange-north-vs-south-korea.
9. Paul Romer. (2009) "Paul Romer's Radical Idea: Charter Cities." TEDGlobal, Oxford.
10. Robert Wright. (2000) *Nonzero: The Logic of Human Destiny*. New York: Pantheon.
11. Sherry Turkle. (1985) *The Second Self*. New York: Simon & Schuster.
12. W. Brian Arthur. (2009) *The Nature of Technology: What It Is and How It Evolves*. New York: Free Press, p. 246.

10 유나바머는 옳았다

1. Richard Rhodes. (1999) *Visions of Technology: A Century of Vital Debate About Machines, Systems, and the Human World*. New York: Simon & Schuster, p. 66.
2. Christopher Cerf and Victor S. Navasky. (1998) *The Experts Speak: The Definitive Compendium of Authoritative Misinformation*. New York: Villard, p. 274.
3. Ibid.
4. Ibid., p. 273.
5. Havelock Ellis. (1926) *Impressions and Comments: Second Series 1914~1920*. Boston: Houghton Mifflin.
6. Ivan Narodny. (1912) "Marconi's Plans for the World." *Technical World Magazine* (October).
7. Christopher Cerf and Victor S. Navasky. (1998) *The Experts Speak: The Definitive Compendium of Authoritative Misinformation*. New York: Villard, p. 105.
8. Janna Quitney Anderson. (2006) "Imagining the Internet: A History and Forecast." Elon University/Pew Internet Project. http://www.elon.edu/e-web/predictions/150/1870.xhtml.
9. Nikola Tesla. (1905) "The Transmission of Electrical Energy Without Wires as a Means for Furthering Peace." *Electrical World and Engineer*. http://www.tfcbooks.com/tesla/1905-01-07.htm.
10. David Nye. (2006) *Technology Matters: Questions to Live With*. Cambridge, MA: MIT Press, p. 151.
11. Stephen Doheny-Farina. (1995) "The Glorious Revolution of 1971." *CMC Magazine*, 2 (10). http://www.december.com/cmc/mag/1995/oct/last.html.
12. Joel Garreau. (2009) 필자와의 토론 내용 중에서.
13. W. Brian Arthur. (2009) *The Nature of Technology: What It Is and How It Evolves*. New York: Free Press, p. 153.

14. M. Peden, R. Scurfield, et al. (2004) "World Report on Road Traffic Injury Prevention." World Health Organization. http://www.who.int/violence_injury_prevention/publications/road_traffic/world_report/en/index.html.
15. Melonie Heron, Donna L. Hoyert, et al. (2006) "Deaths, Final Data for 2006." National Vital Statistics Reports, Centers for Disease Control and Prevention, 57 (14).
16. Theodore Roszak. (1972) "White Bread and Technological Appendages: I." *Visions of Technology: A Century of Vital Debate About Machines, Systems, and the Human World*, ed. Richard Rhodes. New York: Simon & Schuster, p. 308.
17. William Blake. (1984) "London." *Songs of Experience*, New York: Courier Dover Publications, p. 37.
18. Neil Postman. (1994) *The Disappearance of Childhood*. New York: Vintage Books, p. 24.
19. John H. Lawton and Robert M. May. (1995) *Extinction Rates*. Oxford: Oxford University Press.
20. Paul Saffo. (2008) "Embracing Uncertainty: The Secret to Effective Forecasting." Seminars About Long-term thinking. San Francisco: The Long Now Foundation. http://www.longnow.org/seminars/02008/jan/11/embracing-uncertainty-the-secret-to-effective-forecasting/.
21. Kevin Kelly and Paula Parisi. (1997) "Beyond Star Wars: What's Next for George Lucas." Wired, 5 (2). http://www.wired.com/wired/archive/5.02/ffl ucas.html.
22. Langdon Winner. (1977) *Autonomous Technology: Technics-Out-of-Control as a Theme in Political thought*. Cambridge: MIT Press, p. 34.
23. Eric Brende. (2004) *Better Off: Flipping the Switch on Technology*. New York: HarperCollins, p. 229.
24. Theodore Kaczynski. (1995) "Industrial Society and Its Future." http://en.wikisource.org/wiki/Industrial_Society_and_Its_Future.
25. Kevin Kelly. (1995) "Interview with the Luddite." *Wired*, 3 (6). http://www.wired.com/wired/archive/3.06/saleskelly.html.
26. John Zerzan. (2005) *Against Civilization: Readings and Refl ections*. Los Angeles: Feral House.
27. Derrick Jensen. (2006) *Endgame, Vol. 2: Resistance*. New York: Seven Stories Press.
28. Theodore Kaczynski. (1995) "Industrial Society and Its Future." http://en.wikisource.org/wiki/Industrial_Society_and_Its_Future.
29. Ibid.
30. Theresa Kintz. (1999) "Interview with Ted Kaczynski." *Green Anarchist* (57/58). http://www.insurgentdesire.org.uk/tedk.htm.
31. Ibid.

32. Theodore Kaczynski. (1995) "Industrial Society and Its Future." http://en.wikisource.org/wiki/Industrial_Society_and_Its_Future.
33. Ibid.
34. Ibid.
35. Federal Bureau of Investigation photograph via (2008) "Unabom Case: The Unabomber's Cabin." http://cbs5.com/slideshows/unabom.unabomber.exclusive.20.433402.html.
36. Green Anarchy. (n.d.) "An Introduction to Anti-Civilization Anarchist thought and Practice." Green Anarchy Back to Basics (4). http://www.greenanarchy.org/index.php?action=viewwritingdetail&writingId=283.
37. Ibid.
38. Derrick Jensen. (2009) 필자와의 토론 내용 중에서.
39. Theresa Kintz. (1999) "Interview with Ted Kaczynski." *Green Anarchist* (57~58). http://www.insurgentdesire.org.uk/tedk.htm.

11 아미시파 기술광이 주는 교훈

1. Stephen Scott. (1990) *Living Without Electricity: People's Place Book No. 9*. Intercourse, PA: Good Books.
2. Eric Brende. (2004) *Better Off: Flipping the Switch on Technology*. New York: HarperCollins.
3. Wendell Berry. (1982) *The Gift of Good Land: Further Essays Cultural & Agricultural*. San Francisco: North Point Press.
4. Stewart Brand. (1995, March 1) "We Owe It All to the Hippies." *Time*, 145 (12). http://www.time.com/time/magazine/article/0,9171,982602,000.html.
5. Wendell Berry. (1982) *The Gift of Good Land: Further Essays Cultural & Agricultural*. San Francisco: North Point Press, p. 180.
6. Brink Lindsey. (2007) *The Age of Abundance: How Prosperity Transformed America's Politics and Culture*. New York: HarperBusiness, p. 4.
7. W. Daniel Hillis. (2009) 필자와의 토론 내용 중에서.

12 호혜성을 추구하다

1. Langdon Winner. (1977) *Autonomous Technology: Technics-Out-of-Control as a Theme in Politi-*

cal thought. Cambridge, MA: MIT Press, p. 13.
2. Data compiled from research gathered by Michele McGinnis and Kevin Kelly in 2004; originally presented at http://www.kk.org/thetechnium/archives/2006/02/the_futility_of.php.
3. David Bachrach. (2003) "The Royal Crossbow Makers of England, 1204~1272." *Nottingham Medieval Studies* (47).
4. Bernhard J. Stern. (1937) "Resistances to the Adoption of Technological Innovations." Report of the Subcommittee on Technology to the National Resources Committee.
5. Applications International Service for the Acquisition of Agri-Biotech. (2008) "Global Status of Commercialized Biotech/Gm Crops: 2008; The First thirteen Years, 1996 to 2008." ISAAA Brief 39-2008: Executive Summary. http://www.isaaa.org/resources/publications/briefs/39/executivesummary/default.html.
6. International Atomic Energy Agency. (2007) "Nuclear Power Worldwide: Status and Outlook." International Atomic Energy Agency. http://www.iaea.org/NewsCenter/PressReleases/2007/prn200719.html.
7. National Resources Defense Council. (2002) "Table of Global Nuclear Weapons Stockpiles, 1945~2002." http://www.nrdc.org/nuclear/nudb/datab19.asp.
8. United Nations Environment Program. (1992) "Rio Declaration on Environment and Development." Rio de Janeiro: United Nations Environment Program. http://www.unep.org/Documents.multilingual/Default.asp?DocumentID=78&ArticleID=1163.
9. Lawrence A. Kogan. (2008) "The Extra-WTO Precautionary Principle: One European 'Fashion' Export the United States Can Do Without." *Temple Political & Civil Rights Law Review*, 17 (2). p. 497. http://www.itssd.org/Kogan%2017%5B1%5D.2.pdf.
10. Cass Sunstein. (2005) *Laws of Fear: Beyond the Precautionary Principle*. Cambridge: Cambridge University Press, p. 14.
11. Lawrence Kogan. (2004) "'Enlightened' Environmentalism or Disguised Protectionism? Assessing the Impact of EU Precaution-Based Standards on Developing Countries," p. 17. http://www.wto.org/english/forums_e/ngo_e/posp47_nftc_enlightened_e.pdf.
12. Tina Rosenberg. (2004, April 11) "What the World Needs Now Is DDT." *New York Times*. http://www.nytimes.com/2004/04/11/magazine/what-the-world-needs-now-is-ddt.html.
13. Richard Rhodes. (1999) *Visions of Technology: A Century of Vital Debate About Machines, Systems, and the Human World*. New York: Simon & Schuster, p. 145.
14. Charles Perrow. (1999) *Normal Accidents: Living with High-Risk Technologies*. Princeton

NJ: Princeton University Press, p. 11.
15. Langdon Winner. (1977) *Autonomous Technology: Technics-Out-of-Control as a Theme in Political thought.* Cambridge, MA: MIT Press, p. 98.
16. Arthur C. Clarke. (1984) *Profiles of the Future.* New York: Holt, Rinehart and Winston.
17. M. Rodemeyer, D. Sarewitz, et al. (2005) *The Future of Technology Assessment.* Washington, D.C.: The Woodrow Wilson International Center.
18. Stewart Brand. (2009) *Whole Earth Discipline.* New York: Viking, p. 164.
19. Edward Tenner. (1996) *Why things Bite Back: Technology and the Revenge of Unintended Consequences.* New York: Knopf, p. 277.
20. Max More. (2005) "The Proactionary Principle." http://www.maxmore.com/proactionary.htm.
21. Ibid.
22. James Hughes. (2007) "Global Technology Regulation and Potentially Apocalyptic Technological threats." *Nanoethics: The Ethical and Social Implications of Nanotechnology,* ed. Fritz Allhoff. Hoboken, NJ: Wiley-Interscience.
23. Dietram A. Scheufele. (2009) "Bund Wants Ban of Nanosilver in Everyday Applications." http://nanopublic.blogspot.com/2009/12/bund-wants-ban-of-nanosilver-in.html; Wiebe E. Bijker, thomas P. Hughes, et al. (1989) *The Social Construction of Technological Systems.* Cambridge, MA: MIT.
24. Ivan Illich. (1973) *Tools for Conviviality.* New York: Harper & Row.

13 기술의 궤적

1. Seth Lloyd. (2006) *Programming the Universe: A Quantum Computer Scientist Takes on the Cosmos.* New York: Knopf.
2. Stephen Jay Gould. (1989) *Wonderful Life: The Burgess Shale and Nature of History.* New York: W. W. Norton.
3. Seth Lloyd. (2006) *Programming the Universe: A Quantum Computer Scientist Takes on the Cosmos.* New York: Knopf, p. 199.
4. James Gardner. (2003) *Biocosm: The New Scientific Theory of Evolution.* Makawao Maui, HI: Inner Ocean.
5. John Maynard Smith and Eors Szathmary. (1997) *The Major Transitions in Evolution.* New York: Oxford University Press.
6. John Maynard Smith and Eors Szathmary. (1997) *The Major Transitions in Evolution.* New York: Oxford University Press, p. 9.

7. Data from Vincent Maraia. (2005) *The Build Master: Microsoft's Software Configuration Management Best Practices*. Upper Saddle River, NJ; Addison-Wesley Professional.
8. Vincent Maraia. (2005) *The Build Master: Microsoft's Software Configuration Management Best Practices*. Upper Saddle River, NJ: Addison-Wesley Professional.
9. Data from Robert U. Ayres. (1991) *Computer Integrated Manufacturing: Revolution in Progress*. London: Chapman & Hall, p. 3.
10. W. Daniel Hillis. (2007) 필자와의 토론 내용 중에서.
11. George Wallerstein, Icko Iben, et al. (1997) "Synthesis of the Elements in Stars: Forty Years of Progress. *Reviews of Modern Physics*, 69 (4), p. 1053. http://link.aps.org/abstract/RMP/v69/p995.10.1103/RevModPhys.69.995.
12. Robert M. Hazen, Dominic Papineau, et al. (2008) "Mineral Evolution." *American Mineralogist*, 93 (11/12). http://ammin.geoscienceworld.org/cgi/content/abstract/93/11-12/1693.
13. Dale A. Russell. (1995) "Biodiversity and Time Scales for the Evolution of Extraterrestrial Intelligence." *Astronomical Society of the Pacific Conference Series* (74). http://adsabs.harvard.edu/full/1995ASPC...74..143R.
14. J. John Sepkoski. (1993) "Ten Years in the Library: New Data Confirm Paleontological Patterns." *Paleobiology*, 19 (1), p. 48.
15. Stephen Hawking. (2001) *The Universe in a Nutshell*. New York: Bantam Books, p. 158.
16. Brigid Quinn and Ruth Nyblod. (2006) "United States Patent and Trademark Office Issues 7 Millionth Patent." United States Patent and Trademark Office.
17. United States Patent and Trademark Office. (2009) "U.S. Patent Activity, Calendar Years 1790 to Present: Total of Annual U.S. Patent Activity Since 1790." http://www.uspto.gov/web/offices/ac/ido/oeip/taf/h_counts.htm; Stephen Hawking. (2001) *The Universe in a Nutshell*. New York: Bantam Books, p. 158.
18. Irving Biederman. (1987) "Recognition-by-Components: A Theory of Human Image Understanding." *Psychological Review*, 94 (2), p. 127.
19. "McMaster-Carr." http://www.mcmaster.com/#.
20. "IMDB Statistics." Internet Movie Database. http://www.imdb.com/database_statistics.
21. "iTunes A to Z." Apple Inc. http://www.apple.com/itunes/features/.
22. Paul Livingstone. (2009, September 8) "50 Million Compounds and Counting." R&D Mag. http://www.rdmag.com/Community/Blogs/RDBlog/50-million-compounds-and-counting/.
23. David Nye. (2006) *Technology Matters: Questions to Live With*. Cambridge, MA: MIT Press, pp. 72~73.

24. Barry Schwartz. (2004) *The Paradox of Choice: Why More Is Less*. New York: Ecco, pp. 9~10.
25. Barry Schwartz. (2005, January 5) "Choose and Lose." *New York Times*. http://www.nytimes.com/2005/01/05/opinion/05schwartz.html.
26. Barry Schwartz. (2004) *The Paradox of Choice: Why More Is Less*. New York: Ecco, p. 2.
27. Kevin Kelly. (2009) Calculation extrapolated by the author based on historic U.S. Patent data. http://www.uspto.gov/web/offices/ac/ido/oeip/taf/h_counts.htm.
28. Library of Congress. (2009). "About the Library." http://www.loc.gov/about/generalinfo.html.
29. Pierre Lemonnier. (1993) *Technological Choices: Transformation in Material Cultures Since the Neolithic*. New York: Routledge, p. 74.
30. Ibid., p. 24.
31. Ibid.
32. Ibid.
33. Stuart Kauffman. (1993) *The Origins of Order: Self-Organization and Selection in Evolution*. New York: Oxford University Press, p. 407.
34. Data from James W. Valentine, Allen G. Collins, et al. (1994) "Morphological Complexity Increase in Metazoans." *Paleobiology*, 20 (2), p. 134. http://paleobiol.geoscienceworld.org/cgi/content/abstract/20/2/131.
35. Peter M. Vitousek, Harold A. Mooney, et al. (1997) "Human Domination of Earth's Ecosystems." *Science*, 277 (5325).
36. Peter Brimelow. (1997, July 7) "The Silent Boom." *Forbes*, 160 (1). http://www.forbes.com/forbes/1997/0707/6001170a.html.
37. David A. Hounshell. (1984) *From the American System to Mass Production 1800~1932: The Development of Manufacturing Technology in the United States*. Baltimore: Johns Hopkins University Press, p. 232.
38. "Electric Motor." Wikipedia, Wikimedia Foundation. http://en.wikipedia.org/w/index.php?title=Electric_motor&oldid=344778362.
39. Donald Norman. (1998) *The Invisible Computer: Why Good Products Can Fail, the Personal Computer Is So Complex, and Information Appliances Are the Solution*. Cambridge: MIT Press, p. 50.
40. Donald Norman. (1998) *The Invisible Computer: Why Good Products Can Fail, the Personal Computer Is So Complex, and Information Appliances Are the Solution*. Cambridge, MA: MIT Press.
41. Don Tapscott. (1999) *Growing up Digital*. New York: McGraw-Hill, p. 258. Referring to Brad Fay's research for the 1996 Roper Starch report "The Two Americas: Tools

for Succeeding in a Polarized Marketplace."
42. Freeman J. Dyson. (1988) *Infinite in All Directions*. New York: Basic Books, p. 297.
43. J. Conway. (2009) "The Strong Free Will Theorem." *Notices of the American Mathematical Society*, 56 (2).
44. Stuart Kauffman. (2009) "Five Problems in the Philosophy of Mind." Edge: The Third Culture, (297). http://www.edge.org/3rd_culture/kauffman09/kauffman09_index.html.
45. Conway. "The Strong Free Will Theorem."
46. Richard Rhodes. (1999) *Visions of Technology: Machines, Systems and the Human World*. New York: Simon & Schuster Inc., p. 266.
47. "'Quick-thinking' Robot Arm Helps MIT Researchers Catch on to Brain Function." MITnews. (1998) http://web.mit.edu/newsoffice/1998/wam.html.
48. Peter W. Price. (1977) "General Concepts on the Evolutionary Biology of Parasites." *Evolution*, 31 (2). http://www.jstor.org.libaccess.sjlibrary.org/stable/2407761.
49. Ward Cunningham. "Publicly Available Wiki Software Sorted by Name." http://c2.com/cgi/wiki?WikiEngines.
50. comScore. (2009) "YouTube Surpasses 100 Million U.S. Viewers for the First Time." ComScore. http://www.comscore.com/Press_Events/Press Releases/2009/3/YouTube_Surpasses_100_Million_US_Viewers.
51. M. E. Curtin. (2007) In discussion with the author's researcher. See M. E. Curtin's Alternate Universes for her earlier stats: http://www.alternateuniverses.com/ffnstats.html.
52. Heather Champ. (2008) "3 Billion!" Flickr Blog. http://blog.fl ickr.net/en/2008/11/03/3-billion/.
53. Amanda McPherson, Brian Proffitt, et al. (2008) "Estimating the Total Development Cost of a Linux Distribution." The Linux Foundation. http://www.linuxfoundation.org/publications/estimatinglinux.php.
54. Ohloh. (2010) "Open Source Projects." http://www.ohloh.net/p.
55. General Motors Corporation. (2008) "Form 10-K." http://www.sec.gov.
56. Stephen R. Kellert and Edward O. Wilson. (1993) *The Biophilia Hypothesis*. Washington, D.C.: Island Press.
57. 재단사가 흔히 쓰는 가위로서 기원은 알려져 있지 않다.
58. Langdon Winner. (1977) *Autonomous Technology: Technics-Out-of-Control as a Theme in Political thought*. Cambridge, MA: MIT Press, p. 44.
59. Joan Didion. (1990). *The White Album*. New York: Macmillan, p. 198.
60. Mark Dow. (June 8, 2009) "A Beautiful Description of Technophilia [Weblog

comment]." Technophilia. The Technium. http://www.kk.org/thetechnium/archives/2009/06/technophilia.php#comments.
61. Sherry Turkle. (2007) *Evocative Objects: things We Think With*. Cambridge, MA: MIT Press, p. 3.
62. Nigel R. Franks and Simon Conway Morris. (2008) "Convergent Evolution, Serendipity, and Intelligence for the Simple Minded." *The Deep Structure of Biology*, ed. Simon Conway Morris. West Conshohocken, PA: Templeton Foundation Press.
63. J. F. Ramley. (1969) "Buffon's Needle Problem." *American Mathematical Monthly*, 76 (8).
64. Donald R. Griffin. (2001) *Animal Minds: Beyond Cognition to Consciousness*. Chicago: University of Chicago Press, p. 12.
65. Ibid.
66. Anthony Trewavas. (2008) "Aspects of Plant Intelligence: Convergence and Evolution." *The Deep Structure of Biology*, ed. Simon Conway Morris. West Conshohocken, PA: Templeton Foundation Press.
67. Ibid., p. 80.
68. Ibid.
69. Donald R. Griffin. (2001) *Animal Minds: Beyond Cognition to Consciousness*. Chicago: University of Chicago Press, p. 229.
70. Anthony Trewavas. (2008) "Aspects of Plant Intelligence: Convergence and Evolution." *The Deep Structure of Biology*, West Conshohocken, PA: Templeton Foundation Press, p. 131.
71. Jim Held, Jerry Bautista, et al. (2006) "From a Few Cores to Many: A Tera-Scale Computing Research Overview." http://download.intel.com/research/platform/terascale/terascale_ovierview_paper.pdf.
72. Lori Marino. (2004) "Cetacean Brain Evolution: Multiplication Generates Complexity." *International Journal of Comparative Psychology*, 17 (1).
73. Kevin Kelly. (2008) "Infoporn: Tap into the 12-Million-Terafl op Handheld Megacomputer." *Wired*, 16 (7). http://www.wired.com/special_multimedia/2008/st_infoporn_1607.
74. Ibid.
75. Portio Research. (2007) "Mobile Messaging Futures 2007~2012." http://www.portioresearch.com/MMF07-12.html.
76. Central Intelligence Agency. (2009) "World Communications." *World Factbook*. https://www.cia.gov/library/publications/theworld-factbook/geos/xx.html.
77. Jonathan Koomey. (2007) "Estimating Total Power Consumption by Servers in the

U.S. and the World." Oakland: Analytics Press. www.amd.com/us-en/assets/content_type/DownloadableAssets/Koomey_Study-v7.pdf.

78. eMarketer. (2002) "PDA Market Report: Global Sales, Usage and Trends," p. 1. Citing Gartner Dataquest. http://www.info-edge.com/samples/EM-2058sam.pdf. Based on the cumulative total of 2003~2005.

79. Marcus P. Zillman. (2006) "Deep Web Research 2007." LLRX. http://www.llrx.com/features/deepweb2007.htm.

80. David A. Drachman. (2005) "Do We Have Brain to Spare?" *Neurology*, 64 (12). http://www.neurology.org.

81. Andrei Z. Broder, Marc Najork, et al. (2003) "Efficient URL Caching for World Wide Web Crawling." *Proceedings of the 12th International Conference on the World Wide Web*, Budapest, Hungary, May 20~24, p. 5. http://portal.acm.org/citation.cfm?id=775152.775247.

82. Semiconductor Industry Association. (2007) "SIA Hails 60th Birthday of Microelectronics Industry." Semiconductor Industry Association. http://www.sia-online.org/cs/papers_publications/press_release_detail?pressrelease.id=96.

83. John Gantz, David Reinsel, et al. (2007) "The Expanding Digital Universe: A Forecast of Worldwide Information Growth Through 2010." http://www.emc.com/collateral/analyst-reports/expanding-digitalidc-white-paper.pdf.

84. Stephen Hawking. (1996) "Life in the Universe." http://hawking.org.uk/index.php?option=com_content&view=article&id=65.

85. Bret Swanson and George Gilder. (2008) "Estimating the Exaflood." Discovery Institute. http://www.discovery.org/a/4428.

86. Andrew Odlyzko. (2000) "The History of Communications and Its Implications for the Internet." SSRN eLibrary. http://papers.ssrn.com/sol3/papers.cfm?abstract_id=235284.

87. Derek Price. (1965) *Little Science, Big Science*. New York: Columbia University Press.

88. Freeman J. Dyson. (2000) *The Sun, the Genome, and the Internet: Tools of Scientific Revolutions*. New York: Oxford University Press, p. 15.

14 무한 게임을 하다

1. Wendell Berry. (2000) *Life Is a Miracle: An Essay Against Modern Superstition*. Washington, D.C.: Counterpoint Press, p. 74.
2. 필자가 구성한 것이다.

3. Heinz von Foerster. (1984) *Observing Systems*. Seaside, CA: Intersystems Publications, p. 308.
4. James Carse. (1986) *Finite and Infinite Games*. New York: Free Press, p. 10.
5. Ray Kurzweil. (2005) *The Singularity Is Near*. New York: Viking, p. 389.
6. John B. Cobb Jr. and David Ray Griffin. (1977) *Process Theology: An Introductory Exposition*. Philadelphia: Westminster Press.
7. Loren Eiseley. (1985) *The Unexpected Universe*. San Diego: Harcourt Brace Jovanovich, p. 55.
8. Freeman J. Dyson. (2001). *Disturbing the Universe*. New York: Basic Books, p. 250.
9. Carl Sagan. (1980) *Cosmos*. New York: Random House.

| 찾아보기 |

| ㄱ |

가드너, 제임스(Gardner, James) 335, 440
가로, 조엘(Garreau, Joel) 233, 446
개미 23, 27, 31, 87, 131, 176, 337, 379~380, 396~397, 401~402
개스턴, 제리(Gaston, Jerry) 168
거대도시 102, 105, 362
검색 엔진 11, 20, 300, 378, 403
게메레크, 브로니슬라프(Geremek, Bronislaw) 103
게이먼, 닐(Gaiman, Neil) 178
젠트, 조지(Gent, George) 232
경계 원칙 309
『경이로운 생명』(굴드) 149, 440
고드프리, 로리(Godfrey, Laurie) 182
고래 132, 399
고함원숭이 130
골디락스 영역 154
공동 발견 164
공룡 60, 65, 70, 130~131, 152, 344
공생 51, 228, 379, 381~383, 419
공진화 51, 124, 186, 218, 308, 379, 412
공통 조상 128, 130~131, 134, 399
과정신학 431
과학소설 72, 139, 142, 145, 212, 239, 292, 307, 311
굴드, 스티븐 제이(Gould, Stephen Jay) 66, 149~150, 155, 158, 440
굴절적응 65
굿윈, 브라이언(Goodwin, Brian) 153
그레이 구 시나리오 317
그레이, 엘리샤(Gray, Elisha) 161
『그림자 도시』(뉴위스) 103
글래드웰, 맬컴(Gladwell, Malcolm) 171~172
글쓰기 11, 53~54, 62, 64, 111, 176, 350, 363, 382, 408, 418, 424
기대 수명 125
기생 379
『기술 입문서』(베크만) 16
『기술의 본성』(아서) 59
『기술의 역공』(테너) 309
기축 시대 434~435
꿀잡이새 398

| ㄴ |

나노기술 317~318, 320
나이, 데이비드(Nye, David) 232, 348, 438
나침반 18, 54, 359
남아메리카 34, 130, 183, 281
《내셔널 지오그래픽》 107
『넌제로』(라이트) 224
네 인자 공식 165
네겐트로피 81

네안데르탈인 33, 36~37, 39, 44, 402
네이피어, 존(Napier, John) 162
노먼, 도널드(Norman, Donald) 367
노벨, 알프레드(Nobel, Alfred) 231
노예제 365
녹색 도시 301
녹색 무정부주의 253
농경 7, 34, 43, 52, 115, 184, 254, 287, 361~362, 419, 434, 443~444
뇌 23~24, 32~33, 37~39, 76, 82, 88, 153, 157, 188~189, 215~216, 287, 331, 334, 352, 375, 378, 382, 397~402, 404, 406~407, 419
눈 24, 26~28, 58, 60, 67, 76, 128~129, 133, 139, 153, 215, 364, 387
뉴기니 48, 72
《뉴요커》 171, 177
《뉴욕 타임스》 103, 232
뉴욕 9, 103, 214, 264, 391
뉴위스, 롭(Neuwirth, Rob) 103
뉴질랜드 35
뉴턴, 아이작(Newton, Isaac) 163
니부어, 라인홀드(Niebuhr, Reinhold) 328
니엡스, 니세포르(Niepce, Nicephore) 162

| ㄷ |

다게르, 루이(Daguerre, Louis) 162
다양성 47, 59, 61, 79, 94, 139~141, 143, 146, 150, 157, 236, 265, 329~331, 343~347, 349~352, 355, 357, 405, 407, 417, 420, 426~427, 436

다윈, 찰스(Darwin, Charles) 128, 149, 160, 398
다이슨, 프리먼(Dyson, Freeman) 374, 433, 446
다이아몬드, 제레드(Diamond, Jared) 33, 35, 184
단백질 48, 61, 64, 133~134, 138~140, 146, 376
달 186, 192
대량 생산 15, 62~64, 331, 359
대사율 137~138
대역폭 198, 200~202, 210
대체율 120
댐 17, 32, 98, 236, 253, 332, 391~392, 397~398
『더 나은 삶』(브렌드) 277
더프리스, 휘호(de Vries, Hugo) 187
데닛, 대니얼(Dennett, Daniel) 37
데이비스, 마이크(Davis, Mike) 105
데이비스, 폴(Davies, Paul) 86, 154, 441
덴튼, 마이클(Denton, Michael) 138, 146
도로 17, 189, 218, 235, 265~266, 268, 318, 351, 362, 364, 368, 372
도베 족 39
도시 7, 68~69, 98, 100~110, 113~114, 223, 252, 255~256, 264, 277, 284, 289, 309, 338, 341~342, 362~365, 386, 388, 390, 394, 419
도킨스, 리처드(Dawkins, Richard) 128, 132, 153, 446
독일 16, 96, 164~165, 185, 214, 318
돌고래 130, 132, 134~135, 399
돌연변이 18, 24, 37, 52, 61, 85, 135,

147~148, 152, 163, 270, 299, 315, 375~376, 408, 415~416, 419
동시 발견 162, 164, 167, 169, 179
뒤 샤이, 폴(du Chaillu, Paul) 410
듄, 마크(Dunn, Mark) 176~177
드뒤브, 크리스티앙(de Duve, Christian) 155
등자 54
디디언, 조안(Didion, Joan) 391
DDT 302~303, 306, 315, 469
DNA 서열 분석 199~201, 210, 373
DNA 18~19, 61, 64, 83, 85, 138, 140~146, 157, 163, 169, 189, 199~200, 225, 334~335, 337, 358, 375~376, 408, 415, 419, 423
따개비 356

| ㄹ |

라디오 92, 108, 189, 232, 269, 297, 314, 359, 370, 418
라이트, 로버트(Wright, Robert) 224, 447
라이트, 오빌(Wright, Orville) 231, 304
라이프니츠, 고트프리트(Leibniz, Gottfried) 166
람다스, 카비타(Ramdas, Kavita) 107
러다이트주의자 241, 263~264
런던 103, 160, 388
레이우엔훅, 안톤 판(Leeuwenhoek, Antonie van) 186
레이저 19, 27, 169, 193, 298, 321, 369, 381, 418
렌스키, 리처드(Lenski, Richard) 156

렘리, 마크(Lemley, Mark) 168
로, 존(Rowe, John) 181
로돕신 133~135, 145, 157
로런츠, 헨드릭(Lorentz, Hendrik) 175~176
로마 15, 103, 218, 388
로머, 폴(Romer, Paul) 223
로버츠, 닐(Roberts, Neil) 184
로버츠, 래리(Roberts, Larry) 198~199
로봇 18, 26~27, 121, 127, 143, 238, 316, 319, 331, 365, 377~378, 381, 395~396, 403~434, 451
로스차일드, 네이션(Rothschild, Nathan) 96
로이드, 세스(Lloyd, Seth) 335, 447
로잭, 시어도어(Roszak, Theodore) 233
록펠러, 존 D.(Rockefeller, John D.) 96
롤링, J. K.(Rowling, J. K.) 178~179
루카스, 조지(Lucas, George) 237, 239
르네상스 113, 267, 300
르모니에, 피에르(Lemonnier, Pierre) 353~354, 447
르베리에, 위르뱅(Le Verrier, Urbain) 166
리들리, 매트(Ridley, Matt) 125
리보오스 143
리스먼, 데이비드(Riesman, David) 288
리우데자네이루 104, 106
리우 선언 301

| ㅁ |

마르코니, 굴리엘모(Marconi, Guglielmo) 232
마르크스, 카를(Marx, Karl) 54, 235
마셜, 크레이그(Marshall, Craig) 138, 146

마오리 족 35
마음 8, 19~20, 22~23, 25, 33, 36~38, 50,
　　52~53, 58, 63, 65, 74, 82~83,
　　86, 88, 91, 105, 107~108, 111,
　　116, 121~124, 126, 136, 140, 142,
　　150, 153, 155, 157~158, 178, 217,
　　226~228, 234~235, 245, 252,
　　260, 279, 284, 286, 291, 300, 311,
　　316~317, 333~334, 362, 370,
　　376~377, 381~382, 389, 392, 395,
　　397, 399~407, 417, 419, 422, 427,
　　429, 431, 433~436, 441
말라리아 302~303, 306, 315
매개빈, 조지(McGavin, George) 132
맥루언, 마셜(McLuhan, Marshall) 58
맥기, 조지(McGhee, George) 134
맥심, 하이럼(Maxim, Hiram) 170, 231
맬서스 한계 114, 116
맬서스, 토머스(Malthus, Thomas) 160~161
머튼, 로버트(Merton, Robert) 166, 186
메노파 273, 277, 281
메신, 이매뉴얼(Mesthene, Emmanuel) 376
메우치, 안토니오(Meucci, Antonio) 161
메타, 수케투(Mehta, Suketu) 107
멘델, 그레고어(Mendel, Gregor) 187
멘젤, 피터(Menzel, Peter) 96
멸종 37, 51, 66~67, 131, 236
모르몬교 121
모리스, 사이먼 콘웨이(Morris, Simon Conway)
　　126, 144, 149~150, 155, 447
모스, 새뮤얼(Morse, Samuel) 162
모어, 맥스(More, Max) 81, 302, 311~312,
　　447

모이라이 209~210
목성 154, 186
무어, 고든(Moore, Gordon) 194~197, 199,
　　203, 205, 208, 210
무어의 법칙 193, 195~201, 203~206,
　　208~210
무작위성 24, 150, 337, 374
무정부주의 253
무한 게임 420~421, 428~431, 436
『문명 이전의 전쟁』(킬리) 49
문명 16, 42, 51, 53, 70, 81, 93, 101~111,
　　115, 123, 170, 180, 182~183, 189,
　　193, 217, 226, 236, 239, 242~245,
　　249, 252~257, 264, 349, 361, 395,
　　406, 423, 426
『문명에 반대한다』(저잔) 243
문어 31, 128, 132
물리 법칙 80, 85, 138, 146, 196~197,
　　220~221, 374, 433
물리적 제약 140, 147
『물질 세계』(멘젤) 96
뭄바이 104~105, 107~108
미드, 카버(Mead, Carver) 195~197, 206, 210
미디어 259~260, 312, 349, 384
미어볼드, 네이선(Myhrvold, Nathan)
　　171~173, 447
미첨, 칼(Mitcham, Carl) 15
민스키, 마빈(Minsky, Marvin) 371

|ㅂ|

바위개미 396~397, 401

바이오필리아 389
바코드 63, 94, 298
바크라치, 데이비드(Bachrach, David) 295
발레리 291
발명 15~17, 19~20, 31, 35~38, 46, 52~54,
61~62, 64, 92, 105, 111~114,
116, 128~129, 132, 133, 158,
161~174, 176, 179~187, 189, 194,
203~204, 209~210, 214~215,
217, 222~223, 226, 232~235, 241,
269, 274, 286~289, 293~294,
296~297, 299~300, 318, 321, 327,
330, 338, 344~345, 347, 353, 358,
360, 363~364, 366, 369~370, 377,
386, 400, 408, 411~414, 417~418,
424·425, 426
방콕 106
배커 152
백신 28, 162, 252, 293, 303, 309, 318, 361,
409~411
버제스셰일 440
벌집 58, 380, 398
베두인 족 107~108
베른, 쥘(Verne, Jules) 231
베리, 웬델(Berry, Wendell) 278, 282,
284~286, 288, 421, 422
베리언, 핼(Varian, Hal) 408, 447
베이컨 54, 413
베크만 16~17, 20
벤저민 161
벨, 알렉산더 그레이엄(Bell, Alexander
Graham) 161
보르네오 109, 182

보이드, 앨버트(Boyd, Albert) 192
보일, 로버트(Boyle, Robert) 413
복잡성 22, 24~25, 57, 61, 94, 136, 140,
148, 151, 157, 189, 247, 291, 308,
317, 329~331, 333~341, 343, 349,
356, 376, 388, 407, 417, 420, 426,
430~432, 434, 438
봉건제도 54
부는 화살 181~182
북아메리카 48, 132, 281~282
북한 223~224, 331
분산화 219, 322
불 183
불가피성 127, 133, 145, 150~152, 165, 167,
169, 171, 175~176, 179, 194, 211,
220~221, 224~226, 328, 331~332,
420, 433
뷔르기, 요스트(Burgi, Joost) 162
뷔퐁의 바늘 397
브라질 188, 350
브랜드, 스튜어트(Brand, Stewart) 105, 107,
283, 308~309, 442, 446
브렌드, 에릭(Brende, Eric) 238, 277~278,
284, 288, 442, 446
브로더릭, 데이미언(Broderick, Damien) 192
브리그스, 헨리(Briggs, Henry) 162
블레이크, 윌리엄(Blake, William) 234
빅뱅 74, 79, 83~84, 86, 88, 334~335, 374,
427, 431, 435
빈, 빌헬름(Wien, Wilhelm) 175
빙하기 52, 433

| ㅅ |

사냥 31~32, 36, 39~41, 46, 51, 238, 249, 256, 295, 353
사망률 44~45, 48~49, 110
사이먼, 줄리언(Simon, Julian) 116, 124
사이먼튼, 딘(Simonton, Dean) 163~164, 176
사진술 9, 162, 298, 314, 359
사포, 폴(Saffo, Paul) 237, 447
사피엔스 34~37, 39, 45~48, 51, 65, 74, 111, 180, 222, 234, 357, 390, 408, 444
산소 75, 141, 154, 162, 166, 169, 375
산업혁명 16, 55, 114, 123
산호 58, 131, 138
삼림 파괴 109
상대성 이론 175
상동 132
상하이 104, 212, 388
상호 부조 280, 284, 379~382, 384~386
샌프란시스코 69, 103, 275, 301
샐린스, 마셜(Sahlins, Marshall) 40, 42~43
생명 18~19, 22, 25, 28, 57, 60, 63, 65~66, 73~74, 76, 79, 81, 83, 86, 88, 100, 127~129, 132~136, 138~147, 149~151, 153~158, 221, 227, 237~238, 294, 318, 323, 327~329, 333~336, 338, 343~345, 347, 355~356, 361, 374~375, 379~380, 389, 394~396, 399, 412, 415~419, 427, 429, 431~436, 440~441
『생명의 기원과 생물권의 진화』(제임스와 엘링턴) 141
『생명의 먼지』(드뒤브) 155

생태계 10, 41, 47, 51, 60, 137, 140, 186~187, 218, 222, 236, 289, 323, 341, 355, 417, 436
생태 지위 35~36, 39, 317, 346, 350, 355~356, 380
샤흐터샬로미, 잘만 랍비(Schachter-Shalomi, Rabbi Zalman) 92
샹-올멕 가설 183
서트흐마리, 에외르시(Szathmary, Eors) 60, 62, 336
석궁 293, 295~296
석유 52, 71, 123~124, 235, 267, 314, 316, 330~331, 355, 362
선스타인, 카스 R.(Sunstein, Cass R.) 302
『선택의 심리학』(슈워츠) 348
선택의 여지 94, 217, 220, 246~247, 250~253, 280, 283~284, 286, 289, 291, 313, 321, 327, 349, 376~377, 379, 423, 426, 427~428, 430
선행 원칙 311
『성장을 멈춰라』(일리히) 322
세계 뇌 319
세계은행 188, 303
세이건, 칼(Sagan, Carl) 434
세일, 커크패트릭(Sale, Kirkpatrick) 243, 447
셸레, 칼(Scheele, Carl) 166
소련 165, 192
소로, 헨리 데이비드(Thoreau, Henry David) 244, 283, 421
속도 추세 곡선 193
수공업 63, 108, 295
수렵 129~136, 139, 145, 150, 152, 156, 158, 160, 163, 179~181, 183, 185, 220,

350, 352, 355, 359, 440
수렵 발명 183
「수렵 진화」(맥기) 134
수렵 진화 129, 133, 135, 440
수렵채집인 36, 39, 40~47, 50, 126, 287, 390, 443
수명 증가 46
『수사학』(아리스토텔레스) 14
수소 74~76, 142, 145, 343~344, 361
수차 110, 169, 354, 369
슈워츠, 배리(Schwartz, Barry) 348~349
스마트, 존(Smart, John) 328, 447
스미스, 존 메이너드(Smith, John Maynard) 60, 62, 336
스콧, W. B.(Scott, W. B.) 148
「스타워즈」237, 239, 387
스터전, 윌리엄(Sturgeon, William) 299
스털링, 브루스(Sterling, Bruce) 72
『스파이크』(브로더릭) 192
『슬럼, 지구를 뒤덮다』(데이비스) 105
슬럼가 100, 102~106, 108~109
식량 생산 330
「식물 지능의 측면들」(트레워버스) 398
식물 39, 46, 51~52, 57, 136~138, 142, 145, 224~225, 286, 344, 356, 362, 380, 398~399, 407
실리콘 11, 19, 194, 196, 401

ㅣㅇㅣ

아다마르, 자크(Hadamard, Jacques) 167
아리스토텔레스 14

아마존 100, 109, 182, 348, 351
아미시파 8~10, 13, 69, 71, 98, 100, 108, 121, 238, 252, 263~278, 280~284, 286~290, 292~293, 296, 310, 442
아서, 브라이언(Arthur, Brian) 59, 228, 233
아스피린 9, 299
아시모프, 아이작(Asimov, Isaac) 239, 307
아시아 7~8, 10, 33~34, 46, 130, 180~181, 185, 223~224, 302
아이겐, 만프레트(Eigen, Manfred) 155
아이슬리, 로렌(Eisely, Loren) 433
아이잭슨, 월터(Isaacson, Walter) 176
아인슈타인, 알베르트(Einstein, Albert) 87, 175~176, 398
『아인슈타인 — 그의 삶과 우주』(아이잭슨) 176
아파치 족 49
아프리카 33~34, 37, 46, 48, 51~52, 68, 115, 180, 183~185, 188, 302~303, 351, 410
RNA 61, 64, 143
애덤스, 존 쿠치(Adams, John Couch) 166
애덤스, 헨리(Adams, Henry) 390
애비, 에드워드(Abbey, Edward) 243
앱터, 데이비드(Apter, David) 220
야마나 족 40
양자 335, 341, 374~375, 377, 435
어룡 132, 134~135
얼리어답터 272, 274~275, 310, 370~372
에너지 15, 19, 23, 40, 52, 56, 59, 76~81, 83, 86, 88, 99, 102, 105, 114, 123~127, 133, 136~138, 145~146, 157, 168, 196, 203, 235~236, 238, 248, 265,

281, 323, 330, 332~333, 335, 361,
366, 374, 381~382, 407, 417, 427,
431~432
에너지 밀도 77, 137, 333
에디슨, 토머스(Edison, Thomas) 161, 163,
169~170, 174, 297, 425
『에디슨의 전구』(프리델, 이스라엘, 편) 169
에쿠메노폴리스 239
엑소트로피 74, 81~83, 85~87, 146~147,
151, 225, 328~330, 333, 335~336,
382, 401, 407
엔트로피 80~82, 332, 441
엘드리지, 닐스(Eldredge, Niles) 66~67, 446
엘링턴, A. D.(Ellington, A. D.) 141
엥겔바트, 더그(Engelbart, Doug) 194
역피라미드 174
열 죽음 80
엽록소 142, 144~145, 157
영국 94, 96, 162, 164, 168, 218, 295
영화 20, 108, 149, 152, 176~177, 232, 237,
298, 348, 350, 358, 364, 387~388,
424, 425, 450
예방 원칙 300~303, 306, 308, 311, 318, 442
예술 14~15, 17, 19, 21, 112, 176, 178~179,
183, 365, 395
오그번, 윌리엄(Ogburn, William) 162~163
오스트레일리아 48, 131, 180, 183~185, 394
오즈번, 헨리(Osborn, Henry) 152
《와이어드》 243, 283, 449
욜런, 제인(Yolen, Jane) 178
우로보로스 420
우연성 135, 149~152, 218, 222~223
우주 왕복선 218, 339, 346

우주 74~81, 83~85, 88, 127, 133~134, 136,
139~141, 143~144, 146, 154~155,
157, 175~176, 192, 194, 203, 220,
223, 328, 332~335, 338, 342~344,
355, 358, 362, 374, 375, 407,
418~420, 423, 427~428, 430~434,
441, 451
워커, 제이(Walker, Jay) 172, 447
워커, 존(Walker, John) 231
원숭이 37, 130, 334
원자력 발전소 123, 296
원형 43, 104, 150, 152~153, 157, 163,
169~170, 182, 186, 204
월드, 조지(Wald, George) 139, 144~145
월리스, 앨프리드 러셀(Wallace, Alfred Russel)
160
웨스트, 제프리(West, Geoffrey) 138
웹스터, 도너번(Webster, Donovan) 107
위너, 랭던(Winner, Langdon) 215, 220,
238~240, 307~308, 437
위어트, 스펜서(Weart, Spencer) 165~166
윌슨, E. O.(Wilson, E. O.) 389
유나바머 231, 240~242, 250~253, 255,
257~258, 263
유럽 15, 33~34, 36, 46, 54, 68, 115,
119~120, 123, 180, 185, 245, 269,
282, 410, 412
유럽연합 301, 303
유성생식 336~337, 416
유엔 106, 117~118, 120
유엔 기후 변화 협약 301
유전공학 65, 122, 141, 145, 248, 316,
318~319, 342, 419

유전암호 138, 144, 216, 225, 317, 450
유전자 검사 299, 312
유전 정보 451
유전학 211, 318, 361, 435
유한 게임 428~430
『유한 게임과 무한 게임』(카스) 429
은하 75, 81, 88, 154, 226, 335~336, 344, 427, 433
음부티 족 43
이스터브룩, 그레그(Easterbrook, Gregg) 110
이스털린, 리처드(Easterlin, Richard) 97
이차 효과 307~308
《이코노미스트》 189
이탈리아 113, 294, 296
인공위성 192, 223, 403
인공 지능(AI) 19, 143, 320, 359·360, 402~403, 405~406, 450
인구 성장 114, 118~119, 122
인구 증가 46, 114~116, 121, 160, 202, 254, 330
인도 105, 107, 188, 281~282
인쇄 62, 64, 70, 178, 310, 363, 408, 411
인터넷 10~11, 52, 140, 155, 172, 188, 198, 219, 232~233, 248, 258~259, 266, 271, 281, 292~293, 297, 300, 318, 369~373, 378, 385, 393, 395~396, 403, 415
인털렉추얼 벤처스 171~173
일리히, 이반(Illich, Ivan) 322
일본 119~120, 165, 167, 281, 294, 352

|ㅈ|

자기 강화 21~22, 209, 252~253
자기 복제 141, 143, 315~318, 336
자기 생성 20, 22, 38, 60, 143, 147, 318, 432
자기 조직화 24~25, 82, 85~86, 88, 127, 135~136, 141, 146, 148, 151, 157, 220~221, 223, 226, 333, 336, 406~407, 432
자기 증폭 52, 124, 242, 316, 320, 376
자동차 8, 11~13, 17, 27, 58, 69, 76, 98, 204, 217~218, 233, 238, 252, 255, 259, 263~266, 269, 273, 276~277, 281, 288~289, 292~293, 298~299, 307~308, 310, 318, 328, 340~341, 347~348, 352, 358~359, 362, 364~365, 369, 371, 373, 377~378, 381, 393~395, 402, 428
자연선택 128, 135, 147~148, 152, 160~161, 222, 336~337, 416
자유 의지 215, 219~220, 222~223, 321, 374~378, 427
자율성 21~25, 159, 227, 241, 253, 315, 317, 336, 385, 427~428, 435
잔존어 149
잡스, 스티브(Jobs, Steve) 283
장기 추세 159, 225, 227, 332, 335, 372, 409, 427
저잔, 존(Zerzan, John) 243
《전 지구 카탈로그》 9~12, 282~283
『전 지구 훈련』(브랜드) 105, 309
전기 모터 163, 221, 267, 299, 341, 366~367
전기 17, 19, 24, 27, 52, 61, 69, 72, 92, 106,

133, 161~162, 164, 169~170,
174, 176, 188, 195, 200~201, 217,
219, 244, 248, 250, 263, 265~269,
273~274, 277, 282, 288, 293, 310,
328, 351, 359, 368~369, 373,
390~393
『전기의 시대』(벤자민) 161
전문화 63, 329~331, 355~358, 360, 402,
405
전신 53, 162, 232, 299, 359
전쟁 40, 48~50, 53, 72, 93, 98, 110~111,
124, 231~232, 254, 295, 297, 359,
393, 429
전화 9~10, 52, 161, 188, 198, 213~214, 219,
232, 266, 268~271, 288, 292, 310,
347, 359, 395, 408
제2차 세계대전 110, 164~165
제너, 에드워드(Jenner, Edward) 162, 410
제임스, K. D.(James, K. D.) 141
제프, 애덤(Jaffe, Adam) 168
젠슨, 데릭(Jensen, Derrick) 243~254, 447
조류 57, 137, 355, 379, 399
조이, 빌(Joy, Bill) 318, 447
『좋은 땅의 선물』(베리) 278
주제, 콘라트(Zuse, Konrad) 164
줄루 족 49
중국 13, 113, 115, 123, 180, 183, 188, 213,
281~282, 294, 304, 350
증기력 61, 69, 328
지구 온난화 233
지구 정상 회의(1992) 301
지노기술 316
지능화 359

직감력 329~331, 377, 396, 400~402,
404~407, 417, 420, 432
진보 51, 53, 91, 93, 99~102, 110~117,
120~126, 150, 170, 180, 189, 197,
199, 203~204, 209, 211, 215, 221,
225, 227, 233, 235, 241, 258, 274,
282, 304, 313, 405, 414, 418, 442
『진보의 역설』(이스터브룩) 110
진화가능성 59, 61, 141, 287, 329, 415~417
질룰리, 제임스(Gillooly, James) 138

| ㅊ |

착상 16, 33, 38, 52, 59, 112, 121, 146, 168,
171~178, 180, 186, 204, 297, 298,
300, 307, 321~322, 330, 345, 348,
350, 358, 376, 426
창발 116, 129, 151~153, 159, 207, 208, 221,
223, 226, 241, 329, 333, 364, 385,
420
채집 39~41, 238, 256
철도 162~163, 204, 218~219, 421
체르마크, 에리히(Tschermak, Erich) 187
체이슨, 에릭(Chaisson, Eric) 77
초유기체 61, 64, 337, 380, 403
『총, 균, 쇠』(다이아몬드) 184
『최대 도시』(메타) 107
최소주의 278, 283~284
추세 52, 86~87, 93, 110, 117, 159, 193~195,
199~200, 205~208, 217, 225~227,
287, 329, 331~335, 337, 339~341,
343, 345, 352, 356, 372~373, 380,

382, 409, 416, 420, 423, 427, 441, 451
축음기 297~298
출산율 118~120
침팬지 31~32, 400, 402

| ㅋ |

카메라 눈 99, 128~129, 133
카메론, 제임스(Cameron, James) 237
카스, 제임스(Carse, James) 429, 446
카슨, 롭(Carlson, Rob) 199, 446
카우프먼, 스튜어트(Kauffman, Stuart) 155, 374, 375, 447
카진스키, 시어도어(Kaczynski, Theodore) 240~246, 248~252, 255~258
카티, 존 J.(Carty, John J.) 232
캄브리아기 대폭발 85
캐드리, 리처드(Kadrey, Richard) 72
캐럴, 숀(Carroll, Sean) 130, 156
캐번디시, 헨리(Cavendish, Henry) 167
캐스퍼리, 레이첼(Caspari, Rachel) 46
캐퍼레일, L. H.(Caporale, L. H.) 148
캘빈, 윌리엄(Calvin, William) 37~38
커즈와일 법칙 201
커즈와일, 레이(Kurzweil, Ray) 110, 200, 210, 430, 439, 447
컴퓨터 바이러스 23, 309, 316~317
컴퓨터 시뮬레이션 155, 413
컴퓨터 칩 24, 76~77, 105, 193~194, 198~199, 206, 398
케슬러, 스티븐(Kessler, Stephen) 177

케이, 앨런(Kay, Alan) 286
켈리, 로버트(Kelly, Robert) 44
켈빈, 윌리엄 톰슨(Kelvin, William Thomson, Lord) 164
켈트 족(Celtic tribes) 49
코넷 66~67
코렌스, 카를 에리히(Correns, Karl Erich) 187
콘웨이, 존(Conway, John) 374~375
콜, 존(Cole, John) 182
쾀멘, 데이비드(Quammen, David) 400
쿡, 윌리엄(Cooke, William) 162
쿤, 토머스(Kuhn, Thomas) 411
퀴푸 72
크기 비례 136
크라이더 법칙 198, 206~207
크라이더, 마크(Kryder, Mark) 198~199, 204, 210, 447
크라이튼, 마이클(Crichton, Michael) 177
크로버, 앨프리드(Kroeber, Alfred) 165, 185, 187
클라우드 컴퓨팅 359
클라인, 리처드(Klein, Richard) 36~37
클라크, 아서 C.(Clarke, Arthur C.) 192
킬리, 로런스(Keeley, Lawrence) 49

| ㅌ |

탄소 75~76, 87, 141~146, 162, 361~362
태양력 328
태터솔, 이언(Tattersall, Ian) 37
태형동물 131
탤벗, 윌리엄 헨리 폭스(Talbot, William Henry

Fox) 162, 447
터클, 셰리(Turkle, Sherry) 227, 393, 447
턴불, 콜린(Turnbull, Colin) 43
테너, 에드워드(Tenner, Edward) 309, 447
테슬라, 니콜라(Tesla, Nikola) 232
테크네 14, 16
테크노필리아 390, 395~396
테크늄 21~26, 28, 31, 50, 52, 57~60,
    62~63, 65~67, 74, 78, 83,
    85~88, 92~93, 98~99, 101~102,
    123~124, 127, 129~130, 133, 136,
    140, 146~148, 158, 169, 176, 179,
    184~187, 189, 193~194, 196,
    201~202, 204~206, 208, 210~211,
    214, 217~223, 225~228, 233,
    235~242, 245, 253, 257~260,
    262, 280~282, 284, 287, 289~291,
    297~298, 305, 308, 310, 313, 315,
    317~318, 321~323, 327~331,
    333, 337~341, 343, 345~348, 350,
    352, 355, 357, 361~362, 377~379,
    381~383, 385~386, 392~393,
    395~396, 400~402, 406~409,
    414~415, 417~424, 426~432,
    434~436, 438
토머스, 도로시(Thomas, Dorothy) 162~163
통일성 59, 350, 413, 436
『통제 불능』(켈리) 18
투명성 322~323, 364, 386
트랜지스터 24, 67, 164, 169, 175, 194~195,
    201~202, 205~206, 208, 210, 298,
    401, 403, 406
트레워버스, 앤서니(Trewavas, Anthony) 398

트렝, 존(Troeng, John) 184
「트루먼 쇼」 177
특이점 37, 239, 439
『특이점이 온다』(커즈와일) 430, 439
특허 21, 105, 161, 165, 168, 171~173, 214,
    219, 345~346, 349

| ㅍ |

파리 103, 164, 294, 384, 390
판스워스, 필로(Farnsworth, Philo) 299
퍼거슨, 니얼(Ferguson, Niall) 116
퍼지 논리 378, 397, 402
페로, 찰스(Perrow, Charles) 305
페이스, 노먼(Pace, Norman) 144
페트레캥, 피에르(Petrequin, Pierre) 352
편재 61, 63, 288, 307, 311, 329~330,
    360~368, 372~373, 376, 400, 404,
    451
평온을 비는 기도 328~329
평행 발명 172, 182
포남페루마, 시릴(Ponnamperuma, Cyril) 155
포드, 헨리(Ford, Henry) 304
포스트먼, 닐(Postman, Neil) 235
포식자 리듬 40
포퍼, 카를(Popper, Karl) 413
포화점 364
폰 노이만, 요한(von Neumann, John) 56, 164
폰 푀르스터, 하인츠(von Foerster, Heinz) 428
푸아송 분포 163
푸앵카레, 앙리(Poincare, Henri) 175~176
풀러, 버크민스터(Fuller, Buckminster) 158

프라이스라인 172
프랑스 21, 54, 103, 165, 175, 291, 294~295
프랑켄슈타인 증후군 235
프랙털 24
『프랭크의 삶』(듄) 176
프렌드, 태드(Friend, Tad) 177
프롬, 에리히(Fromm, Erich) 389
프리델, 로버트(Friedel, Robert) 169
프리랜드, 스티븐(Freeland, Stephen) 144
프리스틀리, 조지프(Priestley, Joseph) 166
플라톤 14, 138
플로랑스, 어퀼(Florence, Hercules) 162
플로레스 섬 402
플로리다, 리처드(Florida, Richard) 105
피셔, 리처드(Fisher, Richard) 86
피시크릭 속 39
핀, 버나드(Finn, Bernard) 169

| ㅎ |

하보드, 제임스(Harbord, James) 232
『하얀 앨범』(디디언) 391
하이데거, 마르틴(Heidegger, Martin) 88
해그스트롬, 워런(Hagstrom, Warren) 168
해리 포터 시리즈 (롤링) 178
해왕성 162, 166
허스트, 로렌스(Hurst, Laurence) 144
헨리 8세 94
헨리, 조지프(Henry, Joseph) 162
헴플베이 족 39
혁신 33, 35~36, 45~46, 48, 53, 59~61, 65~66, 84, 86, 102, 105, 113~114, 116, 131~132, 146, 164, 169, 171~173, 180, 182, 184~185, 187, 207, 215, 222~223, 233, 237, 246, 248, 269~270, 279, 285, 293, 299, 301, 304, 306, 310, 312, 319, 345, 347~348, 352, 354, 359, 369, 376~377, 385, 412, 414~415, 419, 428
호메로스 14
호모 사피엔스 33~35, 37, 150, 158, 238
호모 에렉투스 33
호미닌 32~33, 36~38, 44, 46, 51, 111, 357, 390
호켄, 폴(Hawken, Paul) 236, 446
호혜성 291, 322, 328
홈스테드 284
홉스, 토머스(Hobbes, Thomas) 39
화상 전화 212~215
화소 201~203, 205, 208, 210, 223
화약 54, 299
화이트, 린(White, Lynn) 16, 54
후각 130
후버댐 391~392
휘태커, 존(Whittaker, John) 72
휘트스톤, 찰스(Wheatstone, Charles) 162
휴대전화 13, 24, 96, 106, 187~188, 259, 271~273, 298, 303, 314, 347~348, 350, 352, 363~364, 372, 377, 404, 435
흑사병 115
히치콕, 앨프리드(Hitchcock, Alfred) 425
히피 282, 283
힐리스, 대니(Hillis, Danny) 289, 342, 369, 446

케빈 켈리

케빈 켈리는 세계 최고의 과학 기술 문화 전문 잡지 《와이어드》의 공동 창간자 가운데 한 명으로, 처음 7년 동안 그 잡지의 편집장을 맡았다. 《뉴욕 타임스》, 《이코노미스트》, 《사이언스》, 《타임》, 《월스트리트 저널》을 비롯한 여러 지면에 글을 발표했으며, 네트워크에 기반한 사회와 문화를 예리하게 분석한 통찰력 넘치는 글들로 《뉴욕 타임스》로부터 '위대한 사상가'라는 칭호를 얻기도 했다. 해커 회의, '웰(Well)'과 같은 인터넷 공동체를 통해 사회와 문화의 혁신 운동을 주도하고 있는 활동가이기도 하다. 베스트셀러인 『디지털 경제를 지배하는 10가지 법칙』과 『통제 불능』 등의 저서가 있으며, 『통제 불능』은 《포춘》에서 '경영자들이 반드시 읽어야 할 책'으로 선정되기도 했다. 현재 캘리포니아 패시피카에 살고 있다.

이한음 옮김

서울대 생물학과를 졸업했다. 1996년 《경향신문》 신춘문예 소설 부문에 당선되었으며, 현재 과학 전문 번역가이자 과학평론 및 저술가로 활동 중이다. 특히 에드워드 윌슨, 제임스 왓슨, 리처드 도킨스 등 현대 과학자들의 대표작을 국내 독자들에게 소개하는 데 앞장서 왔다. 『만들어진 신』으로 2007년 한국출판문화상 번역부문을 수상했다. 지은 책으로 과학소설집 『신이 되고 싶은 컴퓨터』가 있으며, 옮긴 책으로 『인간 본성에 대하여』, 『DNA를 향한 열정』, 『복제양 돌리』, 『복제양 돌리 그 후』, 『거의 모든 것의 미래』 등이 있다.

트랜스미디어 총서 01

기술의 충격

1판 1쇄 펴냄 2011년 5월 27일
1판 7쇄 펴냄 2023년 8월 10일

지은이 케빈 켈리
옮긴이 이한음
발행인 박근섭, 박상준
펴낸곳 (주) 민음사

출판등록 1966. 5. 19. (제 16-490호)
주소 서울특별시 강남구 도산대로1길 62(신사동) 강남출판문화센터 5층 (우편번호 06027)
대표전화 02-515-2000 | **팩시밀리** 02-515-2007
홈페이지 www.minumsa.com

한국어 판 ⓒ (주) 민음사, 2011. Printed in Seoul, Korea

ISBN 978-89-374-8365-3 (03500)

* 잘못 만들어진 책은 구입처에서 교환해 드립니다.